葡萄酒背后的文化与科学

The culture and science behind wine

游义琳

彭宜本

/ 主编

图书在版编目(CIP)数据

葡萄酒背后的文化与科学/游义琳，彭宜本主编. —北京：北京大学出版社，2023.8
ISBN 978-7-301-34304-3

Ⅰ.①葡… Ⅱ.①游… ②彭… Ⅲ.①葡萄酒–酒文化–教材 Ⅳ.①TS971.22

中国国家版本馆 CIP 数据核字（2023）第 149844 号

书　　名	葡萄酒背后的文化与科学 PUTAOJIU BEIHOU DE WENHUA YU KEXUE
著作责任者	游义琳　彭宜本　主编
责任编辑	曹京京
标准书号	ISBN 978-7-301-34304-3
出版发行	北京大学出版社
地　　址	北京市海淀区成府路 205 号　100871
网　　址	http://www.pup.cn　　新浪微博：@北京大学出版社
电子邮箱	编辑部 lk2@pup.cn　　总编室 zpup@pup.cn
电　　话	邮购部 010-62752015　发行部 010-62750672　编辑部 010-62767347
印 刷 者	北京市科星印刷有限责任公司
经 销 者	新华书店
	787 毫米×980 毫米　16 开本　20 印张　508 千字
	2023 年 8 月第 1 版　2024 年 4 月第 2 次印刷
定　　价	68.00 元

葡萄酒背后的文化与科学
编 委 会

序言一

葡萄是世界上古老的栽培植物之一。野生葡萄于北半球地域分布相当广泛，形成了欧亚、东亚、北美三个起源中心。其中起源于欧洲南部、西亚，以及北非部分温带地区的野生葡萄，大约在11000年前就开始被人类驯化为后世的栽培葡萄，人类至少在8000年前就开始酿造葡萄酒。根据史料记载，葡萄和葡萄酒传入中国的时间大约在公元前5世纪，中国历史上的春秋时期，葡萄与葡萄酒来到了西域。到了西汉时期，汉武帝派张骞出使西域，从西域带回了酿酒葡萄和葡萄酒，葡萄酒正式开始在中国传播开来。但很长时间以来，在中国葡萄基本上作为水果食用或用于制作葡萄干。据国际葡萄与葡萄酒组织发布的数据显示，2022年，中国葡萄种植面积达78.5万公顷，位居世界第三，但其中绝大部分(约90%)是食用葡萄。2022年中国葡萄酒产量约为4.2亿升，位居世界第十二。同时，2022年中国葡萄酒的消费量为8.8亿升，位居世界第八。中国是一个农业大国，粮食安全一直是我们面临的挑战，引导和促进以葡萄酒为主的果酒行业的发展，以减少粮食酒消费作为保障粮食安全的举措之一，一直是学术界和产业界的共识。所以，葡萄酒产业在中国的发展还有很大的潜力和前景。

世界上很多国家的大学都设置有葡萄酒专业，专门研究葡萄酒这一风靡世界几千年的饮料。现代科学技术的发展，给今天的葡萄酒科学和产业化注入了新的活力，葡萄酒不光影响着我们的生活，也影响着世界经济贸易的格局。中国作为新兴的葡萄酒生产国，2021年在宁夏设立了第一个单一作物的国家级综合试验区，来推动中国的葡萄酒产业踏上新的台阶。

2018年，北京大学现代农学院正式成立，受学校委托，我出任第一任院长，担任副院长的曾长期从事葡萄研究的彭宜本老师跟我谈到他想开设一门课，以葡萄酒为切入点，面向北京大学各院系的学生，吸引热爱葡萄酒的不同专业的学生通过这门课来了解现代农业、关心现代农业的设想。我觉得他的想法很不错，鼓励他去做。在北京大学生命科学学院、现代农学院和中国农业大学食品科学与营养工程学院的支持下，彭宜本、游义琳、战吉宬、黄卫东等老师组成的教学团队，当年就开设了“葡萄酒背后的文化与科学”这门课。开课第一学年就受到了北京大学不同年级、不同专业学生的热烈追捧，5年来，一直是北京大学最火爆的课程之一，很多学生甚至不惜投入全部的99个选课意愿点(选课意愿点为北京大学为学生设立的，当某门课因选课人数太多需要抽签时，学生为某门课投入意愿点而增加自己选中概率的加权值，每人每学期99个选课意愿点)，只为能够选上这门如今已成为北京大学与清华大学两校可以互选的特别课程。

“葡萄酒背后的文化与科学”是他们五年教学的总结和升华，被列入北京大学“十四五”立项建设教材，作为北京大学通识教育“人文与艺术”系列的教材。该书从葡萄酒的视角，折射出人类文明的发展历程，书中涉及考古与历史、文化与文明、原料与工艺、品鉴与营养、风土与风味等不同领域和不同学科的知识点，具有多学科交叉、文理融合的鲜明特点，文字优美，通俗明白，读来饶有趣味，可读性强。

该书不仅可以为没有选上课的北大和清华的学生弥补遗憾，还可作为其他高校开设葡萄酒通识教育课的参考用书，同时也是一本很好的科普读物。

中国科学院院士、北京大学前校长、生命科学学院与现代农学院教授

许智宏

2023年6月于燕园

序言二

“葡萄酒背后的文化与科学”课程是北京大学和中国农业大学强强联合、探索大学通识教育的一个成功案例。中国农业大学和北京大学有着很深的渊源，1949 年北京大学农学院的十个系、清华大学农学院及华北大学农学院组建了新的北京农业大学(中国农业大学的前身)，北京大学的十个系成为现在中国农业大学很多学院的源头和基础。北京大学在 2018 年重建现代农学院，德高望重的北京大学老校长许智宏院士担任首任院长，再次与中国农业大学在教学和科研方面展开了合作。其中，中国农业大学食品科学与营养工程学院和北京大学生命科学学院、现代农学院共同打造的“葡萄酒背后的文化与科学”课程就是成功的合作范例之一。

中国农业大学的葡萄与葡萄酒工程专业是国家双一流建设本科专业，游义琳博士是该专业的系主任和博士生导师，在葡萄酒工艺、食品功能组分挖掘、健康与安全等的基础研究和应用研究领域都取得了原创性的科研成果和专利。战吉宬和黄卫东教授是葡萄酒行业的知名学者。他们和北京大学的彭宜本、刘春明教授共同完成了《葡萄酒背后的文化与科学》教材，并为北京大学、清华大学本科生开设了“葡萄酒背后的文化与科学”两校互选课程，这充分展现了北京大学深厚的文化积淀和多学科优势同中国农业大学双一流专业有机结合后所呈现的现代通识教育的特点，散发出专业的魅力与文化的魅力。

《葡萄酒背后的文化与科学》深入浅出地介绍了与葡萄酒有关的历史文化和科学知识，除了作为专业参考书外，对综合性大学不同专业的学生尤其有意义，他们可以通过这本书来了解葡萄酒和葡萄酒文化在政务、商务和健康生活中的作用，吸引不同专业方向的青年人才加入葡萄酒行业。在葡萄酒全产业链的不同环节上可能会有因读了这本书而喜欢上葡萄酒，因喜欢而选择葡萄酒，进而成为葡萄酒领域的从业者，这将对促进我国葡萄酒产业的发展起到积极的作用。这大概就是这门课、这本教材的意义所在。

中国农业大学校长、教授

孙其信

2023 年 6 月于中国农业大学

前　言

“葡萄酒背后的文化与科学”北大通选课已经开设5年，在过去5年的课堂教学中，同学们在课堂上问得最多的一个问题是：我怎样才能成为一个懂葡萄酒的人？

这是一个非常好的问题。首先我们可能需要界定何谓“懂”葡萄酒？记得著名学者、曾任北京大学和清华大学教授的王国维先生在《人间词话》中描述过人生的三重境界，或可以借鉴其作为懂葡萄酒的三个不同层次。

第一重境界说的是“昨夜西风凋碧树，独上高楼，望尽天涯路。”这是懂葡萄酒的第一层次，可称之为“懵懂”。它包含两方面的意思，其一是喜欢葡萄酒，想成为懂葡萄酒的人；其二是初步了解葡萄与葡萄酒行业的概貌，有探究的欲望，也大体知道如何去学习而成为一个懂葡萄酒的人。这一层次的人可能已经品尝过很多葡萄酒，眼耳口鼻舌对葡萄酒都有感觉，对葡萄酒有一定的了解，能对一款葡萄酒的优劣做出自己的判断，经常是酒桌上的点评者，且坚信自己可以成为懂葡萄酒的人，可算得上是入门级别的“懂”。又好似登高望远，勘察方向，陶陶然“望尽天涯路”。很多业余葡萄酒爱好者多属于这一层次。

第二重境界说的是“衣带渐宽终不悔，为伊消得人憔悴。”这是懂葡萄酒的第二层次，可称之为“略懂”。达到这个层次的人，对葡萄酒表现的是热爱，总是努力地去了解和探究它，为之憔悴而不悔；不光知其然，还知其所以然；能判断一款葡萄酒的好与不好，也知道为什么好和为什么不好；清楚葡萄酒好与不好背后所涉及的科学知识，还知道从葡萄到葡萄酒的过程以及这个过程中所有可能影响葡萄酒好与坏的因素，算得上是热爱葡萄酒，略懂葡萄酒的人了。葡萄酒产业链的从业者，大多属于第二层次。

第三重境界说的是“蓦然回首，那人却在，灯火阑珊处。”这是人生的最高境界，也是懂葡萄酒的最高层次，可称得上是“真懂”。真懂葡萄酒的人，是痴爱，是知音。这一种层次，不光了解葡萄酒背后的科学，还知道葡萄酒被赋予的文化内涵和外延，对于葡萄酒，已经不仅仅停留在品鉴、收藏之上，更多的是欣赏、是感受、是珍爱、是分享。达到这一层次的人，多是业内大师和葡萄酒界的顶级玩家。

在影视剧里，经常会听到“开一瓶82年的拉菲”这样的台词，如果第一层次的人说这句话，他的潜台词可能是这款酒我知道，它非常有名，也是身份和财富的象征，好喝，所以点它。如果第二层次的人说这句话，他的潜台词除了第一层次所包含的意思外，可能还有我知道82年的拉菲年份好，酒的质量好，所以我要点它。但第三层次的人说这句话，他的潜台词是我知道82年的拉菲代表了这一年的原料与工艺的完美结合，是天地人和谐的象征，选它时内心投射的是他自己对于葡萄酒的审美体验。

王国维先生对他提出的这三重境界曾进一步解释：“未有不阅第一、第二阶级而能遽跻第三阶级者，文学亦然，此有文学上之天才者，所以又需莫大之修养也。”同样，要成为懂葡萄酒的人，也需要一步一个脚印地去学习和了解葡萄酒背后的文化与科学，一个层次一个层次地突破，最后才能实现从懵懂到略懂到真懂的嬗变。

本书分为五个部分，第一部分是葡萄酒背后的历史与文化，展示穿越8000年历史的“神之水滴”的历史与文化魅力；第二部分是原料背后的科学，介绍葡萄酒“三分工艺，七分原料”

的科学依据；第三部分是工艺背后的科学，讲述葡萄制作成葡萄酒的过程与变化；第四部分是品鉴背后的文化与科学，带领大家全面激活眼耳口舌鼻，感受葡萄酒的世界与世界的葡萄酒；第五部分是风土背后的文化与科学，透过历史文化遗产，从不同的视角，全面解析现代葡萄酒的灵魂。

本书得到了北京大学教材委员会和教务部的大力支持，北京大学生命科学学院丁明孝教授和白书农教授、清华大学张大鹏教授等对本书的整体逻辑和内容提出了宝贵建议，北京大学生命科学学院唐平老师、北京大学医学部李林宸博士在照片拍摄和插图上提供了无私的帮助，怀来中法庄园葡萄酒有限公司的赵德升、吴皓玥以及烟台张裕葡萄酿酒股份有限公司的吴粤汕提供了很多好的建议，研究生程思琦、谢一丁、周慧、覃艺芝、康美玲、李媛媛、丁雅文、王梦萱、王诗瑶、王红娟等在资料整理、文稿校对、插图绘制、电子教材的拍摄等方面给予了协助，北京大学出版社曹京京、王原为本书的出版和配套电子教材的完成付出了巨大的努力，在此一并致谢。

由于编者水平有限，书中错误在所难免，欢迎葡萄酒专业人士和专家学者指正。

编者

2023 年 6 月于燕园

目　　录

第一部分　葡萄酒背后的历史与文化

第二部分　原料背后的科学

第三部分 工艺背后的科学

第四部分　品鉴背后的文化与科学

第五部分　风土背后的文化与科学

第 一 部 分

葡萄酒背后的历史与文化

第一章 引 言

地球上葡萄出现的历史要远远早于人类的历史，葡萄树的植物化石最早发现于第三纪地层中，而人类化石则出现在第四纪更新世早期。事实上，葡萄酒起源的历史，可能也要早于人类的历史。尽管葡萄酒出现的确切时代已不可考，但有一点是肯定的，葡萄酒的历史和人类的历史是交织在一起的。作为人类智慧的结晶，它伴随着人类历史的进程，融入人类文明和文化之中，成为人类历史与文化的一部分。

在人类开始有意识地驯化葡萄树之前的漫长的远古时期，旧石器时代终结，开始向新石器时代过渡，那时的先民终日奔走在森林和原野，或狩猎，或漫山遍野找寻植物的果实来果腹。在北纬30°～40°的丘陵山区，长满繁茂的草木，秋季的暖阳照耀在成片的已经成熟的野生葡萄上，有的已经掉落在地上；在自然野生酵母的作用下，那些葡萄逐渐被发酵成为原始的发酵酒。而最早品尝到这些自然发酵的含有酒精的神奇东西的物种，可能是那些鸟儿，也有可能是猿猴。等到头脑比鸟儿和猿猴更为发达的人类先民出现，他们面临饥饿的威胁，到处拼命地收集食物，学会尽可能地将它们储存起来以备不时之需。他们自然会发现这种多汁的野生葡萄，他们有可能将葡萄采摘下来堆积在山洞之中，也有可能他们早早学会了榨取葡萄汁，并将葡萄汁储存在皮囊等容器里，或者将采取的野蜂蜜混入其中，增加葡萄汁的美味。他们储藏在山洞里的这些野生葡萄和储藏在皮囊中的浑浊的葡萄汁，储存时自然会引起发酵，而这些葡萄和葡萄汁发酵后，就变成了最初的酒精饮料。就这样反反复复，通过观察或尝试逐渐掌握了发酵技术，认识了自然发酵的葡萄酒，开启了人类与葡萄酒的历史。

当人工栽培成为人类从狩猎、采集野果过渡到原始农耕文明的标志时，人类开始有意识地探索葡萄酒酿造技术的时代就开始了。今天我们能够找到的确切的考古学证据证明，人类发现和酿造葡萄酒至少达8000年之久，在这漫长的8000年历史长河中，它与人类相互影响，成为穿越历史的“神之水滴”。

不同于人类农耕文明开始之前自然发酵的葡萄酒，发现或发明人工酿造葡萄酒的技术，一定经历了人类漫长的观察、思考、试验和总结的过程。只有具备一定的逻辑思维与创造能力的民族，才能发明葡萄酒酿造技术。他们会在反复观察和体验自然发酵这一现象的过程中，去寻找现象背后的神奇，去探究现象背后的本质；通过思考、总结、自主试验，逐渐地掌握发酵，发明最初的葡萄酒酿造技术。而具备这种逻辑思维和创造能力的民族，也一定会在人类的历史中创造出独特的高度发达的文明。

按照这样的推断，葡萄酒的起源应该出现在建立了伟大农耕文明的黄河流域的中国、建立了神秘的哈拉巴文化的印度河流域的古印度、西方文明摇篮的底格里斯河和幼发拉底河的两河流域以及尼罗河流域的古埃及这些地区。

1965年，考古学家在格鲁吉亚发现了大约8000年前的水果压榨机和葡萄籽，在两河流域的一些地区，同时期的葡萄籽和酿酒场所相继被发现。根据这些已经发现的考古证据，目前普遍认为已知的葡萄酒的确切起源地是位于底格里斯河与幼发拉底河之间的美索不达米亚地区的某一个或几个地方，由同时期最古老的苏美尔文明的创立者苏美尔人发明，再随后传到古埃及，然后向周边地区传播。

除了目前公认的上述葡萄酒起源地外，按照前面的推断，中国和古印度一直没有发现作为葡萄酒起源地的遗存证据显得十分奇怪。但在2004年，在河南舞阳的贾湖遗址中，考古人员从这个距今八九千年的新石器时代的遗址上，在出土的陶罐碎片上发现了残留有葡萄酒的独特成分酒石酸盐和野生葡萄籽，除此之外，还同时发现有稻米、山楂、蜂蜜等。由于稻米的出现，考古专家推测贾湖遗址的酒是米酒的可能性更大一点，或许是在米酒中加入了葡萄、山楂、蜂蜜等混酿而成。由于贾湖遗址发现的葡萄酒证据只是孤证，尚不能完全肯定在八九千年前的贾湖地区，中国就掌握了葡萄酒酿造技术。但毫无疑问，这是一个巨大的惊喜，贾湖遗址的酒被认为是世界上最早的酒。同时，将此前认为的中国最早开始用米酿酒是夏朝的禹时期，也就是4000年前，一下子提前了5000年。同样，葡萄、山楂等果实酿酒也提前了5000年，因为中国一直没有夏朝之前用果实酿酒的证据和记载，而与夏朝同时期的世界，早已进入酿造葡萄酒的繁盛时代。贾湖遗址的酒，不光说明中国是世界上最早酿酒的国家，还将中国用米酿酒的历史提前到八九千年前，更重要的是证实了早在八九千年前，葡萄、山楂等果实已成为中国的酿酒原料。尽管目前还不能据此定论说中国是葡萄酒的起源地之一，要早于两河流域，或者说"神之水滴"已经穿越了八九千年，事实上，由于用米酿酒需先制造酒曲，这比自然发酵要复杂。所以理论上，以葡萄等果实为原料自然发酵酿的葡萄酒（果酒）要早于工艺更复杂的粮食酒和啤酒，由此推断，在更早的八九千年之前，葡萄酒应该已经出现在中国的中原地区，只是还需要更多的考古证据坐实。相信未来的考古会带给我们惊喜。

同样的，在距今6000多年前，创造了高度发达的城市文明和神秘的东方文化的古印度，他们建造的哈拉巴与摩亨佐·达罗大都市，拥有上下水道系统、纵横交错的街道和砖块建成的二三层民居。奇怪的是，到目前为止，还没有在印度河流域的哈拉巴文化遗址中发现古印度是葡萄酒的起源地的证据。

从两河流域文明到古埃及文明的这段时期，大量有关葡萄酒酿造的记载被发现，标志这个时期葡萄酒已经走进了人类的日常生活，人们对葡萄酒也有了明确的认识，感受到葡萄酒的特性，充分体验到葡萄酒快乐的一面和可怕的一面。人们开始崇拜葡萄酒，赋予葡萄酒善神和恶神的属性。葡萄酒伴随着人类的痛苦与喜悦，用它的芳香涵养早期人类的文明。

古埃及之后，古希腊人在爱琴海登上了历史的舞台。葡萄酒成为古希腊人生活的一部分，他们开发出了新的酿酒技术，逐渐将浑浊的葡萄酒改良成了优质的葡萄酒。古希腊人也继承了西亚人对于葡萄酒的善恶崇拜，创造出酒神狄俄尼索斯，狄俄尼索斯见证了古希腊的历史和葡萄酒的荣光。

古罗马人打败了他们的老师古希腊人，终结了古希腊文明，毫不犹豫地继承了古希腊人无数的历史遗产，也包括对葡萄酒的热爱和葡萄酒的酿造技术。强大的古罗马作为新一代的欧洲人成长起来后，他们比古希腊人更会享受，坚决摒弃了古希腊人对于葡萄酒的奇怪口味和爱好，开启了葡萄酒的罗马新纪元。

作为世界的主人，古罗马文明的光芒照耀着地中海周围所有的国家，他们将世界葡萄酒的中心永远留在了地中海沿岸。他们建立起来的葡萄酒旧世界，随着大航海时代的帆船，又将葡萄酒文化引向新世界。

拉瓦锡、巴斯德等人的闪亮登场，让葡萄酒在短短的100多年时间里发生了翻天覆地的变化。这100多年技术与品质的进步，几乎掩盖了过往几千年的葡萄酒的光辉，世界进入了美酒时代。

8000 年的历史长河，葡萄酒伴随着人类，随着人类的文明迁移传播，它通过与宗教文化、西方文化和东方文化千丝万缕的联系和交融，成为人类文明的一部分。

未来会如何呢？相信就如 2004 年火遍全球的日本漫画《神之雫》中对于“神之水滴”的期待一样，“这十二使徒虽然都是葡萄酒的精品佳作却并不是尽善尽美，每一支使徒只能诠释人类的一种感情”，第十三使徒“神之水滴”究竟是什么？每一个读者都会有自己的答案吧。

借用第十二使徒——来自苏玳(Sauternes)的滴金酒庄的贵腐甜白葡萄酒的判词作为引言部分的结语。带着这个判词，让我们一起走进 8000 年葡萄酒背后迷人的历史与文化：我在步行。穿过黑暗的森林，前面是太阳照射的山丘，云山雾罩。我继续步行。静谧的寺院刻着历史的长廊，有光，不知道射到哪里。我在游泳，在深不见底的透明泉水里，在没有尽头的蓝色远方，慢慢地滑落。我出门野餐，和幼小的我。幼小的我，不可思议地望着年老的我，然后年老的我也守望着自由奔跑的年幼的我。两者都是我，是一支葡萄酒。一年又一年，踏着大地向前迈进，有时登上绝壁，有时走下斜坡，有哭、有笑、有怒、有喜。回头重看走过的路，却什么也没看见，只有连绵不绝的足印。绝不回头，我一个人的足印。60(8000)年的岁月，不过是一瞬间的梦。既长又短，是永恒，也是刹那。

第二章　世界葡萄酒的历史与文化

2.1　史前时代：酒醉的蝴蝶

史前时代通常指人类出现到文字出现之间的时代，但由于各地人类发明文字的时间不尽相同，史前时代并没有一个特定的时间划分。葡萄酒的史前时代，以目前公认的最早发明葡萄酒酿造技术的苏美尔人创造的人类最早的楔形文字为依据，借用历史学家的定义，在8000年之前的葡萄酒历史统称为葡萄酒的史前时代。这段历史非常漫长，从4000万年以前野生葡萄出现在地球上开始到8000年前在格鲁吉亚境内发现葡萄酒为止。

在4000万年到300万年之间人类还没有出现的时期，和野生葡萄相伴的是比人类更早的蝴蝶和鸟儿们，它们可能有幸成为世界上第一个品尝葡萄酒的动物，酒醉的蝴蝶和鸟儿可能是那时候的一道可爱风景。

当人类出现后，先民们到处寻找食物，而那时食物的来源主要是野果和动物，葡萄自然成为被采食的野果之一。尽管那些酒醉的蝴蝶和鸟儿就在他们眼前，但人类认识到葡萄酿酒的现象肯定不是受到酒醉的蝴蝶的启发，我们现在知道，葡萄要变成酒需要具备4个要素：成熟的具一定含糖量的葡萄、酵母、一定的温度和较少的氧气。在两种情况下有可能具备这4个要素，从而人类可能会发现和了解从葡萄到葡萄酒的这个自然现象。第一种情况是到夏秋时节，成熟的葡萄掉落地上，可能刚好掉在草丛中，抑或被风吹落叶所掩盖，形成了相对少氧的微环境，从破损的葡萄皮流出的甜酸的葡萄汁，与空气中、地上或葡萄皮上的酵母作用，就慢慢变成了酒；第二种情况可能是当古人采摘了那些成熟的葡萄后，带回他们穴居的住所储藏起来以备冬季到来，这些放在山洞的缝隙或堆放在洞内某处的葡萄，完美具备了从葡萄到葡萄酒的4个要素，等古人取食这些储藏的野葡萄时，发现已经半发酵或发酵，但冬季食物匮乏，使得他们还是会取食果腹。当他们食用了这种半发酵或发酵的葡萄后，会感觉到酒精的作用，身上变得暖和起来，人也变得兴奋和愉悦，这让他们感到莫名的惊喜和惊奇。在无数次的体验后，他们开始有意识地去观察和实践，最后就掌握了发酵。这可能是人类认识和了解葡萄酒的最主要方式。

人类追寻着阳光、食物和适宜的气候，他们不断地迁徙，慢慢学会了利用火、利用工具，男人狩猎，女人采摘，学会了组织起来，学会了将野生动物驯化为温顺的家禽、家畜，野生植物驯化为栽培植物，到那个时候，史前时代的末期到来，农耕文明的大门被慢慢打开。

带着驯化的野生葡萄和其他农作物，古人从高加索地区进入水草丰美、气候宜人的美索不达米亚平原，在这里定居下来，欧亚种的葡萄也跟随他们来到这里，一起创造和见证人类最初的农耕文明，小小的葡萄开始了它们的历史。

第一任列宁农业科学院院长、苏联植物学家尼古拉·瓦维洛夫在20世纪初提出“栽培植物起源中心理论”，第一次提出外高加索地区是葡萄酒和葡萄人工栽培的起源地，他的这个学说得到了后来考古学、现代分子生物学等不同学科领域的有力佐证。

关于葡萄酒的起源，目前已找到一些确凿的考古证据，最早报道的是1996年，*Nature*

杂志发表了美国宾夕法尼亚大学的考古发现(图 2-1)。在公元前 5400—前 5000 年,在伊朗扎格罗斯山脉出现了葡萄酒,20 多年来,一直认为最早的葡萄酒起源于此。直到 2017 年,仍然来自该团队在格鲁吉亚的考古证据,又将葡萄酿酒历史往前推了 600～1000 年。这个震惊世界的发现,是在格鲁吉亚首都第比利斯以南约 48 千米和东南部马尔内乌利平原格达崔利(Gadachrili)两处新石器时代的遗址上,考古学家出土了古代陶器碎片(图 2-2),利用放射性碳确定距今已有 8000 多年(公元前 6000—前 5600 年),并用液相色谱-质谱联用检测技术在 8 个小碎片上找到了葡萄酒特有的酒石酸、苹果酸、琥珀酸和柠檬酸,说明 8000 年前的当地人已经把葡萄酿成了酒(图 2-3)。在遗址上还发现了大量的葡萄花粉,而这些花粉成分在现代土壤中并不存在,说明葡萄花粉源自当地生长的葡萄,而不是凭借风力从别处吹来。

图 2-1

图 2-1　美国宾夕法尼亚大学在伊朗出土的距今 7000 多年的葡萄酒容器

(来源:McGovern P E, et al., 1996)

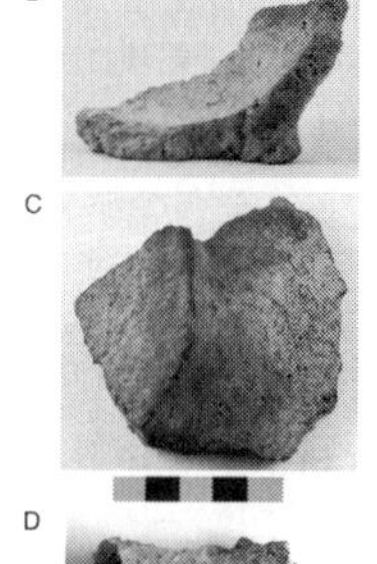

图 2-2

图 2-2　在格鲁吉亚的赫拉米斯-迪迪-戈拉(Khramis-Didi-Gora)遗址出土的新石器时期早期陶罐及酒石酸和酒石酸盐阳性的陶罐碎片

(来源:McGovern P E, et al., 2017)

Sample no.	Date (BC)	Provenience	Pottery type	Extract weight (mg)	Tartaric acid (ng/mg residue)*	Malic acid (ng/mg residue)*	Succinic acid (ng/mg residue)*	Citric acid (ng/mg residue)*
Gadachrili Gora								
GG-II-9, body sherd	ca. 5900-5750	Square BB-27, −2.73 m	Jar base sherd	NA	**134 ± 11***	**715 ± 86***	596 ±25*	**182 ± 3***
GG-II-9, soil	ca. 5900-5750	Square BB-27, −2.73 m	Associated soil	NA	20 ± 2*	491 ± 7*	630 ± 21*	10 ± 1*
GG-IV-33, disk base sherd	ca. 5700-5500	Square 10, Locus 4	Jar base sherd	1.2	**87 ± 6**	**998 ± 47**	**165 ± 13**	**186 ± 6**
GG-IV-62, soil	ca. 5700-5500	Square 10, Locus 4	Associated soil	0.8	7 ± 1	193 ± 33	32 ± 5	9 ± 0
GG-IV-50, pedestal base	ca. 5700-5500	Square 7, Locus 2	Jar base sherd	1.2	**17 ± 1**	**170 ± 13**	**31 ± 4**	**45 ± 1**
GG-IV-51, soil	ca. 5700-5500	Square 7, Locus 2	Associated soil	4.6	5 ± 0	91 ± 7	16 ± 0	5 ± 1
GG-IV-48, pedestal base	ca. 5700-5500	Square 7, Locus 2	Jar base sherd	4.3	**4 ± 1**	**50 ± 1**	**22 ± 1**	**6 ± 1**
GG-IV-54, soil	ca. 5700-5500	Square 7, Locus 2	Associated soil	4.5	1 ± 0	23 ± 1	7 ± 1	1 ± 0
GG-IV-56, flat base	ca. 5700-5500	Square 7, Locus 1	Jar base sherd	6.3	**39 ± 0**	**369 ± 22**	**54 ± 0**	**51 ± 0**
GG-IV-46, soil	ca. 5700-5500	Square 7, Locus 1	Associated soil	2.2	19 ± 0	312 ± 16	34 ± 4	20 ± 0
Shulaveris-Gora								
SG-16a, flat base	Early Neolithic	Surface	Jar body sherd	NA	**55 ± 1†**	**2028 ± 71†**	**198 ± 4†**	**58 ± 1†**
SG-782, pedestal base	ca. 5900-5750	Square BB, −0.8 m	Jar body sherd	NA	**8 ± 0†**	**387 ± 14†**	**56 ± 4†**	**15 ± 0†**
SG-IV-20, body sherd	ca. 5900-5750	Square 2, Locus 2	Jar base sherd	6.1	**4 ± 0**	**97 ± 2**	**12 ± 1**	**34 ± 0**
SG-IV-21, soil	ca. 5700-5500	Square 2, Locus 2	Associated soil	7.1	3 ± 0	56 ± 0	12 ± 1	5 ± 1
SG-IV-22, soil	ca. 5700-5500	Soil, Neolithic levels	Site soil	9.6	2 ± 0	17 ± 2	3 ± 0	1 ± 0
SG-IV-27, soil	ca. 5700-5500	Soil, Neolithic levels	Site soil	8.8	2 ± 0	18 ± 1	4 ± 0	1 ± 0
SG-IV-28, soil	ca. 5700-5500	Soil, Neolithic levels	Site soil	14.6	1 ± 1	9 ± 1	4 ± 1	1 ± 0

图 2-3　格鲁吉亚新石器时期早期陶器及其相关土壤样品中酒石酸含量呈阳性的 LC-MS-MS 数据

(来源:McGovern P E, et al., 2017。注:黑体字的数字强调了古代碎片的浓度高于其相应的土壤;NA,不适用;每一列从左往右分别为样品编号、日期、出处、陶器类型、萃取物质量、酒石酸、苹果酸、琥珀酸、柠檬酸)

2007年,在毗邻格鲁吉亚的亚美尼亚的瓦约茨·佐尔州省阿列尼(Areni)村的Areni-1洞穴群遗址上,考古学家发现了目前世界上最古老的葡萄酿酒厂,距今已有6100年以上的历史。洞穴中许多不同类型的陶器上,残余着葡萄花色苷、酒精及葡萄的其他成分,洞内遗存有欧亚种葡萄籽、葡萄压榨后残留物、葡萄枝条等,是一处具有类似压榨、发酵、储存、饮用等不同功能的场所,这是迄今为止全世界发现的史前人类最早酿造葡萄酒的场所。

尽管现在人们谈论世界上最著名的葡萄酒生产国时,格鲁吉亚和亚美尼亚的身影比较模糊,但葡萄酒确实是这两个国家的文化中最重要的元素之一。格鲁吉亚有525个葡萄品种,直到今天,格鲁吉亚依然采用传统的陶罐酿造法生产葡萄酒。2013年,联合国教科文组织将格鲁吉亚这一独特的传统酿造方法列入世界非物质文化遗产。

史前时代葡萄酒的真实起源地可能无法最终确定。在考古学家的不懈努力下肯定不断会有新的发现,但即使是新发现的证据也可能会被后续更新的发现所推翻,仅就目前的证据来看,在没有新的证据(贾湖遗址还算不上确证)推翻2017年格鲁吉亚的葡萄酒起源地的最新发现之前,格鲁吉亚可以称得上是史前时代的葡萄酒文化中心和人类葡萄酒的摇篮。

在随后的8000年历史中,葡萄和葡萄酒从这里出发,随着两河流域文明的变迁,追随苏美尔文明、赫梯文明、古叙利亚文明、希伯来文明、波斯文明、古埃及文明、古希腊文明、古罗马文明,浸润和影响了人类8000年的宗教、哲学、艺术、军事、商业等不同的领域。

2.2 两河流域文明时代:爱在西元前

当酒醉的蝴蝶穿越高加索,南下来到幼发拉底河和底格里斯河之间的美索不达米亚平原,两河泛滥的洪水给平原带来了生机,它们和人类一样喜欢上这里肥沃的原野,人类利用洪水带来的泥土栽培欧亚种的葡萄、建造房屋、制作工具,在这里开启人类最初的农耕文明,两河流域逐渐发展成为整个人类文明起源的发祥地。

在我们开始沿着人类最初的文明足迹去追寻弥漫了8000年历史的葡萄酒酒香之前,先了解一下有关文化与文明的概念和关系,能帮助我们更好地理解后面各文明时代的葡萄酒背后的文化。

"文化"一直是一个争议很多的概念。英、法、德文的文化一词都来自拉丁文cultus,它的词义有好几种,其一是含有耕种的意思,其二是含有居住的意思,其三是含有练习的意思,其四是含有留心和注意的意思。从这一点上看,文化首先是农业生产和定居生活对于人类社会的历史作用。当人类从1万多年前的新石器时代开启农业文明开始,人类不再依赖自然,自己驯化动物和植物,从事农业并定居下来,慢慢创造语言文字,发展理性思维和道德观念,建立人类社会。人类在这些具体的文化发展中,创造了一系列重要的社会生活条件,如生活与生产工具的使用、酿酒技术、葡萄人工栽培、文字的发明、青铜器到铁器的应用等,这些都是早期人类文明的标志。通过文化的创造,人类从蒙昧与野蛮进入文明社会。文明是人类一定历史发展阶段所形成的历史形态。每种文化都有它自己的文明,文化是文明的实践方式,文明又是文化的必然归宿。与文明相比,文化更注重现实的实践性质。所以,文化是具体的、感性的实践行为,文明是概括的、总体的、历史的形态。文明是文化发展到一定高度,从而脱离野蛮状态的一个社会阶段。在一定的时间和地区,一种文明常常是由多种文化汇合而成。就原始文化与文明来说,区别是低级与高级发展的不同,个体与综合的差异。一般而言,文化对应的是自然,文明对应的是野蛮。文化可以有糟粕,文明只能是精华。

葡萄酒是文化的一种表现形式，在人类不同的文明时代，融入成为不同文明形态的一部分。

人类历史上第一个文明时代是两河流域文明时代。两河流域文明时代包含从最早的定居者苏美尔人开始，到公元前332年亚历山大大帝征服两河流域和古埃及，开启希腊化时代为止，前后3000多年。

两河流域文明时代，诞生了苏美尔文明、古巴比伦文明、赫梯文明、希伯来文明、波斯文明及古埃及文明，它们组成古代近东文明，是世界文明的源头。在这漫长的3000余年的时间里，葡萄栽培和葡萄酿酒随着两河流域上这些不同特色的文明形态，融入人类整个历史和文化的发展之中。

2.2.1　苏美尔文明：楔形文字里的葡萄酒密码

1472年，意大利人巴布洛在古波斯也就是今天伊朗的设拉子附近的一些古老寺庙残破不堪的墙壁上，发现了一种奇怪的，从未见过的，外形上很像钉子、也像打尖用的木楔的文字。100多年后，另外一个意大利人瓦莱再次来到设拉子，他把这些废墟上的字体抄了下来，带回了欧洲。后来，在今天伊拉克的古代遗址中，他又发现了刻在泥板上的这种字体，因此他断定这一定是古代西亚人的文字。之后近200年对美索不达米亚的考古发掘，以及语言学家对大量泥版文献成功的译读，人们终于知道这种被后来称为楔形文字的是已知的世界上最古老的文字。它是由苏美尔人发明、阿卡德人加以继承和改造的一种独特的文字体系。古巴比伦人、赫梯人和亚述人也先后继承了这份宝贵的文化遗产，并把它传播到西亚其他地方。西方人最先看到的楔形文字，是伊朗高原的波斯人加以改造了的楔形文字，与苏美尔人、阿卡德人、古巴比伦人及亚述人使用的楔形文字有很大的不同。

楔形文字在两河流域流传了2000多年，直到公元前6世纪消亡，通过破译两河流域文明留给我们的这些楔形文字书写的宝贵文献，让我们了解了这一伟大文明发生、发展和灭亡的全部过程，以及苏美尔人和他们的后继者留给人类的宝贵遗产。

从已经出土的楔形文字中，我们了解到苏美尔人是美索不达米亚平原最早的居民，早在8000年前，他们开始在两河流域大面积种植作物。开始的时候，葡萄和其他农作物只有零星的分布，随着社会经济的发展、生活物质的积累，社会阶层开始出现，非生产性活动如宗教、教育等也得到发展，苏美尔人建立了平原城邦制度，修建了当时世界上最大的城市拉加什(Lagash，今伊拉克境内)。6000年前的拉加什，城邦内种植了许多葡萄，楔形文献中记载了苏美尔人打理这些葡萄园和酿造葡萄酒的信息，除了葡萄外，无花果、石榴、苹果、枣等水果也出现在出土的楔形文字的文献中。在一首赞美拉加什的统治者古地亚(Gudea，于公元前2144—前2124年统治该城邦)的诗中，提到用6个金质圣杯呈上葡萄酒作为神灵马尔杜克(Marduk)的贡品，这表明葡萄酒已经在当时的上层社会扮演着重要的角色和享有崇高的地位。

两河流域的楔形文字带给人们经久不衰的探索热情。20世纪30年代，法国人在叙利亚和伊拉克交界处发现了两河流域另外一座古老的城市马里(Mari)，出土了超过25000块写在黏土板上的楔形文字文献。黏土板记载了大量有关葡萄酒的历史信息，给我们描绘了两河流域几千年葡萄酒文化区域的历史画卷。马里古城位于幼发拉底河的上游，是古代苏美尔人最重要的一个葡萄酒贸易集散地。从马里出发，苏美尔人顺着幼发拉底河而下，走水路将收购来的北部山区的优质葡萄酒销往经济更加发达但葡萄酒质量不如北部的南部平原、波斯湾及更远的亚洲；向西通过陆路，将葡萄酒运往黎巴嫩、以色列、巴勒斯坦等地，卖给当地的腓尼基人，腓尼基人是当时以海上贸易为生的经商民族，他们再将从苏美尔人手里购买的葡萄酒和葡萄酒技术传播到地中海地区。

神话总是伴随着人类的文明，是人类文明重要的载体之一。同样，苏美尔文明也诞生了最早的神话体系，苏美尔神话体系中的葡萄酒酒神，是一个叫盖什提南娜(Geshtinanna)的女神(这与后期文明时代的葡萄酒酒神都是男神不太一样)，考古证实在美索不达米亚平原的许多城邦都建有盖什提南娜的神庙，人们对于盖什提南娜的崇拜一直持续到了古巴比伦王国时期(公元前 16 世纪)。

在苏美尔文明被发现之前，人们以为人类文明的摇篮是爱琴海。很多史前的历史认知都来自《圣经·创世纪》，如诺亚是亚当和夏娃的第九代孙，诺亚提前接到上帝的指示制造一艘方舟，将家人和各种陆地物种按雌雄比例带入船上躲避上帝发怒降下的大洪水，诺亚的方舟中，也带上了葡萄。洪水过后，方舟漂流到今天土耳其境内的阿勒山，诺亚和家人在这里开始重建家园，做起了农夫，利用方舟上的葡萄，开辟葡萄园，以葡萄浆果来酿造葡萄酒，是世上第一个开辟葡萄园和发明葡萄酒的人。这个故事不仅出现在基督教的《圣经》中，也出现在伊斯兰教的《古兰经》中。

直到苏美尔文明被发现，楔形文字黏土板陆续出土，在用楔形文字写就的《吉尔伽美什史诗》中，人们在这部整个古代广为流传、称之为文化的鼻祖和世界文学史上的开山之作中，发现它叙述的许多情节，在《荷马史诗》《一千零一夜》《圣经》及《古兰经》中都有重现，成为贯穿全球文化史的一条线索。它的第 11 章(第 11 号泥板)描绘的大洪水的故事是这样的：叫恩基的神跟一个叫乌塔那匹兹姆的人说，幼发拉底河有一场大洪水，准备灭掉人类，你要拆掉你的房子，造个大船，带上你的家人，带上世间万物的种子和动物，去船上避难。你造船，长宽要等同，要加顶，因为老天会把雨水下个够。后来大洪水如期而至，船上生物幸免于难，大洪水退去，造船的那个人和家人将船上物种卸下，重新开辟家园。《吉尔伽美什史诗》第 11 号泥板讲述的这个故事情节与《圣经》《古兰经》中的大洪水和诺亚方舟的故事情节高度相似，但早了 400 多年。

这在当时可算是惊天发现，从此两河流域的楔形文字、建筑及洪水过后的淤泥层的考古成为当时世界的热浪。后续的考古和地质发现，为两河流域大洪水的真实发生提供了有力的证据。

无论是《圣经》也好，还是《吉尔伽美什史诗》也好，都说明古代苏美尔人所生活的两河流域是世界上最早的葡萄与葡萄酒的中心。

2.2.2　古巴比伦文明：《汉谟拉比法典》里的葡萄酒文化

在犹太人和古希腊人的笔下，美索不达米亚是一个人人向往的天堂，《圣经》中的伊甸园就在这里。不过，在今天的两河流域，气候和自然条件显然已经与犹太人和古希腊人的描述大相径庭。这里气候干燥、土壤裸露、沙丘遍野，而且像所有的荒漠地区一样，降水稀少且温差大，如伊拉克首都巴格达全年降水量为 156 mm，6—9 月为零；夏季气温高达 49℃，而冬季气温可下降到－9℃。即使到传说中的“伊甸园”库尔拉，映入眼帘的也只有荒凉和沙砾，很难想象在这种相对恶劣的自然条件下，在几千年前苏美尔人会创造如此先进的人类文明。但事实确是如此，几千年前的两河流域水草肥美、气候宜人，是人间天堂，苏美尔人不仅发明了最古老的楔形文字，使两河流域进入有文字记载的历史时期，还为后来的其他文明形态奠定了基础。

苏美尔文明一直持续到公元前2006年，来自叙利亚的闪族阿摩利人灭亡了苏美尔人的乌尔第王朝，建立了古巴比伦王国，成为两河流域新的统治者。他们继承了苏美尔人包括葡萄酒酿造在内的先进文化，经过之后几百年的发展，到公元前1792年，伟大的古巴比伦王汉谟拉比登上古巴比伦王位，他自称是“月神的后裔”，通过战争，统一了美索不达米亚，开启了古巴比伦文明的鼎盛时期。璀璨夺目的古巴比伦王国，与中国、古印度和古埃及并称为四大文明古国。

1901年，在伊朗境内，出土了三块黑色的玄武岩圆柱，圆柱上端是站立的威严的汉谟拉比王从端坐的太阳神手中接过权杖的浮雕，下面则用楔形文字铭刻着《汉谟拉比法典》全文，除序言和结语外，一共282条，大约于公元前1772年颁布实施。《汉谟拉比法典》和空中花园成为古巴比伦留给人类的最著名的文明遗存。

在《汉谟拉比法典》中，包含有诉讼、损害赔偿、租佃关系、债权债务、财产继承、处罚等方方面面的社会治理的法律条款，其中有6条是关于包括葡萄在内的果园种植的：

第60条：若地主将田租与农民栽培果树，农民4年建成果园，到第5年，园主与农民均分所得。

第61条：若农民未将田地培育成果园，而留一部分未种，则未种部分仍属于农民。

第62条：若农民未将田地完全培育成果园，如其为已垦之地，则农民就该地抛荒的年数，赔偿地主佃金，并将田地加工修整后交还地主。

第63条：如其为处女地，则农民应将田地加工修整，交还地主，并按每年每一布耳凡十库鲁之额赔偿谷物。

第64条：若地主以果园交与农民，则农民在其掌管该园期间，应以果园收入的三分之二交与地主，而自留三分之一。

第65条：若农民的果园收入减少，则参照邻里之例交付果园之佃金。

这些关于果园的法典，包括葡萄在内的果实的生产受到法律的保护和鼓励，为当时葡萄酒产业的发展提供了原料上的保障。

《汉谟拉比法典》中关于葡萄酒的条款也有4条：

第108条：若卖酒的妇女不按照谷物以西克拉之价，而按超重的砝码收银，而西克拉之定律量比谷物之定律量为低，则此卖酒妇女应被处以水刑。

第109条：若有犯人在卖酒妇女的酒馆聚议，而卖酒妇女不举报或扭送宫廷，卖酒妇女将被处死。

第110条：女性神职人员不住在修道院中，若开酒馆或进入酒馆饮酒，则判处火刑处死。

第111条：卖酒妇女赊卖酒60卡者，待收成时应收客人50卡的谷物（注：卡为当时度量单位）。

由此可见，葡萄酒在当时的经营和价格受到政府的管控，政府控制着市场价格，这是108条的内在含义；第109条则明白地表示，早在汉谟拉比时期，酒馆可能就是重要的公共社交和娱乐之地，同时也反映出汉谟拉比时期对于社会治安的严厉管控，一点小事就可能被判处死刑；第110条对于女性神职人员的规定说明了，那个时期的宗教与葡萄酒之间的紧密关联，葡萄酒之于宗教被赋予了特别的含义和地位，因为通读全部282条法典，受火刑处死的罪名仅有两条，即第157条的母子乱伦和第110条；第111条规定可以赊欠购买葡萄酒，且赊欠价格比当时购买的要低，这无疑是政府在鼓励人们超前消费，这种措施肯定会刺激葡萄酒的生产和经营。

2.2.3 赫梯文明：安纳托利亚的葡萄酒盛况

世界八大奇迹之一的空中花园，在公元前1595年被崛起于北方的赫梯人毁灭，赫梯人攻陷了古巴比伦城，灭亡了古巴比伦王国，古巴比伦这个灿烂的文明古国就此消失。两河流域进入赫梯文明时代。

赫梯人留下了灿烂的文明，其中以法律、铁器、陶器和楔形文字与象形文字最为重要。《赫梯法典》被称为人类古代文明的重要成就，它以楔形文字记录了赫梯时代的各种法律和契约。相比于《汉谟拉比法典》，它没有那么的严苛，更多的是与鼓励发展经济有关的法律法规，与民休养的成分浓烈。

赫梯人对于葡萄酒的热爱，体现在他们种植的大片的葡萄园上，在《赫梯法典》中，用楔形文字记载了一些与葡萄酒有关的内容。如赫梯的1单位货币对应于可购买的不同物质，1单位货币可购买60升葡萄酒，90平方米左右的葡萄园，1200～3600平方米的农业用地，农忙季节一名男劳力18天的工资。除了对葡萄和葡萄酒的价格保护外，《赫梯法典》中还对于保障葡萄生产做出了规定：如果羊群毁坏葡萄园，每0.36公顷葡萄园需赔偿10单位货币；如果偷盗葡萄枝条被捕，罚交3～6单位货币。这些内容，表明在赫梯时代，葡萄园的价格要远高于普通农田，葡萄酒是高产值的生产商品，赫梯人的生活中葡萄酒具有重要的地位和影响。但葡萄酒作为高附加值的产品，享用的可能还是贵族阶层，他们比较喜欢在葡萄酒中加水、啤酒、蜂蜜、橄榄油、树脂、葡萄干、果泥、果浆、香料等。这种添加各种东西的喜好，一直延续到了后来的希腊化时代。

赫梯人的故乡和文明中心是邻近爱琴海的安纳托利亚高原，他们继承了古巴比伦的文化，将两河流域的文化通过爱琴海传入欧洲，其中也包括葡萄和葡萄酒技术。如在古罗马时代的著作《自然史》中，就记载了安纳托利亚地区的一种甜葡萄酒的酿造工艺，葡萄成熟后让葡萄挂枝，自然风干至原重的一半再采摘，经破碎取葡萄汁，蒸煮葡萄汁至原容量的$\frac{1}{3}$，以浓缩葡萄汁为原料进行发酵。这与现代冰酒和贵腐酒的工艺已经很接近。

赫梯文明与古罗马文明相隔久远，这种酿造技术是起源于赫梯文明还是之后的希腊化时代已不可考。但赫梯文明所在的安纳托利亚的葡萄酒痕迹却随处可见。

赫梯文明在公元前8世纪被亚述人所灭，赫梯文明就此消失在两河流域奔腾的洪水中。

与赫梯人同时生存在两河流域的亚述人，从苏美尔时期到亚述帝国，有将近2000年的历史。公元前9—前8世纪，强大的古埃及帝国已经没落，赫梯文明接近尾声，东方的波斯文明还未兴起，亚述人从赫梯引进铁器后，给亚述的经济带来了革命性的变化，更重要的是给善武的亚述人提供了更锐利的武器，增强了战争的威力，建立起第一个军事帝国。亚述人依靠强大的军事力量，横扫两河流域，建立了强大的亚述帝国，建都尼尼微，雄踞西亚一个多世纪。

葡萄酒是亚述人重要的农业经济产业，在一份出土的亚述帝国遗址的楔形文字文献中，记载了王室分配葡萄酒的盛况，王室的普通男性服务人员可分到约250毫升葡萄酒，技术工人约500毫升，而王后一天的葡萄酒配额是54升，国王的私人卫队的一次配额将近20000升。这些出土于王室遗址的黏土板文献中，还有白葡萄酒的字样。楔形文字的皇家档案中还记载了亚述首都尼姆鲁德的落成典礼上，亚述王纳西尔帕二世请来70000位宾客，宴会用葡萄酒 10000 份，啤酒 10000 份，精酿调配酒 100 份等。

2.2.4　希伯来文明：《旧约》里的葡萄酒

希伯来人就是古代犹太人，大约在公元前 20 世纪，从阿拉伯南部迁移到美索不达米亚，从两河流域的幼发拉底河游牧到巴勒斯坦，当地人叫他们希伯来人，意思是渡河而来的人。公元前 13 世纪，希伯来人创立了犹太教，对于早期的基督教和伊斯兰教的形成产生了很大的影响。希伯来文明在形成过程中，吸收了苏美尔文化、腓尼基文化、叙利亚文化、古埃及文化、古巴比伦文化、波斯文化和古希腊文化，成为独特的希伯来文明。

公元 70 年，犹太民族(希伯来人)在反抗古罗马帝国的斗争中失败，被迫流亡世界各国近 2000 年之久，却在 1948 年又奇迹般地复国成为现代化的以色列国，现代杰出的代表人物有马克思、爱因斯坦、弗洛伊德、海涅、卡夫卡等。发端于两河流域的希伯来文明，留给世界最宝贵的遗产是《圣经》。《圣经》是世界各国人民共同享有的文化遗产，受其影响产生的基督教文化影响了全世界，希伯来文明也因此成为西欧文明的来源之一。

《圣经》中的许多故事，都与葡萄酒有关，包括前面提及的诺亚是第一个建葡萄园和酿葡萄酒的人，而诺亚醉酒和罗德乱伦的故事，更是将葡萄酒天使与魔鬼的一面通过《圣经》故事晓瑜教众，告诫犹太教民过度饮酒的可怕后果。和《吉尔伽美什史诗》中大洪水的故事一样，《圣经》中的这些故事可能源自古代的真人真事。

希伯来文明对于葡萄酒的最大贡献，是将葡萄酒文化的属性引进了宗教，让葡萄酒文化与宗教文化紧密结合。这种结合深刻影响了未来人类文明的发展。

2.2.5　波斯文明：爱情毒药

从公元前 550 年居鲁士二世灭亡新巴比伦王国、古埃及建立波斯帝国成为两河流域的霸主，到公元前 330 年被亚历山大大帝灭亡止，波斯帝国成为世界历史上第一个横跨亚洲、非洲和欧洲三大洲的大帝国。波斯帝国在过去两河流域文化、尼罗河流域文化的基础上，发展出繁盛的波斯文化，它所用的文字是经过改造的楔形文字，官方语言为古波斯语，文学作品繁多，诗歌也在逐渐形成。由于波斯帝国疆域辽阔，经济发展也极不平衡。农业主要在东部波斯高原、中亚细亚，经济比较落后；西部两河流域、小亚细亚、尼罗河流域经济发达，是波斯帝国税收的主要地区。

在波斯传说中，有关葡萄酒的最著名的传说可能就是“爱情毒药”的故事了。

相传波斯国王特别爱吃葡萄，琢磨着怎样才能天天都有新鲜的葡萄可吃。有大臣便向国王献策，建议把成熟的吃不完的葡萄放进地窖储藏起来，什么时候想吃了，就可以拿出来吃。这样也不必担心吃不完的会坏掉，想吃的时候又没有，储藏的葡萄说不定还会有别样的风味。国王一听觉得有道理，就叫仆人准备 10 个黑色的罐子，因为他怕葡萄见光会烂，国王亲自装了满满 10 大罐的葡萄，打算让仆人送到地窖去。国王忽然又皱起了眉头，心想葡萄这么美味，万一没有尝过葡萄的仆人被葡萄的香气所诱惑，打开罐子偷吃怎么办？苦恼的国王左思右想，于是决定在罐子上贴上标签，上面写着两个大字“毒药”。国王被自己的聪明惊到了，不由地哈哈大笑，让仆人将这 10 个黑罐子送进了地窖里。

后来有个被国王冷落的妃子，觉得了无生趣，决定以死来报复国王的无情。当她还很受宠的时候，国王曾经在她面前提过，地窖藏了几罐毒药，若是有人偷偷吃了一点，便会立刻穿肠而死。妃子瞒着仆人们，偷偷进到地窖里，随意打开了一罐“毒药”。没想到一打开，甘甜的香气就扑鼻而来，妃子用勺子搅了一搅，发现这毒药的颜色绯红无比，十分艳丽，想必是剧毒无疑。妃子毫不犹豫满满舀了一勺喝了下去，这毒酒居然是甜的，于是她又接连喝了好几口，然后安静地躺下等待着痛苦和死亡的到来。等了许久，妃子也没发现自己的身体有什么异样，于是又一口气喝了许多"毒药"，没想到，越喝越上头。更没想到的是，连续喝了一个月的"毒药"，妃子的脸色竟然越来越好，皮肤红润、白皙透亮，别有一番妖娆，她又得到了国王的宠爱。因为这个故事，葡萄酒就又多了一个"爱情毒药"的称呼，后来有许多女子都相信，喝了葡萄酒，情人就会回心转意。

或许这是古代波斯人为了争夺早在他们之前就已经被苏美尔人发明的葡萄酒的专利权而编造出来的故事。无论如何，据说国王因此下令，要大力种植葡萄以制作"毒药"。从此，波斯人便开启了属于他们的葡萄酒时代。

古希腊人留下的文献记载和现代考古证据都表明，直至亚历山大征服前夕，波斯王室统治下的帝国长期维持着稳定、富足的局面。

出土的楔形文字资料显示，鼎盛时期波斯帝国统治下的古埃及尼罗河是一座取之不尽、用之不竭的宝库，源源不断地向波斯宫廷提供各式各样的珍馐美馔。波斯宫廷中的屠夫每天要为准备国王的膳食而宰杀1000只牲畜，包括牛、马、骆驼、驴、野鹿、绵羊、山羊、鸵鸟、鸡、鹅等不同动物品种，这样的宴会，葡萄酒永远是主角。

1948年，美国学者奥姆斯特德(A. T. Olmstead)在其名著《波斯帝国史》(*History of the Persian Empire*)中生动细致地向读者呈现了一幅波斯帝国鼎盛时期宫廷宴饮的壮观场景：在波斯国王过生日的那一天，帝国宫廷中要举行一场盛大的酒宴。国王会宴请1500名客人，为这场酒宴豪掷400塔兰同。贵族们则在宫廷人员的引领下在蓝色、白色、黑色与红色的石头上就座；深居简出的国王隔着亚麻编织的彩色帷幕躺在黄金制成的御床上，一边透过帷幕观察近臣们的一言一行，一边品尝着手中金杯里用大马士革(Damascus)周边山上向阳坡面上精心栽培的葡萄酿出的美酒。整场宴席期间，国王的妻妾轮流来到身边弹琴唱曲。波斯宫廷的奢华盛宴在《旧约·以斯帖记》、公元2世纪雅典学者尼乌斯(Athenaeus)的《智者盛宴》、古希腊历史学家的著作中都有所记载，他们谈到波斯国王的饮酒品味十分考究，永远只喝产自大马士革的上等卡吕波尼亚(Chalybonia)葡萄酒。在帝国后期，波斯贵族在宴饮时毫无节制，经常烂醉如泥、不省人事地被仆人抬出门，波斯宫廷的豪饮恶习同样影响了其臣民的社会风尚，平民也经常狂饮劣质的大麦酒，过着醉生梦死的颓废生活。当古希腊士兵攻破波斯王宫后，马其顿将领帕梅尼昂(Parmenion)向亚历山大上报缴获的波斯亡国君主大流士三世的金质酒杯和镶宝石酒杯分别重达73塔兰同和56塔兰同。

在经历了苏美尔文明、古巴比伦文明、赫梯与亚述文明、希伯来文明和强大的古波斯帝国几千年的古代史后，葡萄酒没有因为血腥的战争而消失，而是随着战争和文明的兴替，不慌不忙、稳扎稳打地传播，受到了民众的喜爱，给人们带来了慰藉，成为古代两河流域文明的一部分。

2.3 古埃及时代：尼罗河上的欧西里斯

2.3.1 尼罗河的馈赠

发源于非洲中部的白尼罗河和发源于苏丹的青尼罗河汇合而成的尼罗河，流经森林和草原后，每年 7—11 月定期泛滥，浸灌两岸干旱的土地，带来含有大量矿物质和腐殖质的泥土。古希腊历史学家希罗多德说："埃及是尼罗河馈赠的厚礼。"在人类历史上，尼罗河是文明的化身；在世人心目中，古埃及文明总是和尼罗河联系在一起。

历史书上的古埃及时代，跨越公元前 5300—639 年的漫长时期。我们这里所说的葡萄酒的古埃及时代，主要讨论公元前 5300—332 年，伴随古埃及文明的诞生与发展阶段的葡萄酒文化。而其后古埃及的希腊化时代和罗马统治时代，后面的章节里另有专叙。

2.3.2　荣耀归于谁？

古埃及人和苏美尔人一样，将葡萄树称为生命之树，到底是古埃及人独立发现了葡萄酒技术还是从苏美尔人那里学来的酿酒技术？这一问题一直得不到确切的考古证据。古埃及是葡萄酒的独立起源地吗？古埃及是否可以和苏美尔人一起共享葡萄酒起源地的荣耀？

1989 年，在距今 5000 多年前的埃及古城阿拜多斯（Abydos）的遗址中，人们发现了古埃及前王朝最早的君主蝎子王一世（Scorpion I）的陵墓，在这个古埃及最早的皇家陵墓内，发现了近 700 个葡萄酒陶罐，这些陶罐堆放成 3 层或 4 层。其中 207 个陶罐里有 47 个装有葡萄种子和葡萄，这些葡萄种子与人工培育的欧亚种葡萄的种子十分相似。在 11 个陶罐里发现了残存的物质，对其进行分析发现了酒石酸和一种由松脂衍生而来的芳香碳氢化合物，这种松脂一般作为葡萄酒的添加剂，防止葡萄酒转化成醋，这些成分分析表明这些陶罐是用来装葡萄酒的。有意思的是，宾夕法尼亚博物馆考古应用科学中心的考古化学实验室使用中子激活分析法检验了 11 个陶罐，发现这 11 个陶罐不是用古埃及黏土制成的。其中 8 个陶罐显示出陶罐类型的范围属于以色列南部海岸平原与低地、南部山区，约旦河谷或外约旦这些地区，或者与以上这些地区有紧密联系。陶罐大多是细口瓶状的，平均容积在 6～7 升，这种陶罐是古代远距离贸易常用的酒罐。经分析发现，这些来自不同地方的进口葡萄酒陶罐，与南部东地中海地区的陶器最为相似。

在两河流域文明部分我们说过，两河流域是葡萄和葡萄酒的起源地，大量的野生葡萄与栽培葡萄化石在沿高加索到两河流域的人类迁徙路线上分布。但奇怪的是，考古学家们从未在尼罗河流域发现野生葡萄，说明尼罗河流域不是葡萄的起源和驯化之地，葡萄应该是从外面引种而来，最有可能的是自两河流域的苏美尔人处引进。而且是先有葡萄酒的引进，再有葡萄的栽培。

蝎子王陵墓的考古发现，在公元前 30 世纪以前古埃及就存在且大量饮用葡萄酒，并能以多种类型的进口葡萄酒作为王的陪葬品。这些葡萄酒的进口地，正是今天以色列、巴勒斯坦和约旦所在的地区，在古埃及同时代的时候，这里是黎凡特人的居住地。结合后来尼罗河沿岸陆续出土的文献、雕塑、纸莎草文献等考古证据，我们推测古埃及的葡萄酒可能是先由善于买卖的腓尼基人从两河流域引进古埃及，逐渐为古埃及人所接受，再进而种植腓尼基人引进的葡萄种子或枝条，建成葡萄园，然后历经漫长的葡萄酒本土化过程后，形成了古埃及本地的葡萄酒文化。可以想象，在公元前数千年前，西亚航海民族腓尼基商人，从两河流域购买葡萄酒和其他农产品，从黎凡特出发经西奈半岛，与尼罗河流域的人交易，他们将两河流域的葡萄酒售卖给古埃及人和泛地中海地区的民族。因此，古代黎凡特的腓尼基人被认为是葡萄酒第一次世界性传播的大功臣。

尽管葡萄和葡萄酒技术都不是起源于古埃及，但创造了灿烂文明的聪明的古埃及人，在随后的几千年中，将葡萄和葡萄酒本地化，打上古埃及文化的标签，形成了自己独特的葡萄酒文化，让尼罗河流域和两河流域一起，变成了最早的世界葡萄酒文化中心。

2.3.3 欧西里斯的庇佑

葡萄酒引入古埃及后，很快成为古埃及农耕文明先进技术的代表，以强劲的生命力向周边地区传播。从古埃及到以色列、叙利亚，进而到小亚细亚，最终传播到了里海沿岸各国。

随着古埃及文明的发生发展，原始崇拜与图腾、宗教与神话成为埃及古代文明的重要组成部分。葡萄酒在古埃及的神话体系里也得到了完美的诠释，奠定了葡萄酒在随后几千年的宗教文化、世俗文化中的地位。

古埃及尊崇多神崇拜，与葡萄酒有关的神包括欧西里斯(Osiris)、列涅努特(Renenutet)和舍兹姆(Shezmu)。欧西里斯教导古埃及人葡萄栽培和葡萄酿酒，列涅努特被供奉在葡萄园中保护葡萄栽培和葡萄酒酿造过程，舍兹姆是饮宴之神，掌管宴会上的葡萄酒。

欧西里斯是古埃及葡萄酒的主神，传说他和自己的妹妹结婚，被自己的兄弟赛特(Set)残忍杀害并抛尸于尼罗河中，导致了尼罗河一年一度的泛滥，但洪水退去留下淤泥，为来年作物的丰收奠定了基础。洪水没有带来灾难却带来了丰收，这在古埃及人看来都是欧西里斯在保护他们。欧西里斯死后，他的妻子将他的尸块收集起来，输入生命的活力，欧西里斯复活了。这可能是古埃及人死后被制成木乃伊的原因，他们希望和欧西里斯一样，有朝一日可以复活。在一份出土的古埃及纸莎草文件上记录了此事，欧西里斯死后，他的妻子在他的鼻孔接入一支葡萄藤输入生命的血浆，欧西里斯复活了。古埃及人认为葡萄可以在瘠薄的土地上生长、具有旺盛的生命力的特点，葡萄酒让人充满活力，红色的葡萄汁或葡萄酒就像带给生命活力的血液一样，将葡萄、葡萄酒这种属性赋予欧西里斯，以此作为这个神话的象征。葡萄、葡萄酒成为欧西里斯崇拜和古埃及神话体系的精髓，红色也成为古埃及人的流行色。

一年一度洪水来临的时候，古埃及人在尼罗河畔举行仪式，祭祀欧西里斯，感恩他的庇佑和守护，葡萄树、葡萄和葡萄酒成为神圣的献祭品。

2.3.4 象形文字里的葡萄酒痕迹

文字是文化的载体。四大文明古国，都因为有着自己的文字，使得文明得以流传。古埃及人最早的文字和中国一样，都是象形文字，通过描绘物体形象来传递信息(图 2-4)。古埃及出土的纸莎草文献、壁画及酒罐上，有大量象形文字书写的葡萄与葡萄酒信息。

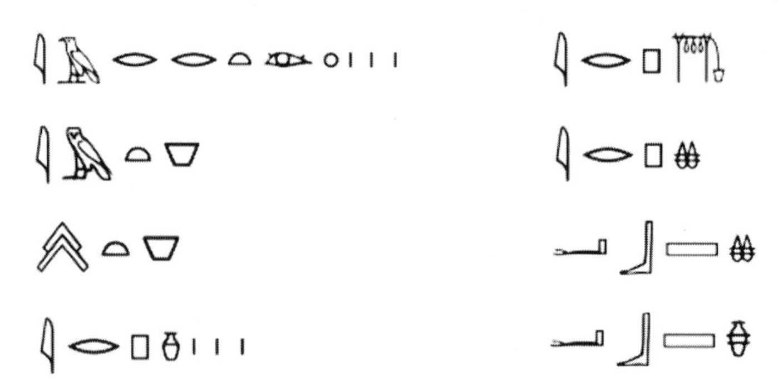

图 2-4 与葡萄和葡萄酒有关的古埃及象形文字

(来源：https://www.doc88.com/p-3187136928445.html)

如一组由弓弦、数字 100 及一个双手紧握木棍的人组成的象形文字，被专家解读为葡萄酒的地区经理人。弓弦表达个性坚韧，数字 100 是管辖的葡萄园或酒庄的数量，紧握木棍意味着他被赋予了管理权限。

葡萄园庄主的象形文字则是由天空、举起的双臂、秃鹫和猫头鹰组成。秃鹫在古埃及是法老的专属象征，猫头鹰是王权的象征，这样的象形文字表明，拥有葡萄园在古埃及可能是拥有重要社会地位的标志。

用一根木桩，从高处连接葡萄藤蔓的象形文字，被解读为表示葡萄、葡萄园。用芦苇、人的口腔、凳子、葡萄酒容器和时间来表示葡萄酒、饮用葡萄酒的象形信息。

最有意思的是用一个两头开放的布袋和一个容器图案来表示葡萄榨汁酿酒的象形文字。解读为将葡萄放进布袋，由两个工人握住反向旋拧布袋获取葡萄汁的过程。这个象形文字的解读，结合以色列和古埃及出土的其他考古证据，确定了在古埃及中王国时期，即公元前一千五六百年，在古埃及、以色列的葡萄酒酿造过程中发生的一场技术革命。

这场技术革命就是有关上面解读的获取葡萄汁的象形文字、出土的图画和犹太教文献中所描述的最古老的过滤技术——用布袋过滤葡萄汁的技术。自从这个简单的技术出现，葡萄酒似乎就从以往浑浊不堪的状态，进化到了现在的透明状态，这在葡萄酒的发展史上有着划时代的意义。此前的人们总是光着脚将葡萄在木桶、木槽、石槽等容器内踩碎制成葡萄汁然后进行发酵，得到的葡萄酒浑浊，品质不佳。这种简单的布袋过滤方法，使酿出的葡萄酒的品质得到相当大的提高。

考古证据表明，因为这个过滤技术的出现，葡萄酒的质量提高，人们对于葡萄酒的需求越来越大，葡萄树的栽种也就越来越多，栽种面积不断扩大，葡萄酒在近东地区和古埃及得到了普及。葡萄酒也从皇室、权贵们的黄金杯中，开始出现在普通民众的陶质杯中，葡萄酒成为重要的贸易商品和国家税收的来源。大量的考古发现，证明了当时葡萄酒交易的盛况，即形成了以两河流域、尼罗河流域为中心，辐射周边的广阔的葡萄酒文化地带。

2.3.5 图坦卡蒙的酒单

1922 年 11 月 15 日，英国考古学家霍德华·卡特在古埃及中王国和新王国时代(公元前 21—前 11 世纪)的首都底比斯地区、尼罗河西岸的帝王谷中，发现了新王国时期(公元前 1334—前 1323 年)法老图坦卡蒙的陵墓。图坦卡蒙是古埃及第十八王朝的第十二位法老。第十八王朝则是古埃及新王国时期的第一个王朝，也是古埃及历史上最强盛的王朝，所处的时间是公元前 16—前 14 世纪(公元前 1575—前 1308 年)。在古埃及的 31 个王朝中，该王朝是延续时间最长、版图最大、国力最强盛的一个朝代，它的势力范围南达埃塞俄比亚，北到巴勒斯坦、叙利亚，是世界历史上第一个以军事帝国的姿态傲视邻国的帝国，第一次将西亚、北非各文明紧密地联系在一起。卡特发现的图坦卡蒙的陵墓是 3300 年来唯一完好无缺的法老陵墓，也是古埃及最豪华的陵寝，更是古埃及考古史乃至世界考古史上伟大的发现之一。

当图坦卡蒙带着纯金的面具重现世界，他的黄金面具马上就成了古埃及文明的象征，还有纯金制成的棺材、纯金雕制镶满宝石的王座、铺满墓室墙壁的纯金浮雕，所有一切都让世界震惊。出土文物超过 10000 件，每件都是无价之宝。文物无可比拟的历史价值和文化内涵使图坦卡蒙陵墓排在世界十大宝藏的第一位。

在图坦卡蒙陵墓出土的文物中，有 26 个葡萄酒的酒罐引人注目。最大的高约 45 厘米、腹径约36厘米,最小的约有最大的一半。在这些陶罐上发现了铭文,铭文表达出的意思用现在的话说就是葡萄酒的酒标,与今日大部分地区的酒标如出一辙,包括年份、葡萄园、葡萄园园主与首席酿酒师、葡萄酒类型。与现代酒标相比,只是缺少酿酒的葡萄品种而已。有人详细分析了这26罐葡萄酒的信息,其中7罐盖有法老的私人印玺,16罐标示着"阿顿"之名,全部都有"河的西岸"(尼罗河三角洲西部被视为古埃及最好的葡萄酒产地)的字样。26罐葡萄酒来自3个不同年份:4年、5年与9年。这些年份是指法老的在位年份还是葡萄酒的储存时间存有争议,不过至少那时人们已经知道葡萄酒的陈酿,愈陈愈香才是好酒,因为其中一瓶写着31年,这绝不可能是图坦卡蒙短暂的执政年份(在位仅9年),很可能是陈酿年份。除了3个最古老的酒罐,其余酒罐皆标注了首席酿酒师的名字,可哈依的名字出现在5个罐上,另有一罐标注了阿顿之家,两种酒(贴有"Sdh"字样,应是新酿或新鲜之意)标示"质量优异",其余的只注明是否为甜酒。科学家们抽取了其中6个葡萄酒罐通过科学检测技术对其化学成分进行检测,最终认定其中5个酒罐曾经存放的是白葡萄酒。大部分葡萄酒产自河的西岸,那是古埃及最好的葡萄园,位于尼罗河三角洲的西部一带,如希莱、比贝特哈格、孟菲斯和一些绿洲等,都属于下埃及地区,因为上埃及地区直到公元前300年希腊化时代(托勒密王朝),才开始种植葡萄。

下埃及早在6000多年前就种植葡萄,在古埃及尼罗河的三角洲地区,就曾出土距今6000多年的碳化葡萄籽。图坦卡蒙时代的贵族家都有成片的葡萄园,他们将葡萄制成葡萄酒,用于盛大的祭祀活动和日常饮用。在古埃及壁画中,种葡萄和制作葡萄酒的画面经常出现(图2-5)。许多陵墓中都有葡萄酒作为陪葬,在早于图坦卡蒙法老统治1000余年的萨卡拉金字塔里,考古学家们就发现有5种葡萄酒,产自尼罗河三角洲的布托、贝鲁西亚、马里奥特湖,这5种酒在后来成为法老们带往冥界的标配。

图2-5

图2-5　古埃及人酿制葡萄酒过程的壁画

(来源:https://zhuanlan.zhihu.com/p/23841167?from_voters_page=true)

图坦卡蒙的祖父阿蒙霍特普三世(Amenhotep Ⅲ)曾在临近首都底比斯的尼罗河西岸古城马尔卡塔(Malkata)修建了一座壮丽的宫殿,3000多年以后,考古学家们在这座宫殿的遗址上发掘出了上千个陶罐,根据罐标信息,这些陶罐大都是葡萄酒罐。在用现代科技对陶罐的土质进行分析以后,发现这些土质成分和其所在地附近的土质成分非常相似,这与前面所述的最早的蝎子王陵墓里发现的酒罐来自古埃及之外的地区完全不一样,说明在强大的第十八王朝，在阿蒙霍特普三世与图坦卡蒙的时代，古埃及对于外来葡萄酒的进口和依赖已经大大降低，本土葡萄酒无论是品质还是种类可能已经超越进口葡萄酒，受到本土人们的追捧。

图坦卡蒙的酒单也给我们展示了新王朝时期葡萄酒的普及程度，他们拥有专门的葡萄酒酿酒厂，有葡萄酒的酿造标准和流程，甚至形成了尼罗河三角洲原产地管理证明系统，具备质量保障的溯源功能，几乎具备现代葡萄酒产业的基本要素和生产模式。

2.3.6 永远的金字塔

作为世界七大奇迹之一的金字塔，是埃及古王国时期第三王朝末期和第四王朝时期所建的古埃及法老的陵墓。最早的金字塔是第三王朝的法老左塞王的阶梯式金字塔，最著名的是第四王朝的胡夫、胡夫的儿子哈夫拉、孙子门卡乌拉金字塔，如同《金字塔铭文》中所说："为他（法老）建造起上天的天梯，以便他可由此上到天上。"金字塔就是这样的天梯，金字塔象征的是刺向青天的太阳光芒和对太阳神的崇拜。第四王朝以后，其他法老虽然建造了许多金字塔，但规模和质量都不能和上述金字塔相比。第六王朝以后，古埃及的法老们也就不再建造金字塔，而是像图坦卡蒙一样在深山里开凿秘密陵墓。

以金字塔为代表的法老的陵寝，将3000年古埃及的历史与文化打包保存，为人类留下了永远的财富。迄今为止，考古学家们已在数百个古埃及不同时期的陵墓中发现了大量的葡萄栽培和葡萄酒酿造的相关壁画、纸莎草文献、葡萄酒器物等遗存文物，时间跨度自公元前近3000年到公元前数百年。那些文物清楚地展示了古埃及的葡萄酒工艺和文化。

那些在陵墓中出现的葡萄相关壁画，都有着较深的颜色，推测可能主要是红色葡萄品种，对葡萄酒罐残留成分分析发现，也大多是红葡萄酒。一些特殊种类的葡萄酒酿造工艺也通过陵墓里的纸莎草的记载得以流传，如在陵墓中发现的优质甜酒，在一份用象形文字书写的纸莎草文献中这样记载：多次过滤，不断加热。出土的文献中也记载了古埃及人具有高超的葡萄酒调配技术，他们在葡萄酒中加入蜂蜜、树脂、香草、水果、皮革、花等，来调配葡萄酒的品质和风味，增加葡萄酒的种类和售卖的噱头。出土的艾伯斯纸莎草文献（Ebers papyrus）中，还记载了葡萄酒的药用效果，和李时珍《本草纲目》记载的效果相同。

此外，现代葡萄酒技术中最通用的陈酿技术和观念，也早在古埃及人的葡萄酒文化中得以实现，他们很早就发现葡萄酒在经过长期储藏后，会逐渐成熟，香味与口感会变得更为醇厚可口，如图坦卡蒙陵墓中酒的年份标注最长可达31年，古埃及人非常了解陈酿的好处，且熟练掌握了陈酿的技术。有象形文字甚至记载了当时的人们已经拥有陈酿两三百年的葡萄酒。这点确实令人吃惊，因为就算在现代的葡萄酒酒庄，要保藏上百年的葡萄酒，也需要高超的技术和设备。但反过来想想，能够将尸体保存5000年都不坏的聪明的古埃及人，保藏几百年的葡萄酒似乎也应该不在话下。

在金字塔和法老的陵墓中，至今还保留着这样的画面：三角洲高地梯田中、生长在高架长廊下尼罗河淤泥中的葡萄，无须施肥和担心洪水，成熟后被送到酒厂，在浅槽内由人工踏踩，踏踩的工人用从上方柱子垂下的绳带稳定他们的身体以免滑倒。葡萄汁随后转移到双耳细颈陶罐中静置发酵，通常在封罐前经过高温消毒，然后贴上封签，详细标明产地和酿酒师。一切工作完成，沿着尼罗河直接运输到某个法老的陵墓里，直到3000年后被考古发现。

古埃及的历史进入到公元前332年，亚历山大大帝在几乎没有波斯人抵抗的情况下，被古埃及人当成解放者占领了这片土地，亚历山大的继承者托勒密仿照古埃及模式建立了政权，古埃及进入古希腊时代。古希腊文明没有取代古埃及文明，两种文明传统相互融合。古埃及的葡萄酒文化开始进入古希腊时代，古埃及的葡萄酒文化中心地位逐渐转移到古希腊。

公元前31年，屋大维在亚克提姆海战中打败马克安东尼和托勒密王朝的克里奥帕特拉七世，古埃及成为古罗马帝国的一个省。古埃及进入古罗马统治时代，古埃及的葡萄酒文化也随即打上古罗马文化的印记。

但到了公元640年，古埃及被阿拉伯帝国征服，由于伊斯兰教对于酒精饮料的教义要求，葡萄酒和葡萄酒文化逐渐在古埃及式微和消失，只留下永远的金字塔闪耀在尼罗河畔，对着现在和未来，述说着古埃及曾经盛极一时的葡萄酒与葡萄酒文化。

2.4 古希腊时代：狄俄尼索斯的世界

葡萄驯化、葡萄酒的发现与技术进步和其他人类早期发展阶段不可替代的文化创新一样，两河流域与尼罗河流域成为人类文明的摇篮和世界第一个葡萄酒与葡萄酒文化中心，是人类历史与文明发展的必然。

而当现代人类文明的源头古希腊文明出现在随后的人类文化史上后，葡萄酒的古希腊时代也在奥林匹斯山上众神的注目下，在巴尔干、爱琴海、小亚细亚广阔的土地上，开启了属于古希腊的也是世界的独特而灿烂的葡萄酒历史，世界葡萄酒与葡萄酒文化中心也从两河流域、尼罗河流域转移到了古希腊这些地区。

葡萄酒的古希腊历史可以和古希腊文明一样，大致分为三个阶段，第一个阶段是文明的初级阶段——爱琴文明阶段，自公元前3000—前2000年的爱琴文明是古希腊文明的先导。通过文化和贸易的交流与融合，古希腊人接纳了来自两河流域和尼罗河流域的葡萄酒和葡萄酒文化，也接受了西亚人对于葡萄酒的认知，古埃及的酒神欧西里斯变成了古希腊的酒神狄俄尼索斯，狄俄尼索斯也成为整个古希腊时代葡萄酒的代言人和象征（图2-6）。公元前

图 2-6

图 2-6 俄罗斯国立埃尔米塔什博物馆的狄俄尼索斯雕塑

（来源：https://baike.baidu.com/pic/%E7%8B%84%E4%BF%84%E5%B0%BC%E7%B4%A2%E6%96%AF/1494985/0/7acb0a46f21fbe096b63d14b6e2b1b338744ebf80713?fr=lemma&fromModule=lemma_content-image&ct=single#aid=0&pic=7acb0a46f21fbe096b63d14b6e2b1b338744ebf80713）

12—前 4 世纪为第二阶段。这个阶段的古希腊文明处于巅峰阶段，葡萄酒历史上的第二个世界葡萄酒文化中心形成，古希腊时代的葡萄酒与葡萄酒文化，也与影响至今的古希腊的伟大文学、艺术、历史学、哲学和科学一样，流传千古。第三阶段为公元前 338—前 146 年，史称希腊化时代。尽管古希腊文明开始衰败，但古希腊的葡萄酒文化却在这个阶段得到了更广泛的传播，形成了古希腊独特的葡萄酒文化现象，这种文化现象一直持续到葡萄酒文化传播的接力棒移交给古希腊文明的继承者古罗马人为止。

而贯穿三个阶段古希腊文明历史的葡萄酒酒神狄俄尼索斯，以他独特的魅力，和古希腊人一起，共同创建了以他为信仰的葡萄酒的古希腊时代。

2.4.1　弥漫在爱琴海的酒香

爱琴海位于东地中海的北部，是个自成一体的海域。爱琴海(Aegean Sea)一词，据说源于古希腊神话传说中的一位雅典国王埃勾斯(Aegeus)。他盼儿不归，最后伤心投海身亡，爱琴海由此得名。在爱琴海诞生的爱琴文明是古希腊文明的先导，如果说古希腊文明是西方文明的摇篮，那么爱琴文明就是“摇篮的摇篮”，它是西方文明的历史源头。

古希腊葡萄酒时代的第一阶段也就是爱琴文明时代，包含两个著名的文明阶段，即克里特岛文明和迈锡尼文明。大约在公元前 3000 年开始，爱琴海的克里特岛逐步发展出高度的文明，被称为克里特岛文明，以岛屿北部的克诺索斯为中心，在公元前 2000 年中期米诺斯统治时期到达顶峰，之后突然湮没；古希腊早期文明发展移向巴尔干半岛，伯罗奔尼撒半岛西北部的迈锡尼成为新的文明发展中心。迈锡尼文明吸收了克里特岛文明的成就，同时在经济、文化、生产技术等方面达到新的繁荣，到迈锡尼文明的后期，发生了著名的特洛伊战争，特洛伊战争后的一个世纪，爱琴文明时代结束，古希腊进入第二阶段。

1878 年，英国考古学家阿瑟・埃文斯(Arthur Evans)发掘了爱琴文明鼎盛时期的宫殿克诺索斯宫，在克诺索斯宫的遗迹中发现了数量庞大的壶，用来装葡萄酒、橄榄油、蜂蜜和水，让我们联想到当时米诺斯王的宫殿里人们欢聚尽情畅饮葡萄酒的情景。克诺索斯宫中出土的泥板文献，记载了克诺索斯宫殿里的葡萄酒不仅用于饮用，还用于葡萄酒的贸易和出口。

与爱琴文明时代同时期的古埃及文明那时正处于古王国末期和新王国时期，古埃及在进入新王国时代以后，葡萄酒在古埃及正处于世界中心的鼎盛时期，在古埃及的大街小巷，人们大口大口地喝着葡萄酒。图特摩斯三世甚至要求他的官员们每天都要饮用葡萄酒，拉美西斯三世的宫殿外四周都是葡萄园；塞提一世朝廷将葡萄酒作为工资发给官员。正是在这样的背景下，葡萄酒文化传播的使者——黎凡特的腓尼基人，将葡萄酒及葡萄酒的酿造方法带到了地中海彼岸的爱琴海诸岛上，这大概是爱琴文明时代中后期约公元前 2000 年前的事情。葡萄酒文化伴随着古希腊文化的兴起，葡萄酒文化圈不断扩大，从尼罗河、美索不达米亚平原来到了爱琴海和巴尔干半岛，从亚洲迈向了欧洲在当时东地中海的各个岛屿上，葡萄酒文化也在这里扎下了根，开始融入古希腊文化的前身迈锡尼文明中。葡萄酒的世界文化中心也从尼罗河流域、两河流域逐步转移到爱琴海和地中海，葡萄酒的酒香开始弥漫在爱琴海上。

2.4.2　众神的狂欢

古希腊文明的第二阶段，由《荷马史诗》描述的荷马时代和古希腊文明的巅峰城邦文明时代(公元前8—前4世纪)所构成。

在历经300多年的荷马时代之后,古希腊文明进入城邦文明时代,这一阶段虽然仅持续400年左右,却是古希腊文明最辉煌的时期。城邦文明又被分为两个阶段,每个阶段历时200年左右。第一个阶段是公元前8—前6世纪,通常被称为古风时代,这是古希腊城邦文明萌芽肇始的早期阶段。公元前6世纪后半叶—公元前4世纪的近200年间是第二个阶段,被称为古典时期。古典时期是古希腊文明的鼎盛时期,现在人们了解的古希腊的重要人物、事件和其他文化现象,大多出现在这一时期。而古希腊葡萄酒的中心在公元前8世纪之前在爱琴海,在公元前8—前4世纪,葡萄酒文化的中心便扩展到了整个地中海。

爱琴海上飘荡的来自古埃及的葡萄酒味道,那精致高雅的香味让古希腊人为之迷醉,他们毫无抵抗力地接受了古埃及文明传递给他们的葡萄酒和葡萄酒技术,甚至连古埃及酒神欧西里斯的文化,都被他们毫不犹豫地全盘接受了。葡萄酒的魅力,让古希腊人不仅开始致力于葡萄酒的发展,还一边消化吸收着爱琴海文明,一边培育着属于自己的葡萄酒文化。在古希腊本土,葡萄树和橄榄树是最主要的作物,古希腊人完全变成了葡萄酒的俘虏。

在古希腊文明史上占据重要地位的古希腊神话中包括酒神狄俄尼索斯在内的诸神,是诞生于古希腊民族梦中的英雄的化身,他们与异民族梦中的诸神相互斗争、彼此妥协之后,古希腊民族的神和异民族的神都被安置在了奥林匹斯山上,在主神宙斯的统治下各自被赋予神位。古希腊神话是古希腊文明不可分割的一部分。狄俄尼索斯是古希腊人创造的带领他们创建世界葡萄酒文化中心的引领之神。古希腊人将他们对葡萄酒的理解与从古埃及酒神欧西里斯继承而来的对葡萄酒的崇拜,都献给了狄俄尼索斯,狄俄尼索斯端坐在奥林匹斯山自己的神位上,带领古希腊人,开启属于古希腊的也是世界的葡萄酒时代。

在古希腊神话中,狄俄尼索斯是宙斯与其情人塞墨勒的儿子。宙斯的妻子赫拉因为嫉妒,在得知宙斯总是变成凡人的样子与塞墨勒约会后,便收买了塞墨勒的乳母,让她告诉塞墨勒,她的情人是假面具,他本是一位风流倜傥的年轻美男子,怂恿她去看宙斯的真面目。当宙斯来与塞墨勒约会时,塞墨勒便央求宙斯,宙斯无奈只得向她显现威严的真相。当宙斯手持雷电变回真身的瞬间,塞墨勒就被烧死了,当时的塞墨勒已怀有身孕,宙斯迅速将胎儿从塞墨勒的腹中取出并缝入自己的大腿,直至满月取出,这个胎儿就是后来的酒神狄俄尼索斯。

复活似乎是葡萄酒酒神诞生的精髓和永恒特征,从欧西里斯到狄俄尼索斯,葡萄和葡萄酒使人重生,是古埃及时代和古希腊时代共同的观点。人们将经历过复活重生的狄俄尼索斯,与葡萄被挤破后,流淌出的如鲜血般深红色的葡萄汁经发酵后变成生命之水葡萄酒的现象联系在一起,狄俄尼索斯变成了葡萄酒的象征。葡萄酒使人陶醉,狄俄尼索斯又成了恍惚之态的守护神。陶醉使人类创造出了诗歌与舞蹈,诗歌与舞蹈进一步变成戏剧,所以他又成为戏剧之神。最终,由于酒能使人狂乱,他再次成为掌管发狂之神。古希腊人依据葡萄酒带来的不同形态赋予酒神不同情态和职能。如果与狄俄尼索斯深交,会产生复杂、奇怪、令人恐惧的后果;但如果适度地与其交往,就能得到至高无上的愉悦。这就是古希腊人心目中酒神狄俄尼索斯的不同神性。

在众神的关注下,在狄俄尼索斯的庇佑下,葡萄酒的芳香在地中海沿岸地区飘散开来,公元前8世纪前后,以西西里岛和马萨利亚(现在的马赛)为基地的罗纳河畔,甚至位于伊比利亚半岛南部门拉卡附近的古希腊殖民地,都已经开始建设葡萄园,酿造葡萄酒了。在狄俄尼索斯的信仰下,古希腊人打造了世界上第二个葡萄酒文化与传播中心,也奠定了现代西方葡萄酒文化的基础。

2.4.3　古希腊式的葡萄酒文化

希腊化时代，古希腊文明的版图已不再局限于古希腊这个弹丸之地，甚至不再局限于爱琴海的一隅之地，而是不断向东方拓展，不断促使东西方文明交流和融合。从爱琴文明到城邦文明，再到古希腊化时代，古希腊文明经历了从萌芽到兴盛再到衰落的发展阶段，但古希腊的葡萄酒，却经历了继承、繁盛和传播的三个阶段。

古希腊人以古希腊为中心，将葡萄酒文化传播到了更广阔的地区。作为历史上出现的第二个世界葡萄酒文化中心，古希腊人的葡萄酒文化标注了鲜明的古希腊特色。

现如今有些年轻人喜欢将葡萄酒兑上可乐、雪碧或其他东西饮用，而在葡萄酒中加入其他的液体并不是现代人的发明，古希腊人才是这种饮用方法的祖师爷。他们习惯在葡萄酒中加入水稀释后再饮用。

无论如何，古希腊人的口味在葡萄酒历史上算得上独树一帜，除了和其他古人一样喜欢添加蜂蜜之外，他们还尝试着将各种奇怪的东西掺在葡萄酒里一起饮用。葡萄酒直接兑水饮用是古希腊葡萄酒文化中最为显著的特点和标志性的习惯。有传说称这种饮用方法是酒神狄俄尼索斯教给阿提拉国王的。兑水的比例不尽相同，一般是水与葡萄酒各一半，酒量小的人也可以多兑水，此外，若葡萄酒的品质好，酒精含量高，可以兑较多的水。如诗人荷马(Homer)的习惯，是在 1 份酒中兑入 20 份水，这样他在创作的时候，是不是就可以保持着兴奋的状态，又不至于陷入疲惫和不清醒？被称为“希腊训谕诗之父”、比荷马更早的农民诗人赫西俄德(Hesiod)在饮酒的时候，习惯是 1 份酒加入 3 份水的比例勾兑。古希腊作家埃布罗斯(Eubulus)描绘了古希腊人对于葡萄酒的普遍认知：“你可以愉快地喝下这三碗酒，它们会带来浑身的暖和。第一碗是健康，第二碗是爱和快乐，第三碗是助眠，三碗喝完，正好回家睡觉。如果你喝下第四碗，就相当于喝下了失态，你会东倒西歪；喝下第五碗，你的浑身充满骚动；第六碗会让你发狂；第七碗带给你的是鼻青脸肿；第八碗喝下，警察就会出现；第九碗喝下，身体不是自己的；如果你还要喝下第十碗，你就会变成一个疯子，砸烂你自己满屋子的家具。”

葡萄酒兑水一般在专门的混酒器进行。《奥德赛》中出现过“金银精细加工而成的西顿王混酒器”的记述。在混酒器中调制好兑水葡萄酒，再倒进大杯子中饮用。亚里士多德曾记载，1 升萨莫斯的葡萄酒可供大约 40 人一次性饮用。显然这种萨莫斯的葡萄酒酒精度应该很高，如按 1∶3 的比例兑水，有 4 升兑水的葡萄酒，40 人可以每人分到一杯。

宴会时候的礼仪也很有意思，《荷马史诗》描绘了古希腊式的葡萄酒礼仪：在宴会上，葡萄酒被装在大杯子里，先由主人喝过后，再依次传给坐在右边的人，即逆时针方向轮流饮用。在古希腊时代早期，陶制酒杯和酒壶上就出现了狄俄尼索斯的图案，将酒杯传向右侧这一古希腊式饮酒礼仪，也许早就成了习惯。

古希腊的酒器主要包括角杯、陶杯、金杯等不同材质的酒杯，醒酒器和酒壶(图 2-7、图 2-8 和图 2-9)。在荷马的《伊利亚特》中，描写了当美少年帕里斯夺走了斯巴达王墨涅拉俄斯美艳绝伦的皇后海伦，阿喀琉斯看中的女奴布里塞伊斯被上司阿伽门农夺走，这两个人痛饮葡萄酒、怒摔酒杯来表达他们的痛苦和愤怒，不同的是，墨涅拉俄斯摔的是陶制的高脚杯，阿喀琉斯摔的是角杯或金杯。据文献记载，古希腊人早期使用的酒杯大都是角杯，而古希腊上流社会的人们最常用的是陶制酒杯，到了后期才出现黄金酒杯，特洛伊遗址中就曾出土过金杯。

图 2-7

图 2-7 鲁昂考古博物馆的古希腊陶杯

（来源：http://jocondelab.iri-research.org/jocondelab/notice/10290/）

图 2-8

图 2-9

图 2-8 罗马尼亚国家历史博物馆的古希腊式鎏金银角状杯

（来源：https://www.sohu.com/a/452965350_100013415）

图 2-9 雅典国家博物馆的涅斯托尔之杯

（来源：https://baijiahao.baidu.com/s?id=1662794117742090676&wfr=spider&for=pc）

在《伊利亚特》和《奥德赛》中，荷马描写了大量的与葡萄和葡萄酒有关的故事，如《伊利亚特》中就有对著名的阿喀琉斯之盾上的葡萄蔓图案的详细描写；《奥德赛》中还记载了国王宫殿的庭院里种植的贵腐葡萄，以及用这种贵腐葡萄酿造出的优质甜葡萄酒，这比德国莱茵河 1775 年贵腐甜酒的问世早了太多的时间。

古希腊人也喜欢一边嚼着苦扁桃仁和生洋葱，一边饮用葡萄酒，甚至还喜欢把奶酪、小麦粉和葡萄酒搅拌在一起饮用，有时还会往葡萄酒里兑橄榄油，直到今天，他们还会将松脂当成香料混在葡萄酒里一起饮用。

让我们复原一下遥远的古希腊雅典贵族的一场葡萄酒盛宴：宴会的主人将他的银质或金质的混酒器向客人展示，然后按照为宴会准备的葡萄酒的品质，由仆人按比例兑水。兑水之前，先倒出一小杯纯葡萄酒，由主人献给酒神狄俄尼索斯，再从银制的混酒器中将葡萄酒倒入金制的大酒杯中，主人端起酒杯，一边祈祷一边将几滴葡萄酒洒在地上以表对神的敬意，然后饮过第一口葡萄酒，为来客献上祝福。之后，主人将酒杯递给右边的客人，依次传递饮用。杯中的酒喝空了，就再从混酒器中倒酒，继续向右边依次传递饮用。饮酒的时候，人们有时会嚼着苦扁桃仁，当酒宴进入高潮后，古希腊人开始了他们最惯常的社交，他们高谈阔论，探讨自己擅长的思想与哲学，谈论政治，品评文学，指点江山。那些直到今天还闪耀着人类智慧之光的由这个伟大民族所创造出来的灿烂文明，可能也得益于这种古希腊式的社交和交谈，葡萄酒无疑起到了重要的作用，对于文明的贡献不可替代。

特别要提到的是对于古希腊葡萄酒文化的中心地位和文化传播起到巨大推动作用的伟大哲学家、科学家亚里士多德，他和他的学生泰奥弗拉斯托斯在葡萄栽培的理论、葡萄嫁接的理论和技术、叶型分类法用于葡萄植物学分类等方面做出了贡献；比亚里士多德稍早的德拉古和梭伦二人，提出了以制定法律来保护葡萄酒的酿造；而开启了古希腊化时代的亚历山大大帝，通过远征，兵锋直指遥远的印度河流域，是他将古希腊葡萄酒文化传播到古希腊之外更广阔的疆土，让古希腊葡萄酒的芳香散发在以地中海为中心的广阔的古希腊葡萄酒文化地带。

2.5　古罗马时代：亚平宁的传奇

古罗马一开始就充满了传奇色彩，传说特洛伊战争爆发的时候（公元前1300—前1190年），女神维纳斯的儿子埃涅阿斯及其追随者逃了出来，沿北非西行穿过迦太基，来到亚平宁半岛。他们打败了土著国王，后来埃涅阿斯的子孙、曾被母狼喂养过的英雄罗慕路斯兄弟于公元前753年修建了古罗马城，古罗马自此开始出现在人类的文明史上。

从亚平宁中部的一个小小城邦，到强大的古罗马帝国，古罗马在建立和发展的过程中，吸收和借鉴了古希腊文明等前期文明的成就，并在这些文明的基础上创建了自己的文明。古罗马文明是西方文明的重要源头，在西方文明发展史上，古罗马文明起着承前启后的作用。

而古希腊的葡萄酒文化也被古罗马人继承和发展，葡萄酒时代从古希腊时代进入古罗马时代，古罗马成了新的世界葡萄酒文化中心。在延续千年的古罗马历史长卷中，古罗马人不仅创造了古罗马帝国的不朽传奇，而且创造了葡萄酒文化的不朽传奇，奠定了今天世界葡萄酒文化的基础。

2.5.1　古罗马的早晨

当罗慕路斯兄弟完成古罗马建国伟业，古罗马开始登上历史的舞台，当亚平宁的第一缕阳光照耀在新建的古罗马城墙上的时候，古希腊人正喝着葡萄酒，高谈着世界的未来，葡萄酒散发的浓香飘荡在古希腊统治下的地中海上空，而与古希腊半岛隔海相望的亚平宁岛上的古罗马人尚不知道对岸的人过着怎样奢靡的日子，古希腊辉煌的地中海文明和葡萄酒的美味，还没有传到亚平宁岛上。古罗马人“不知有汉，无论魏晋”，每天迎着早上懒洋洋的太阳，经营着农业和渔业，打发着简单、单调而落后的小日子。直到迦太基的商人，穿越海峡，到亚平宁，才将克里特岛上的葡萄和葡萄栽培技术传授给古罗马人。

我们在前面讲过，在世界葡萄酒的历史上，古代西亚的腓尼基人做出了重要的贡献。腓尼基人是生活在西亚的以贸易为生的民族，他们将印度的香料、赫梯的金银珠宝和铁器、地中海的橄榄油、古埃及的象牙、东方的丝绸源源不断地运往世界各地，再换回当地的特产。在周旋于不同文化和地域的商业活动中，他们具有精明的商业头脑，在获得民族发展和壮大的同时，也无形中扮演了世界文化传播使者的角色。他们将两河流域的葡萄和葡萄酒传播到了新月文化地带，传遍了近东地区的广阔山地和平原，传到了尼罗河流域和地中海。从两河流域中心到古埃及中心，再到古希腊中心，葡萄酒文化的传播和文化圈的扩大，一直有着腓尼基人的身影。到了古罗马人登上历史舞台的时候，腓尼基人并没有停下他们的商船和驼队，他们从古希腊的文明故土出发，带着葡萄与葡萄酒，继续充当着世界葡萄酒文化使者的角色。

在古希腊鼎盛时期，其中一部分腓尼基人在地中海的北非地区建立了迦太基国。迦太基人秉承了他们祖先腓尼基人的精明和商业天赋，意图通过贸易而成为世界的主人。他们建立了强大的海军来保护他们的贸易船队，将葡萄、葡萄酒传播到地中海西北沿岸的南欧诸国，播下葡萄酒文化的种子，并逐渐成为横行在地中海上，可以与强大的古希腊相抗衡的迦太基帝国。他们跃跃欲试，意图与古希腊争夺世界霸主及世界葡萄酒文化中心的地位。

而在古罗马王政时代和共和国早期，公元前1000—前500年，亚平宁的世界尽管已经有了迦太基人带来的葡萄种植和葡萄酒酿造技术，但和隔海相望的古希腊相比，实在不值一提。这其中最重要的原因，就是迦太基人在传播给早期古罗马人葡萄酒技术的同时，也将他们的葡萄酒酒神萨图恩文化带到了古罗马。

在迦太基，萨图恩是一位残忍的酒神，需要人们用婴儿来作为祭祀品，传说他在天界时，是通过杀害父亲乌拉诺斯才夺得主神之位，因担心同样会被自己的后代推翻夺走王位，便将子女们全部吞食。迦太基人把酒精饮料所代表的可怕的属性投射到萨图恩酒神身上，并将酒神带到了古罗马，根植在古罗马人的心中。古罗马的统治者深深忧惧葡萄酒中这些可怕的属性，出台了严苛的罗慕路斯禁令，禁令规定男子35岁之前禁止饮酒，妇女和儿童不得饮酒，若发现女子饮酒，可以离婚，女子如喝醉酒，可判处死刑。正是这严苛的禁酒令，使得在罗慕路斯建国后长达200年的时间里，古罗马几乎没有人饮用葡萄酒，就更谈不上葡萄酒文化的传播了。

当古罗马统一意大利岛，建立共和体制的时候，被他们征服的地中海西北部的古希腊殖民地地区，到处飘荡的葡萄酒芬芳吸引了他们。在公元前8—前6世纪，古希腊人将他们的葡萄酒和葡萄酒文化传播到了西西里岛、更遥远的高卢南岸甚至是伊比利亚半岛。而在古罗马之后成为新的世界葡萄酒文化中心的法国，他们的葡萄也是在这个时候由古希腊人通过马赛港引进，开始在罗纳河谷沿岸种植的，也有说是法国在成为古希腊殖民地之前，高卢王的女儿用野生葡萄酿出的葡萄酒招待迦太基人，迦太基人回赠给她优质的葡萄和葡萄酒。

随着时间的流逝，早期古罗马人流行的饮料也一步一步发生着变化，先是从牛奶变成了香料“没药”加蜂蜜，再到葡萄汁，再到轻微发酵的葡萄汁，逐渐过渡到葡萄酒。尽管对葡萄酒还没有那么迷恋，但饮用葡萄酒开始变得普遍，罗慕路斯的禁酒令再也没有人在意。

古罗马逐渐强大，它开始与强大的迦太基帝国发生冲突，经过三次著名的战争（史称布诺战争），最终，古罗马战胜了迦太基，将迦太基变成了古罗马的一个省，古罗马的士兵开始沉醉于迦太基的葡萄美酒。

在与迦太基争霸的战争中，古罗马人的目光投向了古希腊半岛，古希腊之于年轻的古罗马而言，就像神一样的存在。古罗马发现了古希腊，古罗马人毫不犹豫地抛弃了迦太基传给他们的可怕的酒神萨图恩，转而接纳了古希腊酒神狄俄尼索斯，只是在古罗马人这里，狄俄尼索斯变成了巴克斯。这大概是公元前210—前200年的事情。

就这样，古罗马人变成了西地中海的霸主，他们同时也把洋溢着葡萄酒香的高卢及西班牙地区都纳进了自己的版图之中。自此，古罗马人在葡萄酒的传奇之路上开始谱写属于古罗马的葡萄酒时代，古罗马的早上开始弥漫着酒香。

2.5.2　巴克斯的狂欢

古罗马在烧毁了迦太基城，消灭了强大的迦太基帝国后，开始把目光投向古希腊。这时候他们发现，与古希腊相比，他们不过是没有文化的乡下农民。罗素后来曾说："布诺战争后，年轻的古罗马人对古希腊人怀着一种赞慕的心情。他们学习希腊语，他们模仿古希腊的建筑，他们雇佣古希腊的雕刻家。古罗马有许多神也被等同为古希腊的神。"古罗马人膜拜古希腊，如同大唐时候日本膜拜唐朝一样，古罗马人远渡重洋请来古希腊学者讲学，公派或自费去古希腊留学，一时成为时尚，就连战败的古希腊士兵中的文化人都可能成为古罗马人的顾问或老师。古罗马人认为希腊语比拉丁语优美，古希腊的月亮比古罗马圆。古罗马人成了古希腊人最虔诚的学生。当后来学生打败了老师，古罗马灭亡古希腊后，古罗马各地到处都是古希腊式的建筑艺术、雕塑、绘画、圆形剧场。古希腊灿烂的文化，彻底征服了以胜利者自居的古罗马人，他们毫无保留地、贪婪地将他们看见与感受到的全部的古希腊文化接收并继承下来，并在随后的岁月里，将之传遍欧亚非大陆。

如同罗素所说，古希腊奥林匹斯山上的诸神也和古希腊文化一样受到古罗马人的追捧，被古罗马人接纳。他们学着古希腊人，开始一边痛饮着兑水的古希腊葡萄酒，一边炫耀着他们在战场上的英勇；抑或在行军的路上，随身带着葡萄酒，将来自古希腊的葡萄、葡萄酒和酿酒技术带到他们战斗和征服的任何地方，葡萄酒逐渐成为古罗马人生活的一部分，上至王公贵族，下至普通民众，古罗马彻底沦为葡萄酒的俘虏。

而古希腊的葡萄酒酒神狄俄尼索斯，被古罗马人请回古罗马之后，他们给他取了一个新的名字——巴克斯(图 2-10)，从此，以巴克斯之名重生的狄俄尼索斯成为古罗马时代后半期的酒神。古罗马人一反王政时代和共和国时代早期对于葡萄酒的克制，开始享受和传颂葡萄酒带来的欢愉，开始接纳和发扬葡萄酒文化。巴克斯则被古罗马人赋予了比狄俄尼索斯更多的葡萄酒快乐的属性，公元前 3 世纪之后，进入葡萄酒黄金时代的古罗马，在欢乐一面远远大于可怕一面的巴克斯的统治下，人们终于可以尽情地享受葡萄酒了。巴克斯不光是古罗马的葡萄酒酒神，也是古罗马人的幸福之神。

图 2-10

图 2-10　佛罗伦萨乌菲齐美术馆藏《酒神巴克斯》

(卡拉瓦乔 绘；来源：https://baijiahao.baidu.com/s? id=1748810705661286916&wfr=spider&for=pc)

巴克斯自然和狄俄尼索斯一样，是一个男神，在画家的油画里，总是身上挂着成串的葡萄，端着酒杯，头戴常春藤花冠，他和身边的追随者手持酒神手杖，上边挂着松果，缠着树叶和葡萄藤(图 2-11)。人们甚至还在每年的 3 月专门设立了酒神节(bacchanalia)来表达他们对于葡萄酒的感情和感谢这位酒神带给他们的快乐和幸福。在三天的节日狂欢里，古罗马到处都是狂欢的人群，一开始只允许妇女参加，后来成为男女都可参与的盛大节日。那些参加酒神节的妇女头戴常春藤花冠，身披小鹿皮，手里拿着酒神杖，敲着手鼓和铙钹，一边游行，一边舞蹈，她们唱着酒神赞歌，抒发着对于葡萄酒的礼赞。巴克斯俯瞰着古罗马，笑得比地中海上升起的朝霞更灿烂，古罗马帝国时代因为巴克斯变得更加精彩。

图 2-11

图 2-11 马德里普拉多博物馆藏《酒神的狂欢》

(提香 绘；来源：https://www.douban.com/photos/photo/2161988577/)

巴克斯在古罗马的黄金时代，和古罗马人一起，见证了古罗马人如何奠定现代西方葡萄酒文化的基础。以至于今天，当《神之水滴》的男主角神咲雫每次在品酒前，都要对着酒杯说一句："觉醒吧，巴克斯!"

2.5.3 "罗马不是一天建成的"

正如那句谚语所说，"罗马不是一天建成的"。同样，构成现代西方乃至世界葡萄酒文化基础的古罗马葡萄酒文化，也不是一天形成的。

从罗马帝国时代开始到公元 476 年西罗马帝国灭亡，是古罗马的黄金时代，现代西方乃至世界的葡萄酒文化就是古罗马人在这个时期创造的传奇。

古罗马人开始接受葡萄酒的初期，基本上是古希腊葡萄酒文化的翻版，他们和古希腊人一样，也是喝着兑水的葡萄酒。

马尔库斯·波尔基乌斯·加图(公元前 234—前 149 年)是古罗马共和国时期的著名政治家和园艺学家。他用拉丁语撰写的《农业志》一书，是世界上第一本对葡萄酒的酿造方法进行科学总结的著作。他在书中比较具体而集中地反映了公元前 2 世纪古罗马农业经济，特别是中等规模的园艺经济的特点，介绍罗马共和国时期先进的农业经验和自身的农业实践，这其中就包括他本人对于葡萄酒酿造的研究。书中，他介绍了当时古罗马人从古希腊人那里学来的饮用葡萄酒的兑水方法：一份葡萄酒加两成的醋和两成的浓葡萄汁，然后用5倍的水进行稀释。对于长久保存的葡萄酒，在已经兑完水的葡萄酒中加入$\frac{1}{4}$的海水。此外，古罗马人也继承了古希腊人在葡萄酒中加入各种香料和乱七八糟的东西饮用的习惯，很少饮用纯葡萄酒。这其中比较典型的添加物可能就是松香树脂了，在古罗马，到处都能闻到松香树脂那迷人的香味。尽管最先发现将松香树脂加入葡萄酒可以防止葡萄酒变成醋的是古希腊人，但将之发扬光大变成常态的却是古罗马人。古罗马人还特别喜欢甜味，他们会尽可能晚点去采摘树上的葡萄，以便可以得到甜度尽量高的葡萄汁，然后将这些甜葡萄汁添加到葡萄酒里饮用。至于添加其他奇奇怪怪的物质如胡椒、薄荷、玫瑰花、艾草等是早期古罗马人对于葡萄酒口味的追求，一方面通过这些添加物强化口味，另一方面也是为了防止败坏。

在公元前1世纪中叶，古罗马士兵携带着葡萄和这些兑水的葡萄酒，将他们从古希腊人那里学来的葡萄酒技术，跟随帝国扩张的脚步，传播到各地。西班牙杜罗河谷的加泰罗尼亚(Catalonia)的葡萄园、现在里奥哈(Rioja)的葡萄酒就是古罗马人的贡献。此外，多瑙河(Danube)、莱茵河(Rhine)、摩泽尔河(Mosel)的葡萄园，也都是那时候古罗马人的贡献。最重要的是，他们在法国南部罗纳河谷(Rhone Valley)、勃艮第(Burgundy)、卢瓦尔河谷(Loire Valley)、香槟(Champagne)地区及波尔多(Bordeaux)都种植了葡萄，那些法国、德国和西班牙最经典的葡萄园，基本都是古罗马人的杰作。

他们不光是建园酿酒，还将如何建园和管理，如何酿造葡萄酒，怎样改善陈酿年份增加后葡萄酒的品质，如何利用晚熟葡萄的优点酿酒，葡萄酒厂的高效管理，葡萄的剪枝、搭架方法，葡萄的产量与收获日期的确定等，带到了他们能带到的古罗马帝国的任何地方。这些技术和文化，一直流传下来。

古罗马作家普林尼在《自然史》一书中，第一次把当时的葡萄酒进行了等级划分，将葡萄品种进行了分类。据《自然史》记载，当时的古罗马城里大概有80多种葡萄酒，约有51种西西里和意大利的国产葡萄酒、41种亚洲和古希腊产的葡萄酒及8种欧洲其他产地的葡萄酒，书中记载的古罗马人的酿酒方法也与现代方法类似。

那个时候，古罗马帝国时代的曙光初现，世界是古罗马人的世界，古罗马早已取代古希腊，成为新的世界葡萄酒文化中心。早春的亚平宁半岛的山坡上到处盛开着葡萄花，葡萄酒成了古罗马人生命中不可或缺的东西，对餐桌上葡萄酒的品质追求成为他们的时尚。在饮酒方式上，古罗马人也完全抛弃了古希腊人餐后再豪饮和高谈阔论的习惯，变成了古罗马式的边吃饭边喝酒，在上菜之前先来点甜葡萄酒开胃，在酒宴上欣赏音乐、戏剧和舞蹈。这种餐桌文化随着古罗马的繁荣形成习惯并被固定下来，得到了广泛的普及，这也是现代葡萄酒餐饮文化的雏形。

公元79年8月24日这一天，维苏威火山厚约5.6米的火山灰毫不留情地掩埋了古罗马繁华的大城市庞贝，凝固了庞贝的一切。从已经发掘的庞贝古城文物中，我们可以管窥帝国初期的庞贝葡萄酒盛况。

庞贝当时是帝国的一个重要的港口，也是葡萄酒的集散地，从这里运出的葡萄酒，目的地包括古罗马，也包括遥远的西班牙和法国的波尔多。在庞贝遗址，挖掘出了许多的葡萄园和别墅，还有大约120个酒吧，可以想象这个古城当时的繁华和葡萄酒在这里的普及和受欢迎的盛况。酒吧的仓库里，还有很多双耳细颈陶土罐，大概这个时候，古罗马人刚刚在高卢发现木桶的妙处，还未能普及帝国各地，所以出口海外和自己储藏葡萄酒还是以传统的陶土罐为主。在这些陶罐的双耳上贴有封条,封条上盖着清晰可辨的庞贝古城的印章(图 2-12)。同样的封条和印章曾经在西班牙和法国西部出土,说明这些带有封条的酒罐会被出口到包括西班牙和法国在内的海外。

图 2-12

图 2-12 庞贝古城的葡萄酒陶罐

(来源:https://www.jianshu.com/p/8a6d1843cde1? utm_campaign=maleskine&utm_content=note&utm_medium=seo_notes&utm_source=recommendation)

当古罗马人积累的财富越来越多,生活就开始变得讲究,饮食和餐桌开始发生变化,其中最明显的就是在葡萄酒中兑水的比例越来越小了,当这种行为开始后,纯的葡萄酒的味道开始为古罗马人所接受,古罗马人对于葡萄酒的品味开始发生变化,并逐步抛弃古希腊式的兑水葡萄酒。正是在这样的帝国黄金时代的大背景下,古罗马的葡萄酒文化开始升华,开始向着现代葡萄酒文化的方向迈进。文化的嬗变和升华的标志性的事件就是他们从减少兑水比例到彻底抛弃古希腊式的兑水葡萄酒,这是葡萄酒文化史上具有重大意义的事件,而这个标志性事件的时间是古罗马葡萄酒历史上著名的公元前 121 年。

可能是酒神巴克斯的护佑,在公元前 121 年这一年,蒸蒸日上的古罗马帝国风调雨顺,意大利半岛上的酿酒葡萄成熟饱满,古罗马人用这个年份的葡萄酿出了无与伦比的年份酒,酒体丰满,果香浓郁,单宁强劲。据当时的古罗马文献记载,公元前 121 年的葡萄酒,即使陈年 150 年以后,依然是一款伟大的酒,这是世界上有记载的第一个年份酒。公元前 121 年也是历史上记载的首个葡萄酒年,欣喜若狂的古罗马人在品尝到这一年份的品质绝佳的葡萄酒后,深深体会到了那种"除却巫山不是云"的感觉,从此就彻底抛弃了他们以前奉为老师的古希腊人饮用兑水葡萄酒的习惯,也将古罗马葡萄酒文化打上了古罗马的标记和现代葡萄酒文化的印记。

古罗马人的贡献还远不止于此,陈酿技术的革命和榨汁改革是他们对于葡萄酒历史和文化的另外两个值得永远记住的贡献。

在包括古罗马早期在内的很长的历史阶段,酿造葡萄酒用的都是陶器和土器。葡萄酒陈酿或储藏一般都是装在陶罐或土罐里,用石膏或黏土密封后,挂上标签,标签上写上葡萄品种、榨汁年份及酿酒师的名字后埋在地下发酵、陈酿、储藏。直到恺撒征服高卢后,古罗马人在高卢地区偶然发现用山毛榉、栗树等木材制成的木桶储藏葡萄酒,葡萄酒的味道会发生奇妙的变化,变得更加柔和和芬芳,这让追求口感的古罗马人惊喜万分。而古罗马人的这个发现,称得上是葡萄酒陈酿技术的革命,是葡萄酒陈酿或储藏史上具有划时代意义的重大发现。直到今天，橡木桶或其他木桶还是葡萄酒产业中最重要的陈酿或储藏工具。

古罗马人发明的压榨机，也改变了先前人们在木桶或池子里赤足踩碎葡萄，或用木棒捣碎葡萄的办法。他们在压榨车间中间放置大木桶，将一个木制重槌拴在卷扬装置上吊于木桶上方，木槌上加一块重石，让木槌上下翻飞，击打葡萄。这种结构的压榨机一直沿用到了20世纪，在长达2000年的时间里一直是世界各国使用的压榨机的原型。

在古罗马人早期的文献中，记录了古罗马人使用的葡萄酒酿造工艺：将采摘来的葡萄浆果压榨取汁，再放置在低温地区发酵，然后储藏在木桶中陈酿，这个基本流程一直延续到了今天。

古罗马人也留下了压榨温度越高，发酵速度越快，葡萄酒的品质也随之降低的现象的文献记载，他们会采取尽可能低的温度进行压榨，如将葡萄榨汁冷却或者煮沸，采摘葡萄时尽量选择温度低的日子等措施。此外，古罗马人发明的在欧洲流传了2000多年的分汁酿造法，直到今天还有少量名贵葡萄酒在酿造时采用同样的将自流葡萄汁和压榨葡萄汁分开酿酒的办法。

随着古罗马帝国领土的扩张，古罗马的军队打到哪里，古罗马人就在哪里建立起葡萄园，开始酿造葡萄酒。以古罗马为中心的世界葡萄酒文化圈不断扩大，葡萄酒的酿造在帝国时代得以在欧洲各地普及，作为古罗马文化的一个组成部分，葡萄酒被欧洲当地人主动或被动接受，葡萄酒文化的根被古罗马人深深地定植在了欧洲。葡萄酒在欧洲越来越受到人们的喜爱，这为下一个世界葡萄酒时代的到来和以法国为核心的欧洲中心的形成奠定了基础，算得上是古罗马人征服欧洲后的一大贡献。仅公元前后一个世纪的时间，在今天的法国地区，从巴黎周边到大西洋沿岸的诺曼底，到处可见葡萄园。在波尔多，酿造出了优质贵腐葡萄酒，在巴塞罗那、摩泽尔河、莱茵河畔，古罗马人的葡萄园触目皆是。

“罗马不是一天建成的”，这句话也映射了古罗马葡萄酒灿烂文化艰难但坚定的积累过程。

2.5.4　上帝的视角

古罗马对西方乃至世界最伟大的贡献有两点，一个是前期的律法，一个是后期的基督教。而葡萄酒在基督教中有着不一般的意义，葡萄酒文化的继承和传播与基督教的关系十分密切。从上帝的视角来解读基督教对于古罗马的兴起、发展与古罗马葡萄酒文化的扩大、传播，对于我们理解古罗马葡萄酒文化为何会被视为西方现代葡萄酒文化的起源具有重要的意义。

从两河流域文明、古埃及文明、古希腊文明到古罗马文明，都无一例外地将它们对宇宙奥秘、自然奥秘、生命奥秘的永恒之问付诸宗教，人们以图腾的形式、以神话的方式，借神明的晓喻，表达人在信仰过程中的生活、体验、思索、感悟、行动和见证。宗教作为穿越永恒与现实、无限与有限之间的精神方舟，传递文化真谛和生命意义，是构成精神文化的重要组成部分。

而当古罗马人怀着无限敬仰的心情全盘从古希腊人那里继承了包括酒神狄俄尼索斯在内的多神教，用不同的神来寄托他们的理想的时候，也给普通百姓造成了沉重的经济负担，因为普通百姓若是有多种需求，就需要供奉多位不同的神明。所以，古希腊和古罗马早期的多神教，尽管解决了人类对于未知的恐惧，却无法给他们以明确的生活指引。随着古罗马社会生产力的高速发展，多神教中的许多故事难以自圆其说，古罗马多神教逐渐被质疑，直到跌下神坛。

在这样的社会和历史背景下，“你们亲近神，神必亲近你们”的声音传遍古罗马大地，基督教应运而生。

基督教的兴起是时代发展的产物，耶稣的平民身份更容易让古罗马百姓有认同感，更容易让他们产生心灵上的寄托。面对生活的种种磨难，基督教中赎罪的观点，让穷人心中的愤懑得到了发泄的窗口，他们会认为自己如今的不幸是上一世作恶太多导致的，对于富人们的种种恶行，穷人也能得到一定的心理安慰，这对于古罗马的稳定发展，起到了非常重要的作用。

取代古罗马多神教之后，基督教为古罗马带来了基本的道德规范，这种道德规范远比法律规定的更为详细，更有利于国家的稳定发展。此外，基督教也为无家可归之人带来了归属感。他们可以在教会维持基本的生活，而不是频频掀起暴乱对国家产生威胁。

而在公元1世纪，基督教刚刚兴起的古罗马帝国时代，葡萄酒令人难以忘怀的魅力，早已成为古罗马人生活中和阳光、空气一样不可或缺的东西。从古至今，葡萄酒的生命活力和它的善恶两面性，一直深深地植根在民众的心中，被赋予神性而与图腾、神话和宗教相结合，与宗教建立了密不可分的渊源。当基督教从古罗马底层开始传播开来的时候，葡萄与葡萄酒的生命活力和代表复活这一永恒的属性同样被融入基督教中也就毫不奇怪了。所以基督教的信徒们在圣餐仪式中，用面包代表耶稣的圣身，用葡萄酒代表耶稣的圣血。《圣经》里说“葡萄酒是耶稣的宝血”，从基督教最初的《旧约》中将诺亚作为世界上第一个种植葡萄的人，到诺亚醉酒的故事中将葡萄酒的善恶观念引入早期的教义，再到狄俄尼索斯、巴克斯被吸收成为基督教文化的一部分，无不体现葡萄、葡萄酒与基督教文化相融的特点。在基督教赋予葡萄酒的这些神圣属性的引导下，随着基督教在古罗马帝国的传播，葡萄酒文化也借助基督教和基督教信徒，不断扩大并走向兴盛，葡萄酒也从东方传入西方，成为西方现代文明的一部分，奠定了现代西方葡萄酒文化的基础，基督教和基督教信徒在这个过程中发挥了至关重要的作用。

2.5.5 拜占庭的黄昏

在中世纪，葡萄酒文化和古罗马文明一样，也经历了一个黑暗的低谷时期。但在漫长的中世纪，西罗马灭亡后的原西罗马版图上的欧洲，其葡萄酒和葡萄酒文化与一直存在但历经磨难的东罗马帝国还是有着不一样的经历。

我们先看西罗马灭亡后的中世纪的东罗马帝国，此时的东罗马帝国首都君士坦丁堡是原来的希腊古城拜占庭，所以历史上也称东罗马为拜占庭帝国，拜占庭只有原来古罗马帝国的东部领土，包括巴尔干半岛、小亚细亚、叙利亚、巴勒斯坦和古埃及。

拜占庭帝国一直努力尝试想要恢复古罗马帝国时代的疆域，打打杀杀上千年，在这个过程中，它创造了灿烂的文明，尤其是建筑，也将古希腊与古罗马文明继续保持和发扬，这其中，自然也包括传承和继续发扬古罗马的葡萄酒文化。

2021年，以色列文物局宣布在特拉维夫市(Tel Aviv)南方的亚夫涅(Yavne)小镇发现了拜占庭时期世界上最大的葡萄酒酒厂(图2-13)。这座拥有1500年历史的遗址是一处葡萄酒酒庄，年产和销售葡萄酒约200万升。酒庄拥有5台压酒机、4个用于陈酿和销售葡萄酒的大型仓库，以及烧制黏土双耳瓶(或罐子)的窑炉。以色列文物局表示，这些器物证明了东罗马帝国时代拥有大型的酿酒厂。据以色列文物局的学者表示，在这里生产的葡萄酒非常珍贵，这些酒的名字借用了邻近出口港的名称，被称为“加萨和亚实基伦的葡萄酒”(Gaza and Ashkelon wine)，经过复杂的生产过程后，这些葡萄酒还会被出口到地中海周边贩售，这里生产的葡萄酒当时在整个地中海地区都享有盛誉。

这说明拜占庭时期的葡萄酒产业一直保持着较高的水平，在拜占庭文明的高峰时期，古罗马文化和古罗马葡萄酒文化甚至被传播到捷克、塞尔维亚、保加利亚和俄罗斯等邻近的地区以及西欧、阿拉伯。基督教的传教士让这里的人们相信基督教，教堂和修道院也模仿拜占庭的风格修建起来。

图 2-13

图 2-13 拜占庭时期世界上最大的葡萄酒酒厂挖掘现场

(来源：https://mp.weixin.qq.com/s/n3wR1jdTN6p3UZp5XGAr2g)

即便在拜占庭发现了规模如此庞大的葡萄酒工厂，在经历过黑暗的中世纪以后，葡萄酒文化的复苏和下一个世界葡萄酒文化中心没有出现在东罗马地区，而是出现在原西罗马版图的欧洲。拜占庭的葡萄酒文化逐渐迷失，乃至整个中世纪葡萄酒文化的低迷其实都与一个重要的因素有关，那就是伊斯兰势力。伊斯兰教的穆斯林严格遵循《古兰经》的教导，严禁饮酒。《古兰经》里说：“葡萄酒是一种具有魔性的饮料，它会如火焰般燃烧你们，使你们堕落，忘记对神的祷告。”这与基督徒们所说的葡萄酒是基督的宝血是完全相反的教义。因此，在伊斯兰势力所及的地方，饮用葡萄酒是被禁止的。拜占庭帝国的第一次伊斯兰文化入侵来自阿拉伯帝国，他们从拜占庭帝国手中夺取了巴勒斯坦、叙利亚和亚美尼亚，势力一度远及西班牙、高卢、古埃及和北非。公元 976—1025 年，拜占庭的巴西尔二世一度从穆斯林手里夺回了小亚细亚、叙利亚北部、塞浦路斯、克里特岛、西西里岛和意大利南部。但到了第 4 次十字军东征的时候，拜占庭帝国的领土就只剩下巴尔干半岛和小亚细亚的一小部分。拜占庭帝国被穆斯林的奥斯曼帝国灭亡后，伊斯兰教再度成为拜占庭疆域上的主流文化，所以东罗马地区的葡萄酒文化随着这两次穆斯林的文化入侵，未能在下一个时代成为世界的葡萄酒文化中心。伊斯兰势力也曾越过比利牛斯山脉，多次入侵法国波尔多等地，使得欧洲在西罗马遭受日耳曼人入侵带来的葡萄业的浩劫后再受穆斯林的重创，也在局部上造成了欧洲中世纪葡萄酒酿造业的衰落。

现在回头再来看西罗马帝国灭亡后进入中世纪的欧洲。在欧洲的历史上，日耳曼人灭亡西罗马帝国登上历史的舞台是一个非常重大的事情，继承了古希腊文化的古罗马人和高卢罗马人都属于雅利安人，他们与同属雅利安人的日耳曼人融合，形成了现代欧洲人的祖先,所以历史学家都说黑暗的中世纪是雅利安民族大融合的时代。也因为这种同属雅利安人的因素,日耳曼人没有花太长的时间就在欧洲获得了主导地位,成为西罗马地区的统治者。在日耳曼众多的部族中,法兰克部族扮演了重要的角色,5世纪末,法兰克部族建立了横跨法国、德国、意大利的强大王国墨洛温王朝,并且他们信了基督教,这一点非常重要,葡萄酒文化在欧洲,借着深入人心的基督教才得以流传下来。公元751年,墨洛温王朝被推翻,欧洲进入加洛林王朝时代,加洛林的第二任皇帝查理统一了欧洲。

查理大帝是葡萄酒历史上的关键人物。在查理之前的中世纪,一些地方豪族、寺院和教会保护着自古罗马时代以来的葡萄酒酿造技术,葡萄酒文化的火种在原西罗马的土地上被基督徒悄悄地保存了起来。查理上台后,意识到葡萄和葡萄酒可能给王国带来的税收,开始鼓励葡萄和葡萄酒产业的发展,欧洲迎来了葡萄酒产业的复兴,这比意大利的文艺复兴提早了几个世纪,查理大帝也因此被后人称为葡萄酒皇帝。得到查理大帝支持的欧洲,教会将保存下来的葡萄栽培技术和葡萄酒酿造技术发扬光大,成为中世纪葡萄酒文化传承的主力。皇室也学着古希腊人与古罗马人,抛弃了哼着小曲、喝着烈酒的习惯,开始接纳和学习古罗马人优雅的葡萄酒餐桌礼仪、精美的餐具器皿等一系列与葡萄酒有关的元素和文化,并加入他们的理解和喜好。新的带有日耳曼人特点的葡萄酒文化开始在教会和贵族间传播,后逐步向农民阶层渗透,欧洲葡萄酒文化也逐渐褪去古罗马的风格,带着日耳曼民族的特点,烙上基督教文化的印迹。

12世纪以后,葡萄酒文化被基督徒引入他们的信仰之中,"受伤的基督,就是流血的葡萄"成为基督徒的信仰,耶稣体内流出的血,滴进葡萄汁中,化为葡萄酒再生的神迹被以油画的形式装饰基督教堂,葡萄藤成了基督的头冠,圣母马利亚像也围绕着葡萄。葡萄和葡萄酒被基督徒神圣化,欧洲葡萄酒文化与基督教文化紧密结合。如今在欧洲,很多葡萄园的历史都与修道院或教会有关,大多源于中世纪。

1453年5月29日,奥斯曼帝国年轻的统帅穆罕默德二世向拜占庭帝国的末代皇帝君士坦丁十一世发动总攻,随着城防敌楼一座座被摧毁,守城士兵越来越少,君士坦丁十一世知道,无力回天了,他抛下了象征皇权的节杖,大喊一声:城池已经失守,但我还活着。然后催着战马,冲入敌阵,消失在了乱军之中。后世传说,在城破的时候一名天使下凡,拯救了英勇的君士坦丁十一世,把这名末代皇帝变成了大理石,藏在了君士坦丁堡的下面。在如今的古希腊,还有这样的说法,说当基督教再次征服这座城市的时候,他就会重返王位。就这样,随着拜占庭黄昏的到来,源自亚平宁的传奇结束了,一个时代结束了,中世纪结束了。而古罗马时代的葡萄酒文化,在渡过了中世纪的黑暗之后,在拜占庭黄昏到来的15世纪,已经迎合着时代的需求不断进化和成熟,伴随着基督教文明,风靡于整个欧洲,成为今天世界葡萄酒文化的基础。

2.6　欧洲中心时代:微醺的西方

葡萄酒和葡萄酒文化从两河流域、古埃及、古希腊到古罗马,伴随着人类文明发展的脉络,形成了世界葡萄酒文化圈和公认的早期4个葡萄酒文化中心。西罗马帝国灭亡到东罗马帝国灭亡的近千年时间,葡萄酒和葡萄酒文化在东罗马的土地上尽管没有消失,但终因伊斯兰文化的入侵,失去了成为下一个葡萄酒文化中心的机会。反倒是在西罗马的土地上,在死气沉沉、充满迷信的中世纪,灿烂的古罗马文化被摧残殆尽的情况下,古罗马时代的葡萄酒文化的种子借由基督徒们通过教会、修道院等小心地保护并流传下来，当时机成熟，这些保留下来的文化火种迅速呈燎原之势，一如伟大的文艺复兴，葡萄酒文化的复兴也在欧洲大地上上演。

伴随欧洲中心时代的是我们现在习惯称之为旧世界的葡萄酒文化区域。严格上讲，从8000年前近东地区苏美尔人的某一片土地上出现葡萄酒开始，到古罗马中心时代结束，那些曾经盛开过葡萄花的地方都应该属于葡萄酒旧世界的一部分。只是包括东罗马在内的先前葡萄酒中心地带的这些旧世界的很多地方，大多因为文明的变迁及葡萄酒文化中心的转移和更替，葡萄酒和葡萄酒文化在这些地方早已不复往日的辉煌。所以，我们今天所提到的葡萄酒旧世界，主要是指经历过中世纪，与基督教文明结合之后延续下来的古罗马葡萄酒文化，在原西罗马大地今欧洲大地上重新焕发生机所形成的、代表现代葡萄酒文化的那些值得尊敬的葡萄酒生产国。它们是旧世界的代表和核心，也是欧洲中心时代世界葡萄酒文化的代表和核心，主要包括法国、德国、意大利、西班牙、葡萄牙、匈牙利等。

欧洲葡萄酒文化中心时代，也和前面葡萄酒历史上出现过的4个中心一样，经历了几个重要的发展阶段。

从9世纪查理大帝时代开始到17世纪的文艺复兴结束，是欧洲葡萄酒文化中心的奠基、发展和成熟阶段。查理大帝开启的葡萄酒复兴，历经700年的发展，奠定了欧洲作为世界葡萄酒文化中心的地位。尽管英法百年战争、让欧洲人口减少近$\frac{1}{3}$的黑死病及长达200年的十字军东征对葡萄酒的产业化产生了较大的消极影响，但十字军东征对葡萄酒文化的传播未必不是一种促进，因为经过民族融合后的现代欧洲人，在宗教战争中一次次回到曾经的葡萄酒文化中心，去见识、学习和感受过去的葡萄酒文化，并带回欧洲，对于促进欧洲葡萄酒文化的发展具有积极的意义。

第二个阶段是欧洲葡萄酒文化中心向外传播和走向辉煌的阶段。这个阶段从15世纪末旧世界开发新世界开始，直到1976年为止。15世纪末，欧洲的葡萄酒文化已经趋于成熟，这时逐渐强大的葡萄牙和西班牙帝国，将目光投向了远东和海外，西班牙人哥伦布和为西班牙效力的葡萄牙人麦哲伦开启了大航海时代，打开了新世界的大门。从此，欧洲中心的葡萄酒和葡萄酒文化，乘着帆船，漂洋过海，被传播到澳大利亚、美国、智利、新西兰、阿根廷、南非、加拿大等地。

旧世界的葡萄酒和葡萄酒文化从15世纪末被传播到新世界开始，欧洲中心就一直被新世界奉为圭臬，直到1976年著名的巴黎审判日的到来。巴黎审判日作为欧洲中心时代的一个拐点或绝唱，成为葡萄酒和葡萄酒文化开始全球化的标志。

无论如何，欧洲葡萄酒文化中心时代是一个伟大的时代，微醺的西方，到处弥漫的酒香和传播的酒文化，陶醉了欧洲，也陶醉了整个世界。

2.6.1 旧世界的荣光

熬过了中世纪早期近400年的黑暗过渡期后，查理大帝开启了葡萄酒的复兴之路，他的王国后来分化成为现在法国、德国和意大利，成为现代欧洲的核心三国。它们与稍后出现的西班牙、葡萄牙构成了欧洲葡萄酒文化中心最重要的葡萄酒产地和核心文化中心。可以说，这5个国家承载了欧洲葡萄酒与葡萄酒文化中心的全部荣光。

2.6.1.1 迈向葡萄酒帝国的步伐

全世界喝波尔多的酒，法国人则喝勃艮第的酒。作为当今公认的世界葡萄酒帝国，法国是如何一步一步成就它的帝国伟业，成为欧洲中心时代世界葡萄酒文化中心的核心呢？

前面我们在古希腊时代的葡萄酒文化中心的章节中提到过，法国的葡萄和葡萄酒，并不是古罗马人带来的，早在公元前8—前6世纪，在罗纳河沿岸，就出现了葡萄酒帝国的第一款葡萄酒，那时的法国（高卢）是古希腊的殖民地，古希腊的葡萄酒文化传播到了那里，法国葡萄酒的第一滴酒香是从那时产生并开始飘荡在未来的葡萄酒帝国的。

但古罗马人征服高卢后，从法国发现了木桶在陈酿和储藏葡萄酒中的作用，这是葡萄酒帝国在成为欧洲核心之前对葡萄酒现代文化的最大贡献。古罗马人的统治为高卢地区带来了古罗马式的葡萄酒文化，西罗马帝国灭亡后的近400年时间，高卢地区的古罗马帝国时代的葡萄酒文化黯淡无光，靠着教会小心地保存在修道院等基督教活动场所，直到查理大帝建立查理曼帝国，葡萄酒和葡萄酒文化开始在高卢地区复苏。公元843年，查理曼分裂为西法兰克王国、中法兰克王国和东法兰克王国，也就是后来的法国、意大利和德国。至此，法国开始向着葡萄酒帝国迈进。

承载葡萄酒复兴伟大任务的主要是修道院，而勃艮第则被认为是将葡萄酒与修道院紧密关联在一起并成为葡萄酒文化复兴的诞生地。在古罗马帝国后期兴起的基督教将葡萄与葡萄酒文化植根在基督教文化之中，教会需要大量的葡萄酒来进行弥撒，这可能也是教会需要亲自开垦葡萄园和酿酒的原因之一。另外，教会信徒的捐赠也是来源之一，因为基督徒相信将葡萄园作为礼物捐赠给教会可能是对生命最好的拯救。无论是本笃修道会还是熙笃修道会，他们在勃艮第都有最好的修道院，此外，在罗纳河、香槟、卢瓦尔河、普罗旺斯，以及在德国的摩泽尔河和莱茵河谷等，他们都建立起修道院并拥有自己的葡萄园，但他们产生的最大的影响还是在勃艮第。

在法国，遍布各地、流传至今已成为世界文化遗产的修道院如沙特尔修道院、韦兹莱本笃会修道院、皮卡第修道院、丰特奈修道院、圣塞文-梭尔-加尔坦佩修道院、圣雷米修道院、布尔日修道院、阿斯坦修道院、阿尔比主教城等，在公元9—15世纪，他们为法国成为葡萄酒帝国做出了杰出的贡献。在那个时代，许多葡萄园都作为修道院的财产被国家登记并加以保护，这为葡萄酒和葡萄酒文化的发展提供了保障，其中最具代表性的莫过于勃艮第的伏旧园了。

勃艮第的核心产区分为南、北两部分，北部为夜丘（Cote de Nuits），南部为伯恩丘（Cote de Beaune），夜丘被誉为上帝最厚爱的土地，因为勃艮第33个特级园中，有25个是红酒园，其中24个在夜丘，是勃艮第引以为傲的产区，这或许可以理解全世界喝波尔多酒，而法国人喝勃艮第酒的原因了。伏旧园是法国修道士们较早建立的酒庄之一，是勃艮第地区教会葡萄园的经典代表，它在法国葡萄酒界享有至高无上的地位。大约在1110年，由勃艮第的教会在伏旧河（Vouge）岸边建园，到1370年，伏旧园面积超过50公顷，葡萄园出产的葡萄都在这个城堡酿制成葡萄酒，供应修道院做弥撒。伏旧园的葡萄品质绝佳，酿成的酒醇厚香逸、无与伦比。据说当年拿破仑皇帝东征时，派人求取伏旧园珍藏40年的酒王，骄傲的园主对信差说："皇帝陛下如果想喝，请他亲自来伏旧园吧。"

香槟无疑是法国葡萄酒帝国耀眼的明珠之一。在1670年的某一天，位于巴黎东北部香槟（Champagne）省的奥特莱尔大修道院酒窖的主人——唐培里侬（Dom Perignon）（图2-14），将糖溶解在葡萄酒里，将酒装在玻璃瓶中并塞上木塞保存起来。几个月后，他打开木塞时，瓶中的葡萄酒，香气扑鼻，充满了二氧化碳的气味，与没有加糖的葡萄酒完全不同，最早的香槟酒就这样诞生了。唐培里侬随后用毕生的精力来研究改善这种葡萄酒的质量，发明了香槟酿制方法，以他的名字命名的香槟王(Dom Perignon)色泽透彻、香气浓郁，成为法国香槟的经典，受到全世界的追捧。据计算，一瓶香槟中约含有490亿个泡泡，这个数字与银河系里星星的数量接近，剧烈摇晃香槟后香槟瓶塞飞出去的速度，可以达到每小时39.99千米。1927年，香槟产区成为酿造香槟的法定产区，此后，只有法国香槟产区的起泡葡萄酒才能称为香槟，其他地方的只能叫起泡葡萄酒，只是这一点，后来受到了一些新世界国家的挑战。

图 2-14

图 2-14　酩悦酒庄内的唐培里侬雕像

(来源：https://www.wine-world.com/culture/zt/20200401152619455)

1855年，波尔多葡萄酒商会对波尔多的葡萄酒庄进行了分级，这一年开始的波尔多葡萄酒分级制度是历史上第一次对葡萄酒进行评级的尝试，这在法国通向葡萄酒帝国的征途上是一个里程碑式的事件。这不仅为消费者判断法国波尔多的葡萄酒品质提供了标准，帮助外国人更加便利地进行法国葡萄酒的选购，而且奠定了波尔多葡萄酒的地位。直到今天，这一分级制度仍然在世界各地被广泛使用。

除了分级制度带给波尔多的荣光之外，几乎在所有的法国葡萄酒酒标上，在旧世界或新世界的葡萄酒酒标上，到处都能看见“chateau”这个法语单词。它本身的意思是城堡，包含有雄伟、壮观、古老的意思。1855年波尔多葡萄酒的列级分类中，只有5个庄园自称城堡。但在1874年，波尔多的城堡酒庄数量达到700个，到1893年，达到1300个，现在则有成千上万自称城堡酒庄的，似乎一旦贴上chateau的标识，就代表了法国葡萄酒的品质、波尔多的精髓和酒庄葡萄酒的概念。

在法国通往葡萄酒帝国的路上，来自法国东部侏罗山的路易斯·巴斯德成为葡萄酒历史上划时代的人。1860年，巴斯德彻底解答了葡萄酒发酵现象带给人类的困惑，他揭示了发酵的过程。而在之前近8000年葡萄酒发酵的历史中，没有人知道发酵是如何发生的，那些甜甜的葡萄汁开始变得活跃，产生泡沫、发热，然后平静下来，就变成了酸爽、无糖、完全不同于原先葡萄汁的东西。巴斯德揭示了发酵是酵母吞噬掉糖分，产生出乙醇和二氧化碳的过程。从此，葡萄酒的发酵变成了可控的过程。巴斯德对于发酵的研究及他发明的著名的巴氏消毒法(pasteurization)改变了葡萄酒的历史。

在法国葡萄酒不断发展的光辉征途上，一只小小的虫子惊扰了帝国的脚步。这只名叫葡萄根瘤蚜的小虫子，不仅影响了法国，而且改变了世界。

1863年，法国南部的艾尔勒(Arles)地区附近的葡萄树不知道什么原因慢慢死亡，直到1868年，人们才发现在葡萄树根部的一只很小的黄色蚜虫在享受完植物的汁液后毒杀了葡萄的根系(图2-15)。1867年，这只小虫子攻占了整个罗纳河谷，1869年到达波尔多，1870年进入勃艮第，所到之处，摧毁了所有的葡萄树，欧洲的葡萄产业陷入了绝境。慢慢地，专家们才搞明白这只小虫子是从遥远的美国东北部移民而来，它只危害欧洲葡萄，而对本土的美洲葡萄却无能为力。根据这个现象，科学家找到了制服这只小虫子的办法，那就是把欧洲葡萄的树苗嫁接到美洲葡萄上。通过嫁接，法国的葡萄长在美洲的葡萄根上，却不改变法国葡萄的风味及葡萄酒品质。这只小虫子差点断送法国葡萄酒帝国的美梦，也差点摧毁欧洲葡萄酒文化中心，但这只虫子被制服后，由此带来的嫁接技术的普及彻底改变了世界葡萄的种植方式和种植地区的分布，嫁接技术让葡萄园可以掌控葡萄的产量、抗病性及成熟期，给欧洲葡萄酒中心和法国葡萄酒帝国的繁荣注入了新的活力。

图2-15

图2-15 感染葡萄根瘤蚜的葡萄藤

(来源：http://www.sohu.com/a/134322867_645005)

当人们用一把嫁接小刀将那只既可恨又可爱的小虫子收服之后，法国的帝国之旅变得更加坚定。以法国为核心的欧洲葡萄酒文化中心重振雄风，葡萄酒和葡萄酒文化焕发出更大的活力，法国的葡萄酒质量也日甚一日，逐渐成为当时不可超越的存在。在这样的背景下，当20世纪来临，和法国葡萄酒帝国的繁荣一起进入20世纪的，还有由法国和欧洲中心的葡萄酒享誉世界而带来巨大利润导致的葡萄酒欺骗、造假和欺诈的问题，而法国无疑是受到冲击最大的地方。据说在当时，每年都有超过一百万吨的来自其他国家的葡萄干被进口到法国，葡萄干用开水煮过后再用于酿酒。酿出的葡萄酒被贴上波尔多、勃艮第等一级酒庄的酒标假冒出售。

造假以谋取暴利是很多行业可恨的行为之一。假酒之风蔓延到波尔多、勃艮第、香槟等几乎所有构成法国葡萄酒帝国的著名地区。酒吧卖的葡萄酒都坚称是勃艮第陈酿几年的精品，但其实可能是几周之前甚至是几天前才在某个仓库里用劣质葡萄干经开水发泡后粗制滥造出来的假冒品。面对越来越严重几乎要彻底毁灭法国葡萄酒行业的假冒伪劣现象，法国开始反击，以国家之名，定义：葡萄酒必须由新鲜葡萄或葡萄汁经过专门的酒精发酵而成，只能使用“经本地已确立的神圣化的葡萄品种”，进一步规定只有特定区域的葡萄园才可以使用一个特定的名称。1935年，法国成立了国家原产地管理委员会，制定了详细的法国原产地管理系统。以法律法规的形式，保障原产地及酿酒原料的可靠性，以及规范最大产量、剪枝方法、酒精度和酿酒程序等。法国因为假酒出台的原产地管理系统，成为葡萄酒帝国经久不衰的重要保障，也成为后来其他国家效仿的经典。

解决了假冒伪劣的困扰，葡萄酒成为法国的名片。在20世纪中叶，作为世界葡萄酒文化的核心，法国的影响力传播到葡萄酒世界的每一个角落。作为法国葡萄酒的核心产区，波尔多对于全世界葡萄酒行业的影响非常大，波尔多的赤霞珠成为全世界的明星，波尔多的酿酒技术和波尔多的酿酒师也同时成为世界的宠儿，甚至连225升的波尔多橡木桶（barrique bordelaise）也成为世界的标准，波尔多葡萄酒一度成为品质的保证。而另外一个重要的产区勃艮第也不遑多让，尽管世界各地到处都是波尔多的赤霞珠和美乐，但在随后的20年时间里，勃艮第人除持续依靠霞多丽在世界上立足之外，对波尔多的赤霞珠红酒天下发起了坚决的挑战，而领导这次挑战的是勃艮第的黑比诺葡萄。在酿酒师的努力下，勃艮第的黑比诺取得了令人赞叹的成绩，黑比诺从勃艮第输出，在新世界十分受欢迎，尤其是在美国、澳大利亚和新西兰。勃艮第人通过黑比诺，将勃艮第的葡萄酒风格标准传遍了世界。

和公元前121年成为古罗马中心时代的标志性葡萄酒年一样，1982年的秋季，法国的葡萄格外香浓，之后很多影视剧中经常出现的台词“来一瓶82年的拉菲”的背景出现了，1982年成为法国葡萄酒称帝的最重要的一年。在1982年之前，法国一直以1855年分级的列级酒庄生产的波尔多左岸（Left Bank）赤霞珠葡萄酒为最好。1982年，来自右岸酒庄的美乐葡萄表现优异，获得了世界的青睐，且由于在严格的原产地管理系统下，大部分的右岸酒庄都很小，产量极其有限。1982年的年份加上好评如潮的赞誉和有限的产量限制，使得1982年的法国年份酒变得极其珍稀，价格也水涨船高。最终，1982年的法国葡萄酒被赋予投资、社会地位的象征等社会属性，1982年成为法国葡萄酒帝国的高光时刻。

2.6.1.2 雷司令的贡献

雷司令是德国的最主要酿酒葡萄品种，是德国葡萄酒的关联象征。与法国、意大利源出一脉的原东法兰克王国基础上发展而来的德国，在欧洲中心时代，走过了与法国一样的葡萄酒文化之路。

根据考古遗迹，早在公元前5世纪左右，德国在古希腊时代，结识了古希腊葡萄酒和葡萄酒文化，西亚的商人由马赛港将古希腊的葡萄酒、葡萄酒酒具和文化传入现在的德国。伴随着古罗马时代的到来，德国的葡萄酒也从古希腊葡萄酒风格变成了古罗马葡萄酒风格。在德国境内的施派尔，发现了公元1世纪古罗马帝国鼎盛时期的古罗马式酒桶和葡萄酒。

在古罗马人到来之前，德国地区的葡萄酒主要靠进口，是古罗马人带来了葡萄酒酿造技术，在古罗马时代的中期，大约公元前2世纪，葡萄植株被古罗马人带到摩泽尔河，后来又被带到了莱茵河。摩泽尔产区因此成为德国最古老的葡萄酒产区，根据在皮斯波特、布劳恩贝格、艾登等地发掘出来的很多古罗马式榨汁设备，可以看出摩泽尔河当时的葡萄酒与葡萄酒文化之繁盛。等到了公元3世纪末，在莱茵河与多瑙河一带高卢罗马人的国土上，已经到处都是葡萄花了。

查理大帝对于葡萄酒的推动惠及后来的东法兰克王国的继承者德国。而查理大帝本人，则对于德国地区的酿酒葡萄的种植具有不可替代的历史贡献。据说查理大帝是第一个在莱茵河畔种植葡萄的人，皇家葡萄园的开垦建设之后，德国的葡萄园才沿着莱茵河干流、北纬50度逐渐展开，所以查理大帝一直被誉为是发现或首先开发当今世界白葡萄酒产区的心脏——莱茵高的人。

在随后的岁月里，德国和法国一样，经历了中世纪的黑暗、十字军东征、黑死病、葡萄根瘤蚜的历史过程，但也和法国一样，借由与基督教的结合，将古罗马人带来的葡萄酒和葡萄酒文化保留下来。

在记载东、西法兰克王国历史事件的《富尔达年代记》中提道，在富尔达修道院（今德国富尔达大教堂）的僧侣名下有大量的葡萄园，许多葡萄园都作为修道院的财产被登记保护起来。公元 760 年左右，查理大帝下令修建的位于德国西南部的洛尔施修道院，是德国“前罗马式”建筑艺术具有代表性的遗迹之一。洛尔施修道院是莱茵河东部举足轻重的修道士中心，它的不动产分布广泛，几乎遍布了从北边海域到阿尔卑斯山的广大地区，其中就包括大量的葡萄园。

这些和勃艮第的伏旧园一样，教会和基督徒在葡萄酒文化的复兴中做出了关键的贡献。至今德国的一些葡萄酒产区的主教还拥有葡萄园的所有权，一些产区也留下了主教教区的名称。德国对于欧洲中心时代的贡献，除了成为世界白葡萄酒的中心之外，它的晚摘葡萄酒类型也是德国葡萄酒历史上杰出的贡献之一。晚摘葡萄所酿成的贵腐葡萄酒，因其异乎寻常的甜酒风味，独成一派。据说在 1775 年，带着富尔达主教批准葡萄采摘指令的骑士，在送给约翰内斯堡修士时，因为别的事情而耽搁了 14 天，葡萄就沾上了贵腐菌，修士们只好用这些比传统采摘时间晚了 14 天的葡萄酿酒，没想到酒成后成了德国第一瓶独特风味的贵腐葡萄酒。1830 年，德国的贵腐葡萄酒技术又传到了波尔多的苏玳产区，从此，德国的莱茵高和法国的苏玳成为世界上最著名的贵腐酒产地。

除了德国、法国之外，世界上最好的贵腐酒恐怕就是匈牙利的托卡伊贵腐酒。有证据表明，托卡伊的贵腐葡萄酒是独立于德国的贵腐葡萄酒出现的，且比德国早了一个世纪，托卡伊才是世界上第一个酿造出这种自然甜味的葡萄酒的地方。在匈牙利的一份出土的房地产交易文件中，有沾上贵腐菌的葡萄与正常葡萄园隔离的记载，那是 1571 年，而目前公认的是匈牙利在 1650 年酿出了世界上第一瓶贵腐酒，托卡伊的贵腐酒的品质也要好于德国的莱茵高和法国的苏玳。

让我们回到雷司令品种，雷司令葡萄成为德国的代言品种是在 1787 年。当时的酿酒师为了应对连续 7 年表现不佳的摩泽尔产区的葡萄，用雷司令取代了主栽品种，从此，雷司令之于德国的意义不亚于赤霞珠之于波尔多。

德国对于欧洲中心时代的另外一个重要的贡献无疑是冰酒。1829 年，在莱茵河畔宾根市郊的多茹斯海姆，当年酒农在葡萄采收季遭遇霜害，酒农对结冰的葡萄失去信心，本来计划用作饲料，但为了减少损失，还是将结冰的葡萄榨汁后正常发酵，没想到无心插柳柳成荫，酿成后的酒酒体饱满、风味独特、甘如蜂蜜，取名为冰酒。这场霜冻带来的美丽错误诞生了冰酒的传奇故事，也成就了德国葡萄酒在欧洲中心时代的地位。尽管冰酒酿造技术后来由德国移民带到加拿大，经加拿大人进一步改良后，加拿大的冰酒更独特、更醇香，但毫无疑问，冰酒是德国献给欧洲中心时代的一份厚礼。

2.6.1.3 葡萄酒之国

意大利在古希腊时代被古希腊人称为葡萄酒之国。在西西里岛和意大利南部定居的古希腊人首先发现此地得天独厚的葡萄种植条件，于是将葡萄栽培及酿酒技术引进意大利，意大利成为下一个葡萄酒文化中心。到了欧洲中心时代，作为曾经古罗马时代的中心、中法兰克王国的继承者意大利，和法国、德国一样，葡萄酒行业也经历了同样的发展历程。意大利是基督教在古罗马时代传播最早的地方，基础比欧洲其他地方都好，随着基督教及其相关教派在意大利的兴起，对葡萄酒的需求大量增加。在这样的社会背景下，意大利在整个中世纪不断完善酿酒技术，继承和发扬古罗马时代流传下来的酿酒技术和文化，巩固了本土酿造各种优秀葡萄酒的声誉。

14世纪中叶，意大利开始在欧洲葡萄酒文化中心时代发挥作用。最高光的时刻是起源于佛罗伦萨的文艺复兴运动，文艺复兴迅速席卷了整个欧洲，使意大利成为欧洲文艺复兴和西方现代文明复苏的发动机。包括葡萄酒文化在内的灿烂的文化艺术使得意大利重新受到全世界的瞩目，经济与文化的发展、政局的稳定、人口的增加、航运的开拓使葡萄酒之国开始苏醒，早在古希腊时代就根植于意大利的葡萄酒与葡萄酒文化基因，再经过古罗马时代的进化，开始变得繁荣。托斯卡纳的首府佛罗伦萨在这场文艺复兴中最先成为意大利著名的葡萄酒产区。而在这个时期，大量的以基督教文化为题材的绘画作品中出现了葡萄和葡萄酒的影子，其中最具代表性的莫过于15世纪90年代达·芬奇在圣玛利亚感恩教堂创作的画作《最后的晚餐》。在文艺复兴时期的意大利，葡萄酒文化特别是餐饮文化得到了很大的发展，可能是秉承了古罗马帝国鼎盛时期的奢靡之风，文艺复兴时期的意大利贵族们经常组织奢华的宴会，这些宴会由专业人员策划和准备，葡萄酒是高规格和高等级上层社会宴会必备的重要饮品，且逐渐形成了一套繁复的礼仪规范，就连拿起杯子的方式都被赋予了社会地位的属性。在一份流传下来的16世纪的文献中，记载了文艺复兴时期意大利葡萄酒的盛况。这份16世纪教皇保罗三世的侍酒师记录的手稿《意大利葡萄酒，由教皇保罗三世及其酒瓶匠评判》记录了教皇在意大利及外交旅行时遇见的葡萄酒，以及他对当时意大利和外国葡萄酒的评判。教皇用强劲的单宁等词描述他喝的葡萄酒，这些评语和我们现在使用的评语几乎没有区别。

如果说文艺复兴运动是意大利为欧洲葡萄酒文化中心地位的确立做出的重要贡献，那"法定产区"概念无疑是他们为欧洲中心时代创作的赞美诗。1716年，托斯卡纳大公科西莫三世·德·美第奇(Cosimo Ⅲ de′ Medici)颁布法令，正式划定了基安蒂(Chianti)葡萄酒官方认定产区的范围，也称科西莫边界。这是世界上最早的法定产区，比法国因为假酒事件在1889年开始的类似的原产地保护制度足足早了173年。

此后的200年时间，和法国、德国一样，意大利葡萄酒受到葡萄根瘤蚜和第二次世界大战的影响，直到1946年，意大利公投取消帝制，建立共和制国家，整个国家的经济开始重建。1966年建立法定产区制度、1980年进一步制定了优质法定产区制度、1992年建立地理保护标识等级制度。这一系列的操作，保证了意大利葡萄酒产业的发展，意大利终于再次赢得了葡萄酒世界的认可，成为世界上葡萄酒出口量最大的国家，意大利以优质葡萄酒生产国的形象重新闪耀世界，成为旧世界的骄傲，成为真正的葡萄酒之国。

2.6.1.4 西班牙的阳光

西班牙位于伊比利亚半岛，但古罗马人发现这里充沛的阳光、温暖宜人的气候和多样的土壤类型后，就将葡萄酒和葡萄酒文化带到了这里，并且在古罗马中心时代，西班牙度过了一段葡萄酒黄金岁月，成为古罗马帝国时期销量第一的葡萄酒产地，西班牙的葡萄酒被称为"装在瓶子里的阳光"。

古罗马时代结束后，西班牙人在公元711年被阿拉伯人占领，开始了长达700年的伊斯兰统治。在此期间，由于伊斯兰教禁止喝酒，西班牙的葡萄酒产业黯淡，但阿拉伯人却意外带给了西班牙一份厚礼——蒸馏技术。1587年，西班牙人将蒸馏用于葡萄酒酿造，创造出了西班牙的国酒雪莉酒。雪莉酒是加强型葡萄酒，作为葡萄酒王国里特立独行的存在，是西班牙在欧洲中心时代最亮眼的一道光，通过蒸馏技术，提高葡萄酒酒精度防止细菌的滋生，以方便长途携带、安全到达遥远的市场，这对于无敌西班牙舰队的远征尤其重要。

1492年，基督教重新统治西班牙，和法国、德国、意大利一样，基督教教会和僧侣开始成为西班牙葡萄酒和葡萄酒文化的主力和使者。在如今的里奥哈，当年的很多修道院仍然存在，有的变成了酒庄，西班牙的葡萄酒也随着基督教的统治开始与欧洲中心时代接轨。

西班牙对于欧洲中心时代最大的贡献，其实是哥伦布和麦哲伦开启的大航海时代。1492年，哥伦布到达美洲大陆开启了欧洲人对欧洲以外的广阔新土地的一场大型殖民运动，整个16世纪可以算得上是西班牙人和葡萄牙人的世纪。从美洲开始，南非、新西兰、澳大利亚都成为欧洲人殖民的土地，这些地方很快成为欧洲人的第二故乡。欧洲中心时代拥有的先进科学技术与航海技术使欧洲中心所涵盖的范围不再是先前的围绕地中海的那一小片世界。

基督教与欧洲中心接轨后，同样迷恋葡萄酒文化的西班牙人和葡萄牙人通过大航海时代成了16世纪世界的霸主，带领其他的欧洲国家在他们发现并殖民的新土地上开启了他们习惯的欧洲式生活，葡萄酒自然就成为必需品。为此，他们开始在新大陆上尝试进行葡萄酒酿造。1572年，西班牙人在墨西哥开辟了葡萄园，1770年，西班牙传教士塞拉神父在加州设立圣迭戈教区并开辟了新葡萄园。在这些新的殖民地上，葡萄酒文化也随着基督教的传播，从西部的圣迭戈到加州的索诺玛，建立起了今日美国最大的葡萄酒产区。17世纪末，南美殖民地的葡萄酒品质就与欧洲的葡萄酒品质不相上下了。19世纪初，澳大利亚也飘出了酒香。欧洲人在所有他们殖民的土地上培养出了类似于遥远故国的葡萄酒文化，将欧洲葡萄酒文化中心的影响扩大到这些地区。从此，旧世界的葡萄酒和葡萄酒文化发展到新世界，欧洲中心时代也成为比过去4个葡萄酒文化中心时代影响更大的时代，从这一点来说，西班牙在欧洲中心时代为葡萄酒文化的传播做出了不可磨灭的贡献。

2.6.2 新世界的梦想

伴随着大航海时代而来的是登上葡萄酒与葡萄酒文化历史舞台的新世界。新世界的概念最早是哥伦布之后的著名意大利航海家亚美利哥(Amerigo Vespucci)提出的，最初的新世界是指哥伦布和他发现的美洲，为了区别于已知的欧、亚、非三个大陆。后来，陆续发现的澳大利亚、新西兰及太平洋上的诸多岛屿都被归类为新发现的新世界。葡萄酒世界借用了大航海时代以来的这个新旧世界的划分概念，但是和这个地理上的新世界有一些重要的区别要注意，如中国和南非等国家，在葡萄酒世界都归属为新世界。

1492年10月12日的凌晨，当哥伦布一行人登上美洲东部中段的印度群岛的两个大岛古巴、海地和若干小岛时，美洲新大陆的帷幕被拉开，随后涌来的欧洲人继续着哥伦布的探险，美洲大陆逐渐被发现和殖民，欧洲人成为这片新大陆的主宰，他们在这里定居下来，新旧世界的农作物、人种、疾病乃至文化开始了新旧世界之间的迁徙和交互，他们把旧世界的苹果、香蕉、小麦、豌豆、甘蔗、橄榄、咖啡豆、蜜蜂、牛、马、羊、鸡传到了美洲，美洲原产的烟草、土豆、西红柿、马铃薯、南瓜、菠萝、辣椒又被他们带到了旧世界。而酿酒葡萄通过哥伦布、麦哲伦、亚美利哥等航海家从欧洲中心被传播到世界各地，葡萄酒欧洲中心辐射到大帆船所及的新世界，欧洲中心时代的世界葡萄酒地图就此改版，全新的葡萄酒世界格局由此形成。

2.6.2.1 美国人的葡萄酒美国梦

美国无疑是新世界最典型的代表，而那个时候的美国到处都是野生的美洲葡萄，生活在这片土地上的印第安人没有发现葡萄和葡萄酒的妙用，直到欧洲人到来，才唤醒了这片土地。

1565年9月8日，皮德罗·门内德兹·阿维利斯(Pedro Menendez de Aviles)带领一支探险队在佛罗里达州登陆，他们随船带来的西班牙雪莉酒可能是出现在美国本土上的第一批葡萄酒。而在他们之前，在1562—1564年就定居在佛罗里达州杰克逊维尔附近的法国殖民者，曾经尝试用当地的圆叶葡萄酿酒，没有成功。

美国的建国者是来自英国的清教徒，自打有了北美殖民地，英国人恨不得立即摆脱对葡萄酒生产国特别是法国的依赖。因为在英法百年战争中，法国失去了葡萄酒圣地波尔多，这成了他们心中永远的痛。英国人将酿酒葡萄带到了北美，希望自给自足，如果能卖钱就更好了。可惜英国人没有学到波尔多人酿酒的技术，就算他们高薪聘请了法国的酒农到弗吉尼亚，葡萄酒的品质也一直差强人意。英国人看法国人不想帮忙的样子，就采取强硬的办法，颁布法令要求每个家庭都种葡萄，无奈美国东海岸的风土就是不给力，葡萄酒的品质一直不能令人满意。美国东海岸最初的这些使用本地品种的葡萄酿酒的尝试都失败了，人们发现本土的美洲葡萄品种是无法酿造出他们故乡那样优质的葡萄酒的，于是他们把目光投向了欧洲故乡，引进欧亚种的葡萄来尝试。在1619年美洲新大陆的首次议会上，下议院甚至通过了第12条法案(Acte 12)，其中规定弗吉尼亚州(Virginia)每个有男性的家庭必须种植10株进口的欧洲酿酒葡萄树，这也是美国本土第一个关于葡萄酒的法律。1776年美国独立后，英国人失去了北美殖民地，美国的开国者们大力发展葡萄栽培和酿酒，尤其是做过驻法大使的托马斯·杰斐逊总统，他在弗吉尼亚倾注大量时间和精力研究葡萄酒，不过酿出的酒却没有半点儿波尔多的样子。

随着美国西部淘金热的出现，人口在西海岸急剧增长，葡萄酒的需求也随之增长，葡萄和葡萄酒便开始向西海岸发展，同一直不景气折腾了近百年的东海岸葡萄酒相比，美国的葡萄酒在西海岸找到了发展的沃土。加州也由此逐渐成为美国最重要的葡萄产区，而加州的第一个葡萄园依然来自基督教的贡献，圣方济会传教士塞拉(Junipero Serra)神父于1769年在圣迭戈附近建立了加州第一个葡萄园。传教士们带着葡萄树和葡萄酒文化，向北迁移传教，不光把福音带到了索诺玛和纳帕，也将葡萄酒带到了索诺玛和纳帕。1838年，在纳帕种下了第一株葡萄；1858年，在纳帕建立了第一个酒庄；1861年，加州葡萄酒之父阿格斯顿(Agoston Harazsthy)受州长委托，从欧洲引进了300多个葡萄品种，10万多条精心挑选的雷司令、赤霞珠、霞多丽等著名的欧洲酿酒葡萄的枝条，成为加州葡萄酒产业的重要基础，从而生产出的加州葡萄酒品质堪比欧洲本土的葡萄酒。

1861年，在加州葡萄酒获得成功和风头正劲的同时，却是欧洲中心遭遇根瘤蚜虫烦扰正盛的时刻，欧洲的葡萄酒面临严峻的考验，而这个时候人们对葡萄酒的需求却在迅速增长。德国移民乔治·哈兹曼(George Husmann)和其他密苏里州的葡萄种植者将数百万美洲葡萄插条运输至法国和其他欧洲国家，拯救了当时被根瘤蚜虫席卷的欧洲葡萄园，从此，欧洲葡萄流着美洲葡萄的血液。这也是新旧葡萄酒世界最大的一次交流，哈兹曼也被誉为“密苏里州葡萄酒之父”。而加州则抓住了欧洲被小虫子困扰的历史机遇，成了当时唯一用欧洲葡萄酿酒的产地。到1876年，加州每年的葡萄酒产量有870万升，其中一些质量媲美欧洲产区，那时的加州俨然成了新兴的世界葡萄酒文化中心，让人恍惚以为葡萄酒的加州时代已经到来。

1889年，纳帕谷的伊哥诺(Inglenook)酒庄获得巴黎世博会的金奖，克莱西达·布兰卡酒庄生产的葡萄酒打败顶级的欧洲葡萄酒在巴黎国际葡萄酒展会中获得最高荣誉的“首席大奖”。19世纪末，加州葡萄酒在国际比赛中频频得奖，1900年，加州葡萄酒在巴黎世博会获得了30多个奖项，赢得了世界声誉，美国酿酒业从无到有，直到被广泛认可仅用了300年，可谓是新世界葡萄酒美国梦的典范。

到了1920年，美国出台了禁酒令，《宪法第十八修正案》禁止酒精的生产、销售和运输。历经13年之久的禁酒令对美国的葡萄酒产业产生了非常大的影响。美国人向酒宣战的原因可能与早期移民出于宗教原因抛弃欧洲故土奔赴这片蛮荒之地有关，这些被称为“清教徒”的来自欧洲的美国创始者，把他们的宗教热情带到了美国。清教徒力主敬畏上帝、清廉度日，酒精被他们视为社会问题和犯罪的源头之一。至19世纪中期，美国一些地方就开始寻求法律手段来禁止饮酒，经过多年的民间运动和鼓噪，到20世纪20年代，终于在全国范围内出台了禁酒令。禁酒令期间，美国无数的葡萄园改种鲜食葡萄或其他作物，酒庄关门，产量下降了94%。禁酒令成为美国葡萄酒发展史上的一个历史事件，一纸禁令，几乎使美国的葡萄酒业完全消失。禁酒令摧垮了大多数美国酒厂，也有一些酒厂出于基督教弥撒的需要被保留下来，1933年，禁酒令被上台的罗斯福总统废止，加州葡萄酒协会于第二年成立，美国开始了缓慢的葡萄酒复兴之路。1940年，弗兰克·休梅克(Frank Schoomaker)推广葡萄酒的酒标品种标示法，为加州葡萄酒贴上了特色标签。

从20世纪60年代中期至70年代初，加州的部分酿酒师重拾往日的新世界梦想，开始倾力打造本土高品质的葡萄酒，以期有朝一日可以与欧洲最高水平的葡萄酒相媲美。其中，被誉为加州葡萄酒之父的罗伯特·蒙大维，无疑是最杰出的代表，他创立了罗伯特·蒙大维酒庄(图2-16)，并用事实向世界证明，加州特别是纳帕是世界上最好的葡萄酒产区。他超越了一个酿酒师，超越了一个酒庄庄主的角色，不遗余力地布道和宣讲这个理念，而那时要让人们相信纳帕和波尔多或者托斯卡纳一样是生产世界级好酒的产区简直是痴人说梦，但罗伯特·蒙大维用他的理念和传教士般持之以恒的努力改变了这一切，他做到了。他用波尔多的酿酒方法，采用控温的不锈钢发酵罐，装进最好的法国橡木桶陈酿，生产出多种与法国达官贵人餐桌上同样顶级的赤霞珠葡萄酒。他将自己的酒、纳帕的酒和欧洲知名的葡萄酒一起品尝，通过一系列的活动，为本地的酿酒师树立了加州出产好酒的信心。将加州出产好酒从他一个人的梦想，变成美国加州葡萄酒产业的共同信念，在加州酿酒师们的不懈努力下，加州的酿酒业不仅很快得到恢复，也开始产出世界级品质的葡萄酒。

图2-16

图2-16　罗伯特·蒙大维酒庄

(来源：http://www.sohu.com/a/569413299_100043566)

而与美国密不可分的另外一个大国加拿大，也在这个新世界崛起的进程中开出了两朵葡萄酒的异葩，一是冰酒，二是起泡酒。新世界葡萄酒的美国梦从葡萄到达美洲的那一刻就开始了，前前后后经历了300多年。美国最终成为新世界葡萄酒的杰出代表。世界葡萄酒的格局开始改变，新世界葡萄酒的信心被树立起来。

2.6.2.2　了不起的西拉

澳大利亚是美洲大陆之后最重大的地理发现，西班牙人虽然一直在寻找"未知的南方大陆"，但真正发现澳大利亚的是荷兰人，可惜荷兰人没有意识到这片大陆的价值，上岸看了一眼便扬帆而去。1770年，英国航海家詹姆斯·库克(James Cook)船长登上澳大利亚东海岸，并将其命名为"新南威尔士"，从此，澳大利亚成了英国人的殖民地。

英国人殖民澳大利亚后，澳大利亚的葡萄栽培和酿酒便开始了。对于新世界而言，我们常说，西班牙人把葡萄和葡萄酒带到了中南美洲，葡萄牙人把葡萄和葡萄酒带到了巴西，荷兰人把葡萄和葡萄酒带到了南非，而把葡萄和葡萄酒带到美国、澳大利亚和新西兰的则是英国人。

与欧洲和美洲不同，澳大利亚没有本土野生葡萄，不是葡萄的原产地，也就没有驯化的葡萄品种，英国人自然不会像在美国那样想到就地取材，一开始就知道葡萄藤必须进口才有可能在这片土地上生产出葡萄酒。

据文献记载，澳大利亚最早的葡萄是1788年从好望角移植而来，被种植在悉尼一个叫作农场海湾的地方，1788年也因此成为澳大利亚葡萄与葡萄酒的历史元年。三年之后的1791年1月24日，悉尼总督府花园用三年前从好望角移植过来的葡萄树上结下的两串葡萄酿制出了澳大利亚的第一款葡萄酒，从此开启了澳大利亚的葡萄酒历史。

而在澳大利亚葡萄酒与葡萄酒文化的历史上，影响最大的莫过于被誉为澳大利亚葡萄酒之父的詹姆斯·巴斯比(James Busby)了。澳大利亚如果没有巴斯比，澳大利亚的葡萄酒历史将会是另外一个样子，就如同巴斯比说的那样：一个男人坐在自己的葡萄园里，成熟的葡萄触手可及，这就是幸福，如果感受不到这种幸福，那他就不懂幸福是什么，也不懂爱。

1824年5月，21岁的巴斯比随父亲来到悉尼，他父亲是被招募来解决澳大利亚大陆殖民者饮用水不干净问题的工程师，随父移居的巴斯比脑洞大开，认为要解决澳大利亚的饮用水不干净的问题最好的方案应该是葡萄酒。于是，年轻的巴斯比在来澳大利亚之前花了几个月时间去波尔多、勃艮第游学，一边游学一边收集葡萄品种，他的见闻和游学经历被他详细地记录下来。来到澳大利亚后，收集的葡萄苗被他迫不及待地种在了悉尼的园子里，第二年，他将去法国的学习经历和见闻出版发行，信心百倍地当起了澳大利亚新世界的葡萄酒教父。那个时候的巴斯比对于葡萄酒可能还只是一知半解，离作为葡萄酒的教父还差得太远。悉尼潮湿的气候，使得他从法国学来的知识和经验在自己动手践行的时候遭到了嘲讽，他在悉尼的葡萄酒酿造实践失败了。直到新南威尔士州大名鼎鼎的猎人谷(Hunter Valley)被发现，巴斯比有了1.21×10^7平方米的土地，巴斯比将之全部开垦成葡萄园，而猎人谷不同的风土类型和对于葡萄的热烈欢迎，让猎人谷成为澳大利亚最早的著名产区，巴斯比也有了用武之地，在猎人谷的实践，让他逐渐成了真正的专家。今天的猎人谷仍有那时传承下来的英国移民的酒庄，这些酒庄在那个时候，都曾得到巴斯比的指导和帮助。

1830年，巴斯比再次回到欧洲，开始了他的伟大旅程。这次他收集了约500多个欧洲葡萄品种，几乎囊括了所有的优秀酿酒葡萄种质资源，其中还包括一些中东的古老品种。这对于澳大利亚而言，是一次历史性的旅行，因为他引进的这500多个品种，让澳大利亚大陆有了真正高品质的酿酒葡萄品种，他引进的这批葡萄从猎人谷传播到新南威尔士州、维多利亚州，再到整个澳大利亚大陆。西拉、霞多丽、美乐、歌海娜等著名的欧洲品种，它们在澳大利亚这片新世界的土地上找到了归属。巴斯比这次系统的葡萄品种资源引进，奠定了猎人谷乃至整个澳大利亚葡萄酒产业的基础，巴斯比也因此被奉为“澳大利亚葡萄酒之父”。

1820—1840年，新南威尔士州、塔斯马尼亚州、西澳大利亚州、维多利亚州的葡萄酒产业都发展兴盛起来，随后南澳大利亚州开始种植葡萄树。20年后，维多利亚州的葡萄酒产量居全国首位，维多利亚州成为澳大利亚的葡萄酒产业中心，但到了19世纪30年代，南澳大利亚州的葡萄酒产量超越维多利亚州，占到了全国总产量的75%，该州的巴罗萨谷(Barossa Valley)取代维多利亚州成为澳大利亚葡萄酒产业的中心。

澳大利亚的葡萄酒很快就吸引了世界的目光，1873年，维也纳酒展中的澳大利亚葡萄酒获得了法国评委的高度赞扬。有趣的是，当法国人知道是澳大利亚的酒后，居然收回了赞美，理由是这种质量的葡萄酒必须是法国的，澳大利亚不可能有这个品质。在随后的1878年巴黎酒展，西拉酿造的来自维多利亚产区的葡萄酒，被评定为和法国玛歌庄园的酒旗鼓相当。在1882年、1889年的世界性酒展上，澳大利亚葡萄酒也有不俗的表现，相继摘取金牌，和美国一样，在很短的时间里，澳大利亚就完成了跻身世界一流产区的华丽转身。

只是那只讨厌的小虫子一样也没放过澳大利亚，在1875年，澳大利亚葡萄酒声誉鹊起的时候，葡萄根瘤蚜袭击了澳大利亚，并且因为澳大利亚基本都是欧洲品种，所以除了一地之外，小虫子吃掉了大部分的澳大利亚葡萄园。而这个免遭葡萄根瘤蚜危害的幸运之地就是当时影响远不及维多利亚州的南澳大利亚。南澳大利亚守住了海关大门，成功阻挡了葡萄根瘤蚜的入侵，因此南澳大利亚葡萄酒产业的发展保持了持续态势，得以在20世纪30年代一跃超过维多利亚州成为澳大利亚葡萄酒文化中心并保持至今。也由于没有遭受葡萄根瘤蚜的侵害，南澳大利亚拥有非常多在欧洲都难以见到的超级老藤葡萄，如世界最古老的西拉、歌海娜、慕合怀特、赤霞珠葡萄藤等，这些老藤如今已成为南澳大利亚葡萄酒与葡萄酒文化最宝贵的财富和象征。

澳大利亚遭遇葡萄根瘤蚜之后，花了将近一个世纪的时间才逐步恢复其作为优质葡萄酒产区的元气和声誉。20世纪60年代，澳大利亚的葡萄酒酿造也开始从传统的强化葡萄酒转向餐桌葡萄酒，葡萄酒产量从1960年的100万箱上升到1999年的8500万箱。60年代后随着移民潮的到来，澳大利亚的饮食文化和葡萄酒文化呈现多样性，葡萄酒文化变得丰富多彩，以前单调的以加强型甜酒为主流的时代被打破，澳大利亚的葡萄酒风格开始向欧洲中心的主流风格靠拢。随着移民的到来，各种酿酒新技术和新思维在澳大利亚土地上由那些满怀热情的酿酒师创造并实现，到了20世纪70年代中期，干型葡萄酒已经成为澳大利亚葡萄酒的绝对主流。

充足的光热、适当的降雨、稳定的气候使得澳大利亚的酿酒葡萄可以很容易就达到极高的成熟度，拥有较高的含糖量，巴罗萨谷的西拉、猎人谷的赛美蓉、雅拉谷的黑比诺是澳大利亚主要产区的明星品种。尤其是巴罗萨谷的西拉，为澳大利亚占据新世界的显著位置、在欧洲中心时代成为耀眼的明珠立下了汗马功劳。西拉(当时被称作Scryas)可能是詹姆斯·巴斯比(James Busby)在1832年那次对于澳大利亚具有历史意义的欧洲之行中，从法国蒙彼利埃(Montpellier)引进澳大利亚猎人谷的，随后迅速在澳大利亚的新南威尔士州大面积种植，在南澳大利亚州、新南威尔士州和维多利亚州三大主产区中，西拉已经成为澳大利亚最主要的红葡萄品种。其中尤以巴罗萨谷的西拉表现优异，巴罗萨谷由于没有受到葡萄根瘤蚜的侵害，有不少的老藤西拉，酿造的葡萄酒口感集中，带有香料风味，陈年潜力强，成为澳大利亚高品质葡萄酒的主要酿酒品种，比起它在故乡法国的表现，毫不逊色，而且打上了鲜明的澳大利亚风土特点，成为澳大利亚了不起的西拉。

澳大利亚的酿酒方法与欧洲不同，欧洲遵循传统的酿酒方式，酒质与气候密切相关，遇到不好的年份，酒的品质会受到很大的影响。而澳大利亚则多为大型酒厂，采用先进的酿造工艺和现代化的酿酒设备，再加上澳大利亚稳定的气候条件，酿造时普遍通过橡木桶储存及低温发酵技术，酿出的酒最明显的特点就是酒质稳定，口感丰满、柔和，果香丰富，香气浓郁而奔放，容易入口。由于这些原因，澳大利亚每年出产的葡萄酒的品质都相对稳定，所以购买时不必像挑选欧洲酒那样过多地考虑年份问题，没有陈年也会有很好的品质。加上风格独特、性价比高，澳大利亚的干型葡萄酒在国际市场受到热烈的追捧，市场份额一路走高，澳大利亚成为除美国之外，新世界另外一个最具代表性的、具有挑战欧洲中心实力的葡萄酒国家。

2.6.2.3 “无边光景一时新”

基督教文明一直伴随着欧洲中心时代，在大航海这场影响整个葡萄酒世界格局的历史变局中发挥着它的作用。基督徒们每到一处，就建起修道院，也建起一片葡萄园，酿出葡萄酒，不光作弥撒之用，主要还是为从欧洲来到新世界的欧洲人提供饮用之需，而且还要努力酿出和他们故乡品质一样甚至超出的美酒。在这样的动力驱动之下，新世界的葡萄酒和葡萄酒文化跟随传教士的脚步，传遍新大陆。从哥伦比亚、秘鲁到玻利维亚、巴拉圭、智利，越过安第斯山脉来到阿根廷，从佛罗里达到卡罗来纳、弗吉尼亚，从得克萨斯到亚利桑那、墨西哥、加州，从澳大利亚到新西兰。葡萄酒香飘过的地方，葡萄酒的版图就被涂抹上不同的颜色。除了前面介绍的美国和澳大利亚这两道靓丽的颜色之外，新西兰、阿根廷、智利和南非等，也都五彩缤纷，成为新世界闪亮的明星。

1642 年，荷兰人塔斯曼发现新西兰，但他和同伴未能与毛利人建立友情，和发现澳大利亚一样，看了一眼就开船走人，100 年后，在英法百年大战中失败的英国都铎王朝，黯然退出欧洲大陆的争霸，将目光投向辽阔的海洋。1769 年 10 月，英国人詹姆斯・库克船长登上新西兰岛，库克对于新西兰的第二次发现，开启了英国殖民新西兰的历史，也揭开了新西兰的历史篇章。

1819 年，英国的传教士塞缪尔・马斯登（Samuel Marsden）在新西兰北岛的凯利凯利（Kerikeri）镇开辟了第一片葡萄园，种植了约 100 个从悉尼带来的葡萄品种，这是新西兰最早的葡萄。10 年后，英国派澳大利亚的葡萄酒之父詹姆斯・巴斯比担任新西兰总督，他从澳大利亚带去了他第二次欧洲之行引进的欧洲葡萄，成为新西兰历史上第一批葡萄酒的酿造者和第一位酿酒师。他带到新西兰的葡萄苗同样奠定了新西兰葡萄酒的发展基础，他也成为新西兰的葡萄酒之父。19 世纪 30 年代晚期，法国传教士陆续又引进了一些法国的葡萄品种，种植在霍克斯湾（Hawke′s Bay）和吉斯伯恩（Gisborne）。1880 年，西班牙移民酿酒师约瑟夫・索莱尔（Joseph Soler）在墨尔本国际酒展上赢得 6 个奖项，1886 年又在伦敦获得大奖。此后，新西兰葡萄酒开始受到越来越多人的关注和喜爱。1908 年，新西兰的 5 款酒获得英法葡萄酒展金奖，这在新西兰的葡萄酒历史上是个里程碑式的事件，标志着新西兰也可以酿出和欧洲本土一样高品质的葡萄酒。

新西兰葡萄酒历史上最重要的里程碑是 1973 年蒙太拿酒庄在马尔堡种下第一株长相思葡萄。1977 年，高品质的长相思葡萄酒在蒙太拿出生，新西兰将长相思的品种名标在了酒标上,这一点可能来源于美国的品种标示经验,从此,长相思成为新西兰的国酒。马尔堡16000多公顷的葡萄园,出产整个新西兰产量一半以上的葡萄酒,而长相思也成为新西兰葡萄酒的形象和名片。

新西兰四面环海,是典型的海洋性气候,气候凉爽,生长期长,为葡萄积累了充分的糖度和浓郁的风味,全国分布着10个各有特色的葡萄酒产区。新西兰葡萄酒在200年较短的时期内取得了巨大的成功,成为新世界一颗耀眼的新星。

智利和阿根廷被称为新世界的南美双雄。智利的葡萄酒历史比较简单,16世纪西班牙人征服智利后,第一批欧洲移民到达智利,智利的葡萄酒历史正式拉开序幕,传教士在圣迭戈建立了智利的第一个葡萄园。智利和澳大利亚、新西兰一样,没有本土葡萄,最早的品种叫派斯(Pais),直到现在,派斯仍然是智利主栽的品种之一。而18世纪智利的流行酒是来自派斯和麝香(Muscat)葡萄的甜酒,酿酒师用蒸馏的手段来浓缩葡萄汁中的糖分。当时智利普遍使用山毛榉木酒桶陈酿,比较苦,到了19世纪,席卷欧洲的葡萄根瘤蚜导致大量的酿酒师失业,法国酿酒师来到智利寻找机会,他们带来了法国的品种,同时也带来了丰富的经验和先进的技术,令智利的葡萄酒面日一新。智利的波尔多酿酒体系和赤霞珠、美乐、马尔贝克、雷司令、长相思及赛美蓉都是这个时候引入智利的。1984年,卡萨布兰卡谷(Casablanca Valley)这个智利的葡萄酒风水宝地被发现、开发,这个凉爽气候产区的葡萄为智利葡萄酒带来了生机,引领出全新的酿酒风格和发展趋势。智利也逐渐成为新世界的后起之秀,智利所有的葡萄酒产区都靠海,葡萄园享受着来自太平洋的海风,在适宜的温度和湿度下,出产质量上乘的葡萄。此外,港口遍布智利西部海岸,贸易非常便利。20世纪80年代,智利的葡萄酒才开始出口到海外国家,智利国内的酿酒师过去一直使用发酵罐和榉木桶来陈酿,这时候他们开始改用不锈钢桶,良好的先天条件与后天技术的不断改进使智利葡萄酒具有高性价比的特点,出口量不断增加,如今成为世界第四大出口国。

和澳大利亚的西拉、新西兰的长相思一样,智利的代言葡萄品种是佳美娜,这个品种在智利几十年来一直被认为是美乐,后来通过基因分析才让它认祖归宗,证实是原产法国并濒临灭绝的古老品种,没想到这个法国的古老品种在智利获得了新生,成为智利昂首进入新世界明星国家的功臣。

在葡萄到达智利十几年后,葡萄才翻越安第斯山脉来到阿根廷,西班牙人带来了第一批葡萄,在阿根廷的土地上培育出了一个叫克里奥亚(Criolla)的葡萄品种。在接下来的300多年中,克里奥亚一直是阿根廷的主栽品种,克里奥亚的产量高,酿出的葡萄酒颜色浅、味道淡、品质一般。没多少人关注这个新世界的葡萄酒国。直到19世纪下半叶,葡萄根瘤蚜和第一次世界大战的硝烟,让处于灾难中心的许多欧洲人尤其是西班牙、意大利和法国做葡萄酒的人都移民到了阿根廷。这些欧洲新技术移民的到来,不仅带来了新的欧洲品种和欧洲中心时代的先进技术,还带来了阿根廷葡萄酒产业的希望。此时,阿根廷政府也专门聘请了法国葡萄专家米歇尔·艾姆·普格(Michel Aime Pouget)来负责推进阿根廷葡萄酒产业的发展。普格在门多萨(Mendoza)成立了阿根廷第一个农业学校和葡萄苗圃,并引进了赤霞珠、美乐、黑比诺和马尔贝克等法国品种。这些品种来到阿根廷,立即展现出它们的魅力,力压当地传统品种克里奥亚,普格也因此成为阿根廷葡萄酒历史上不能缺席的人物。

邻居智利的葡萄酒发展经验,也启发了阿根廷人,但和智利不同的是,太平洋吹来的海风为安第斯山脉所阻,阿根廷是典型的大陆性气候,葡萄园都在南纬23°~45°,气候偏热、海拔高、日照强、湿度低、温差大。这些气候特点赋予了阿根廷葡萄酒浓厚的风味,使得阿根廷葡萄酒产业在欧洲新移民和新世界发展的新技术的助力下，在近几十年时间内迅速发展，一跃成为新世界的骄傲。

同智利的佳美娜一样，普格引进的出生在遥远的法国卡奥尔(Cahors)地区的马尔贝克在波尔多一直是个“跑龙套”的角色，而“远嫁”阿根廷后，绽放出了迷人的魅力。马尔贝克经过一个多世纪阿根廷人的栽培筛选，无论是品相还是酿出的酒，都和故乡的不一样，马尔贝克已经完全成了阿根廷的马尔贝克。如今，它是阿根廷种植面积最广的品种，在全国各地都有种植，酿出的葡萄酒颜色深、酒体饱满、单宁含量高，香气非常成熟，具有黑樱桃、李子等黑色水果和黑胡椒香气，有时甚至有煮熟的水果风味。马尔贝克成为阿根廷当之无愧的代言品种，如今的新世界，阿根廷除了足球可以骄傲，现在又有了马尔贝克。

而南非在新世界则是一个比较神奇的存在，这其中一个重要的原因是好望角。好望角是葡萄牙航海家迪亚士发现的，但把葡萄酒带到好望角的却是荷兰人。1652年4月6日，荷兰东印度公司的扬·范里贝克(Jan Van Riebeeck)及第一批153名东印度公司的雇员抵达好望角，建立了南非的第一个殖民地——开普敦。1655年，范里贝克种下了南非的第一株葡萄，为南非的葡萄种植与酿酒史揭开了帷幕。1659年2月2日，范里贝克酿出南非历史上第一瓶葡萄酒，这比澳大利亚和新西兰早了一个多世纪，范里贝克因此被誉为南非的葡萄酒之父。

好望角地处大西洋和印度洋的交汇处，特殊的地理位置使其迅速发展为大航海时代重要的中转站，不仅仅是葡萄酒，葡萄苗也是其中转的一部分，詹姆斯·巴斯比和亚瑟·菲利普都曾从南非带葡萄苗到澳大利亚，美国洛杉矶的葡萄苗最早也是从南非带去的。南非的地中海气候为葡萄种植提供了天然的保障，以开普敦(Cape Town)为中心的周边葡萄酒产区出产了南非90%的葡萄酒。同属非洲的曾经一度成为世界葡萄酒文化中心的古埃及和南非一样，都有着典型的地中海气候，南非的葡萄栽培条件得天独厚，既有旧世界的传统，也有新世界的创新。

1688年，在欧洲宗教改革浪潮中受到迫害的法国新教徒被信奉新教的荷兰东印度公司招募到好望角，他们在开普敦东北方定居下来，并带来了法国先进的葡萄酒酿造技术，为南非的葡萄酒带来了活力与希望，南非葡萄酒开始得到发展。当年移民的法国受迫害的教徒们聚居的地方法国小镇，如今风景秀美、美酒飘香、美食遍地，从开普敦开车约一小时即可到达，是个感受法国文化和南非葡萄酒的好去处。

1795年，英国人打跑荷兰人，占领了好望角，并为南非葡萄酒带来了新的生机。爱酒的英国人让当地的葡萄酒酿造得到了快速发展，带来了近半个世纪的繁荣，葡萄酒的多样化开始展现。1885年，葡萄根瘤蚜侵袭南非，随后的两次惨烈的英布战争和长期的种族隔离，让南非的葡萄酒产业一蹶不振。直到20世纪90年代，种族隔离制度结束，开放的南非吸引了欧美诸国的“飞行酿酒师”，他们带来了先进的理念和技术，帮助南非葡萄酒迅速适应消费者的需求，南非的葡萄酒开始有所好转。酒农们努力学习新的栽培和酿酒技术，酿造国际品种，改善产品质量。

南非的葡萄酒名片是皮诺塔吉(Pinotage)，是用黑比诺和神索葡萄培育出来的新品种，具有黑比诺和神索两个品种的特点，深受消费者欢迎，皮诺塔吉也因此成为南非葡萄酒的代言品种。参照旧世界的葡萄酒原产地命名制度，南非也制定了原产地制度(Wine of Origin)，产品必须符合官方规定才可把产区和品种信息标识在酒标上。如今的南非共有600多家酒庄，是世界第九大生产国。

同古罗马中心时代一样，传教士在新世界的形成中也发挥了重要的作用，就连葡萄的名字都在这个传播的过程中被打上基督教的印迹。西班牙人带到美洲的葡萄，被称为“传教士葡萄”(mission)，而这个英文单词“mission”就有任务和使命之意，正如这个单词的含义一样，大航海完成了将葡萄酒和葡萄酒文化传向新世界的任务和使命。从大航海时代开始，葡萄酒欧洲中心时代的葡萄酒和葡萄酒文化借由欧洲各国的殖民者传播到新世界，历经几百年的发展，再看今日新世界，“无边光景一时新”。

2.6.2.4 一个时代的终结——巴黎审判

从古罗马时代结束，到以东、西、中法兰克王国为班底的欧洲核心，再到葡萄酒欧洲中心的形成，在整个欧洲中心时代，葡萄酒和葡萄酒文化得到了全面的发扬光大，成为世界范围内不同文化和文明的一部分，超越了以往所有的时代。大航海将欧洲中心时代的辉煌推向顶点，将欧洲成熟的葡萄酒和葡萄酒文化的版图扩大到新世界。新世界既是欧洲中心时代最伟大的结晶，也是欧洲中心时代的终结者，而新世界终结欧洲中心时代的标志是 1976 年的巴黎审判。

新世界历经 300 多年的发展和奋起直追，充满了朝气和活力，积聚了巨大的能量，美国葡萄酒也早已在 1889 年的巴黎博览会上赢得当时最高奖项的“首席大奖”，澳大利亚、新西兰、加拿大等新世界国家的葡萄酒都有飞速的进步，但欧洲中心旧世界的人们，却一直和大多数中国人一样，一直固执地认为只有法国才能酿出世界级的好酒。

当 1976 年的春天到来，浪漫的巴黎进入品酒季节，而这一年也正好是美国《独立宣言》发表 200 周年。在这样的背景下，在法国拥有巴黎最好的葡萄酒商店和一个葡萄酒学院(Academie du vin)的年轻的英国人史蒂文·斯珀里尔(Steven Spurrier)，在巴黎洲际酒店组织了一次庆典活动。他邀请了 11 位法国德高望重的葡萄酒专家参加，庆典的内容就是品酒。他组织的这次巴黎品酒会，主要是品美国加州的葡萄酒，也选择了一个最佳范围的法国顶级葡萄酒。品酒的方式采用盲品，也就是结果出来之前，谁也不会知道自己喝的是什么酒。

11 位法国评委中有国家原产地管理研究所负责评判葡萄酒的品酒师，有波尔多列级酒庄的负责人，有法国葡萄酒权威杂志的编辑，有三星级米其林餐厅的老板等，他们是世界上通过嗅觉和味觉来评判葡萄酒味道和质量的顶级专家，摆上品酒台的像样的酒逃不过他们的鼻子和舌头，而对法国顶级好酒的鉴别更是他们的日常功课。所以，他们肯定且自信地认为，从遮挡了标识的酒杯中分辨法国好酒和加州新世界特点的酒简直是小儿科，到时适当给加州酒加点分，不至于与法国酒相差太大就行了。

这些最专业的评委们心里都认为肯定是法国葡萄酒胜，并对他们品鉴出的好酒投了票，而且认为那肯定都是法国酒。但当酒瓶的遮蔽物揭开后，评委们投出的最受喜爱的酒居然是加州葡萄酒，而且白葡萄酒和红葡萄酒全是加州的。加州蒙特兰纳(Montelena)酒庄的 1973 年份霞多丽(Chardonnay)击败了法国莫索特的卢洛(Roulot)酒庄和皮利尼蒙特拉谢的莱夫(Leflaive)酒庄勇夺冠军；加州鹿跃酒庄(Stag′s Leap Wine Cellars)的 1973 年份赤霞珠(Cabernet Sauvignon)击败了木桐酒庄(Chateau Mouton Rothschild)和奥比昂酒庄(Chateau Haut-Brion)夺得第一。

可以想象当时的这些法国评委们的尴尬，其中一个评委试图更换法国葡萄酒的记号来修订结果，有些评委则拒绝把他们的品酒记录交给斯珀里尔，现场的法国媒体偷偷溜走，相关的故事报道没有在法国出现。但《时代周刊》(*Time*)杂志的记者乔治·泰伯(George Taber)也在现场，他把看到的一切发表在《时代周刊》上。题目就叫《巴黎审判》。此事一经《时代周刊》报道，全世界为之震惊，新世界欢呼雀跃，美国人更是兴高采烈，法国人却很郁闷，尤其是那 11 位参加品鉴的法国专家，二十几年对此事讳莫如深，不置一词。

乔治·泰伯将这次事件进一步写成了书，2005 年出版，取名就叫《巴黎审判》，这件事也成为第一部以葡萄酒为题材的著名电影 *Bottle Shock*（译名：《瓶击》或《《酒业风云》》的素材。所有这一切，用葡萄酒界著名酒评家罗伯特·帕克的话说，它“摧毁了法国在葡萄酒领域神秘的至高地位”。30 年后的 2006 年 5 月，斯珀里尔再一次重演新世界与旧世界的对决，在伦敦和加州两地同步公开公正举行加州与法国葡萄酒的品鉴。不少人还是认为，葡萄酒帝国这一次一定能击倒新世界的加州，然而，前 5 名全是新世界的美国葡萄酒。

表 2-1　巴黎审判参赛葡萄酒排名及 30 年后排名

	酒款			1976 年排名	2006 年排名
美国参赛葡萄酒	鹿跃酒庄 Stag′s Leap Wine Cellars	1973	纳帕谷	1	2
	蒙特贝罗山脊 Ridge Monte Bello	1971	纳帕谷	6	1
	海玛莎庄园 Heitz Martha′s Vineyard	1970	纳帕谷	7	3
	克罗杜维尔庄园 Clos Du Val Winery	1971	纳帕谷	8	5
	梅亚卡玛斯酒庄 Mayacamas Vineyards	1971	纳帕谷	9	3
	自由马克修道院酒庄 Freemark Abbey Winery	1969	纳帕谷	10	10
法国参赛葡萄酒	木桐(武当)酒庄 Chateau Mouton Rothschild	1970	1 级庄	2	6
	奥比昂(红颜容)酒庄 Chateau Haut-Brion	1970	1 级庄	3	8
	玫瑰庄园 Chateau Montrose	1970	2 级庄	4	7
	雄狮酒庄 Chateau Leoville Las Cases	1971	5 级庄	5	9

旧世界打造了新世界，并给新世界树立了法国偶像，1976 年的巴黎审判，来自新世界的加州挑战并击败了自己的老师——旧世界的葡萄酒帝国法国，新世界的代表加州取代了新世界的偶像法国，站在了峰顶，这是一个重要的历史事件，也是一个划时代的事件，更是一个标志。它宣告了欧洲世界葡萄酒文化中心时代的结束，葡萄酒和葡萄酒文化进入全球化时代。

2.7　全球化时代：长相思

巴黎审判让新世界获得与旧世界比肩的资格和自信，新世界开始一往无前，无拘无束地张扬自己的个性，葡萄酒和葡萄酒文化的全球化时代一开始，就充满了令人眼花缭乱的表演和不断的惊喜。

1978 年，美国人罗伯特·帕克(Robert Parker)制定了帕克分数，成为他献给全球化时代的一份厚礼。帕克打分很简单，分数越高，说明葡萄酒越好，从 50 分开始，100 分为满分。帕克分数成为新旧世界葡萄酒品质评价的经典标准。这个简单的方法对于葡萄酒具有营销工具之外的价值，零售商、进口商、批发商、生产商和收藏者都开始关注他的打分和观点，尤其在波尔多和加州，他的打分和观点可以成就或毁掉一款酒的名誉。在西班牙、意大利、澳大利亚，帕克的口感成为顶级生产商们最在意的事，因为95分的成绩可能关乎数百万美元的收入。最重要的是，帕克的口味改变了葡萄酒的酿造方式。帕克比历史上任何其他酒评家对于葡萄酒世界的改变和影响都要大。帕克作为“世界头号评酒大师”，成为全球化时代伊始，必须浓墨重彩记下的人，因为他将世界葡萄酒的话语权掌握在了新世界的美国人手里。

欧洲还是那个欧洲，法国还是一如既往的优秀，新世界几款影响世界口味的葡萄酒的出品，进一步丰富了全球化时代的区域中心特色。一个新的葡萄酒国家需要一张独一无二的名片，而长相思白葡萄酒和冰酒就是专门为新西兰和加拿大而生的。1986年，新西兰云雾湾(Cloudy Bay)的长相思白葡萄酒封神，被评为世界最佳白葡萄酒。新西兰超级明星长相思白葡萄酒的诞生，还带来了螺旋盖的革命，当它提出“我要改用螺旋盖”，人们就毫不犹豫地去追随，于是螺旋盖就开始流行起来，逐渐成为新西兰、澳大利亚的主流，乃至于雷司令、灰比诺(Pinot Gris)和赛美蓉们都开始动心。1991年，在波尔多每两年一次的葡萄酒大会上，世界上最好的葡萄酒汇集于此。尽管离巴黎审判已经过去15年，但骄傲的法国人还是坚信葡萄酒帝国的酒依然是最好的，其次才是原来欧洲中心的酒，再然后就没有了，也不可能有了。然而在参展的4100款葡萄酒中，有19款酒赢得大奖，加拿大1989年的云岭冰酒是其中之一，它是用威代尔(Vidal)葡萄酿制的，名不见经传的加拿大葡萄酒一夜成名，享誉世界，加拿大从此有了身份，成为全球化时代的弄潮儿之一。

20世纪90年代的飞行酿酒师和国际顾问为全球化时代带来了一抹亮色。飞行酿酒师这个词语是由法国考古系的大学生托尼·莱思韦特(Tony Laithwaite)首创的，他在大学开着厢式货车勤工俭学帮助运送葡萄酒的时候，萌生了教人们如何酿造好酒的想法。拉斯维特选择重视细节、采用现代机械化设施、在环境卫生状态良好的条件下生产葡萄酒的澳大利亚。1987年，他带领一群年轻的澳大利亚人，由恩格尔·斯尼德(Ngel Sneyd)牵头组成了合作社，法国人把他们称为飞行酿酒师。他们教人们关于清洁、人工培养酵母、调整酶与酸、新橡木桶的使用等新浪潮酿酒师们的技术。这些带有澳大利亚口音的法国人奔走于各地，传播辛勤工作、保持清洁、注重细节、创造葡萄酒的新口味的理念，他们为一成不变的地方带去了新的技术和观念，为封闭的地方开启了国际葡萄酒贸易，提供了物美价廉、品质优良的葡萄酒，极大地影响了世界葡萄酒的生产风格并促进了全球化。人们越来越注重当地化、特色化，想要将产地、土壤和特殊的气候等的特点融入最后的作品，但这些想法要变成现实，就需要有经验的人来指导去实现，于是就出现了国际顾问。顾问和飞行酿酒师不同，飞行酿酒师要在一个酒庄亲自动手酿酒，而顾问则可能会有100个客户，顾问为他们的众多客户提供核心经验和个人的酿造理念。

全球化时代对于葡萄酒帝国法国的安慰，是他们的赤霞珠葡萄酒通过征服世界而获封红酒之王。赤霞珠属于给点阳光就灿烂的类型，几乎在任何地方都可以生长，而它又有着大众情人般的味道。在这个全球化的时代，赤霞珠成为当仁不让的明星，在加州、澳大利亚、新西兰、南非、智利，乃至中国，赤霞珠的表现都为它成为红酒之王加分。

全球化也激活了一些国家对于葡萄酒和葡萄酒文化的热爱与本土葡萄酒的信心。16世纪初，葡萄牙耶稣会传教士就将葡萄酒传到了日本，但从那时起，日本的葡萄酒风格一直是适合当地人口味，不为外界所接受，但随着全球化和口味的变化，一小部分种植者生产的葡萄酒也开始在国际品鉴会上赢得了赞誉。夹在法国和德国之间的荷兰，在新世界的形成和全球化过程中功不可没，但荷兰的葡萄酒生产却一直乏善可陈，近30年来，荷兰已经有

100 多家葡萄酒厂。泰国被称为“新纬度葡萄酒”国家，缅甸也开始把眼光投向葡萄酒，建立了两个酒庄，聘请法国人和德国队指导，想要在佛的国度里接纳古老的技艺，以求未来在国际舞台上扬名立万。而奇怪的是，直到如今也没有发现在农耕文明时代有任何葡萄酒起源痕迹的印度竟可以抵御季风和热带炎热开发出了几个生长旺盛的葡萄产区，且质量有了较大的提升，据报道近年一款来自马哈拉施特拉邦赞帕的西拉、维欧尼混酿的葡萄酒在英国试销时，在 Waitrose 超市居然脱销了。最值得关注的可能是中国了，这一点我们将在下一章中专门介绍。

全球化时代之前，法国、意大利和西班牙生产全世界 80%的葡萄酒，法国、英国和德国则消费全世界 80%的葡萄酒。而现在，全世界都在生产葡萄酒，葡萄酒的产业格局和欧洲中心时代完全不同。进入 21 世纪，新世界产出的葡萄酒已经可与旧世界传统产地的相抗衡。2021 年全球葡萄酒消费 236 亿升，产量 260 亿升，全球葡萄酒出口值达到了破纪录的 344 亿欧元，德国、美国、英国是全球三大葡萄酒进口国，进口量 42 亿升，占全球总量的 38%，进口值 131 亿欧元，占全球总值的 38%。2022 年，仅美国葡萄酒产业产值就达 2200 亿美元。生产与消费呈现全球化态势，葡萄酒甚至成为双边贸易中重要的政治筹码。

全球化时代让葡萄酒的风格更加多样与复杂，越来越多不曾种植葡萄的地方开始种植葡萄和酿酒，许多不曾盛行喝葡萄酒的国家开始加入饮用葡萄酒的行列。纯酿与混调，单饮与佐餐，软木塞与金属盖，传统与现代，古朴与新潮，手工与机器，更多元的文化，更独特的风格，全球化让世界的葡萄酒更加精彩和绚丽。

回想史前时代酒醉的蝴蝶，爱在西元前的两河流域文明时代，尼罗河上的欧西里斯，狄俄尼索斯的世界，亚平宁的传奇，到美酒飘香微醺的西方，葡萄酒和葡萄酒文化与人类文明的进程同步生辉。

第三章　中国葡萄酒的历史与文化

3.1　先秦时期：口味跑偏的酒神少康

几乎所有的历史书和教科书都告诉我们，中国的葡萄酒和葡萄酒文化始于汉代。直到2004年12月9日，新华社的一篇《9000年前的中国舞阳贾湖人酿出了世界上最早的酒》的新闻报道，打破了人们的思维定式，不光震惊了世界，也给21世纪的葡萄酒世界带来了无限的遐想，留下了至今仍然在讨论的诸多疑问。

事情还得从1999年12月在北京的一次国际考古学会议说起，研究贾湖遗址近30年的中国科技大学张居中教授和利用分子生物手段进行考古研究的宾夕法尼亚大学的专家帕特里克·迈克戈温都来参加了会议。迈克戈温教授是当时世界上著名的考古学与人类学家、化学博士，也是葡萄酒等酒精饮料的起源和历史研究方面的顶级专家。张居中教授请他对贾湖遗址出土的陶器的内壁附着物进行检验分析，迈克戈温欣然接受，回国时带走了一部分贾湖出土的陶器碎片。迈克戈温回到费城郊区校园后，立即投入对这些碎片的研究。他在一些看似相近的陶器上发现了酒石酸沉淀物，这令他非常兴奋。酒石酸，即2,3-二羟基丁二酸，是一种羧酸，化学式为$C_4H_6O_6$，存在于葡萄等多种植物中，是葡萄酒中主要的有机酸之一。2001年，为了获得更多的证据，他又向张居中教授索要了16个陶器碎片继续研究，发现残留物中有葡萄、山楂、蜂蜜和稻米的成分。2004年12月，他将研究成果以“史前中国的发酵饮料”(fermented beverages of pre-and proto-historic China)为题，正式发表在著名学术期刊*PNAS*上。论文主要论证了这些陶器碎片是酒罐，酒罐里装的是酒，这些贾湖古酒是由葡萄、山楂、蜂蜜和大米酿成。迈克戈温表示，贾湖遗址出土的陶器上虽然酒精已完全挥发，无法证明这些酒精饮料就是在这些陶器中酿造，但可以推断，在遥远的新石器时代，在黄河流域温和的气候下，贾湖人把野生葡萄等的果汁和蜂蜜放入陶器中发酵产生酒精，然后再加入稻米继续发酵，最终酿出了贾湖古酒。论文发表后，不光新华社做了报道，世界各国更是一片哗然。在以后的一次报告中，迈克戈温又大胆地推测，对于贾湖古酒中存在稻米的问题，也可能是新石器时代男人外出劳作，女人则在家里用“嘴嚼法”酿造贾湖古酒。“嘴嚼法”是日本、非洲等地至今仍在使用的一种不知源于何时的古老酿酒方法，即女人把稻米等放入口中咀嚼，嚼碎后吐入陶器，靠唾液(唾液中的酶将淀粉转化为糖)对稻米等进行发酵。这也是有人认为是女人发明了酒的重要原因。此外，他还表示，贾湖遗址规模非常大，常住人口多，陶器中存放的古酒也可能是在宗教仪式或者葬礼等重要活动仪式上喝的酒精饮料。

贾湖遗址2004年的发现为葡萄酒的起源和历史文化研究领域带来了惊喜，引发了人们广泛的猜想和推测。贾湖古酒中的葡萄原料，是否说明至少在9000年前，贾湖人就知道葡萄可以酿酒，而在2004年之前，中国一直没有发现在夏朝之前有用果实酿酒的证据，与夏朝同时期的世界，早已进入酿造葡萄酒的繁盛时代，两河流域正经历古埃及文明和赫梯文明。从贾湖新石器时代到夏朝这漫长的5000年，中国的葡萄和葡萄酒去了哪里？是我们还没发现静静地躺在地下的遗迹，还是因为某些原因失传在某个历史时期？这一切都不得而知。

贾湖遗址的酒被认为是世界上最早的酒，它将此前认为的中国最早开始用米酿酒是夏朝的禹时期，也就是4000年前，提前了5000年，同时也将用葡萄等水果作为原料酿酒提前了5000年。

贾湖遗址的酒，不光将世界酒精饮料的历史提前了1000年，将世界上最早酿制酒精饮料的桂冠戴在了中国头上，同时也将中国用米酿酒的历史提前到9000年前，更重要的是，贾湖古酒证实，早在9000年前，葡萄、山楂等水果已成为中国的酿酒原料。尽管目前还不能据此定论说中国作为葡萄酒的起源地要早于两河流域，或者说神之水滴已经穿越了9000年。但事实上，我们不难推论，用米酿酒需先制造酒曲，这比自然发酵要复杂，所以理论上，以葡萄等水果为原料自然发酵酿的葡萄酒（或其他果酒）要早于工艺更复杂的啤酒和其他粮食酒，那也就是说，在更早的9000年之前，葡萄酒可能已经出现在中国的中原地区，如此，葡萄酒将会从“洋酒”变成中国的“土酒”。这个呼之欲出的推断只能交给考古学家去坐实，相信他们会带给我们更多的惊喜。

在先秦之前的历史长河中，我们都知道《诗经》里记载了中国古代有叫葛藟和蘡薁的野生葡萄，而事实上，如今我们知道的中国本土的野生葡萄品种有40～50种，那些来自欧洲的品种是公元前200年才沿着丝绸之路传播到中国的。贾湖古酒带给我们的最大疑问是，作为葡萄起源地的中国，在9000年前就将葡萄作为原料在酿酒，为何经历了5000多年，到中国的夏商周，文字记载里的葡萄还是《诗经》里的样子？它只是作为一种好看的植物，成为人们情感寄托的对象。这几千年里的葡萄和葡萄酒去了哪里？

这个疑惑不仅是今天的人们在发现贾湖古酒以后才发出的，早在远古时代黄帝和岐伯就在讨论酿酒的时候提及此事，皇帝问岐伯：“上古的圣人发明了酒，为什么不使用？”岐伯说：“酒是为将来出现道德衰败时准备的，他们受到邪恶气息侵害时，服用了酒才可以得到保全。”记载这个对话的是中国第一部也是影响中国医学至今的伟大医学典籍《黄帝内经·素问》，这似乎表示上古如贾湖地区的人发明酒不是为饮用的，是为治病救人的，所以没有盛行于世。但实际生活中，远古人们所酿之酒，可能主要是用于祭祀。周文王姬昌在制定中国第一个饮酒法令时规定“饮惟祀”，就是只有祭祀时才能饮酒。这是中国第一部古代历史文献著作《尚书》中姬昌的话。而在贾湖遗址中和这些贾湖古酒一起出土的世界上最早有7个音阶的乐器骨笛似乎佐证了酒的祭祀功能，因为骨笛是用中国的吉祥鸟丹顶鹤的翅骨制成，《诗经》里说丹顶鹤的声音可以传到遥远的大地，传到天的最高处：“鹤鸣于九皋，声闻于野……声闻于天。”所以考古学家推测，有资格拥有这种奢侈品骨笛的应该是祭司。骨笛和贾湖古酒在一起，可能是祭祀的需要。在原始崇拜中，出于对未知世界的恐惧，人们认为天地间的一切都有神灵的护佑，只有得到神灵的恩惠，才打得到猎物、采得到果实，洪水泛滥时才保得住性命。所以，人们希望得到神灵保佑，而能把这些希望传递给神灵的是祭司，他们被认为具有超人的神秘能力，可以与神灵对话。而某些能致幻的植物制成的饮料，可以激发祭司的这种通神能力，而酒就是这样的饮料。考古学家认为贾湖古酒和骨笛一起主要为了祭祀就是基于这样的推断。

无论如何有一点是肯定的，那就是酒或葡萄酒所具有的属性，在两河流域文明时代、古埃及时代、古希腊时代、古罗马时代，都无一例外地被赋予了神性。而同样的，在中国，贾湖古酒可能也被赋予了这种神性——成为宗教仪式的组成部分或与神灵沟通的灵媒。这种神性一直被传承下来，传承到夏朝，这种酒精饮料的神秘属性开始和西方葡萄酒文化的源头一样，被赋予给一个特定的酒神，和狄俄尼索斯、巴克斯一样，中国的这个特定的酒神叫杜康(图 3-1)。

图 3-1

图 3-1　酒神杜康

(来源：https://baijiahao.baidu.com/s? id=1675606299360165753)

据《史记》记载，少康是夏朝的国君，又名杜康，善酿酒，后世将杜康尊为酒神，制酒业则奉杜康为祖师爷，后世多以“杜康”借指酒。不仅如此，传说也是杜康的儿子发明了醋。关于杜康造酒，历史文献也多有记载，如东汉许慎的《说文解字・巾部》云：“杜康始作秫酒。又名少康，夏朝国君。”“古者少康初箕作帚、秫酒。少康，杜康也。”晋代江统著的《酒诰》云：“酒之所兴，肇自上皇，或云仪狄，一曰杜康。有饭不尽，委余空桑，郁积成味，久蓄气芳，本出于此，不由奇方。”宋朝朱翼中的《酒经》云：“杜康作秫酒。”明朝许时泉的《写风情》云：“你道是杜康传下瓮头春，我道是嫦娥挤出胭脂泪。”清朝陈维崧的《满江红・闻阮亭罢官之信并寄西樵》云：“使渐离和曲，杜康佐酿。”张华的《博物志》云：“杜康作酒。”顾野王《玉篇》云：“酒，杜康所作。”李瀚的《蒙求》云：“杜康造酒，仓颉制字。”朱肱的《北山酒经》云：“酒之作尚矣。仪狄作酒醪，杜康秫酒。岂以善酿得名，盖抑始于此耶?”这些历史典籍都表明杜康的贡献主要在秫酒，秫酒就是高粱酒或者是粮食酒的统称。

传说随着农耕的发展，粮食每年都获得丰收，粮食多了吃不完，就储藏在山洞里，山洞阴暗潮湿，时间一久，粮食就腐烂了。一天，杜康到树林里散步，发现几棵枯死的大树，只剩下粗大空荡的树干，杜康便命人把粮食放进干燥的树干里储藏。一段时间后查看，发现储粮的枯树前，横七竖八地躺着一些野猪、山羊和兔子，一动不动，好像死了一样。走近一看，原来盛粮的树干裂开了几条缝，由里向外不断渗水，这些动物喝了这些水才如此。杜康也凑过去闻闻，不觉一股清香扑鼻而来，他尝了几口这带香的水，不觉神清气爽。杜康把水带回家，请大家品尝，大家你一口，我一口，都说味道好。就这样，酒在民间逐渐普及开来，杜康也被人们尊称为酒神。

尽管杜康被尊称为中国的酿酒始祖，但现在这个始祖可能是不准确的了，因为贾湖古酒否定了这个事实。但杜康是中国公认的酒神却是不争的事实。

事实上，除贾湖遗址外，考古学家在其他旧石器时代(湖南道县玉蟾岩文化遗址)和新石器时代(浙江庄桥坟遗址、卞家山遗址、尖山湾遗址、钱山漾遗址)的遗址中都发现了葡萄种子。与贾湖遗址出土的葡萄种子形态类似，属于原产中国的野生葡萄。2004 年中美联合考古队在山东省日照市两城镇地区龙山文化时期的遗址中发现，在出土的 30 件(陶器)标本中,有23件标本的检测结果显示有稻米、蜂蜜、水果、树脂和香草混合的饮料,11件标本中有酒石酸盐的存在,在几件标本中都检测到了古代近东两河流域经常使用的添加物——葡萄和松香树脂。大多数的两城镇标本在化学成分上与古代近东地区的酒比较近似,表明龙山文化时期的酿酒者和两河流域一样,使用了葡萄作为酵母和糖的来源,人们已经学会用稻米和葡萄混合酿酒。而龙山文化起源于东方,由东向西发展,逐渐代替了仰韶文化。中国先秦时期的夏、商、周的产生与发展,都与龙山文化有着不可分割的联系。如果据日照市两城镇的考古发现推测,龙山文化时期的居民已经掌握了葡萄酿酒技术,并有一定的酿酒规模,那么随着龙山文化的向西推移,葡萄酿酒技术应该也传到了内地。1980年出土于河南罗山天湖的商代(公元前12世纪前后)古墓,其中发掘出一个密闭的铜卣,里面盛满液体,经北京大学化学系检测,该液体是保藏了3000多年的葡萄酒。因至今没有详细考古分析资料发表,这个发现确证是葡萄酒还有待进一步的分析考证。在河北藁城台西商代遗址发掘出了一处酿酒作坊,有李树、桃树、枣树的果实,据推测是当时酿酒的原料。这些发现说明了水果仍然是商代人的酿酒原料之一,也说明了自新石器时代以来已经形成了葡萄等水果加入酿酒原料的酿造技术的延续。

《周礼·地官》中曾记载:“场人掌国之场圃,而树之果蓏珍异之物,以时敛而藏之。凡祭祀、宾客,共其果蓏,享亦如之。”郑玄注:“果,枣李之属。蓏,瓜瓠之属。珍异,蒲桃、枇杷之属。”据郑玄的《周礼》注疏推断,我国在与古罗马时代同步的周朝已经有了专门的葡萄园。从这些文献典籍我们可以推断,西周时我国已经有人工栽培的葡萄,而人工栽培的葡萄如果是本土品种,分布应当有一定的范围,不大可能被当作珍异之果种植于皇家御苑。而周代皇家御苑里种植的珍果葡萄有可能是从西亚那边引进的欧洲葡萄品种吗?因为西晋时期出土的竹书《穆天子传》记载了周穆王西巡曾经抵达波斯和欧洲,可以推断中国在先秦时期与西方有交通往来,流行于西亚地区的欧洲种葡萄是有可能被带入中原的。新疆作为以前的西域,出土过小亚细亚或美索不达米亚竖琴,当时的新疆有来自欧洲的人,那么西亚及古希腊非常普及的葡萄酿酒技术应当已经传入新疆,当地已有葡萄种植与葡萄酒的酿造。

在这种情况下,西域的葡萄引种内地是很有可能的。大概在20世纪70年代,考古工作者在咸阳宫殿遗址发现了秦代壁画(在我国发现的年代最早的壁画),刚出土时可以相当清楚地看到壁画上绘有葡萄。这说明秦代与西域的交流已经比较频繁,葡萄必定被引种内地,那时的人们尚没有完全认识到欧洲葡萄的价值,只是作为被王公贵族们观赏的对象。在《诗经》中就有三首描写葡萄的诗,而《诗经》所反映的是殷商周时代(公元前17世纪初—约公元前2世纪)的世俗生活,此时的世界正处于古希腊葡萄酒文化中心时代。《蓼木》中记载:“南有樛木,葛藟累之。乐只君子,福履绥之。”《葛藟》中记载:“绵绵葛藟,在河之浒。终远兄弟,谓他人父。谓他人父,亦莫我顾。”《七月》中记载:“六月食郁及薁,七月亨葵及菽,八月剥枣,十月获稻,为此春酒,以介眉寿。”从这些诗中看出,本土的葡萄被作为一种能引起比兴之念的观赏植物,被赋予情感的寄托。所以,引进的栽培葡萄作为装饰,被赋予艺术的属性也就不奇怪了。

3.2　两汉时期:刘彻初识葡萄酒

春秋战国时期,欧洲的葡萄已经到达今天所称的西域,到西周和秦代,可能有少量的品种引进内地,作为珍稀之果小范围种植,但大规模引进和种植人工栽培的欧洲葡萄及酿造葡萄酒却还要等到西汉的第7位皇帝刘彻登上中国历史的舞台。

汉武帝刘彻在登基的时候，欧洲的葡萄和葡萄酒还逗留在大宛国，大宛是古代中亚国家，和汉朝之间隔着匈奴，凶悍的游牧民族匈奴一直是汉朝的心头之患。"汉兴以来，胡虏数入边地，小入则小利，大入则大利""攻城屠邑，殴略畜产"，匈奴给西汉北方地区民众带来深重的灾难，严重危害着中国北部边境的安宁。在前面6位皇帝的努力下，西汉的国力强盛、经济发达，这样的背景下，刘彻上台了，他一改汉初的战略防御政策，积极进取，征伐四方，而他最重要的战略目标就是"灭胡"，即消除匈奴对汉朝的威胁。在这个过程中，两个人、两件事催生了中国葡萄酒，而且对于世界葡萄酒和葡萄酒文化都产生了深远的影响。其中一个人自然就是汉武帝刘彻，从结束和亲政策的马邑之战（前133）拉开大规模对匈奴的战争开始，到公元前119年的漠北战役，近14年时间的灭胡作战，彻底解除了匈奴对大汉的威胁，实现了"是后匈奴远遁，而幕南无王庭"（《资治通鉴·汉纪·汉纪十一》）、"广地万里，重九译，致殊俗，威德遍于四海"（《汉书·张骞传》）的目标。

很少有人关注到刘彻灭胡西进对于世界葡萄酒历史和文化的影响。刘彻打败匈奴，迫使匈奴西迁，而西迁的匈奴人在公元370年，占据了东哥特人的土地。匈奴人的西迁及其对日耳曼人的霸凌、土地的侵占，迫使日耳曼人不得不入侵快要没落的古罗马帝国，就这样，日耳曼人逐渐成为古罗马葡萄酒时代的终结者，成为欧洲大陆和欧洲中心时代的主人。而刘彻就好比是引起蝴蝶效应的那只蝴蝶，在遥远的东方煽动了一下翅膀，最后导致西罗马帝国的垮塌和古罗马葡萄酒文化中心时代的结束，催生了欧洲中心时代的到来。从这一点来说，刘彻在世界葡萄酒与葡萄酒文化的历史上值得被记住。

另外一个人则是受刘彻委派，两次出使西域的张骞。如果说大航海时代是欧洲人的地理大发现，大航海的结果让欧洲中心的葡萄酒和葡萄酒文化向他们发现的新世界输出和传播，那张骞的西域之行就是中国的地理大发现，张骞出使西域的结果将欧洲葡萄酒和葡萄酒文化输入中国。

西汉建元二年（前139），为配合灭胡西进的国策，刘彻派张骞从长安出发，正式出使西域。尽管原先的目的是为了联络大月氏攻打匈奴，但却开创了一条直通古罗马的赫赫有名的丝绸之路。

张骞划时代的地理大发现，打开了中国与中亚、西亚、南亚以至通往欧洲的陆路交通，从此中国人通过这条通道向西域和中亚等国出售丝绸、茶叶、漆器和其他产品，同时也从欧洲、西亚和中亚引进宝石、玻璃器、农作物等产品。葡萄、核桃和石榴都是张骞带回中原的瑰宝。除此之外，黄瓜、蒜、蚕豆、香菜、豌豆、胡椒、大葱等植物，也都是由丝绸之路传入中国的佳品。丝绸之路成为通途大道，欧亚种葡萄得以更大规模地引进，并在更广大的范围内得到推广。

张骞地理大发现的故事被司马迁写进了《史记·七十列传·大宛列传》中，其中有关葡萄与葡萄酒的记载："宛左右以蒲陶为酒，富人藏酒至万馀石，久者数十岁不败。俗嗜酒，马嗜苜蓿。汉使取其实来，於是天子始种苜蓿、蒲陶肥饶地。"班固所撰的《汉书》中也记载："与汉约，岁献天马二匹。汉使采蒲陶、目宿种归。天子以天马多，又外国使来众，益种蒲陶、目宿离宫馆旁，极望焉。"由此可知，古罗马中心时代的葡萄和葡萄酒，从地中海向东方传播，到达西域各国，特别是大宛，大宛国人嗜酒，于是盛产葡萄用于酿酒。刘彻早听张骞说过葡萄，得到种子后，赶紧让人在宫殿周围大面积种植葡萄，据说还派专人酿造葡萄酒。此后，葡萄和葡萄酒就开始在西汉的土地上发展起来，成为皇亲国戚、达官贵人享用的珍品。

张骞之所以在大宛喝过葡萄酒后，回到长安会特地将葡萄酒作为一个重要的事情汇报给刘彻，葡萄和葡萄酒从大宛被引入西汉，最主要的原因可能是相较于当时的西汉，从古罗马世界葡萄酒文化中心向东传到大宛的葡萄酒，已经是抛弃了古希腊时代的奇怪口味，接近现代葡萄酒口味和品质的古罗马时代美酒。就算刘彻贵为天子，所饮用的酒也不过是用粮食酿成的度数很低的酒。据《汉书》记载，西汉时期的酿酒工艺是"粗米二斛，曲一斛，得成酒六斛六斗"，到了东汉就变成"稻米一斗，得酒一斗，为上尊"。

史料曾记载，西汉名将韩延寿可以"饮酒石余"，丞相于定国"食酒至数石不乱"，他们饮用的其实都是低度的粮食发酵酒。如用黍（小黄米）酿制的米酒，一晚上就能酿好，酒精度只有五度左右，酒体浑浊。这在东汉的著作《释名》中有记载："醴，礼也，酿之一宿而成，醴有酒味而已也。"米酒也叫醪糟。这个酒在汉代普及率最高，《汉书・文帝纪》记载有："为酒醪以靡谷者多。"说明米酒当时是最流行的且占据统治地位。

皇帝自然不会和老百姓一样喝酿一夜就饮用的米酒或醴，可能是度数更高的米酒。比醴好一些的是用秬（黑小米）为原料，采用分次酿造工艺酿出的米酒，耗时较长，用曲量大，酒体清冽，有"九酝甘醴"的美名，意思是经过 9 次酿制的美酒。而当时最好的酒是精选上等的黑小米，多次酿制后，加入香草，装在一种专门的酒器"卣"里。西汉大文人枚乘在《柳赋》中说："樽盈缥玉之酒，爵献金浆之醪"，说的是西汉时期的两种美酒，青绿色的"缥玉"和"金浆"。白居易在《问刘十九》中著名的诗句"绿蚁新醅酒，红泥小火炉"，指的就是青绿色的"缥玉"，说明它是直到唐代还受人欢迎的高端低度酒。

在西汉这样低度粮食酒盛行且无酒不成席的酒文化背景下，可以想象当刘彻第一次打开张骞带回来的葡萄酒，那瞬间弥漫在皇宫大殿之上迷人的水果香、花香、陈年香让他多么震惊，品尝完第一口后那满口的回味和明显要高于高端"金浆""缥玉"之类的粮食酒的酒精度所带来的不一样的刺激感觉，让雄才大略的刘彻心底会泛起怎样的豪情。从他对张骞的封赏、从他马上在皇宫边上遍种葡萄，恨不得马上就能酿出和刚才一样口味和品质的葡萄酒的急迫心情，就能感受到葡萄酒带给刘彻的震撼和惊喜。这也注定了葡萄酒一登上中国的历史舞台就被贴上奢侈品的标签，成为皇室和达官贵人的专宠。

终汉一朝，葡萄酒都珍贵无比。《太平御览》曾记载了这样一个故事："扶风孟佗以葡萄酒一斛遗张让，即擢凉州刺史。"这故事的意思是：陕西一个叫孟佗的人，用一斛葡萄酒贿赂当时权倾朝野的灵帝的中常侍大太监张让，结果买得了凉州刺史一职。汉朝的一斛为 10 斗，一斗为 10 升，一升相当于 200 毫升，一斛葡萄酒是现在的 20 升，相当于约 26 瓶葡萄酒。26 瓶葡萄酒就换来了凉州刺史这个许多人拼尽一生都得不到的炙手可热的官位，由此可见葡萄酒在当时的地位。而成语"一斛凉州"就是这么来的，连后来宋朝的苏轼读史读到这里，都不禁感叹，"将军百战竟不侯"，伯郎竟然"一斛凉州"。

如果说汉武帝刘彻开启了中国葡萄酒和葡萄酒文化的历史，张骞就是递给刘彻开启历史钥匙的人，而丝绸之路就是这把钥匙。它让西方的葡萄酒和葡萄酒文化沿着丝绸之路走进九州，也让中国的丝绸、茶叶和文化传向世界。

3.3　魏晋南北朝时期：皇帝的代言

说起魏晋，我们脑海中会出现"魏晋风流""竹林七贤""兰亭名士"，会想起曹植、陶渊明、谢灵运、王羲之，会闪现《世说新语》里那些旷达与脱俗的文人名士。他们纵情山水、洒脱倜傥、自信风流、不拘礼节、率直任诞、清俊通脱，而这样的时代，这样的名士，怎么可能没有葡萄酒呢？

葡萄酒自刘彻引进后，经汉朝近400年与本土文化的融合和发展，到了魏晋时期，葡萄酒和葡萄酒文化已经非常流行，而且带着浓浓的本土气息。如果说中国葡萄酒历史的开端始于西汉，那中国葡萄酒文化的开端则是从魏晋开始，而这很大程度上要感谢魏文帝曹丕，他可能是世界上最热爱葡萄酒的皇帝，热爱到亲自为葡萄酒代言，把给臣子的诏书变成了一篇葡萄酒论文。

曹丕皇帝的葡萄与葡萄酒论文为《凉州葡萄诏》，当时凉州的葡萄酒是魏国的国酒，孟佗行贿张让的葡萄酒就是凉州葡萄酒，在东汉时就已经很有名了，品质绝对是一流，难怪曹丕会喜欢。曹丕的论文收录在清代武威籍著名学者张澍所著的《凉州府志备考》一书的"艺文卷一"中，全文如下："魏文帝诏群臣曰：旦设葡萄解酒，宿酲掩露而食，甘而不䬻，酸而不脆，冷而不寒，味长汁多，除烦解倩。又酿以为酒，甘于鞠蘖，善醉而易醒，道之固以流涎咽唾，况亲食之耶。他方之果，宁有匹之者。"这段话的大意是，曹丕告诉群臣说：早晨宫中的人把凉州进献的葡萄摆在桌子上以备解酒之用，晚上我喝得酩酊大醉就用葡萄来解酒，吃起这种葡萄觉得甜而不腻，甜酸适中，爽口而不冰牙，滋味悠长而汁很多，的确称得上是除烦解忧的好东西。用它酿成的酒，比用米做的麴子酿的酒都甜，就是喝醉了也容易醒。这种葡萄本来就以粒大饱满引得人流口水，更何况亲自去品尝呢？其他地方产的果品，能有和它相比的吗？曹丕对凉州葡萄及葡萄酒的这段评价，被史官记载下来，传之清朝，被张澍记在了《凉州府志备考》一书中，成为凉州葡萄和葡萄酒品质与身价的重要佐证。据一些史书记载，曹丕的《凉州葡萄诏》传出后，凉州葡萄酒和葡萄迅速成为当时王公大臣、社会名流宴席上常饮的美酒与品尝的美食，中国的葡萄酒文化开始兴起，这种风气甚至影响到以后的晋朝、南北朝乃至盛唐时期，以凉州葡萄和葡萄酒为题材的诗文历朝历代都有很多精品，最著名的莫过于王翰的《凉州词》了："葡萄美酒夜光杯，欲饮琵琶马上催。醉卧沙场君莫笑，古来征战几人回？"

有了葡萄酒皇帝曹丕代言的广告效应和身体力行的推广，葡萄酒和葡萄酒文化在魏晋时期得到迅猛发展。

魏晋时期由葡萄酒皇帝兴起的风流加葡萄酒文化模式没有随着司马政权取代曹魏政权而改变，这种欢乐一直延续到两晋。陆机是后世誉为"少有奇才，文章冠世"的西晋诗人，在《饮酒乐》中描写了葡萄酒饮宴的欢乐场景："蒲萄四时芳醇，琉璃千钟旧宾。夜饮舞迟销烛，朝醒弦促催人。春风秋月恒好，欢醉日月言新。"

自东晋十六国至隋朝，在长达170年的南北朝乱世中，尽管是你方唱罢我登场，但葡萄酒却一直伴随这些文化的使者，陪他们度过漫长而混乱的时代。庾信是由南朝到北朝的诗人，幼而俊迈，聪敏绝伦，其文学成就被称为"穷南北之胜"，他在《燕歌行》中，借葡萄酒表达了当时那种无奈却心怀希望的豪迈："蒲桃一杯千日醉，无事九转学神仙。定取金丹作几服，能令华表得千年。"

在361年的魏晋南北朝中，葡萄和葡萄酒作为文学家创作的题材，借葡萄酒皇帝的代言而盛行于这个时期。魏晋时，有关葡萄和葡萄酒的诗赋在洛阳流行。其中尤以钟会作《蒲桃赋并序》最为有名，其序云："余植蒲桃于堂前，嘉而赋之。"西晋左思的《魏都赋》写洛阳葡萄的栽培与种植情况，《蜀都赋》则形容成都的葡萄"结阴乱溃"。《晋书》载潘岳撰《闲居赋》中，也述其洛阳居室园林之盛况，其中有"石榴蒲桃之珍，磊落蔓延乎其侧"。到了东晋时期，葡萄和葡萄酒作为诗赋创作的题材开始传向西北、西域，南北朝时传入南朝都会建康。西北敦煌出现《葡萄酒赋》,《十六国春秋·前凉录》载:“张斌,字斌,字洪茂,敦煌人也。作《蒲萄酒赋》,文致甚美。”

葡萄酒也是魏晋文人的精神寄托,如嵇康、阮籍等文化名人都希望从酒中寻找到他们的精神家园。宋人叶梦得在《石林诗话》提道:“晋人多言饮酒有至于沈醉者,此未必意真在于酒。盖方时艰难,人各惧祸,惟托于醉,可以粗远世故。”而这又以东晋田园诗人陶渊明的20首《饮酒》中的第5首最得其味:“结庐在人境,而无车马喧。问君何能尔?心远地自偏。采菊东篱下,悠然见南山。山气日夕佳,飞鸟相与还。此中有真意,欲辨已忘言。”

风流文人加葡萄酒模式流行于魏晋南北朝,但这并不是这个时期唯一的文化模式。魏晋南北朝时期,葡萄和葡萄酒文化还借由宗教、石刻、纹饰等多种形式得以流传。

在西方,基督教、犹太教与葡萄和葡萄酒的结合,赋予了葡萄与葡萄酒宗教文化的内涵,也让葡萄酒文化得以在西方盛行。当葡萄酒传入我国后,也很快同本土宗教搭上了关系,葡萄与葡萄酒文化开始借助佛教在中国传播。

魏晋南北朝时期上到皇帝下至平民百姓,都信奉佛教。唐代杜牧诗云:“南朝四百八十寺,多少楼台烟雨中。”南朝大臣郭祖深上疏谓:“僧尼十余万,……天下户口,几亡其半。”有史料统计,南北朝时全国曾有多达3万多座寺院,佛教僧人、尼姑至少300万人以上,北周武帝宇文邕灭佛的时候曾经让多达300多万的僧人还俗,可见当时佛教有多大的规模。在这样的背景下,葡萄和葡萄酒文化也与佛教产生了佛缘。

在教堂的券顶装饰葡萄是基督教纪念耶稣最常用的方式。经过汉朝400年经营的吐鲁番是东西方文化的交汇点,开凿于南北朝时期的吐鲁番柏孜克里千佛洞38B的佛教石窟券顶上就装饰着葡萄树,而离它不远的胜金口石窟在公元6—7世纪传入新疆,其起源于波斯帝国的摩尼教,在胜金口摩尼教的寺窟券顶也有相同的葡萄壁画(图3-2)。在山西大同开凿的北魏时期的云冈石窟第8窟佛像间,也发现了葡萄纹饰。和基督教一样,用葡萄装饰佛像和石刻,让葡萄和葡萄酒文化成为中国佛教文化的一部分(图3-3)。

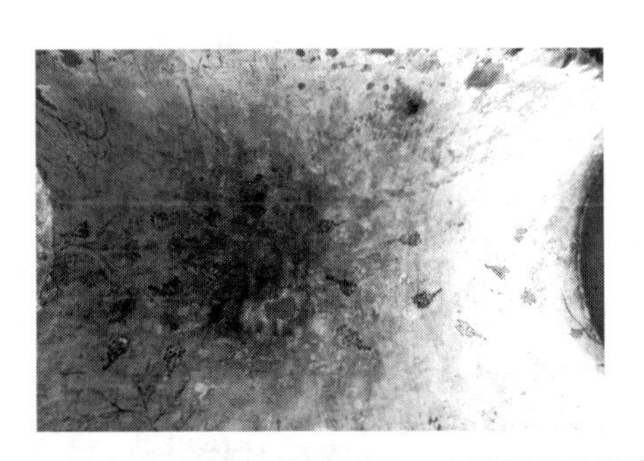

图3-2　胜金口石窟10号寺院第7窟壁画中的葡萄树

(来源:王小雄,2020)

图3-3　云冈石窟手持葡萄的摩醯首罗天

(来源:https://view.inews.qq.com/a/20211103A05TAI00)

图3-2

图3-3

魏晋南北朝时期,葡萄纹饰流行。以葡萄为装饰图案在西亚很早就开始流行,考古人员在美索不达米亚发现过亚述帝国时代的壁画,其中就有葡萄藤架,古埃及中心时代的一座墓葬中,有描绘葡萄从采摘到酿造葡萄酒整个过程的壁画。1988年,中国甘肃靖远县北滩乡出土了一件东罗马帝国时期的鎏金葡萄纹银盘(图 3-4),山西大同也出土过一件东罗马帝国时期的双婴葡萄纹铜杯(图 3-5)。魏晋南北朝时期,中国工艺品铜镜上也出现了葡萄纹饰,铜镜的装饰纹样有缠枝葡萄鸟纹,石刻也有缠枝葡萄纹样。这些起源于古希腊、古罗马、波斯等的建筑装饰和器物上的禽兽葡萄纹来到中国后,变成了中国特色的禽兽葡萄纹镜。不光是铜镜,连中国那时候的国粹丝绸,也成为葡萄与葡萄酒文化的载体,后赵都城官府织造有葡萄文锦,东晋陆翙《邺中记》载后赵石虎的葡萄文锦:“织锦署在中尚方:大登高、小登高、……葡萄文锦。”梁朝诗人刘孝威的《都》云:“妖姬含怨情,织素起秋声。……葡萄始欲罢,鸳鸯犹未成。”都县属今湖北襄阳,同为梁朝的何思澄在《南苑逢美人》中咏道:“风卷蒲萄带,日照石榴裙。”说明梁都建康的少女所穿的衣服上有葡萄的纹饰,证实南北朝时期,源自古希腊中心、古罗马中心时代的葡萄纹饰通过丝绸之路已传入汉水流域、江南。而带有中国本土元素的中国葡萄文化、葡萄纹饰的丝织品等则通过丝绸之路传到西域和遥远的地中海。

图 3-4

图 3-5

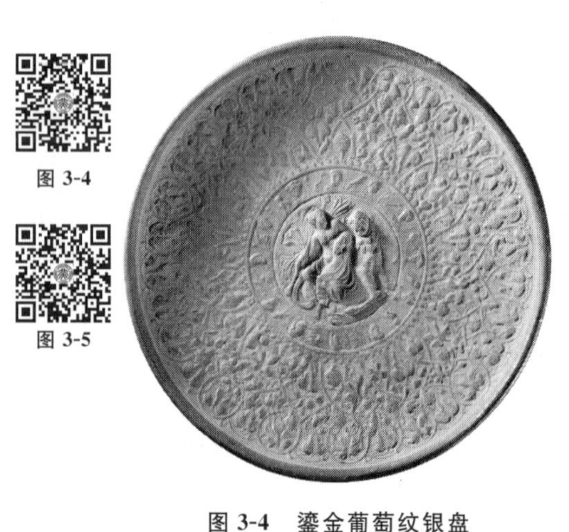

图 3-4　鎏金葡萄纹银盘

(甘肃省博物馆藏;来源:https://baijiahao.baidu.com/s?id=1713455006688514680&wfr=spider&for=pc)

图 3-5　双婴葡萄纹铜杯

(山西博物院藏;来源:https://m.sohu.com/a/162682786_526303/?pvid=000115_3w_a)

就这样,在皇帝曹丕的代言下,他所开启的中国葡萄酒文化逐渐发展为不同于西方的葡萄酒文化、带有中国特色的本土葡萄酒文化,经魏晋南北朝 300 多年的发展,为唐朝葡萄酒文化鼎盛时期的到来打下了基础。

3.4　唐朝时期:酒杯里的大唐盛世

经历了南北朝长期的战乱,魏晋时期的中国葡萄和葡萄酒文化也随着社会的动乱走向衰微。隋文帝重新统一中国后,经过短暂的隋王朝的过渡,一个伟大的时代来临,中国历史进入著名的贞观之治及 100 多年的盛唐时期。这期间,大唐王朝疆土广阔、国力强盛、文化繁荣、八方来朝,出现了中国历史上少有的盛世。中国葡萄酒和葡萄酒文化,也跟随大唐帝国的梦想,走向辉煌。这个时期的葡萄和葡萄酒,不再像两汉时期、魏晋南北朝时期那样,仅限于王公贵族和文人阶层,而是和古罗马中心时代一样,成为普罗大众的热爱。大唐的府兵带着葡萄酒征伐四方、开疆拓土,这和古罗马军团的士兵带着葡萄酒洒满通往古罗马的条条大路上不一样，古罗马士兵是带着葡萄酒征服世界，将古罗马的葡萄酒和葡萄酒文化传播到征服之地，而大唐府兵则是以征服者的姿态，感受被征服之地的葡萄酒和葡萄酒文化。随着大唐社会经济文化的空前繁荣，饮用葡萄酒在大唐盛世成为一种从皇亲国戚到普通百姓的时尚和生活方式，唐朝的葡萄、葡萄酒和葡萄酒文化，成为中国历史上辉煌的篇章。

3.4.1 “昭陵百战大山河，凉州几瓮葡萄酒”

唐朝建立之初，百废待兴，汉武帝引进的葡萄和葡萄酒技术以及魏晋兴起的葡萄酒文化已基本失传，本土葡萄和葡萄酒几乎湮灭。隋文帝时曾开始尝试与西域交通，可惜隋朝命短，未能完成重新对西域的有效控制，丝绸之路受到崛起的突厥人的干扰和影响，贸易受阻，唐初来自丝绸之路的西域葡萄和葡萄酒变得十分珍稀。据《太平御览》记载：高祖赐群臣食于御前，果有蒲萄。侍中陈叔达执而不食，高祖问其故。对曰：“臣母患口干，求之不能得。”高祖曰：“卿有母可遗乎?”遂流涕呜咽，久之乃止，因赐物百段。由此可见，经过隋末大乱的武德初期，本土葡萄种植与酿酒基本已萎缩，丝绸之路也不通畅，以至于连朝中大臣的母亲病了想吃葡萄都求而不得，只有在皇帝宴请大臣的国宴上才有鲜葡萄。

随着李唐王朝的日渐强大，众多因素合力，促成了堪比古罗马时代的大唐盛世葡萄酒和葡萄酒文化的普及和繁荣，而这一切的功劳，首先要归功于咸阳昭陵的主人——唐太宗李世民。

公元 626 年 7 月 2 日，李世民发动玄武门政变，击杀太子李建成和齐王李元吉，8 月 9 日正式登上历史舞台的中央，这一年是武德九年，根基未稳立国刚 9 年的李唐王朝，两个月内以这种骨肉相残、血雨腥风的方式改朝换代，让北方草原上的霸主颉利可汗两眼放光，觉得入主中原的天赐良机到了，在李世民登基刚 15 天的 8 月 24 日，悍然起兵十余万兵临长安。

颉利可汗是隋朝末年群雄并起、兵连祸结、天下大乱的时候趁机壮大起来的中国北方草原民族突厥人的首领。崛起于太原的李唐势力在李世民主导的涿鹿之战中，也不得不与突厥交好，公元 618 年，大唐初定，为了免除后顾之忧，抽出手来荡平群雄，夺取天下，李渊也曾向东突厥汗国称臣。公元 624 年，唐朝统一中原后，不再向突厥称臣，李世民在豳州南面的五陇阪与颉利可汗、突利可汗大战，以反间计获胜并订立盟约。今突厥人背信弃义，兵指长安，天子布下疑兵之计，不顾危险，只带 6 人在渭水隔河与突厥可汗 10 万铁骑对峙，最后与颉利可汗杀白马立誓，签订渭水之盟。唐朝给予颉利可汗大量金帛，颉利可汗退兵。

李世民从渭水之盟开始，为了拔出心中的那根刺而开启了对外战争，当源源不断的战利品被运到首都长安，给唐朝带来了无尽的荣耀，就连平民百姓，也对唐朝的辉煌感到自豪。葡萄酒作为战利品自然也出现在了帝国首都平民百姓的视野里，重回大唐版图的西域葡萄酒无与伦比的质量及其作为战利品带来的心理上的享受和百姓可以承受的价格，使葡萄酒成为底层平民百姓感受大唐帝国荣光的最好媒介，平民百姓对葡萄酒的热情就这样被点燃了。

中国第二个葡萄酒皇帝的称号，不过是李世民在对外战争中赢得的众多难以超越的历史功绩之一。公元 640 年(贞观十四年)，灭完东突厥的李世民，带领虎狼之师，横扫西域。在击破高昌国后，他这次不再只运回葡萄酒和其他战利品，而是把高昌的酿酒葡萄马乳作为战利品带回了长安，也把西域的葡萄酒酿造工艺作为战利品带回了长安。

回到长安的李世民，一边回味着胜利的滋味，一边品尝着高昌优质的葡萄酒，安排手下人将马乳葡萄种植在皇家园林，待到果实累累，又比照着酿酒工艺，将马乳葡萄酿造出大唐第一款皇家葡萄酒，酒成，大宴群臣，亲自推广，大唐的葡萄酒事业就此发端。这件事记载在《太平御览》一书中："蒲萄酒，西域有之，前代或有贡献，人皆不识。及破高昌，收马乳蒲萄实，於苑中种之，并得其酒法。太宗自损益造酒，为凡有八色，芳辛酷烈，味兼醍益。既颁赐群臣，京师始识其味。"

用马乳葡萄酿出的葡萄酒，是8种颜色深浅不一的红酒，具有独特的风味，以"烈"为主。在李世民的亲自带动下，一场"国产化"葡萄酒运动在大唐广袤的国土上轰轰烈烈地开展起来，而李世民也成为开创大唐盛世葡萄酒和葡萄酒辉煌文化的公认代表，大唐盛世的韵味被一同酿进了芬芳的葡萄酒中。

有了皇帝的垂范，从大臣到平民莫不争相效仿。位列凌烟阁二十四功臣第四位的助手魏征，成为这场运动的急先锋，不仅自己研究，还经常请教胡人，酿出了高品质的葡萄酒，用金制器皿装上并请李世民品鉴，他写了一首《赐魏徵诗》来点评魏征的红酒："醽醁胜兰生，翠涛过玉薤。千日醉不醒，十年味不败。"

在皇帝和大臣们的推动下，加之唐朝自建立以来一直秉承的开放包容的政策，整个唐朝不断地吸纳各个民族的优秀文化和技术，来自西域的葡萄酒酿造技术开始不断传入，并与本土酿酒技术相融合，衍生出了更加优良的大唐本土葡萄酒酿造技术。而优良的酿酒技术使葡萄酒的味道更加香醇，更加香醇的葡萄酒自然就更能引得上流社会的关注，最终演变为整个唐朝上流社会都以葡萄酒为时尚，品酒、藏酒、酿酒成为上流社会津津乐道的话题。

3.4.2 "天马常衔苜蓿花，胡人岁献葡萄酒"

随着葡萄酒在唐朝的流行，越来越多的人开始爱上葡萄酒，帝国对于葡萄酒的需求也越来越大。在大唐版图上，在关内十道和六大都护府的行政区划内，到处都盛开着葡萄花和飘着葡萄酒的醇香，大唐内外，"天马常衔苜蓿花，胡人岁献葡萄酒"，到处是一派欣欣向荣的景象。

而一年四季，在古丝绸之路上，络绎不绝地行进着装满货物的驼队马帮，它们的目的地是长安，运载的都是大唐安西都护府、北庭都护府辖域内出产的优质葡萄酒。在帝国的十道之中，有九道都建起了葡萄园，葡萄和所酿的葡萄酒除自产自销当地外，品质好的葡萄酒还被指定为贡品或被商人贩运到长安牟利，关内关外，形成了大唐帝国葡萄与葡萄酒庞大的产业。帝国的首都长安，就如古希腊中心时代的雅典和古罗马中心时代的古罗马一样，汇聚着帝国各地进贡而来或贸易而来的葡萄酒。管理相关产业的制度也在不断完善，根据考古出土的7—10世纪高昌回鹘文文书中诸多对葡萄园买卖、租佃，用葡萄酒抵押买卖物品的记载，证明葡萄酒在当时可以起到等价交换的作用。出土文书中还记载葡萄酒是官府征收的重要赋税之一，一般都以千斛计算，可见税费之高、产量之大。

在遥远的西方，葡萄酒世界正处于古罗马中心时代的末期和欧洲中心时代的萌芽阶段，被大唐征服的西域一直拥有来自古罗马帝国的酿造技术，所产的葡萄酒品质可比肩当时世界最好的葡萄酒品质，当西域成为大唐领土的一部分后，西域出产的葡萄酒自然成为大唐的物产得以广传华夏。《旧唐书》卷198《龟兹传》记述："（龟兹）有良马、封牛，饶蒲萄酒，富室至数百石。"龟兹是古代西域国名，地处今新疆库车县一带，唐朝征服西域后，在此置安西都护府，统辖四镇，龟兹是唐朝西部葡萄酒酿造的中心。与龟兹邻近的西州交河郡亦产优质葡萄酒，据《新唐书》记载，交河郡的"土贡"物品中就有"蒲萄五物酒浆"，在今天新疆吐鲁番市的交河故城，似乎仍然可以听到昔日的传说。另据《太平广记》载，汝阴男子曾在交河郡当地见识过"车师葡萄酒"，车师为古地名，遗址在今新疆吐鲁番西北，唐亦属西州。很巧的是，今天的新疆也有一个叫车师的葡萄酒庄。

凉州是连接长安与西域的重要通道，曹丕当年代言的就是凉州的葡萄和葡萄酒，到了盛唐时期的凉州，更是经济发达、商业繁荣。在诗人的笔下，处处是酒楼馆舍，洋溢着美酒之香，岑参的《戏问花门酒家翁》云："老人七十仍沽酒，千壶百瓮花门口。道旁榆荚仍似钱，摘来沽酒君肯否。"他在另一首诗《武威送刘单判官赴安西行营，便呈高开府》中写道："置酒高馆夕，边城月苍苍。军中宰肥牛，堂上罗羽觞。"《凉州馆中与诸判官夜集》云："弯弯月出挂城头，城头月出照凉州。凉州七里十万家，胡人半解弹琵琶。……花门楼前见秋草，岂能贫贱相看老。一生大笑能几回，斗酒相逢须醉倒。"又如元稹的《西凉伎》："吾闻昔日西凉州，人烟扑地桑柘稠。蒲萄酒熟恣行乐，红艳青旗朱粉楼。"可以想象，当时凉州街头，酒楼之上，一幅轻歌曼舞的升平气象，歌女们轻抖罗衫，酒客们饮酒作乐，盛况空前。张说为凉州都督府长史元仁惠题写铭文，曾以"教溢河湟，不饮蒲萄之酒"为举证，赞扬他为政清廉。由于品质优良，西凉州的葡萄酒被选为大唐国酒，李濬的《松窗杂录》中记载，开元年间，玄宗与太真妃在兴庆池赏花，"上命梨园弟子，约略调抚丝竹，遂促龟年以歌。太真妃持玻璃七宝盏，酌西凉州葡萄酒，笑领歌意甚厚。"

而在大唐境内，李世民引进葡萄酒酿造技术之后，河东地区（今山西、河北）也很快发展成为帝国最主要的葡萄酒生产基地。三晋汾水之间，生产帝国最好的本土葡萄酒，而唐人每谈及葡萄美酒，总会情不自禁地提到他们的河东。《唐国史补》记载："酒则有，……河东之乾和蒲萄"；《新唐书》记载，太原土贡有"蒲萄酒"；《册府元龟》也载有开成元年以前"河东每年进蒲萄酒"。除此之外，唐诗也多有描述，白居易的《寄献北都留守裴令公》有"燕姬酌蒲萄"的诗咏，并自注："葡萄酒出太原"；刘禹锡的《葡萄歌（一作蒲桃）》更是生动地描述了河东葡萄和葡萄酒之美："有客汾阴至，临堂瞪双目。自言我晋人，种此如种玉。酿之成美酒，令人饮不足。"

为有效管理大唐的葡萄和葡萄酒产业，大唐还专门设置了有近 160 人的良酝署机构。良酝署机构完备，既有生产酒的酒匠，又有管理人员。《唐六典·卷 15·光禄寺》载："良酝令之职，掌供邦国祭祀五齐、三酒之事，下署丞二人，正九品下，为令之副二。丞下有监事二人，从九品下，掌酝二十人，酒匠十三人，奉觯一百二十人。"

《续博物志》中记录了唐朝人孟诜的一句话："（葡萄）不问土地，但取藤，收之酿酒，皆得美好。"说明了当时大唐的葡萄和葡萄酒产业涵盖面之广和葡萄酿酒在国内的普及程度。大唐的酿酒师们不仅用这些产自全国各地的鲜葡萄来酿酒，还用来自西域的葡萄干酿酒，这和 20 世纪葡萄酒帝国法国所遭遇的从国外进口葡萄干，然后用开水煮过后酿酒再贴上波尔多、勃艮第的一级酒庄酒标的行为完全不一样，是帝国酿酒师们为丰富产品和市场的创新。此外，他们也尝试用内地的野生小葡萄和山葡萄酿酒，而这是直到今天的中国酿酒师们仍然在尝试的事情。李世民引进的酿酒技术，虽然来自西域，但源于古罗马中心时代。经大唐帝国酿酒师们的努力，加进了各种中国元素，使得当时的国产葡萄酒产业具有鲜明的大唐特色。

唐代苏敬的《新修本草》云："酒，有葡萄、秫、黍、粳、粟、曲、蜜等，作酒醴以曲为。而葡萄、蜜等，独不用曲。"这应该是指李世民引进的自然发酵法酿酒技术，经过本土化之后日臻完美。元朝诗人周权也曾写过一首诗《蒲萄酒》，记载了当时的自然发酵法："翠虬夭矫飞不去，颔下明珠脱寒露。累累千斛昼夜舂，列瓮满浸秋泉红。数宵酝月清光转，秾腴芳髓蒸霞暖。酒成快泻宫壶香，春风吹冻玻璨光。甘逾瑞露浓欺乳，曲生风味难通谱。纵教典却鹔鹴裘，不将一斗博凉州。”

大唐盛世所表现出来的非凡创造力，也体现在葡萄酒的酿造上。在中国人的传统观念中，酿酒时必须加入酒曲。当李世民引进了古罗马中心时代的葡萄酒酿造技术后，聪明的唐朝人自然就想到将中国传统的粮食曲酒发酵技术融入葡萄酒的酿造中去。在当时的唐朝，酒曲曲种繁多，从散曲到饼曲，从笨曲、神曲、白醪曲、草曲到唐代最流行的红曲，其糖化力和酒化力都非常优秀，尤其是红曲，耐酸、耐较浓的酒精、耐缺氧，具有很强的糖化力和酒精发酵力。经过大唐酿酒师们的努力，添加不同种类和数量的酒曲，酿造出了不同风格的大唐特有的葡萄酒。唐代斗酒学士王绩的《过酒家五首》云：“竹叶连糟翠，蒲萄带曲红。相逢不令尽，别后为谁空。”说明那时用酒曲酿造的红葡萄酒已经受到当时品酒大师王绩的喜爱。《唐本草》记载了大唐独创的将葡萄醪（汁）蒸煮（加热）杀菌后再添加酒曲发酵成酒的“葡萄作酒法”工艺。此外，葡萄加酒曲酿造方法中，还有用粮食和葡萄加酒曲混酿的，算得上是典型的将传统谷物酿造和葡萄酒酿造相结合。《北山酒经》记载了唐代这种粮食与葡萄混酿、带曲发酵的酿造法：“酸米用甑蒸，气上，用杏仁五两，去皮尖，葡萄二斤半，浴过干，去子皮，与杏仁同于砂盆内一处，用熟浆三斗逐旋研尽为度，以生绢滤过。其三斗熟浆，泼饭软，盖良久，出饭，摊于案上。依常法，候温，入曲搜拌。”和加热后加酒曲发酵一样，这个办法将葡萄洗净去葡萄皮和葡萄籽，和加热杀死酵母一样，也正好把酵母去掉了。我们现在无从评判唐朝人这种葡萄与粮食加酒曲混酿所得到的葡萄酒算不算真正的葡萄酒，至少现在按国家标准和世界葡萄酒标准肯定不算。但那又如何？在唐朝人看来，这是一种创新，是唐朝葡萄酒文化的一种特色。尽管后来元好问在《葡萄酒赋并序》中谴责了唐朝开始用粮食酒加曲发酵来酿造葡萄酒，从而导致葡萄自然发酵法到元朝几乎失传，说这样的葡萄酒“酿虽成，而古人所谓甘而不饴，冷而不寒者，固已失之矣”。但在当时，大唐的人们都坚信这是大唐葡萄酒风格的重要体现。

客观上讲，葡萄汁经过蒸煮后加曲酿造实际上是现代葡萄酒酿造中热处理方法的运用，具有优越性。葡萄汁在发酵期间氧化作用是最严重的，抑制较为困难，而唐朝人采用加热葡萄汁破坏氧化酶可能比现代用二氧化硫更为有效。加热葡萄汁在一些情况下使酒比传统酿造具有更深的颜色，尤其当葡萄原料在生长和成熟过程中有原料缺陷，为了改善新酒的颜色和风味，某些加热酿造技术可认为是一种技术革新。当然，加热酿造的酒会出现蔬菜气味或杂醇油气味，失去新鲜感，带苦味而且澄清困难。

在葡萄酒发酵过程的最后一天，往酒醪中加入适量的石灰来降低酸度是唐代酿酒师的另外一项技术革新。唐《龙筋凤髓判》记载：“会期日酒酸，良酝署令杜纲添之以灰，御史弹纲，纲款好酒例安灰其味更美，不伏科。”如《唐国史补》所记，当时河东名酒中的“乾和葡萄”，就采用了加灰脱酸工艺。

无论是万国来朝进贡的葡萄酒，还是凉州的国酒、河东的特供酒，酒有了，唐朝人会用什么样的酒器来品鉴呢？可以确定的是，肯定不是今天我们常用的高脚水晶杯，因为当时唐朝的工艺还没这么发达。

唐代的饮酒器质地更多的是金、银。其中，有一类称为高足杯的器型（图 3-6、图 3-7 和图 3-8），其造型分为上下两部分：上部为杯体，用来盛装液体；下部是器足，具有放置和手执的功能。现代研究发现，唐代的高足杯的形制特征是源于古罗马中心，非常接近于现代的酒杯形制。这类高足杯除了金、银质地外，还有铜、锡、陶瓷的材质。唐朝还有一种把杯饮酒器，如图 3-9 所示。

而我们熟悉的唐诗"葡萄美酒夜光杯"中，夜光杯也是唐朝的酒杯之一。关于夜光杯的材质，一直有玉器和玻璃器两种说法。夜光杯是产自敦煌的一种玉杯，杯身翠绿通透，在周代时，已经有月光杯的记载，西汉东方朔也有"杯是白玉之精，光明照夜"之语。到了唐代，用敦煌的玉器夜光杯喝葡萄酒，在长安是一种时尚，尽显优雅。也有研究说夜光杯可能是玻璃器。在唐代，玻璃器已流入长安、洛阳和周边地区，玻璃器在唐代是奢侈品。在深圳望野博物馆中，就藏有唐代器物中非常珍贵的玻璃品，在陕西法门寺、何家村出土物中也有类似的玻璃器皿。这些酒杯的形制和法规和古罗马时期的形制差不多，非常漂亮，是舶来品无疑，所以有夜光杯是这类玻璃器皿之说。

图 3-6　唐朝旋纹银高足杯

（深圳望野博物馆藏；来源：https://mp.weixin.qq.com/s/I8o8NanNrCWagYGQ5cC5Bw）

图 3-6

图 3-7

图 3-7　唐朝旋纹银高足杯

（深圳望野博物馆藏；来源：https://mp.weixin.qq.com/s/eyDm23MzN23M5kmcZBrCEA）

图 3-8　唐朝唐三彩高足杯

（深圳望野博物馆藏；来源：https://mp.weixin.qq.com/s/eyDm23MzN23M5kmcZBrCEA）

图 3-8

图 3-9

图 3-9　唐朝唐三彩葡萄纹饰把杯

（深圳望野博物馆藏；来源：https://mp.weixin.qq.com/s/eyDm23MzN23M5kmcZBrCEA）

除了夜光杯外，唐朝上流社会最流行的可能是金杯。"人生得意须尽欢，莫使金樽空对月"，在唐朝人看来，用金杯饮葡萄酒，才配得上葡萄酒的高雅。"蒲萄酒，金叵罗，吴姬十五细马驮。青黛画眉红锦靴，道字不正娇唱歌。玳瑁筵中怀里醉，芙蓉帐底奈君何！"诗仙李白的这首《对酒》中的金叵罗就是饮酒的金杯。

无论如何，酒杯中的大唐盛世，为我们展现的是天可汗李世民对葡萄酒和葡萄酒文化的再造，是大唐帝国十道中九道葡萄花的盛开，是河东"乾和葡萄"的品牌，是帝国首都长安"昨夜蒲萄初上架，今朝杨柳半垂堤"的春天，是"天马常衔苜蓿花，胡人岁献葡萄酒"的万千景象。

3.4.3 “长安百花时，无人不沽酒”

大唐王朝的丝绸之路从长安开始，延伸到西域各国，最远到达古罗马，各种肤色、各个国家的商人齐聚长安，长安城被称为天上的城市。作为大唐盛世朝阳产业的葡萄酒行业，汇聚了来自丝绸之路上各个国家的优质葡萄酒和来自九道各产区的唐朝本土葡萄酒，长安的大街小巷，到处飘荡着葡萄酒的酒香，林林总总、各色各样的酒肆高朋满座、生意兴隆，正如刘禹锡的诗句所说“长安百花时，无人不沽酒”。

而那时的葡萄酒新世界，基本上还是属于“沉睡的大陆”，欧洲则正处于法兰克王国的草创时期，蛮族入侵导致古罗马中心时代结束，衰亡的创伤还未修复。亚洲被当时的世界视为富庶的东方，阿拉伯帝国的迅速崛起，对拜占庭、波斯、印度等国的长期战争，导致西亚与南亚都处于动荡之中。同时期的大唐帝国，收西域，灭高句丽、东突厥，统一草原各部。突厥、回鹘、铁勒、契丹、靺鞨等民族归化成为大唐的子民，南诏、新罗、渤海国、日本等成为藩属，天竺、大食、波斯、拜占庭等遥远的国家纷纷派出使节出使唐朝。这万国来朝的盛况，经常在帝都长安上演。据史料记载，长安 180 万人中，外国人就有 10 万，李白为我们留下了当时万国来朝的盛况：“四门启兮万国来，考休征兮进贤才。俨若皇居而作固，穷千祀兮悠哉！”不同的文化在这里交融，长安成为大唐帝国的时尚之都，葡萄酒文化也成为时尚的一部分，而走在前面的，则是把大唐社会装扮得艳丽无比的酒晕妆。

唐朝以前的中国古代妇女的服饰、装扮都很保守，唐朝可以说是女子解放的一个时代。妇女可以出门，最重要的，不光男人可以喝酒，女人也可以喝酒。喝酒后微醺的妇女脸泛红晕、俏丽无比。可能是受到这个现象的启发，唐朝流行酒晕妆，酒晕妆可以说是唐朝最时尚、最艳丽的红妆了，受到年轻女子的追捧，酒晕妆也称为醉红妆，看起来像喝醉了酒一样。从流传下来的唐代的各种壁画及文献、文物中，到处可见酒晕妆的女人。酒晕妆的化妆包括：敷白粉打造白皙的底妆；然后将胭脂大面积抹于两颊；画上宽阔的眉形；用颜料在额上画图形或贴上预先做好的花钿，谓之贴花子；画唇，在面部敷铅粉掩盖原有的唇形，再用胭脂画出喜欢的唇形。

可能正因为唐朝开放的风气，使得唐朝的妇女成为中国的葡萄酒和葡萄酒文化不可或缺的主角。丰满是当时公认的美，女人醉酒更是一种流行的美的体验，当微胖的杨玉环喝醉后，唐明皇会戏称为“是岂妃子醉，真海棠睡未足耳”。

而长安城中葡萄酒生意最好的，应该是胡人开的酒吧了。胡人在长安开酒吧的标配和勾人之处有两点：一是主打自己国家的红酒，二是对于喜爱歌舞雅致之风的中高端消费者们，推出具有异域风情的歌舞表演。李白就是这里的常客：“五陵年少金市东，银鞍白马度春风。落花踏尽游何处，笑入胡姬酒肆中。”而大唐宗室李贺，也喜爱选择胡人的酒楼：“卷发胡儿眼睛绿，高楼夜静吹横竹。”唐后期的白居易，更是青睐胡姬相伴：“胡旋女，胡旋女。心应弦，手应鼓。弦鼓一声双袖举。回雪飘飖转蓬舞。”

葡萄酒自西域来，经过长安一系列入乡随俗的改良，绽放出专属于中华民族的唐人色彩。从胡果汉植，再到胡酒汉酿，唐朝葡萄酒风靡现象的背后，是胡汉文化相互交融的结果，是大唐盛世胸怀开阔、虚心学习、爱好新事物、充满活力的体现。唐朝特色的葡萄酒与葡萄酒文化，也是中西方葡萄酒与葡萄酒文化兼容并包的深刻表现。

3.4.4 “百年三万六千日，一日须倾三百杯”

诗歌无疑是世界各个不同时期、不同形态人类文明重要和主要的传承形式之一。我们今天能够从《荷马史诗》中领略到古希腊的宏大历史叙事，能够了解到特洛伊的王子因为拐跑了古希腊美女海伦引发特洛伊战争，从而揭开古希腊的序幕；那些历史英雄阿基琉斯、阿伽门农，他们端着装满葡萄酒的金质酒杯，制定下木马计，开启了古希腊的辉煌，将古希腊人从野蛮时代带入文明时代。而荷马本人则站在爱琴海的岸边，一边喝着兑水的古希腊经典葡萄酒，一边望着浩瀚的大海，脑海里是特洛伊城最后的熊熊大火。很多年后，柏拉图说：“上帝赐予人类的美好而有价值的东西，莫过于葡萄酒。”不知道是指葡萄酒带给了荷马丰富的想象、创新的语言，以至于词章如此的华丽，妙语迭出，精彩绝伦；还是指葡萄酒带给阿伽门农、阿基琉斯的军旅豪情，最后赢得了古希腊的未来，葡萄酒成为古希腊诗人笔下的素材，成为见证古希腊历史的一部分。

古希腊如此，古罗马同样如此。伟大的古罗马诗人奥维德在创作《变形记》的时候，已经是古罗马中心时代的成熟时期，那时候的古罗马充满了纯酿的葡萄酒，已经有了陈酿和橡木桶技术。

大唐盛世更是将这种诗酒文化现象发挥到极致，超越了古希腊、古罗马，成为中国历史上葡萄酒和葡萄酒文化最为繁盛的一个巅峰时代，也成为世界葡萄酒和葡萄酒文化史上绝无仅有的瑰宝。

唐朝的文化最令人瞩目的成就就是唐诗，自唐初陈子昂和“初唐四杰”起，唐朝伟大的著名诗人层出不穷。盛唐时期的李白、杜甫、岑参、王维，中唐时期的李贺、韩愈、白居易、刘禹锡，晚唐时期的李商隐、杜牧等，都如长安梦华闪耀的明星。他们的风格各异，既有对神话世界的丰富想象，又有对现实生活的生动描写，既有激昂雄浑的边塞诗，又有清新脱俗的田园诗。在清代康熙年间编纂的《全唐诗》中，收录有 2200 多位作者的 48900 多首诗(佚失的不知其数)。在不到 300 年时间的唐朝，留下如此丰富的文化遗产，在世界文学史上是绝无仅有的。而伴随这个巅峰的，是唐诗中的葡萄酒，葡萄酒不仅在唐朝繁衍壮大形成规模，还成为唐朝诗人的灵感来源，借着唐诗彻底融入了中国传统文化。葡萄酒的芬芳浸透了唐诗的精魂和韵味，一直在唐诗中陈酿至今，成为中国乃至世界的文化遗产。

有着诗坛地位被称为诗圣的杜甫发布了一首诗《饮中八仙歌》，将李白、贺知章、李适之、汝阳王李琎、崔宗之、苏晋、张旭、焦遂评为大唐的“饮中八仙”。“知章骑马似乘船，眼花落井水底眠。汝阳三斗始朝天，道逢麴车口流涎，恨不移封向酒泉。左相日兴费万钱，饮如长鲸吸百川，衔杯乐圣称避贤。宗之潇洒美少年，举觞白眼望青天，皎如玉树临风前。苏晋长斋绣佛前，醉中往往爱逃禅。李白一斗诗百篇，长安市上酒家眠。天子呼来不上船，自称臣是酒中仙。张旭三杯草圣传，脱帽露顶王公前，挥毫落纸如云烟。焦遂五斗方卓然，高谈雄辩惊四筵。”诗圣的排名自非凡响，据说他是依据诗坛流传的诗酒佳话和他个人对于诗坛大神们的了解和流调进行排名。这个排名，满满的都是诗意、仙气、葡萄酒的酒香和诗人们的豪放不羁。

而少年得志，力压太白，拔得头筹的状元郎贺知章独得杜甫青眼成为八仙之首，不仅因为这个长安城中骑驴买酒的老头比他大 53 岁，而是为这个诗坛老前辈恣情纵酒、乘兴作诗、酒酣书法，为人豁达、热情豪放的性格和酒风、诗风所折服。传说天宝元年(742)某天的黄昏，在长安的街头，贺知章与李白偶遇了，这个大李白 42 岁的四明狂客一把握着李白的手，兴奋而惊奇地说："我喜欢你的《蜀道难》和《乌栖曲》。"又说："公非人世之人，可不是太白星精耶？"直夸李白才华横溢，惊为天人，呼他为"谪仙人"。从此以后，这个仙气飘飘的"谪仙人"专属称号和李太白就成了李白的名片。

李白面对诗坛前辈贺知章的嘉许，也是欣喜莫名，两人又都是狂放豪迈、落拓不羁的诗人和酒徒，虽相差42岁，却一见如故。于是两人便一起来到长安的酒吧，一杯饮尽，再满上，酒桌上的葡萄酒空瓶越来越多，不知不觉，身上带的银子竟然都用完了，可是胡姬的歌舞还在继续，看对了眼的朋友还没尽兴，贺知章二话不说，解下了腰间皇帝御赐的配饰金龟，将这只有庙堂之上的高官才能佩戴的宝物交给店小二，去换来酒家最好的美酒。好一场豪气干云、畅意人生的相知相遇，好一个金龟换酒的历史佳话，这个狂放可爱的酒仙和同样浪漫豪放的诗仙的故事，在盛唐的诗歌史上、在葡萄酒文化史上，留下了浓墨重彩的一笔。

时常醉中作诗的李白，葡萄酒是成就他伟大的浪漫主义诗人的法宝。葡萄酒不光成就了李白的浪漫，也是李白毕生所好，恨不得人生天天都沉醉在葡萄酒的美味与香气里。"鸬鹚杓，鹦鹉杯。百年三万六千日，一日须倾三百杯。遥看汉水鸭头绿，恰似葡萄初酦醅。此江若变作春酒，垒曲便筑糟丘台。"李白幻想着将一江汉水都化为葡萄美酒，每天都喝它三百杯，一连喝它一百年。

除了这酒中八仙，余下的就数自称"五斗先生"的唐朝第一酒徒王绩了。他不仅喜欢葡萄酒，还是个品酒师，写过《酒经》《酒谱》。他在《过酒家五首》中写道："有客须教饮，无钱可别沽。来时长道贳，惭愧酒家胡。"人活着，就为了这张脸，朋友相聚，一定要请他一醉方休。然而，千万不能忘记带钱，不能赊账，要带足了银子去喝酒。真可谓唐朝第一酒徒。

有唐一代，葡萄酒是军旅中最受欢迎的美酒，尤其在边塞地区，风寒劳苦，狼烟四时起，戍卫者对葡萄酒尤为渴望，以至于军前犒赏、帐下痛饮，都要高捧葡萄酒觞，涌现了一大批边塞诗人。

著名边塞诗人高适在凉州从军时记述："军中无事，君子饮食宴乐，……觞蒲萄以递欢。"风格豪放、慷慨悲凉的诗人李颀的代表作《塞下曲》："黄云雁门郡，日暮风沙里。千骑黑貂裘，皆称羽林子。金笳吹朔雪，铁马嘶云水。帐下饮蒲萄，平生寸心是。"更是为我们留下了大唐盛世开疆拓土，葡萄酒伴随大唐府兵成就大唐盛世的征战情景。而以一首《凉州词》在盛唐诗坛占据显眼位置、被录入《唐才子传》的边塞诗人王翰在《葡萄酒》中写道："揉碎含霜黑水晶，春波滟滟煖霞生。甘浆细挹红泉溜，浅沫轻浮绛雪明"。其中详细描述了唐朝军旅葡萄酒的模样，揉碎的葡萄像覆盖一层霜的黑水晶，春初的江水在晚霞下波光粼粼，甘甜的浆液像红色的泉水一样流出，微微的浮沫像初冬的霜降一样。诗画双绝的和尚贯休用"蒲萄酒白雕腊红，苜蓿根甜沙鼠出"的诗句来衬托边塞风貌，诉说"男儿须展平生志"的强烈意愿。大漠塞外，烽火城边，传觞葡萄美酒，释放男儿气概，是大唐诗文化中边塞诗的军旅特色。

大唐的葡萄酒和葡萄酒文化借助着盛唐诗歌得以流传，让我们从小小的金叵罗酒杯中，得以窥见大唐帝国的盛世美颜。李白的这首《将进酒》，无疑是对大唐盛世葡萄酒文化的最好总结："人生得意须尽欢，莫使金樽空对月。天生我材必有用，千金散尽还复来。烹羊宰牛且为乐，会须一饮三百杯。岑夫子，丹丘生，将进酒，杯莫停。与君歌一曲，请君为我倾耳听。钟鼓馔玉不足贵，但愿长醉不愿醒。古来圣贤皆寂寞，惟有饮者留其名。陈王昔时宴平乐，斗酒十千恣欢谑。主人何为言少钱，径须沽取对君酌。五花马，千金裘，呼儿将出换美酒，与尔同销万古愁。"

3.5　宋朝时期：苏轼的礼物

大唐盛世造就了中国古代历史上辉煌的葡萄酒和葡萄酒文化，当时的发展势头和古希腊、古罗马中心时代前期相差无几，葡萄酒开遍大唐的天涯海角，人人都喝着进口或本地产的葡萄酒。没想到一件事、一个人改变了这一切，将唐朝兴起的葡萄酒和葡萄酒文化几乎完全葬送，以至于到了宋代，中国的葡萄酒和葡萄酒文化只留下了一点点星火。

盛极一时的唐朝，也是奢靡无度的唐朝，和古罗马帝国文明一样，未能逃脱盛极而衰、走向灭亡的历史定律，而导火索就是著名的安史之乱。安史之乱直接导致大唐帝国晚期和五代十国乃至宋朝的普通大众再无缘葡萄酒。

长达7年的安史之乱使大唐帝国遭到了一次空前的浩劫，直接导致大唐本土葡萄与葡萄酒产业的萧条。《旧唐书・列传・卷七十》记载："宫室焚烧，十不存一。百曹荒废，曾无尺椽。中间畿内，不满千户。井邑榛荆，豺狼站嗥。既乏军储，又鲜人力。东至郑、汴，达于徐方，北自覃怀，经于相土，人烟断绝，千里萧条。"几乎整个黄河中下游，一片荒凉。杜甫有诗曰："寂寞天宝后，园庐但蒿藜，我里百余家，世乱各东西。"广大百姓皆处在无家可归的状态中，农业和商业遭到了毁灭性的破坏，大唐帝国的葡萄主产区自然无法幸免，葡萄、葡萄酒行业毁坏殆尽。昔日到处飘着葡萄酒香的东方罗马——长安、洛阳两京，满街的胡人酒吧也在几度沦陷于叛军的过程中被洗劫抢掠一空，无复往日的喧闹，葡萄酒文化也随之飘散在安史之乱的硝烟之中。

安史之乱对葡萄与葡萄酒产业的致命打击除了直接导致大唐十道中九道的葡萄和葡萄酒文化衰落之外，还导致西域失控、大唐的进口葡萄酒和关外的优质葡萄酒供应中断。

遭遇了安史之乱带来的本土葡萄和葡萄酒之殇与痛失境外葡萄酒产区的双重打击后，在宋太祖陈桥兵变建立大宋朝之前，继唐之后只存续短短53年却经历了数次政权更迭的五代十国，更是给低迷的葡萄和葡萄酒行业雪上加霜。而其中一个叫石敬瑭的人，又给未来大一统的宋朝的葡萄和葡萄酒产业送上了最后的致命"礼物"，最终导致大宋319年的国祚，葡萄与葡萄酒文化乏善可陈。

石敬瑭本是后唐李从珂的河东节度使，公元936年，石敬瑭无耻地答应割让燕云十六州给外族契丹，借契丹之手灭了后唐，建立后晋，并奉契丹为父，自诩为儿皇帝。而他割让的燕云十六州，包含了当时唐朝鼎盛时期最好的葡萄酒产区河东产区的大部分。宋朝建立后，历任宋帝都想要收复燕云十六州，可惜这个夙愿终宋一朝都没能实现，成为汉人心中永远的痛。

整个宋朝，除了从西域走私而来的少量葡萄酒外，中原自酿的葡萄酒大体上都是按《北山酒经》上的葡萄与米混合后加曲的"蒲萄酒法"酿制的，味道不好，也算不上是真正的葡萄酒。

经赵匡胤和赵匡义两兄弟的励精图治，北宋的农业开始恢复和发展，但经历了长期的战乱，迫切需要的是休养生息和填饱肚子，所以农业主要是发展粮食作物，葡萄种植和葡萄酒酿造虽也得以部分恢复，但与昔日的辉煌不可同日而语。北宋的葡萄主产区仍然在原大唐的主产区河东道的太原一带，其他地区的葡萄则十分稀少，种植技术也大不如前。从苏轼等人的诗词作品中，我们可以感受到整个北宋和南宋时期的葡萄和葡萄酒产业的状况。

作为唐宋八大家之一的苏轼，时为北宋中期的文坛领袖，多少人想要巴结的对象。在他被贬到凤翔做官时，收到了太原县令的一份礼物，写了一首《谢张太原送蒲桃》："冷官门户日萧条，亲旧音书半寂寥。惟有太原张县令，年年专遣送蒲桃。"从这首诗里，我们感受到了北宋官场的人情冷暖，在苏轼暂时不得意的时候，故旧亲朋都避之不及，音讯全无，只有这个太原的张县令，每年都派专人送葡萄来。一个每年都送礼物给你的人，铁定是最值得珍惜的人，所以苏轼写了这首感谢诗，让这个太原的张县令随着太原的葡萄一起流芳百世。同时，苏轼也告诉我们，在北宋，太原当时仍然是宋朝的主要葡萄产地。而宋朝的葡萄品种中，太宗引进的马乳葡萄也仍然是北方最受欢迎和流行的品种。"马乳酸甜自旧知，眼寒久不见生枝。中原有路人难到，北客思乡泪欲垂。"用这些山西一带的马乳葡萄，北宋也生产了一些葡萄酒。只是这所酿葡萄酒应该是《北山酒经》的酒法出品而已。

到了南宋，葡萄和葡萄酒产业更加不堪。小朝廷不思进取，十三道金牌杀了抗金名将岳鹏举，偏安一隅。当时的南宋首都临安，纸醉金迷，一片虚幻的繁华。此时由于山西太原等北宋时期的主要葡萄产区已经沦入金人之手，南宋失去了最好的葡萄和葡萄酒产区，临安城已经很少能吃到口味甜美的太原马乳葡萄了，更遑论酿造葡萄酒。淳熙十六年(1189)十二月，主战派诗人杨万里从临安出发，经运河北上，到淮河迎接金使，他吃到了金使带来的太原葡萄，感慨地写下《初食太原生蒲萄，时十二月二日》这首诗："淮南蒲萄八月酸，只可生吃不可乾。淮北蒲萄十月熟，纵可作羓也无囱。老夫腊里来都梁，飣坐那得马乳香。分明犹带龙须在，径寸玄珠肥十倍。太原青霜熬绛饧，甘露冻作紫水精。隆冬压架无人摘，雪打水封不曾拆。风吹日炙不曾腊，玉盘一朵直万钱。与渠倾盖真忘年，君不见道逢麴车口流涎。"诗中可以读出在南宋时期，南宋在淮河流域生产葡萄，其品质与太原相比，相差实在太大。正因为如此，杨万里借太原葡萄来表达他想要收复北方失地的爱国心愿。

陆游的《夜寒与客烧乾柴取暖戏作》云："槁竹乾薪隔岁求，正虞雪夜客相投。如倾潋潋蒲萄酒，似拥重重貂鼠裘。一睡策勋殊可喜，千金论价恐难酬。他时铁马榆关外，忆此犹当笑不休。"诗中把喝葡萄酒与穿貂鼠裘相提并论，可见临安城里的一瓶葡萄酒和貂鼠裘的价格差不多，千金难酬，奢华名贵，一时无双。而南宋诗人张镃填的这首《鹧鸪天》，更是直接给出了临安城里的葡萄酒为什么这么贵的原因："阴阴一架绀云凉。袅袅千丝翠蔓长。紫玉乳圆秋结穗，水晶珠莹露凝浆。相并熟，试新尝。累累轻翦粉痕香。小槽压就西凉酒，风月无边是醉乡。"在醉生梦死的南宋小朝廷统治下的临安，能够喝到的葡萄酒都是历经千辛万苦走私而来的西凉葡萄酒。而西凉，对于南宋人来说，已经属于遥远的异国他乡。

纵观整个宋朝，除了葡萄酒酿制技术失传之外，社会动荡和战乱引起的民生凋敝才是宋朝葡萄和葡萄酒产业及葡萄酒文化低迷的主要原因，这也难怪在大唐盛世到处都可以吃到的葡萄，到了宋朝，居然成了苏轼这样的名人收到的千里之外专人相送的珍贵礼物，不由得令人想起大唐盛世的"一骑红尘妃子笑，无人知是荔枝来。"

3.6 元朝时期：大都酒使司

崖山海战结束了宋朝 319 年的历史，中国历史上第一个由少数民族建立的大一统的王朝时代开始，虽然只有短短的不足百年的历史，但却在中国古代葡萄、葡萄酒与葡萄酒文化历史上留下了浓墨重彩的一页。

3.6.1 “汉唐极盛之时不及也”

公元 1279 年，元世祖忽必烈攻灭南宋一统中国，建立元朝，元朝疆域史称“北逾阴山，西极流沙，东尽辽左，南越海表。”

元朝灭宋定都北京（当时称“元大都”，简称“大都”），统治中国尽管只有短短的 90 余年，但其横跨亚欧、连成一片，涵盖了过去西域丝绸之路上所有优质葡萄酒产区得天独厚的条件，为直达地中海等西方葡萄酒中心的贸易提供了便利。一代天骄成吉思汗带领蒙古铁骑征服西域和昔日的葡萄酒优质产区西亚后，这些习惯了马奶酒就牛羊肉的蒙古汉子尝到葡萄酒配牛羊肉的滋味后十分惊喜。追随成吉思汗西征的耶律楚材曾在《赠蒲察元帅七首》中说：“花开杷榄芙渠淡，酒泛葡萄琥珀浓。……葡萄架底葡萄酒，杷榄花前杷榄仁。”有了世界上最好的葡萄酒产区西亚的长期熏陶，到了忽必烈建立元朝，葡萄酒成为和马奶酒一样的元朝国酒也就毫不奇怪了。据《元史・志・卷二十七》记载，元世祖忽必烈至元年间，祭宗庙时的酒为“湩乳、葡萄酒，以国礼割奠，皆列室用之”，“湩乳”即马奶酒。葡萄酒和马奶酒一样，成为蒙元皇室的国酒，加之忽必烈本人对葡萄酒的热爱，使得元朝的葡萄和葡萄酒繁盛一时。袁桷《装马曲》云：“酮官庭前列千斛，万瓮蒲萄凝紫玉。”这里的“酮官”指负责马奶酒的官员，葡萄酒与马奶酒都是元朝上流社会和皇家宴会上必备的美酒，且每每所需数量惊人。

忽必烈对葡萄酒产业十分重视，不仅在“宫城中建葡萄酒室”（《故宫遗迹》），而且像今天的烟草专卖局一样，专门设立葡萄酒专卖的国家机构来管理葡萄酒产业。据《元典章》记载，元大都的葡萄酒都是国营，设置有“大都酒使司”，负责向大都的酒户征收葡萄酒税。而当时在大都的酿酒商家，有起家巨万、酿葡萄酒多达百瓮者，可见葡萄酒酿造规模之大。相较于唐朝，元朝的葡萄酒产业和贸易规模都大大超过了鼎盛时期的唐朝，元朝成为继大唐盛世之后，中国第二个葡萄酒与葡萄酒文化到达巅峰的时期，也成为中国古代葡萄酒历史与文化中值得大书特书的一个时期。

3.6.2 “玉关西去火州城，五月蒲萄无数生”

元朝的葡萄酒来源和唐朝差不多，主要有两类，一是西域的葡萄酒，再就是元朝各行省自产自销的葡萄酒。当时除了河西与陇右地区（即今宁夏、甘肃的河西走廊地区，并包括青海以东地区、新疆以东地区和新疆东部）大面积种植葡萄外，山西、河南等地也是葡萄和葡萄酒的重要产地。整个元朝时期，葡萄种植面积之大、地域之广、酿酒数量之多，都是前所未有的。据明朝人叶子奇撰《草木子》记载，元朝政府还在太原与南京等地开辟官方葡萄园，并就地酿造葡萄酒。

元朝太医忽思慧在《饮膳正要》中对元朝的葡萄酒评价：“（葡萄酒）益气调中，耐饥强志。酒有数等，有西番者，有哈剌火者，有平阳太原者，其味都不及哈剌火者。田地酒最佳。”说明元朝的葡萄酒主产区有西番、哈剌火州、平阳和太原。哈剌火州的葡萄酒品质最好，而田地的葡萄酒则是哈剌火州中最好的，田地是今鄯善县鲁克沁镇西的柳中城。元朝人熊梦祥的《析津志辑佚》“异土产贡”也证实：“葡萄酒，出火州穷极边陲之地。”元朝诗人吴当描述了西域及火州葡萄酒的酿造和品质：“西域葡萄熟，浆醪不用酤。色深滦水菊，香重塞城酥。甘露浮银瓮，寒冰贮玉壶。相如犹病渴，传赐近来无。”成廷珪则用一首五言绝句传达了元朝葡萄种植从火州到江南的盛况：“玉关西去火州城，五月蒲萄无数生。今日江南池馆里，万株联络水晶棚。”从火州城到江南池馆，元朝的葡萄产区包括了今新疆地区的西域、中西亚及中国各行省。据《元史》记载，蒙古国时，河中府（今乌兹别克斯坦撒马尔罕、布哈拉、哈萨克斯坦的奇姆肯特东、吉尔吉斯斯坦托克马克东）和阿富汗东北境一带种植葡萄，酿造葡萄酒。耶律楚材的《河中春游有感五首》云：“异域河中春欲终，园林深密锁颓墉。东山雨过空青叠，西苑花残乱翠重。杷榄碧枝初着子，葡萄绿架已缠龙。等閒春晚芳菲歇，叶底翩翩困蝶慵。”

除了西域和中西亚这些自古希腊、古罗马时代就沿袭下来的优质葡萄酒和葡萄酒文化区域之外，同唐朝的十道中有九道种植葡萄和酿造葡萄酒的盛况一样，元朝的十大行省和一个直辖省中书省中，葡萄和葡萄酿酒的普及率甚至比唐朝还要高。

元朝政府禁止民间私酿粮食酒，但民间自种葡萄，自酿葡萄酒则不在禁止之列，不仅如此，中央政府还对葡萄酒采取税收扶持政策，允许民间自酿葡萄酒，自酿葡萄酒不用纳税。这种可自酿、不交税的政策，可能直接导致了元朝葡萄和葡萄酒行业的大发展，平民百姓也因此有机会品尝到美味的自酿葡萄酒。如家贫靠骑驴卖纱为生的大都附近的昌平人何失在《招畅纯甫饮》中有“我瓮酒初熟，葡萄涨玻璨”的诗句，尽管一贫如洗，招待老朋友至少还有自酿的葡萄酒。而多次举荐都未能入仕，一辈子为穷书生的刘诜，在他的诗《蒲萄》中也有“露寒压成酒，无梦到凉州”的感叹，也是自酿葡萄酒的平民爱好者。

唐朝时期的著名葡萄酒产区，在元朝基本都恢复了昔日的活力和盛况。如甘肃行省的河西走廊特别是凉州、陕西行省的长安产区都是如此，张宪在《铁笛道人遗筚篥七绝·其三》中写道：“长安城里紫葡萄，关塞遗声透月高。一十八星清窍冷，无人唤起薛阳陶。”而昔日大唐的河东产区，如今的元朝中书省冀西北与晋北地区，中亚移民聚居，平阳路和太原路都成了元朝葡萄和葡萄酒的主产地。《马可·波罗游记》记载了太原路至大都路涿州、涿州至京城大都一带都有葡萄的种植。

京城大都种植葡萄、酿造葡萄酒，地志、诗文等文献都有记载。甚至连上都开平（今内蒙古锡林郭勒盟多伦县西北）也有葡萄的种植与葡萄酒的酿造，而其他各行省也都开展了葡萄种植和葡萄酿酒，基本涵盖了今天我们知道的可以进行葡萄种植的区域。江南的葡萄和葡萄酒，也比唐朝时期的品质要好，元朝诗人萨都剌专门写过一首极力赞扬扬州葡萄酒天下无双的诗：“扬州酒美天下无，小槽夜走蒲萄珠。金盘露滑碎白玉，银瓮水暖浮黄酥。柳花吹尽春江涨，雪花鲥鱼出丝网。李郎载酒过江来，开酒斫鱼醉春晚。世事反覆如撐蒱，会须一饮空百壶。淋漓宫袍亦奇士，夜起看对青灯孤。”诗人郑允端的《葡萄》也描写了平江路（今苏州市）的葡萄之美：“满筐圆实骊珠滑，入口甘香冰玉寒。若使文园知此味，露华不应乞金盘。”若非亲眼所见、亲口所品，对苏州所产葡萄的形状与味道的描写是不会如此形象、逼真和传神的。

元朝葡萄种植和葡萄酒的普及，使得葡萄酒的种类也多样化。从现有的文献资料来看，元朝葡萄酒至少有红葡萄酒、桃红葡萄酒、白葡萄酒和葡萄蒸馏酒等。

元朝人熊梦祥在《析津志辑佚》“异土产贡”中详细记载了元朝火州产区自然发酵的葡萄酿酒技术：“葡萄酒，出火州穷极边陲之地。酝之时，取葡萄带青者。其酝也，在三五间砖石甃砌干净地上，作甃既缺嵌入地中，欲其低凹以聚，其瓮可容数石者。然后取青葡萄，不以数计，堆积如山，铺开，用人以足揉践之使平，却以大木压之，覆以羊皮并毡毯之类，欲其重厚，别无曲药。压后出闭其门，十日半月后窥见原压低下，此其验也。方入室，众力擗下毡木，搬开而观，则酒已盈瓮矣。乃取清者入别瓮贮之，此谓头酒。复以足蹑平葡萄滓，仍如其法盖，复闭户而去。又数日,如前法餚棋。窨之如此者有三次,故有头酒、二酒、三酒之类。直似其消尽,却以其滓逐旋澄之清为度。上等酒,一二杯可醉人数日。复有取此酒烧作哈刺吉,尤毒人。"这种用葡萄籽、皮与汁一起发酵的技术,正是现代红葡萄酒的酿造技术。耶律楚材也说:"太守多才民富强,风光特不让苏杭。葡萄酒熟红珠滴,杷榄花开紫雪香。"其中"葡萄酒熟红珠滴",显然说的就是红葡萄酒。元朝的河中地区有红葡萄酒,吐鲁番市也出产这种优质的红葡萄酒一点都不奇怪。

元朝也有桃红葡萄酒,元末诗人周权写了一首《蒲萄酒》来记载此事:"翠虬夭矫飞不去,颔下明珠脱寒露。累累千斛昼夜舂,列瓮满浸秋泉红。数宵酝月清光转,秾腴芳髓蒸霞暖。酒成快泻宫壶香,春风吹冻玻璨光。甘逾瑞露浓欺乳,曲生风味难通谱。纵教典却鹔鹴裘,不将一斗博凉州。"列瓮里装满用来酿酒的红葡萄汁,这种红葡萄汁是葡萄采摘后及时压榨出来的,是桃红葡萄酒的酿造技术,所酿酒应为桃红葡萄酒。

白葡萄酒则是元朝的另外一款典型酒种。"苍颜太守领西阳,招引诗人入醉乡。屈眴轻衫裁鸭绿,葡萄新酒泛鹅黄。歌姝窈窕髯遮口,舞妓轻盈眼放光。野客乍来同见惯,春风不足断人肠。"该诗作者耶律楚材为这首诗自注说"一种白葡萄酒,色如金波",宛如"葡萄新酒泛鹅黄"。和前面萨都剌夸赞扬州葡萄酒时的"金盘露滑碎白玉,银瓮水暖浮黄酥"一样,说的都是白葡萄酒。元朝在河中地区及中原内地扬州都有白葡萄酒的酿造,说明白葡萄酒的普及和深受欢迎。

元朝还有一种葡萄蒸馏酒,是用蒸馏器来实现的。元朝文献中有不少关于蒸馏器具与蒸馏工艺的记载。如许有壬的诗:"水气潜升火气豪,一沟围绕走银涛。璇穹不惜流真液,尘世皆知变浊醪。上贡内传西域法,独醒谁念楚人骚。小炉涓滴能均醉,傲杀春风白玉槽。"而且他在这首诗的序文中将此蒸馏器称为"水火鼎",即"世以水火鼎炼酒取露,气烈而清,秋空沆瀣不过也。虽败酒亦可为。其法出西域,由尚方达贵家,今汗漫天下矣。"说明蒸馏技术在元朝很普遍,葡萄蒸馏酒也很流行。

此外,元朝重要农书《农桑衣食撮要》中记载了葡萄栽培的节气和方法,官修农书《农桑辑要》中有地方官员指导百姓发展葡萄生产的记载。根据这些农书的记载,推测元朝的葡萄栽培技术已经达到相当高的水平。

3.6.3 元曲里的葡萄酒香

明朝王世贞曾说"元无文",事实上,元朝的文化艺术有很高的成就,其中以元曲为代表的戏曲艺术在 13 世纪 50 年代到 14 世纪初达到鼎盛。出现了关汉卿、王实甫、白朴、马致远、康进之、高文秀等一大批闪耀的群星,《窦娥冤》《西厢记》流传至今,以《水浒传》《三国演义》为代表的古典小说成为中国文化的瑰宝;绘画、书法的成就更为突出,有赵孟頫、黄公望等大家,也有"以头濡墨写葡萄"而显名于后世的葡萄画家温日观(图 3-10)。元朝的葡萄酒文化也融入文化艺术的各个领域,除了大量的有关葡萄酒的诗外,在元曲中也可听到有关葡萄酒的曲目。

"唐诗宋词元曲明清小说"被称为中国古代各王朝最具代表性的文学艺术形式。元曲是元朝最具代表性的艺术形式,包含散曲和杂剧。它具有独特的民间性,是元朝人民群众的戏曲,与其他朝代的圣典神曲、宫廷诗剧不同,主要是市民和农民的艺术,题材广泛,元曲更多地关注士农工商、妇幼老弱等。而元朝葡萄酒的普及和繁荣,使葡萄酒成为广大人民群众日常生活中喜欢和流行的饮品之一,元朝的元曲与葡萄酒,就这样在时空上相遇,使葡萄酒很自然地成为元曲的素材之一。葡萄酒的酒香浸润且熏陶着元曲，元朝葡萄酒的风采便和元曲一起流传下来，让我们直到今天，还能从元曲的散曲这种新体诗的文字中，感悟到元朝璀璨的葡萄酒特色和文化。

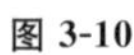

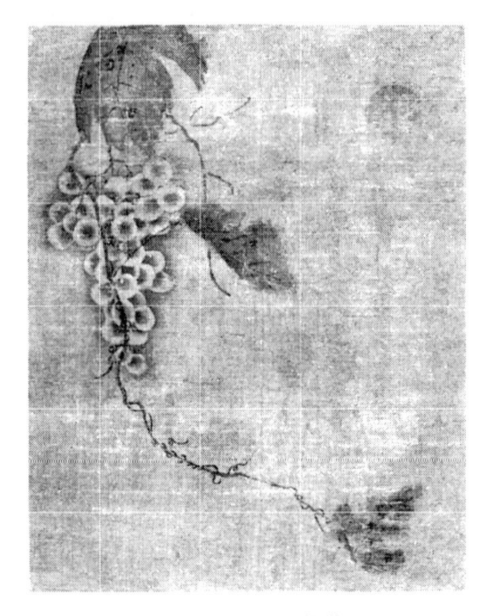

图 3-10　温日观《葡萄图》

（来源：https://baijiahao.baidu.com/s?id=1615760065385231674&wfr=spider&for=pc）

乔吉有《扬州梦》《两世姻缘》传世，他在散曲《滚绣球》中描写江南相爱男女时用葡萄酒来渲染男女之间的旖旎风光："日高也花影重，风香时酒力涌，顺毛儿扑撒上翠鸾丹凤，恣情的受用足玉暖香融。这酒更压着玻璃钟琥珀酿，这楼正值着黄鹤仙白兔翁，这酒更胜似酿葡萄紫驼银瓮，这楼快活杀傲人间湖海元龙；这酒却便似泻金茎中天露擎仙掌，这楼恰便似香翠盘内霓裳到月宫，高卷起彩绣帘栊。"

在另外一首《石榴花》散曲中专门介绍了上流社会欢宴时，大家饮用的酒是凉州新酿的葡萄酒，而且香味特别，未开瓶就好似闻到了香气，勾得汝阳王口涎直流。"这的是葡萄新酿出凉州，（王府尹云）先生满饮此杯。（正末唱）他那耻满捧着紫金瓯，（王府尹云）飞卿，此酒胜甘露醍醐。（正末唱）端的浓如春色酒如油。（王府尹云）飞卿，今日拚了沉醉方归。（正末唱）小生我则怕你醉后又迷入画阁重楼。（王府尹云）此酒香味各别。（正末唱）端的锦封未拆香光透。方知道汝阳角涎流，那里有翰林风月三千首，（王府尹）想古人云，扫愁帚，钓诗钩，信不虚也。（正末唱）枉下也这扫愁帚钓诗钩。"形神兼备的画面，那新酿的凉州美酒的香气似乎还飘荡在今天欣赏这散曲的人面前。

元曲四大家之一的白仁甫，在戏曲《梧桐雨》中，用散曲演绎贵妃醉酒，杨玉环喝的是这嫩鹅黄颜色的白葡萄酒。"共妃子喜开颜，等闲，等闲，御园中列肴馔。酒注嫩鹅黄，茶点鹧鸪斑。酒光泛紫金钟，茶香浮碧玉盏。沉香亭畔晚凉多，把一搭儿亲自拣、拣。粉黛浓妆，管弦齐列，绮罗相间。"

描写战国时期魏国大臣须贾的《杂剧・须贾大夫谇范叔》中："你那里葡萄酒设销金帐，罗绮筵开白玉堂。闻知道魏相国亲身到宅上。（做徘徊科，云）既是请丞相赴宴，怎又请我？（唱）故意把寒儒厮奖，显的他宽洪海量。（云）哦，我知道了也。（唱）多应是须贾高情，将我这范雎来讲。"

无论是古希腊、古罗马还是欧洲中心时代，葡萄酒总是和上流社会的奢华饮宴在一起，元朝也不例外，在上面的元曲中可见一斑。但元曲中的葡萄酒更多是与民间的婚嫁世俗相关联的。

元杂剧的奠基人关汉卿，写过一首小令《朝天子》："鬓鸦，脸霞，屈杀将陪嫁。规模全是大人家，不在红娘下。笑眼偷瞧，文谈回话，真如解语花。若咱得他，倒了葡萄架。"讲的是爱上了自己夫人的随嫁丫鬟，想要纳妾，又害怕夫人泛酸，于是用"倒了葡萄架"来形容夫人反对会闹得天翻地覆，像倒了葡萄架。从此，"倒了葡萄架"就成为当时悍妇的别称，也说明葡萄已经成为人们日常生活的一部分。

在另外一出演述名妓李素兰和书生李唐斌相爱的《杂剧·李素兰风月玉壶春》中，作者贾仲明在第二折戏中提到葡萄酒是风月场所的日常用度："再谁供养我那荔枝浆蔷薇露葡萄酿？再谁照顾我那应口饭依时茶醒酒汤？不是我冷气虚心厮数量，则要你玉骨冰肌自主张，傲雪欺霜映碧窗，不要你节外生枝有疏放。若别了巫山窈窕娘，忧愁杀章台走马郎。离了嘉禾旧朋党，断却苏州刺史肠，再要相逢莫承望。但提着俺那花前月下共双双，便是铁石的心肝我索慢慢的想。"

元朝重要的散曲家张可久的小令《[中吕]山坡羊 春日二首芙》，将春天、西湖、美娇娘和葡萄酒演绎到极致："芙蓉春帐，葡萄新酿，一声《金缕》槽前唱。锦生香，翠成行，醒来犹问春无恙，花边醉来能几场？妆，黄四娘。狂，白侍郎。西湖沉醉，东风得意，玉骢骤响黄金镫。赏春归，看花四，宝香已暖鸳鸯被，萝绕绿窗初睡起。痴，人未知。噫，春去矣。"

不知是葡萄酒醇厚了元曲，还是元曲陈年了葡萄酒，使得元朝人"贪杯无厌"。"每日价汛流霞潋滟。子云嘲谑防微渐，托鸱夷彩笔拈。季鹰好饮豪兴添，忆莼鲈只为葡萄酽。倒玉山恁般瑕玷，又不是周晏相沾。糟腌着葛仙翁，曲埋那张孝廉。恣狂情。"

而今再来领略这些元曲中的葡萄酒文化，不由平添了些许元朝诗人叶衡的意境："一片秋云江上影，老禅收拾入葡萄。小窗剩有诗为伴，不博凉州意自高。"

3.6.4　被低估的影响

我们前面曾感叹在大唐盛世，中国是有机会融入世界葡萄酒的历史与文化中的，可是给大唐盛世的时间太短，安史之乱和持续的动荡断送了这次机会。而元朝在葡萄与葡萄酒产业的规模上远超鼎盛时期的唐朝，更重要的是，元朝所处的世界，英法百年战争已经开始，欧洲结束了最后一次十字军东征，即将走出中世纪，开始文艺复兴。元朝置身于这样一个时期，历史给了中国第二次融入世界葡萄酒的历史与文化的绝好机会，可惜，同大唐盛世一样，历史给予元朝的时间也太短了。尽管如此，元朝对于世界葡萄酒历史与文化的影响却是巨大的，从某种意义上说，今天葡萄酒世界格局的形成，元朝功不可没。

就像接纳西方的葡萄酒一样，元世祖忽必烈在面对西方文化和西方人才时，态度也是十分包容开放的，元朝不拘一格的人才政策吸引了大量西方的学者和艺术家前往，而那时的西方国家对元朝也有着浓厚的兴趣。最为重要的是，历史上著名的大旅行家马可·波罗来到中国。而元朝通过马可·波罗这个人，对世界葡萄酒格局、历史与文化产生了巨大的影响。

马可·波罗以其在元朝为官17年的经历和见闻，回到意大利后写了一本叫《马可·波罗游记》的书，这本书对于处于文艺复兴前闭塞的欧洲人来说，是一部振聋发聩的启蒙式作品，为欧洲人展示了全新的知识领域和视野，导致了欧洲人文的广泛复兴。游记中描述太原府国的都城，其名也叫太原府，那里有好多葡萄园，酿造很多的酒，是契丹省唯一产酒的地方，酒是从太原府贩运到全省各地。书中诸如此类对于神秘东方古国发达的工商业、繁华热闹的市集、物美价廉的丝绸锦缎、宏伟壮观的都城宫殿、完善方便的驿道交通、普遍流通的纸币等的介绍，使每一个读过这本书的人都无限神往。《马可·波罗游记》打开了欧洲的地理和心灵视野，掀起了一股东方热、中国热，留下了欧洲人此后几个世纪的东方情结。《马可·波罗游记》在1299年写完，几个月后，这本书已在意大利境内随处可见，很快被翻译成多种欧洲文字，广为流传。西方地理学家还根据书中的描述，绘制了早期的世界地图，这对即将到来的大航海时代新航路的开辟产生了巨大的影响。

2013年4月18日，一尊以马可·波罗为原型创作的铜雕艺术作品在中国江苏省扬州市揭幕。据当地文化部门介绍，马可·波罗曾经在扬州为官三年，作为文化商人和交流使者，为扬州对外的宣传和文化交流等方面做过不少贡献，扬州市还建有马可·波罗纪念馆。只是现在很少有人意识到，元朝通过马可·波罗对世界葡萄酒的历史与文化产生的巨大影响。

3.7 明朝时期：没有葡萄酒的紫禁城

葡萄和葡萄酒产业的兴起和发展总是与社会的稳定和发展相关联。到了元朝末年，汉民族不再甘于少数民族的残酷统治，纷纷起义，天下再次大乱，元朝的统治很快土崩瓦解，中国历史上长达276年的明王朝登上历史的舞台。

回顾明朝之前的历史，中国的葡萄和葡萄酒的兴衰都与统治者有关。刘彻因为喜欢葡萄和葡萄酒，所以带头在他的皇宫别苑种植，开启中国欧亚种葡萄的历史；曹丕亲自代言葡萄和葡萄酒，所以南北朝成为葡萄酒文化的肇始者；李世民不光再次引进欧亚种葡萄和西方葡萄酒酿造技术，更是将葡萄酒文化融入了大唐盛世；而元朝，忽必烈从喜好到政策的加持，使得葡萄和葡萄酒的普及达到历史上最高的水平。而到了明朝，同样也是由于统治者的原因，明朝的葡萄和葡萄酒再也无复元朝的辉煌。

在夺取天下的路上，朱元璋按照谋士朱升"高筑墙，广积粮，缓称王"的策略积蓄力量，为了募集军粮，他下令禁酒，并亲自杀了违背禁令私自酿酒的手下大将胡大海的儿子胡三舍。到明朝建国之初，这位农民皇帝十分爱惜民力，提倡节俭。明初的农业发展迅速，元末农村的残破景象得以迅速改观，农业生产恢复发展，手工业和商业快速发展。朱元璋的休养生息政策巩固了新王朝的统治，稳定了农民生活，促进了生产的发展。尽管在洪武年间，丢失400多年的燕云十六州重新回到汉人手中，河西走廊也在掌控之中，汉唐和元朝的主要葡萄和葡萄酒产地都回到明朝手中，且仍有葡萄酒入贡，但据《明太祖实录》记载："(洪武六年十一月)己未，……朕饮酒不多，太原岁进蒲萄酒，自今亦令其勿进。国家以养民为务，岂以口腹累人哉？尝闻宋太祖家法子孙，不得于远方取珍味，甚得贻谋之道也。(洪武七年秋七月)己卯，……初西番兆日之地，旧有造蒲萄酒户三百五十家。至是其酋长勘卜监藏、罗古罗思喃哥监藏等以所造酒来献。上谓中书省臣曰：饮食衣服贵乎有常，非常有而求之者，则必有无穷之害。昔元时造蒲萄酒，使者相继于途，劳民甚矣，岂宜效之？且朕素性不喜饮，况中国自有秫米供酿，何用以此劳民。遂却之，使无复进。"这就清楚地说明，在大明开国之初，朱元璋在励精图治恢复国力的时候，西域和太原时有葡萄酒进贡，这两个地方距离当时的首都应天府(今南京)路途遥远，葡萄酒可不就成了"远方之珍味"，也就有了朱元璋"饮食衣服贵乎有常，非常有而求之者，则必有无穷之害"的感叹，于是下令停止太原和西域进贡葡萄酒。朱元璋认为葡萄酒是远方之珍，不可为了满足口腹之欲而劳民伤财，这可能直接导致了他的子孙后代因为谨遵太祖教诲，不敢放肆地享受这种美味，连带整个明朝的上流社会和皇亲国戚都小心谨慎地对待这件事，以至于明朝的葡萄酒不再似汉唐元一样盛行。紫禁城里没有了葡萄酒，更何况是民间了，这与前元葡萄酒的发展普及形成了鲜明的对比。

到了嘉靖、万历年间，明朝鼎盛时期的情况似乎依然如故。顾起元撰写的《客座赘语》记载了很多嘉靖、万历时期明朝故都南京的故事，书中对明朝鼎盛时期的数种名酒进行了品评："计生平所尝，若大内之满殿香，大官之内法酒，京师之黄米酒，……淮安之豆酒、苦蒿酒，高邮之五加皮酒，杨州之雪酒、豨莶酒，无锡之华氏荡口酒、何氏松花酒，多色味冠绝者。"并说："若山西之襄陵酒、河津酒，成都之郫筒酒，关中之蒲桃酒，中州之西瓜酒、柿酒、枣酒，博罗之桂酒，余皆未见。"这数十种名酒都是顾起元亲自品尝过的，包括皇宫大内的酒，但葡萄酒却没有位列其中，不在御酒的行列。

明朝葡萄酒的没落也反映在当时一些有关酒文化的书籍中，《酒概》是专门论酒的明朝文献，描绘了丰富多彩的明朝酒类文化。但对于葡萄酒的记载却只有简单的几句话："西域有蒲萄酒，积年不败，彼俗云：可十年饮之，醉弥月乃解。"《博物志》中记载："有人久积蒲萄忘取，遂自成酒，芳甘酷烈。"明朝的酒类专著对于葡萄酒只有如此简略的注解，明朝以后的葡萄酒酿造的萎缩可见一斑。

虽然葡萄种植和葡萄酒酿造在明朝放慢了发展的脚步，明朝的统治者对于葡萄酒也不再热衷，但并不表明葡萄就此绝迹了，葡萄的种植区域与元朝相比可能更为扩大，因为一些前代记载中未出现的地域，在明朝有了葡萄的踪迹。只是不再用来酿酒，而是多用来鲜食罢了。

《地方志》的记载中，元朝有葡萄的地方仍然有葡萄的种植记录，只是不再有什么规模，特别是南方，多是亭台池馆、房前屋后的小范围种植，但以前没见记载有种植的地方，明朝却有了葡萄的种植，如海南都有葡萄栽培的记载，虽然只是"郡城武弁数家有植者"，但这也是前元所未有的。琼州人唐胄在其《谢张挥使翼翱见惠蒲萄》一诗中写道："水晶数颗带枝新，折赠惊添岛屿春。色莹紫霞珠帐雾，味空甘露海林珍。"在海南岛上种植葡萄，在当时算得上是珍贵的果品了。《本草纲目》亦记载："蜀中有绿葡萄，熟时色绿。云南所出者，大如枣，味尤长。"这说明明朝的葡萄种植区域可能有所扩大，到了大江南北都有葡萄种植的境况。明朝栽种的葡萄品种相当丰富，《群芳谱》记载："有水晶葡萄晕色带白如着粉，形大而长味甚甜，西番者更佳；马乳葡萄色紫形大而长，味甘；紫葡萄黑色，有大小二种，酸甜二味；绿葡萄出蜀中，熟时色绿，至若西番之绿葡萄，名兔睛，味胜糖蜜，无核则异品也，其价甚贵；琐琐葡萄出西番，实小如胡椒，云小儿常食可免生痘，有云痘不快，食之即出，今中国亦有种者，一架中间生一二穗。"李时珍在《本草纲目》中还记载了一种"圆者名草龙珠"的葡萄。

尽管葡萄和葡萄酒在明朝两百多年间都没能回到前元时期的辉煌，但葡萄酒并没有绝迹，葡萄酒文化也并没有因为明朝人对于葡萄酒的冷落而没落，我们今天依然能在明朝文人的作品中闻到这难得的酒香。

自汉武帝开始，葡萄酒便一直是文学作品中一抹醉人的亮色，是文人灵感迸发的源泉。同大唐盛世"葡萄美酒夜光杯，欲饮琵琶马上催"的苍凉豪迈和元朝"葡萄凝碧琥珀光，燕语莺啼空断肠"的旖旎相比，明朝的葡萄酒与文人的结合更多的是寄情于景的丝丝情怀和笔墨之间泛着葡萄酒香的风花雪月。

明初来自西域和传统葡萄酒产区平阳府的安邑县、夏县，大同府的怀仁县、绛州，太原府太谷县的葡萄和葡萄酒，依然入贡于朝廷。成化《山西通志》中，就有"安邑县，干葡萄一万一千五百斤”的记载,《明实录》中,洪武初年“太原岁进蒲萄酒”。太谷县东南三十里的回马谷“出葡萄,味甚羡”,明初文人高启曾夸赞太谷葡萄酒:“西域几年归使隔,汉宫遗种秋萧瑟。谁将马乳压瑶浆,远饷江南渴吟客。赤霞流髓浓无声,初疑豹血淋银罂。吴都不数黄柑酿,隋殿虚传玉薤名。闻道轮台千里雪,猎骑弓弦冻皆折。试唱羌歌劝一觞,毡房夜半天回热。绝味今朝喜得尝,犹含风露万珠香。床头如能有五斗,不将轻博凉州守。”即便是后来太祖朱元璋下令免进葡萄酒后,少量的西域葡萄酒和太原当地的葡萄酒应该作为珍稀的物品流传在市面,不然就不会留下那些文人墨客有关葡萄酒的诗作。胡应麟与友人结伴游玩时就写道:“蒲萄新绿照人明,急管繁弦四坐倾。”魏田井在客居异乡时也感慨:“我客咸京君客燕,客中逢客自相怜。会须日饮蒲桃酒,何事低头逐少年。”夏原吉在《乙酉八月二日吴江馆遇京友惠斗酒》中记载了友人不远万里为他带回珍贵的葡萄酒,却不小心打翻在地的情景:“故人远自天上来,惠我一斗葡萄醅。爱之不敢容易开,呼童捧之当庭阶。珊瑚击碎红泥堆,珍珠迸入黄金杯。一行转我肠中雷,再行扫我眉间埃。三行四行愁垒摧,五行六行春风回。……客中有此真慰怀,更无梦到糟丘台。柰何童子劣且騃,推壶仆地如翻淮。清光湿透炉边灰,馀香散入阶前苔。为之耻兮徒有罍,醉无成兮谁其陪。是知饮啄皆天裁,毫分有数非人媒。毫分有数非人媒,彼童子兮何尤哉。”

除了书画诗词之外,明朝最著名的文学成就就是世情小说了。《金瓶梅》是影响力比较大的一本明朝小说,在小说中,作为大户人家的西门庆特别喜欢葡萄酒,经常出现西门庆饮酒的场面,说明在明朝葡萄酒已经成为一种身份和财富的象征。第十九回写西门庆回家,看见金莲一人饮酒,吩咐春梅:“把别的菜蔬都收下去,只留下几碟细果子儿,筛一壶葡萄酒来我吃。”第二十七回金莲醉闹葡萄架中写道:“西门庆一面揭开,盒里边攒就的八槅细巧果菜,一小银素儿葡萄酒,两个小金莲蓬钟儿,两双牙筋儿,安放一张小凉杌儿上。”到了重阳节,到王六儿家幽会,西门庆也不忘记差:“琴童儿,先送了一坛葡萄酒来。”此外,在冯梦龙的《三言二拍》中,葡萄酒也经常出现在大户人家的宴会上。

青花瓷无疑是明朝留给后世的瑰宝,明朝的葡萄与葡萄酒文化,也通过青花瓷得以流传。现在传世的明朝青花瓷器物上的葡萄纹饰非常精美,藤蔓绵绵、果实累累,写实又传神,如永乐青花折枝葡萄纹大盘(图 3-11)、成化青花葡萄纹高足碗(图 3-12)、青花五彩松鼠葡萄纹碗等(图 3-13)。这些国宝上明朝葡萄的诱人“姿色”,让我们想起那个时代大江南北种植的鲜食葡萄、重新成为奢侈品的葡萄酒和没有葡萄酒的紫禁城。

图 3-11

图 3-12

图 3-11　永乐青花折枝葡萄纹大盘

(首都博物馆;来源:https://baijiahao.baidu.com/s?id=1640137393879053981&wfr=spider&for=pc)

图 3-12　成化青花葡萄纹高足碗

(来源:https://www.polypm.com.cn/assest/detail/2/art5138646445/36)

图 3-13

图 3-13　青花五彩松鼠葡萄纹碗

（上海观复博物馆；来源：http://www.guanfumuseum.org.cn/view.php? cid=816）

明朝的酒文化非常发达，只是这主流的酒文化是白酒文化而不是葡萄酒文化。明朝文人王世贞的诗："玉露凝云在半空，银槽虚自泣秋红。薛家新样莲花色，好把清尊傍碧筒。"其中写的是明朝最好的白酒"秋露白"，它是一种高粱烧酒，味道清醇。其他有名的白酒还有三白酒、神曲酒、饼子酒、白杨皮酒、当归酒、枸杞酒、古井贡酒、绿豆酒、红曲酒、梨酒、马奶酒、五香烧酒等。李时珍曾说过："酒，天之美禄也。面麴之酒，少饮则和血行气，壮神御寒，消愁遣兴。"饮食与养生的结合、酒与医学的结合为明朝白酒文化的发展提供了机会。而明朝的葡萄酒文化，则如同周杰伦的歌里所唱："在泼墨山水画里，你从墨色深处被隐去，……如传世的青花瓷，自顾自美丽。"

3.8　清末民初时期：张弼士的情怀

俗话说"兴，百姓苦；亡，百姓苦。"对于葡萄和葡萄酒产业而言，中国古代的历史数次证明，葡萄、葡萄酒和葡萄酒文化也是随着时代的兴亡而变化的，逃不出"兴，酒兴；亡，酒亡"的规律。纵观整个明朝，由于上层统治者对于粮食酒的政策扶持和对于葡萄酒的定位，明朝的白酒酒业兴盛，而葡萄酒却一直处于低迷的状态。到了明清交替时期，由于国力的衰退和战乱不断，人们连基本的衣食都不能满足，葡萄酒在中国的发展进入了一个长期的低谷阶段，清朝这个中国历史上第二个由少数民族建立的大一统王朝，其葡萄酒文化和葡萄酒产业相较于明朝更趋衰微。

从康熙时期开始，由于清朝对西域的统治趋于稳定，西域的葡萄和葡萄酒又开始流向内地，据乾隆四十年(1775)出版的《西域闻见录》载："深秋葡萄熟，酿酒极佳，饶有风味。""其酿法纳果于瓮，覆盖数日，待果烂发后，取以烧酒，一切无需曲蘖。"这些应该就是康乾盛世时期清朝从西域引进欧亚种的葡萄，以及自唐朝之后就基本失传的西方自然酿酒技术，也是现在葡萄蒸馏酒白兰地的酿造方法。而且康熙皇帝号称千古一帝，除了文治武功之外，心态也比较包容，对于葡萄酒完全不是朱元璋的态度，他十分喜爱，像唐太宗李世民一样，从哈密引进了不少优良品种，种植在京城。此事《清稗类钞》上有踪迹可寻："葡萄种类不一，自康熙时哈密等地咸隶版章，因悉得其种，植诸苑籞。其实之色，或白或紫，有长如马乳者。又有一种大中间有小者，名公领孙。又有一种小者，名琐琐葡萄，味极甘美。又有一种曰奇石蜜良者，回语滋葡萄也，本布哈尔种，西域平后，遂移植于禁中。"又说那个时候的清朝"葡萄酒为葡萄汁所制，外国输入甚多，有数种"，大概说的就是康乾时期京城的葡萄种植和葡萄酒销售的情况。

自康熙之后，不光紫禁城里开始漂浮着葡萄酒的酒香，王公大臣、上流社会人士饮用葡萄酒也逐渐成为时尚，这和前几个朝代社会面稳定后葡萄酒在国内的境况一样，葡萄酒成为达官贵人和殷实之家的饮用之物。中国古代四大名著之一的《红楼梦》，描写的是清朝一些举止见识高于须眉之上的闺阁美人的人生百态，是一部从不同角度展现女性美与清朝社会世态百相的史诗性文学作品。而构成史诗的无外乎柴米油盐酱醋茶、琴棋书画诗酒花，透过烟火气里的诗与酒，写意和投射社会百态。而酒在其中占据了相当多的篇幅，如年节酒、祝寿酒、生日酒、贺喜酒、祭奠酒、待客酒、接风酒、饯行酒、中秋赏月酒、赏花酒、赏雪酒、赏灯酒、赏戏酒、赏舞酒等，名目繁多。这些酒中除了流行于清朝的黄酒外，作为显赫一时的大家族，葡萄酒自然也不会少。曹雪芹在第六十回中就不经意地传递了葡萄酒在贾府的常备信息：袭人依宝玉之命，将一个五寸来高的小玻璃瓶子交与芳官，里面装着半瓶"胭脂一般的汁子"。厨师柳嫂误以为是宝玉平时喝的西洋葡萄酒，便忙着取烫酒的器皿"旋子"准备烫酒，其实芳官拿的是玫瑰露酒。透过这些细节，曹雪芹让我们了解到，天分高明、性情颖慧的贾宝玉是一个葡萄酒爱好者，而且是红葡萄酒无疑。不光家里常备葡萄酒，在官宦旅程之中也会随身带着葡萄酒，时任苏州江宁织造的曹雪芹的祖父曹寅在《赴淮舟行杂诗之六》诗中写道："短日千帆急，湖河簸浪高。绿烟飞蛱蝶，金斗泛葡萄。"这说明葡萄酒在官宦之家、在江南的上流社会受到追捧，京城就更不用说了。因才而被称为康乾时期"凤毛"的诗人费锡璜在《吴姬劝酒》中也写出了在社交场合饮用葡萄酒的情景："吴姬十五发鬖鬖，玉碗蒲桃劝客酣。但过黄河风色冷，更无春酒似江南。"

到了清朝后期，由于政府的腐败无能，鸦片战争的炮火轰开了闭关锁国的清王朝国门，中国被迫开放海禁，设立了诸多的通商口岸，因此除了从国内西域贩运而来的葡萄酒外，欧洲各国的葡萄酒也随着装满鸦片的商船源源不断地输入中国。尽管如此，由于国力耗损，能够消费起这些进口葡萄酒的，除了皇亲国戚和有钱人外，普通老百姓肯定是无缘一尝的。清朝的葡萄酒在社会群体中的普及程度并不比明朝有太大的改观。

直到清朝末年，广东梅州的一个客家人的出现，才使得中国的葡萄酒出现了历史性的转折，这个转折打开了中国国产葡萄酒与世界葡萄酒直接对话的大门，让中国葡萄与葡萄酒产业，开始与世界的葡萄酒和葡萄酒文化亲密接触。这个将中国葡萄酒引向欧洲中心时代的人就是 1840 年鸦片战争后出生在广东梅州的客家人张弼士。在北京中华世纪坛青铜甬道中有一条"1892 年华侨张弼士在山东烟台创办张裕葡萄酒公司"的铭文。这表明了张弼士创办的酿酒公司在中国葡萄酒产业的历史地位和带来的深远影响。

张弼士原名肇燮，号振勋，1841 年 12 月 21 日出生在广东大埔县西河镇车轮坪村(今大埔县西河镇车龙村)，是土生土长的客家人。张弼士年幼随父亲读过三年私塾，17 岁时由于家乡受灾、家境贫寒，只身远走南洋，从汕头乘船至荷属东印度巴达维亚(今印度尼西亚首都雅加达)谋生。在南洋的 40 余年里，他曾从事矿产业、垦殖业、船舶业、银行业、房产业及药材业，鼎盛时期资产达 8000 万两白银，为南洋首富。

而张弼士与葡萄酒的结缘是在 1871 年的某一天，他应邀参加位于雅加达的法国领事馆的酒会。法国领事用法国葡萄酒盛情款待张弼士，并骄傲地介绍说："你们喝的这种酒在巴黎一杯值 1 英镑。"1 英镑在清朝中晚期相当于 7 两银子，而那时普通百姓三口之家一年的花费也不过 6～7 两银子。席间法国领事不经意地谈起他在鸦片战争期间，曾作为士兵随法军进驻中国烟台，烟台当地生长着很多本地葡萄，他用小型制酒机自己榨汁酿造葡萄酒，没想到酿出的葡萄酒口味甘醇、别具特色，还说有机会一定要到烟台去开一个葡萄酒公司。说者无心，听者有意，被款待的张弼士暗想：既然烟台有这么好的地方，那我们中国人为什么不自己酿制葡萄酒，让国人也能喝得起这种昂贵的葡萄酒呢？他带着这一份心愿、怀着对故土的热爱，南洋致富后的张弼士响应晚清政府的洋务运动，回到祖国兴办实业。据史料记载，他是中国第一辆拖拉机的制造者，第一批工业化国产机器制砖厂、玻璃制造厂、机器织布厂的创始人，陆续创办过 40 多家企业，而让他的名字镌刻在中华世纪坛上的主要原因是他于 1892 年在烟台芝罘创办的张裕酿酒公司(图 3-14)。

张弼士实业救国的盛举得到了当时清朝统治者的大力支持，三次受到慈禧太后、光绪皇帝的召见，赏赐其顶戴和官位，就连张裕酿酒公司的营业执照都是由晚清赫赫有名的"当世三杰"之一的北洋通商大臣李鸿章和直隶总督王文韶亲批，执照上承诺："准予专利十五年，凡奉天、直隶、山东三省地方，无论华、洋商民不准在十五年限内，另有他人仿造，以免篡夺。"政府对一个私营企业给予如此大的支持世所罕见。

图 3-14

图 3-14　张裕酿酒公司

(来源：品牌提供)

张弼士没有辜负这份厚望，他投资 300 万两白银，开辟了 2×10^6 平方米的葡萄园，先后从欧美国家引进了 124 个优良酿酒品种、约 120 万株葡萄苗，经过反复试验，并与国产葡萄嫁接，终于栽培出上好的葡萄，建成了中国第一个、亚洲最大、世界第三大的葡萄酒工业园基地。1905 年，张裕酿酒公司历时 11 年的亚洲最大地下大酒窖建成。为了酿出上等的好酒，张弼士曾三易西方酒师，最终聘请到奥地利的拔保为张裕酒师。拔保出身酿酒世家，本人也是酿酒专家。张弼士引进各种先进的生产设备，如葡萄破碎机、橡木发酵桶、红白葡萄贮藏桶、调配葡萄酒的橡木桶、铜质的连续杀菌机、白兰地间歇蒸馏机和壶式葡萄皮蒸馏机等。这是继西汉、盛唐以来，又一次对西方葡萄酒酿造先进技术和葡萄酒文化的全面引进，从此奠定了中国葡萄酒工业化的基础。1914 年 1 月 20 日注册商标张裕"双麒麟牌"的葡萄酒横空出世。1915 年，张弼士应美国总统威尔逊邀请，带领中国代表团出席在美国旧金山召开的"巴拿马太平洋万国博览会"，张裕酿酒公司的 4 种葡萄酒(可雅白兰地、红玫瑰葡萄酒、味美思和雷司令白葡萄酒)在博览会上一举夺得了一个金奖三个优等奖(图 3-15)。这是中华民族的产品在世界上获得的第一块金牌。中国从此拥有了令西方称道的葡萄酒，中国也从此被欧洲中心时代的旧世界老牌葡萄酒国家所接纳，成为葡萄酒新世界一个冉冉升起的耀眼新星。

图 3-15

图 3-15　第 14 届博览会张裕酿酒公司获奖的 4 款产品

（从左至右：可雅白兰地、味美思、红玫瑰葡萄酒、雷司令白葡萄酒；来源：https://www.ximalaya.com/sound/96208952）

1912 年 8 月 21 日，孙中山先生接受袁世凯的邀请赴京会谈，途经烟台参观张裕酿酒公司后，盛赞其“不亚于法国之大厂”，并亲笔题词“品重醴泉”（图 3-16）。“醴泉”出自《礼记》“天降膏露，地出醴泉”，原指甘甜可口的泉水，春秋战国时一些诸侯国把御酒称为醴泉。孙中山先生的题词不仅赞扬张弼士实业兴邦、商业救国的高尚品格，也赞扬了张裕酿酒公司产品的优良品质。孙中山先生这样评价张弼士：“张君以一人之力，而能成此伟业，可谓中国制造业之进步。”

图 3-16

張裕公司題贈

品重醴泉

孫文

图 3-16　孙中山先生的亲笔题词“品重醴泉”

（来源：http://www.sohu.com/a/393938890_434830）

袁世凯也为张裕酿酒公司题写“瀛洲玉醴”。“瀛洲玉醴”出自西汉文学家东方朔的《海内十洲记》：“瀛洲在东海中，地方四千里，……出泉如酒，味甘，名之为玉醴泉，饮之，数升辄醉，令人长生。”就连张裕酿酒公司的厂名，都是光绪皇帝的老师翁同龢亲笔书写。

晚清名人康有为 1917 年初饮张裕葡萄酒时写下“深倾张裕葡萄酒，移植丰台芍药花，且避蟹螯写新句，已忘蒙难征莲华。”的七绝。10 年后，康有为再次来烟台，兴之所至，和了一首自己 10 年前的诗：“浅倾张裕葡萄酒，移植丰台芍药花，更读法华写新句，欣于所遇即为家。”

1932 年，在张裕酿酒公司 40 周年庆祝活动上，国民党大员纷纷题词盛赞张裕酿酒公司的酒品质量，其中最令人难忘的要算东北军少帅张学良的“圭顿贻谋”。“圭顿”是指春秋战国时期两位著名富商白圭和猗顿，“贻”在古汉语是传授、赠给的意思，“谋”是经商之道、经营谋略。少帅借古喻今，赞扬张裕酿酒公司经营有方。

就这样，张裕酿酒公司从无到有，在历史名人的加持下，作为中国现代葡萄酒工业的代表，一创立就被赋予了厚重的文化底蕴和人文气息。

张弼士创建的张裕酿酒公司，不仅使品重醴泉的国产葡萄酒走向世界，获得欧洲中心时代旧世界葡萄酒国家的尊重，更重要的是，它开启了中国现代葡萄酒工业化和产业化的时代，奠定了中国葡萄酒工业的基础。尽管后来由于军阀混战、帝国主义的摧残、官僚资本的掠夺，新兴的中国葡萄酒工业未能保持良好的发展势头，张裕酿酒公司也于 1948 年宣告破产，但张弼士的情怀和贡献以及张裕酿酒公司的文化基因却流传下来，成为后来中国葡萄酒走向世界舞台中心的一个重要起点。

回顾汉武帝第一次引进欧亚种的葡萄和葡萄酒，到张弼士创办张裕酿酒公司，在这 2000 多年漫长的历史长河中，中国的葡萄酒跟随着中国朝代更迭和社会发展，经历了从创建、发展到繁荣的不同阶段，有过辉煌和鼎盛，也有过低潮和没落。中国的传统文化一直浸润着中国的葡萄酒文化，灿烂的具有中国特色的葡萄酒文化又反过来丰富和发展了中国的民族文化，成为中华文明的一个重要的组成部分。

3.9　现代中国：追赶世界的脚步

"一唱雄鸡天下白，唤来春天照人间。"1949 年 10 月 1 日，中华人民共和国的成立，让新生的神州大地到处充满活力，在中央人民政府的统筹之下，中国的葡萄、葡萄酒也随着新中国的建设和发展，踏上了新的完全不同于秦皇汉武、唐宗宋祖的发展之路，迈开了追赶世界的脚步。

新中国成立之初，张弼士引领和开启的中国葡萄酒现代工业化时代留下的底子在经历了军阀混战和国内战争之后已经相当薄弱，包含张裕在内的葡萄酒工厂仅有 6 个，各厂的生产能力大约为：吉林通化 39 吨，长白山 23 吨，北京 20 吨，山东烟台 26.4 吨，山东青岛 4.5 吨，山西清徐 2.9 吨，总计年产葡萄酒的量为 115.8 吨(折全汁酒产量为 84.3 吨)。

面对新中国热火朝天的社会主义建设浪潮，葡萄酒产业也不甘落后，1956 年 3 月，张裕酿酒公司向毛主席提交了《张裕葡萄酿酒公司生产情况报告》，报告中涉及张裕的历史沿革、基本情况、存在问题、工作规划、今后发展意见等方面的内容。张裕酿酒公司的困难引起了中央领导人的高度关注。就是这个报告，让毛主席对以张裕为龙头的中国葡萄酒业做了更深远的思考。毛主席在 1956 年国家糖酒食品工业汇报会上，向中国葡萄酒业做出指示："要大力发展葡萄和葡萄酒生产，让人民多喝一点葡萄酒。"周总理在听取汇报后也指出："要保持巴拿马(国际金奖)的荣誉！要对子孙后代负责，尽管国家目前还在困难时期。"9 月 30 日经周总理批准，中央给张裕酿酒公司特批专款 65 万元用于提高名酒质量、科研和工艺流程的改进。

在国家最高领导人的关怀下，《21 世纪食品发展纲要》确定了酿酒行业新的发展方针为"粮食酒向果酒转变，高度酒向低度酒转变，蒸馏酒向发酵酒转变，低档酒向高档酒转变"，从政策上采取"控制(限制)高度酒的发展，鼓励低度酒、发酵酒和非食用粮酿酒的发展，支持水果酒的发展"。随着这些鼓励政策的推行，我国葡萄酒产业在新中国成立之初迎来了迅猛的发展，进入一个全新的发展时期，很快形成了至今都仍然占有我国主要葡萄酒市场的长城、张裕等为代表的著名系列品牌。此后，以河北怀来、宁夏贺兰山东麓及新疆为主的精品葡萄酒酒庄也大批涌现。在这个过程中，可谓是一波三折，经历了起步阶段、半汁葡萄酒阶段、全汁葡萄酒阶段、快速发展阶段和调整阶段5个发展阶段。

第一阶段是起步阶段。这个时期，国内经历了一系列的政治运动，葡萄酒行业伴随这些轰轰烈烈的运动和朝气蓬勃的经济建设一起摸索着发展之路，在近30年的第一阶段内，中国的葡萄和葡萄酒产业为追赶世界前进的步伐，做了很多夯实基础的工作。

开展的第一件事就是在全国范围内摸清家底。1956—1978年，国家组织在全国范围收集、保存优良或稀有品种(类型)，发掘出了优良的野生葡萄资源或变异类型，如两性花的山葡萄、长白系列、通化系列、左山系列、雌能花牡山、两性花的"塘尾刺葡萄"、庭院内栽培100余年的"雪峰刺葡萄"，以及生产价值较高的"紫秋刺葡萄"等。搞清了我国毛葡萄、葛藟葡萄、山葡萄和蘡薁葡萄分布有24个野生葡萄种、变种或亚种，28个野生葡萄种或变种分布范围较小已经达到需要保护的地步。江西、湖南和浙江3省野生葡萄资源最为丰富，并呈现出以此为中心向四周辐射的特点。浙江等多数省份存在不同程度的野生葡萄保护空缺。而新疆的"无核白"和"和田红"等欧亚种葡萄主栽品种有50多个；山西清徐古老葡萄有"龙眼"和"黑鸡心"等18个品种；河北宣化有"牛奶"和"老虎眼"等6个品种；宁夏有"长葡萄"和"圆葡萄"等4个品种。这些基础性的工作，对于我国今后葡萄和葡萄酒产业的发展，特别是培育新品种工作非常重要。

了解自有的种质资源，大量引进国外的优质葡萄品种，丰富和完善我国的葡萄资源储备，为下一步大力发展葡萄产业奠定基础。1949年以后，我国从国外共引种葡萄160多批次，累计引进品种2100余份。其中，1951—1966年，从东欧各国和苏联引种约33批次，品种达1200份；1968—1978年，引种地区逐渐由苏联转向东欧、西欧、日本和美国，先后引种34批次，品种160份。

有了上述的这些工作，接下来对这些葡萄资源和引进品种进行本土化的评价和适应性研究就成了一件迫切要做的事。北京农业大学等单位于1963年制定了《葡萄品种观察记载项目、标准和方法(草案)》，这为评价和适应性品种研究提供了标准和指导。

筚路蓝缕，砥砺前行，可能就是那个阶段中国葡萄和葡萄酒行业最真实的写照。与种质资源和引种同步的，是培育自己的酿酒葡萄品种。在过去世界葡萄酒发展史上，这件事是每一个中心时代都一直在做且最为重要的事，无论是两河流域最初的驯化，还是后来传教士们的悉心培育。我国科学家也意识到本土酿酒葡萄品种的重要，开始了酿酒葡萄品种的选育，培养适应我国土壤与气候类型的优质品种。从20世纪50年代开始，针对性且有目标地进行葡萄育种，其中1950—1959年，以我国的野生葡萄为亲本，同欧亚种的品种进行杂交，选育抗逆性强的酿酒葡萄品种是主要方向，野生的山葡萄、蘡薁葡萄充当了主角，最后培育出了"北醇"等品种。1960—1969年，培育出了"着色香"和"烟73"等早熟优质的品种。1970—1979年，培育出了抗寒、抗病的"双红"等系列品种。这个时期，前后共育成了40多个酿酒葡萄品种。鲜食葡萄品种的选育也同样成绩斐然，先后选育出"早甜玫瑰香""泽香""郑州早玉""京秀""瑰宝""早玫瑰""爱神玫瑰""月光无核""申爱"和"醉金香"等30余个优良品种。这些开创性的工作，是早期立定目标、追赶世界的起步。

除了打牢基础、脚踏实地地展开这些必需的基础性工作外，对于酿造工艺也开始探索。20世纪六七十年代，轻工业部组织领导全国葡萄酒研究部门及企业进行了多项科学研究工作，包括干白葡萄酒新工艺、红葡萄酒工艺、葡萄酒稳定性、葡萄酒人工老熟、优质白兰地与威士忌的研究等。这些研究和取得的成果直接催生了我国第一个葡萄酒标准，即《葡萄酒及其试验方法》(QB 921—1984)的制定和出台。该标准的实施，在最初我国葡萄酒产业的控制和提高葡萄酒质量方面起到了很大作用，是中国追赶世界留下的第一个清晰的脚印。

追赶开始，就不会停下来。“文化大革命”的结束，迎来了改变中国命运的改革开放的时代，葡萄和葡萄酒产业也跟随改革开放的春风，进入迅猛发展的第二阶段——半汁葡萄酒阶段。

1978 年，经历了过去近 30 年探索的新中国，终于迎来了科学的春天，迎来了中国改革开放的元年。此后的 14 年里，国内葡萄酒呈现喷发式的增长，葡萄酒企业纷纷成立，形成了以长城（华夏、烟台和昌黎）、王朝、华东、丰收、威龙、西夏、龙徽等为主体的国营葡萄酒企业体系。这个时期主要以半汁葡萄酒（以大于或等于 50% 葡萄原酒，经调配而制成的非原汁葡萄酒）为主，新中国以国有企业为主的现代葡萄酒工业化的雏形基本形成。

而顺应这一阶段的发展需求，计划经济下的葡萄和葡萄酒科学研究全面展开。1978 年召开的全国科学技术规划会议制定了《1978—1985 年全国科学技术发展规划纲要（草案）》，规划建设 15 个国家级果树资源圃。国家葡萄种质资源圃启动建设，1989 年 6 月，国家果树种质郑州葡萄圃和国家果树种质太谷葡萄圃建成，1998 年国家山葡萄圃开始建设。截至目前，葡萄圃共保存各类葡萄种质资源 3000 多份。此后，相关机构制定了一系列的标准和规范，如《农作物种质资源鉴定技术规程 葡萄》（NY/T 1322—2007）、《农作物优异种质资源评价规范 葡萄》（NY/T 2023—2011）、《植物新品种特异性、一致性和稳定性测试指南 葡萄》（NY/T 2563—2014）、《葡萄种质资源描述规范》（NY/T 2932—2016）、《葡萄品种鉴定 SSR 分子标记法》（NY/T 3640—2020）等行业标准。《葡萄种质资源描述规范和数据标准》《葡萄品种》《葡萄品种及其研究》《中国植物志（葡萄科）》《葡萄学》《中国葡萄志》和《中国葡萄品种》等书籍相继出版。这些为中国葡萄酒产业保驾护航的基础性、开创性的工作，为中国葡萄和葡萄酒行业的发力奠定了基础。此间又继续引种欧美优质品种 100 多批次，约 800 份。其中鲜食品种主要引自日本和美国，而酿酒葡萄品种则主要引自旧世界的中心法国和意大利。国内也培育出具有抗葡萄根瘤蚜、抗根结线虫，耐盐碱等多抗的葡萄砧木品种“抗砧 3 号”“抗砧 5 号”“凌砧 1 号”等，并在全国推广应用。

在 1978—1992 年这短短的黄金 14 年里，中国葡萄行业的最大变化是重现大唐盛世十道有九道、元朝十行省有九行省开遍葡萄花的盛况，终结了我国栽培葡萄“南不过长江”的魔咒。20 世纪 80 年代初，长三角地区“巨峰”葡萄引种成功，极大地促进了南方葡萄产业的发展，南方各地开始大面积引种葡萄，南方 15 个省区葡萄栽培面积现已达 26.67 余万公顷。

葡萄酒行业迅猛的发展给不法商人带来可乘之机，不够完善的国家标准已经不再适应发展的需要，行业内形成共识，中国葡萄酒行业需要规范。1992 年，邓小平南方谈话，坚定了举国上下改革开放的信心，葡萄酒行业的目光开始看得更远，着手对业内进行整顿和调整，不再一味地追求产量，而是把葡萄酒质量提到前所未有的高度，中国追赶世界的脚步迈入第三阶段，即全汁葡萄酒阶段。1992—2002 年，是中国葡萄酒产业发展至关重要的 10 年，而这 10 年最值得中国葡萄酒记住的是中国放弃了半汁葡萄酒的生产，制定了全新的全汁酒国家标准《葡萄酒》（GB/T 15037—1994），这标志着中国葡萄酒追赶世界的脚步加快了，逐步同世界接轨。

一片春天在眼前，眼前须识好春天。进入 21 世纪的中国葡萄和葡萄酒，在走过过去半个多世纪的曲折道路后，在新世纪的春天来临之际，带着四月葡萄花的香气，中国追赶世界的脚步迈入了第四阶段，也是最重要的快速增长阶段。这一阶段的国产葡萄酒的质量、品牌和产量都得到全面提升。而第四阶段的标志性事件，是 2006 年的春天，也是中国葡萄酒最值得记住的春天，在这一年，葡萄酒新国家标准《葡萄酒》(GB 15037—2006)颁布，结束全汁葡萄酒阶段，取消全汁葡萄酒的概念，明确定义葡萄酒必须是由100%葡萄或葡萄汁经发酵生产。这个改变是划时代的改变，它将中国葡萄酒的标准直接和现代欧洲中心时代的标准对接，这为中国葡萄酒和世界葡萄酒进行平等的对话提供了可能。而带来这个春天的，是过去半个多世纪中国葡萄酒行业的不懈努力、科研的进步及改革开放的春风。

我国独特的南方产区的起垄限根避雨栽培、北方产区的宽行深沟栽培建园模式，以及一年两熟产期调控技术、破眠技术等，不光改善了不同产区的原料最优生产模式和调控，也改变了南亚热带地区没有葡萄大面积栽培的历史，形成了我国葡萄产业的新格局。而提高光能利用率、光合作用、新梢均衡生长、果实品质调控、管理省工、便于机械化和标准化生产的高光效省力化树形和叶幕形成以及配套简化修剪技术、葡萄园土壤和施肥管理应用基础研究与技术都取得重要进展，葡萄园施肥由经验施肥转变到科学施肥。花果管理也越来越精细，标准化程度越来越高。葡萄设施栽培也有了《设施葡萄栽培技术规程》。2018年农业农村部实施的国家葡萄产业技术体系为我国葡萄和葡萄酒的发展再助力。

在这样的春天里，开遍34个省份的葡萄花和与世界接轨的葡萄酒新国家标准，在领先世界的葡萄栽培技术的环境下结下了丰硕的果实，酿造出吸引世界的中国本土葡萄酒。2012年，第7版的《世界葡萄酒地图》首次列入了3张中国葡萄酒产区(河北、山东、宁夏北部)的地图，中国正式以新世界国家的身份出现在世界葡萄酒国家的大家庭里。中国葡萄酒的产量也在新世纪的春天里持续攀升，2012年达到历史上最高的135.11万吨。

在这样的春天里，中国的葡萄酒发展史上也出现了和世界葡萄酒帝国发展史上一样的假酒事件。2010年，中央电视台曝光河北昌黎葡萄酒企业制造假冒伪劣葡萄酒牟取暴利，其手法和19世纪法国波尔多出现的假酒案如出一辙。而法国波尔多的假酒案直接催生了法国原产地保护法，奠定了法国成为欧洲中心时代葡萄酒帝国的基石。2010年的中国昌黎葡萄酒假酒案，全国工商系统出动执法人员40.15万人次，检查葡萄酒经营者93.79万户次，检查批发市场、集贸市场等各类市场3.46万个次，查处假冒伪劣和不合格葡萄酒74.762吨，也直接导致了中国葡萄酒开始走向品质为王的强盛之路。

从2013年开始到现在，中国葡萄酒迈向世界的步伐更加坚定和有力，同时遇到的挑战也越来越大。中国的葡萄酒产业正走在第五阶段的路上，这个阶段也称为调整阶段，调整一下追赶世界的步幅和力度，所表现出来的特点是质量和品牌知名度得到全面提升，但产量却大幅度下降。第五阶段的调整和第三阶段的调整不同，第三阶段的调整是本土标准的葡萄酒质量的提升调整，而第五阶段的调整是迈向世界和国际标准的质量提升。

2021年，我国的葡萄酒产量从2012年的138.2万吨锐减为59万吨。这个减少变化除了政策方面的原因之外(如2011年限制三公消费)，最主要的是我国加入世界贸易组织(WTO)之后，由于葡萄酒关税逐渐降低，旧世界法国、德国、意大利与新世界美国、澳大利亚、新西兰等世界葡萄酒生产大国的葡萄酒大量进口和进口葡萄酒的性价比大幅度升高，这导致了我国国产葡萄酒近年来产量和销量均呈下降趋势。这是一个挑战，是中国追赶世界的道路上的一个严峻考验，同时也是一个机遇，中国本土的葡萄酒要想在开放的世界站稳脚跟，就必须和这些世界葡萄酒生产大国一较高下。

面对进口葡萄酒来势汹汹的压力，中国的葡萄酒企业被激发出“男儿何不带吴钩，收取关山五十州”的豪情，多家酒庄和企业练内功、拼科技，将赶超进口葡萄酒品质作为突破。这期间我国葡萄酒的品质和声誉获得了前所未有的认可，多个品牌在国际各种葡萄酒大赛上多次荣获金奖，涌现出大批高端精品酒庄，如河北怀来的中法庄园、紫晶庄园、瑞云酒庄、贵族酒庄、马丁酒庄等；宁夏贺兰山东麓的贺兰晴雪、迦南美地、立兰酒庄、志辉源石、蓝赛酒庄等。这些中国的葡萄酒也吸引了不少外资来到中国投资建厂，如拉菲罗斯柴尔德家族在烟台蓬莱的瓏岱、奢侈品路易威登(LV)集团在云南香格里拉的敖云等。

回顾新中国成立以来，中国葡萄酒追赶世界的脚步，每一步都走得那么坚定和踏实。从勾兑到半汁到全汁再到与国际接轨的真正意义上的葡萄酒，产品从低档到走出国门被世界认可，从只讲葡萄酒工艺等人为因素到重视品种、产区等自然因素，最终步入了快速发展的轨道。

中国政府也通过国家标准的变化，引导和规范中国葡萄酒企业追赶世界的步伐。从最初的《葡萄酒及其试验方法》(QB 921—1984)的低标准和低约束力，到1994年的《葡萄酒》(GB/T 15037—1994)、行业标准《半汁葡萄酒》(QB/T 1980—1994)和《山葡萄酒》(QB/T 1982—1994)，到2004年7月1日半汁葡萄酒停止生产和销售，再到2006年新国家标准《葡萄酒》(GB 15037—2006)和《葡萄酒、果酒通用分析方法》(GB/T 15038—2006)，无一不留下了中国葡萄酒追赶世界的脚印。

而为这些企业和行业人士追赶世界保驾护航的是中国的葡萄和葡萄酒领域的科学家们。从最早期的贺普超、罗国光、黎盛臣到后来的黄卫东、张大鹏、李华等，无数的科研人员在田间地头、实验室与酒厂开展研究工作，从原料背后的科学到工艺背后的科学，再到葡萄酒文化的践行和推广，70多年卓有成效的工作，为今日中国葡萄酒在国际市场上与其他国家的葡萄酒一争高下打下了基础。

我们可以从下面这些研究中，感受到这些葡萄与葡萄酒领域的中国科学家们和葡萄酒企业一起追赶世界的脚步声。围绕优质葡萄酒酿造、葡萄酒安全控制和质量可追溯技术等关键问题，他们构建了以原料成熟度为基础、浸渍技术为核心、产品定位为目标的各类葡萄酒发酵复合工艺体系；揭示了我国葡萄酒成熟过程中多种物质转化的实质是多酚和芳香物质的非酶氧化还原反应，建立了以"氧化还原控制"为核心的陈酿工艺体系；对我国本土葡萄酿酒微生物特别是本土葡萄酒酵母开展了系统的研究；深入系统地评价了原料农残种类和含量对葡萄酒酿造的影响，发现了葡萄酒酿造过程中氨基甲酸乙酯、生物胺、甲醇等的生成和转化规律，构建了对上述物质的安全控制技术体系；完成了我国葡萄酒安全控制技术体系和葡萄酒地理标志及其保护体系；以我国主要葡萄酒产区香气物质和酚类物质为主的关键风味成分建立了我国地理标志葡萄酒的风味指纹图谱，形成了以产地、品种、原料质量、酿造工艺等为核心的中国葡萄酒地理标志及其保护体系。这些方方面面的工作，为第五阶段乃至未来下一阶段中国葡萄酒在世界葡萄酒的比拼中赢得一席之地立下了功劳。

研究前沿与挑战

(1) 葡萄和葡萄酒考古证据的发掘是研究葡萄和葡萄酒起源的主要依据，贾湖遗址的孤证为中国葡萄酒的历史带来了惊喜，期待考古新的发现来佐证中国的葡萄酒历史。

(2) 欧洲文明与葡萄酒文化的渊源密不可分，隐藏在葡萄酒历史与文化中的西方文明值得关注与解读。宗教文明对于葡萄酒文化的影响源远流长，二者之间的关系值得研究。

(3) 中国作为四大文明古国和黄河文明的发祥地，与两河流域的发展有诸多相似之处，中国的葡萄酒与葡萄酒文化具有独特且深厚的人文背景，值得深入研究。

（4）欧亚种葡萄在新世界的传播与大航海的历史值得人们深入研究和考证。葡萄品种在新世界的演化及其与现在品种之间的亲缘关系鉴定值得关注。

阅读理解与思考题

（1）葡萄酒、啤酒、白酒谁最先出现？

（2）贾湖遗址的酒是葡萄酒吗？

（3）同为农耕文明的古印度为什么没有出现葡萄酒？

（4）酒神的属性里最重要的是什么？

（5）中国的酒神与西方的酒神有什么不同？

（6）葡萄酒文化与人类文明之间的关系？

（7）苏美尔人、腓尼基人、古希腊人、古罗马人和现代欧洲人在葡萄酒历史与文化的发展和变迁中所扮演的角色有什么区别？

（8）不同葡萄酒文化中心时代的葡萄酒酒神的属性里最重要的共性是什么？

（9）不同宗教文明对葡萄酒历史与文化的影响。

（10）基督教文明与葡萄酒文化之间的关系。

推荐阅读

[1] 诺曼·戴维斯. 欧洲史 古典时代[M]. 刘北成，郭方，译. 北京：中信出版集团，2021.

[2] 马雷. 西方大历史[M]. 胡祖庆，译. 海口：海南出版社，2008.

[3] 朱邦造. 欧洲文明的轨迹[M]. 南京：江苏人民出版社，2018.

[4] 方汉文. 西方文化概论[M]. 北京：中国人民大学出版社，2018.

[5] 詹森·汤普森. 埃及史 从原初时代至当下[M]. 郭子林，译. 北京：商务印书馆，2012.

[6] 郭丹薇，黄薇. 古代近东文明文献读本[M]. 上海：中西书局，2019.

[7] 约翰·巴格内尔·伯里. 希腊史 至亚历山大大帝去世[M]. 曾祥和，译. 南京：南京大学出版社，2021.

参考文献

[1] McGovern P E, Glusker D L, Exner L J, et al. Neolithic resinated wine[J]. Nature，1996，381(6582)：480—481.

[2] McGovern P E, Zhang J, Tang J, et al. Fermented beverages of pre- and proto-historic China[J]. Proc Natl Acad Sci USA，2004，101(51)：17593—17598.

[3] McGovern P E, Jalabadze M, Batiuk S, et al. Early neolithic wine of Georgia in the South Caucasus[J]. Proc Natl Acad Sci USA，2017，114(48)：E10309—E10318.

[4] 陈习刚. 唐代葡萄酒产地考——从吐鲁番文书入手[J]. 古今农业，2006(03)：55—65.

[5] 陈习刚. 元代的葡萄加工与葡萄酒酿造技术的进步[J]. 吐鲁番学研究，2021(02)：70—88+155.

[6] 陈习刚. 元代葡萄与葡萄酒产地[J]. 中外企业家，2016(10)：259—262.

[7] 段长青，刘崇怀，刘凤之，等. 新中国果树科学研究70年——葡萄[J]. 果树学报，2019，36(10)：1292—1301.

[8] 凤居. 元代葡萄酒的制作技术与产地[J]. 中国历史地理论丛，1992 (04)：120—136.

[9] 葛承雍."胡人岁献葡萄酒"的艺术考古与文物印证[J].故宫博物院院刊,2008(06):81—98+162.
[10] 郭雁云.魏征与葡萄酒酿造术传播历程研究——基于科技传播视角[J].山西财经大学学报,2017,39(S1):82—84.
[11] 胡晓莹.从《金瓶梅》到《红楼梦》家庭娱乐消闲文化嬗变[D].昆明:云南师范大学,2015.
[12] 雷敏.元代饮品研究[D].上海:华东师范大学,2014.
[13] 刘九万.关于元代农牧业政策及其相关领域研究述评[J].自然辩证法通讯,2022,44(05):63—68.
[14] 刘振亚,刘璞玉.我国古代葡萄的名称来源与内涵初议[J].古今农业,1991(03):82—87+94.
[15] 鲁达.东西文化交流的见证——葡萄酒[J].中国酒,2019(12):5.
[16] 吕庆峰,张波.先秦时期中国本土葡萄与葡萄酒历史积淀[J].西北农林科技大学学报(社会科学版),2013,13(03):157—162.
[17] 吕庆峰.近现代中国葡萄酒产业发展研究[D].咸阳:西北农林科技大学,2013.
[18] 潘岳.明代的葡萄种植与葡萄酒[J].农业考古,2011(04):308—319+325.
[19] 芮传明.葡萄与葡萄酒传入中国考[J].史林,1991(03):46—52+58.
[20] 尚衍斌,桂栖鹏.元代西域葡萄和葡萄酒的生产及其输入内地述论[J].农业考古,1996(03):213—221.
[21] 苏振兴.古代中西葡萄、葡萄酒考略[J].华南农业大学学报(社会科学版),2004(01):128—134.
[22] 孙武军.北朝隋唐入华粟特人墓葬图像的文化与审美研究[D].西安:西北大学,2012.
[23] 汤慧玲.《农桑衣食撮要》对元代农业经济的影响[J].农业考古,2015(03):291—293.
[24] 王庆余.论明末西法栽葡萄[J].中国农史,1983(03):89—92.
[25] 王仕佐,黄平.论中国的葡萄酒文化[J].酿酒科技,2009(11):136—143.
[26] 吴咏梅.中古丝路文明的见证者——唐代的葡萄酒及其器用[J].东方收藏,2021(19):97—98.
[27] 许文明.乡村振兴战略背景下宁夏葡萄酒与文化旅游产业融合发展研究[D].银川:宁夏大学,2021.
[28] 杨印民.蒙元时期的葡萄酒和马奶酒[J].历史教学问题,2007(04):75—78+65.
[29] 张玉忠.葡萄及葡萄酒的东传[J].农业考古,1984(02):239—246.
[30] 郑云飞,游修龄.新石器时代遗址出土葡萄种子引起的思考[J].农业考古,2006(01):156—160+168.
[31] 周玲.元杂剧中的酒文化习俗[J].江西社会科学,2005(07):197—201.
[32] 王小雄.胜金口石窟10号寺院第7窟壁画中葡萄树浅析[J].吐鲁番学研究,2020(02):40－44+166+155.

第 二 部 分

原料背后的科学

第四章　引　　言

葡萄酒行业有一句非常流行的话叫“三分工艺，七分原料”，意思是好的葡萄酒是“种”出来的，没有好的原料是不可能酿造出好的葡萄酒的。要成为懂葡萄酒的人，就要认识和了解酿造葡萄酒的原料，学习原料背后的科学，特别是与原料的起源、品种、育种、区划和栽培相关的知识，这些是需要掌握的最基础的知识。

在葡萄酒背后的历史与文化中，我们了解到葡萄和葡萄酒从遥远的古代走进我们的生活，有关葡萄这种最早为人类驯化的果树的起源和历史，考古学家、古生物学家给出了遗存证据，为我们展现了它在地球上是如何从野生状态慢慢地被驯化结出各种各样美味的葡萄，以及成为现如今我们酿造不同美酒的原料。

而瑞典生物学家林奈(Carl von Linné)的最大贡献，是他提出的双命名法让地球上的所有生物都有了家，都知道了自己的根。葡萄不再是蘡薁、葛藟、草龙珠，或者说婴舌、木龙、草龙珠等通过林奈找到了它的非洲表亲、欧洲远亲或美洲血亲，让 16000 多个葡萄品种组建成现代的葡萄大家庭。

在这个大家庭中，出类拔萃的家庭成员只是少数，如何培养更多优秀的品种是酿酒葡萄面临的问题。传统预示着传承与发扬光大，创新意味着改变与变化，是选择传统还是选择创新，酿酒葡萄的育种目标永远都是葡萄酒的品质。

在合适的时间遇到对的人是人生一大幸事，而在合适的地方遇到对的品种对于葡萄酒来说也是一大幸事。葡萄品种和酒种的区域化是促成这种美事达成的最好路径。

“三分工艺，七分原料”的说法有科学为之背书，酿酒葡萄栽培的核心目的只有一个，就是激发品种最好的状态，而这个最好的状态的判断标准永远是它酿成的葡萄酒的品质标准。围绕着这个标准，葡萄栽培自始至终都只有一个原则，就是如何将酿酒葡萄原料的优秀变成葡萄酒的优秀。无论是逆境胁迫栽培也好，还是人工平衡叶果比也罢，每一个栽培和管理的决策都是为了获得最好的原料品质，葡萄的品质决定了葡萄酒的品质。

第五章　葡萄的前世今生

5.1　起源与分布

葡萄酒的原料是葡萄，葡萄比人类出现在这个地球上的时间要早得多。古生物学家从那些远古留存下来的化石中(图 5-1)，为我们解读的信息是，大约在人类还没出现的中生代白垩纪，地球上就出现了类似葡萄的植物。在欧亚大陆的北部和格陵兰岛上，科学家发现了大量新生代第三纪时期的葡萄叶片和种子的化石，说明原始类型的葡萄那时已经在这些地方生存。图 5-2 中形象地显示了葡萄在地球上开始出现和逐步演化的时间进程。

图 5-1

图 5-1　葡萄叶片化石

(来源：https://sucai.redocn.com/yishuwenhua_4559154.html)

在这个简图中，考古学家和古生物学家为我们描绘的画面是：在距今约 65 百万年前的白垩纪时期，原始的葡萄起初都是矮小的灌木，生长在空旷的原野，享受着温暖的阳光；到了距今约 36 百万年的始新世时期，由于地球上森林的扩张，气候变得越来越潮湿，原始葡萄的某些花序顺应环境的变化，逐步进化成卷须，来增加它的攀援能力，好借助乔木追寻太阳的光，以适应和满足生长的需要。葡萄进化到我们现在认识的样子，具体的时间和地点目前还尚未定论，根据已有的考古证据，现在能够确定的最早的葡萄被定格在距今约 1 万年前的新石器时代。

葡萄在地球上的出生地(分布区域)，目前已知的主要是黑海和里海之间从南高加索的潮湿区域到荒芜的火山山脉、地中海地区、亚洲和美洲地区。

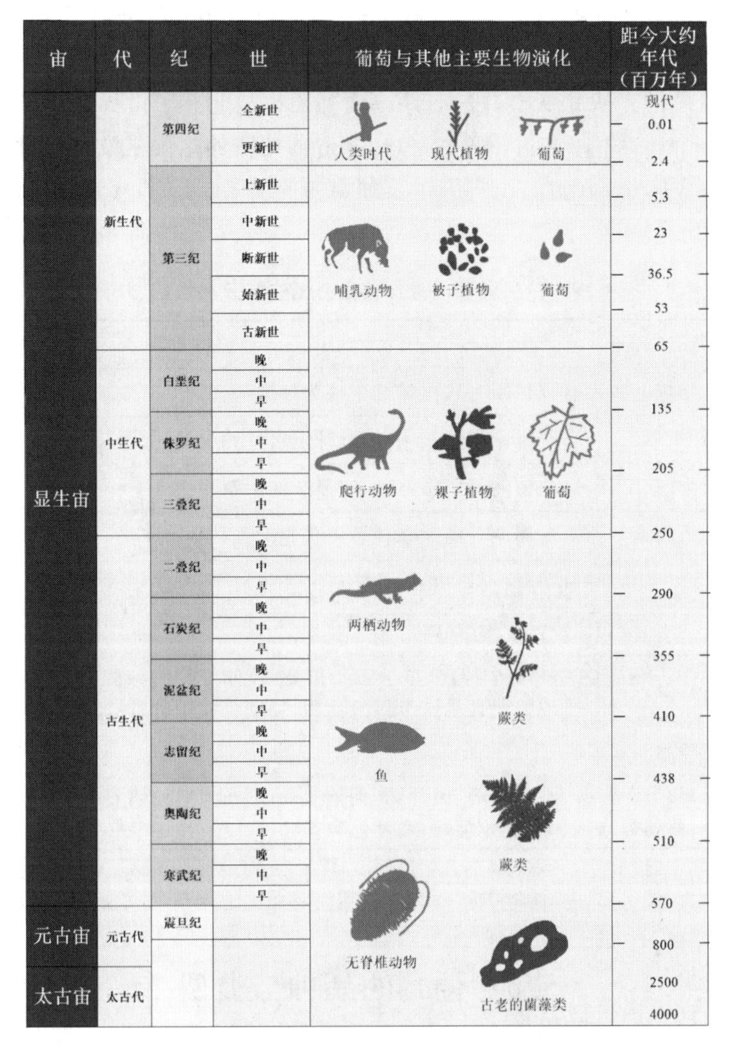

图 5-2

图 5-2　葡萄在地球上的起源及其与其他生命个体演化的地质年代一览

（彭宜本 绘）

5.2　葡萄的身份信息

在漫长的岁月里，葡萄一直在努力地进化着、适应着这个地球，直到人类出现，它们才被人类发现、选择和驯化。从他们被人类发现开始，在不同的地区、不同的时期、不同的族群，人类用不同的语言，赋予葡萄不同的名字。如在中国，除葡萄这个大名外，它还有过很多小名或外号，曾被称为蘡薁、婴舌、葛藟、木龙、蒲陶、蒲萄、蒲桃、葡桃、草龙珠、赐紫樱桃、菩提子、山葫芦等。

瑞典有个了不起的喜欢花花草草的叫林奈的人，分别在 1735 年和 1753 年出版了《自然系统》和《植物种志》两本划时代的书籍，他对地球上所有生命个体的命名给出了法则。这个法则被称为林奈双命名法，一直为全世界使用至今。自从有了林奈双命名法，地球上看似纷繁万千的生命个体，便都有了属于自己的唯一的名字。

按照双命名法，在域（domain）、界（kingdom）、门（phylum）、纲（class）、目（order）、科（family）、属（genus）、种（species）的不同层级下，所有的生命个体都一一认祖归宗，获得了独一无二的名字，生命世界从此变得井然有序。而葡萄也从此有了世界通用和公认的名字。

葡萄科有17个属，约1000个种（表5-1），酿造葡萄酒的主要是欧亚种葡萄，林奈亲自给出的身份信息为：*Vitis vinifera* L.（*Vitis* 是葡萄属的属名，*vinifera* 是种加词，L.是林奈的缩写，为命名者）。

表5-1 葡萄的身份信息与植物学分类地位

分类	分类地位	地位特点
域	真核生物域	有以核膜为边界的细胞核为标志
界	植物界	有纤维素组成细胞壁，地球上已知约有50万种
门	被子植物门	显花植物，约27万种，有复杂的生殖系统
纲	双子叶植物纲	生命周期开始于在种子中预先形成的两个子叶，约20万种
目	鼠李目	鼠李科、火筒树科、葡萄科
科	葡萄科	17个属，约1000个种
属	葡萄属	60～70个种，分布于亚洲和美洲，分为美洲种群和欧亚种群，通常意义上所说的葡萄是这个属的葡萄，特别是欧亚种群
	圆叶葡萄属	3个种
种	欧洲葡萄、美洲葡萄、心叶葡萄、山葡萄、河岸葡萄、沙地葡萄、峡谷葡萄、贝氏葡萄、夏葡萄、毛葡萄、秋葡萄、刺葡萄、复叶葡萄、圆叶葡萄等	

5.3 葡萄的品种与类型

我们如今常说的葡萄，主要是指葡萄属的种，种下面分品种，葡萄的品种非常丰富，根据不同的分类方法可被分为不同的类型。

按品种起源分：欧亚种、北美种、欧美杂种、欧亚杂种、圆叶葡萄和东亚种等。其中，欧亚种葡萄在葡萄属中最具经济价值，目前世界上栽培的葡萄品种绝大部分属于欧亚种，优质的酿酒葡萄品种也多数为欧亚种。欧亚种又可分为东方品种群、黑海品种群和西欧品种群。

按用途分：鲜食品种、酿酒品种、制汁品种、制干品种、制罐品种和砧木品种等。世界葡萄总产量的80％～90％都用来酿造葡萄酒，但我国目前用于酿酒的葡萄仅占10％，主要用于鲜食。酿酒葡萄品种又可根据酿造葡萄酒的种类划分为：酿造红葡萄酒品种、酿造白葡萄酒品种、酿造强化葡萄酒品种、酿造白兰地品种和染色品种等。有时一个品种可用于酿造多种类型的葡萄酒，如黑比诺既可酿造优质干红葡萄酒，也可去皮生产白色起泡葡萄酒，在香槟产区，则可生产酒体饱满、香气浓郁的黑中白香槟“Blanc de noirs”。因此，以上分类也不完全绝对，主要取决于该品种在不同产区所表现出的质量特性。

按成熟期分：早熟、中熟和晚熟三大类。此分类方法以莎斯拉为标准早熟品种，每两周为一期来确定其他品种的成熟类型。总体而言，酿酒品种定义的早熟品种比鲜食品种的标准在时间上相对延后，这与酿酒葡萄原料需要积累更丰富的风味成分的要求相关。

5.4　葡萄的驯化

将起源于白垩纪时期的野生葡萄变成今天能够酿造美酒的葡萄，人类付出了巨大的努力，和其他被驯化的果树一样，葡萄经历了漫长、渐进和艰难的过程。葡萄是地球上较早被人类从野生驯化为可人工栽培的四大果树之一，其他三种为无花果、油橄榄和椰枣。

驯化是将野生植物的自然繁殖过程变为人工控制下的一个过程，是人类特有的改造自然的活动。随着先民对葡萄这种野生果树的了解，对葡萄最早的驯化目标可能主要是如何让种子或浆果变大、产量提高、可以连续结果、从杂交到自交、让葡萄的生长期变长或变短等，考古学、古生物学和现代分子生物学技术都证实了这些驯化结果。经过人类的驯化之后，野生葡萄的种子形态发生了明显的变化，由较圆、喙不明显的种子驯化成种子长、喙明显。驯化的酿酒葡萄(如优质的欧亚种酿酒葡萄)在采收后，果梗更易于与穗轴分离，而野生葡萄的穗轴结实，果梗不容易与穗轴分离。根据这个特点，在考古时，化石遗迹中附着于果梗上种子的相对频率，便成为判断出土的葡萄是否被驯化的方法之一。那些遗留在古代湖泊或河流沉积物中的葡萄的花粉，它们形态学上的某些特征，如花粉沟，则可作为某一个史前存在某个种或亚种的依据，也可据此判别是驯化过的葡萄还是野生的葡萄等。

葡萄的驯化一直在不断地进行着，同野生葡萄相比，葡萄浆果变得越来越大，颜色越来越丰富，杂交演化为可以自花结实，而栽培条件引起的一些发育基因的突变，则带来了浆果的增大。

根据已有的考古证据，科学家推断在公元前 6000—前 4000 年，目前世界上栽培最多的欧亚种葡萄被人类成功驯化。而驯化发生的区域，目前发现主要集中在三个地区：源于黑海和里海之间的外高加索地区；近东地区；中亚、中东、美索不达米亚、亚美尼亚、近东的北部山区。在这些地区被驯化的葡萄，连同葡萄种植技术，随着殖民化的进程向西方传播。古文献记载显示，驯化的葡萄向世界传播的路径大概是先由古希腊的殖民者带到意大利，古罗马帝国的移民再传播到法国、西班牙、德国等地，再进而传播到世界各地，和前面讲述的葡萄酒的历史进程一致。

在人类长期不懈的驯化活动和对驯化性状的固定培育下，便有了今天我们看到的多姿多彩的不同用途的葡萄品种，其中葡萄酒的原料——酿酒葡萄，也和其他被驯化的作物一样，成为人类改造自然、为我所用的代表成就之一。

5.5　酿酒葡萄概况

经过人类长期的努力和实践，到今天为止，世界上约有 16000 个驯化或培育成功的葡萄栽培品种，如果去除同名异种和同种异名的，实际有近 10000 个栽培品种。在这 10000 个葡萄品种中，实际用于生产栽培的大约有 3000 个，而世界上最常用的或著名的酿酒品种则仅有 50 个左右。

我国分别在郑州、太谷和左家山建设了三个国家级葡萄资源圃，保存有约 3000 份葡萄种质资源，这些种质资源大部分为鲜食葡萄和酿酒葡萄，50 个酿酒品种也多有保存。酿酒葡萄和鲜食葡萄在外观和内在上都存在明显的区别(表 5-2)。世界上栽培的约 3000 个葡萄品种中，适宜酿酒的葡萄品种显然要少于适宜鲜食的葡萄品种，在超市我们看到的那些不同颜色和大小的葡萄都是鲜食葡萄，可以直接食用，酿酒葡萄一般不适合直接食用。但需要说明的是，酿酒葡萄和鲜食葡萄之间并没有一个绝对的界限，即鲜食葡萄酒不能酿酒，酿酒葡萄就不能鲜食，这里只有好与不好、适合与不适合的区别。

表 5-2 鲜食葡萄与酿酒葡萄的主要区别

内容		酿酒葡萄	鲜食葡萄
外观	浆果大小	小	大
	果皮颜色	深	浅
	果皮厚度	厚	薄
内在	含糖量	高	低
	风味物质	丰富	相对“淡雅”
	生长速度	缓慢	迅速
	产量	控产 0.75 千克/米^2	大

根据澳大利亚阿德莱德大学 2020 年发布的一项统计结果显示，截至 2016 年，世界上酿酒葡萄品种栽培面积居首位的是赤霞珠，达 31.1 万公顷，其次为美乐 26.6 万公顷，丹魄 21.8 万公顷。酿造红葡萄酒的品种共 252.7 万公顷，占全部品种的 56%，白色品种 195.6 万公顷(包括灰色品种 11.0 万公顷)，占全部品种的 44%。

第六章　品种与特点

酿酒葡萄具有独特的品种特点，尤其是那些著名的酿酒品种。但在过去很长一段时间，这些葡萄品种的起源与特点，人们并不是很清楚，只是笼统地认为，主要的酿酒葡萄品种——欧亚种，都是比较古老的品种。

在实际栽培的约3000个葡萄品种中，大多都是欧亚种的葡萄。对于这些品种的起源和特点，除亲本比较明确的近当代起源的品种外，少量可以依赖于品种学的形态学特征加以区别，绝大多数其实都不是很清楚。

21世纪生命科学特别是分子生物学技术迅速发展，出现了我们俗称的"亲子鉴定"技术，加上这个技术种类的增多，如扩增片段长度多态性(amplified fragment length polymorphism，AFLP)和微卫星等位基因(又称简单重复序列，simple sequence repeats，SSR)分析等技术的成熟和发展，让人们逐渐认识和了解了很多著名的酿酒葡萄品种的起源和特点。如著名的赤霞珠(Cabernet Sauvignon)是品丽珠(Cabernet Franc)和长相思(Sauvignon Blanc)的杂交后代；霞多丽(Chardonnay)是黑比诺(Pinot Noir)和白古埃(Gouais blanc，又名 Heunisch Weiss)的杂交后代；西拉可能是两个法国南部品种杜瑞莎(Dureza)和白梦杜斯(Mondeuse Blanche)的杂交后代等。随着对酿酒葡萄品种起源和血统的确认与了解，人们得到的科学共识是，欧亚种葡萄品种大多是由本土葡萄进化而来的，引入异地后发生基因渐渗的很少。

今天我们品尝到的绝大多数美酒，都是出自50种左右的酿酒品种原料。这些品种可分为酿造红葡萄酒的红葡萄和酿造白葡萄酒的白葡萄(和少数红葡萄)两种品种类型。红葡萄的外观颜色有黑色、蓝色、紫红色、深红色，果肉和白葡萄一样大多数是无色的，所以白肉的红葡萄榨汁去皮之后也可用来酿造白葡萄酒。而白葡萄，外观颜色有青绿色、黄色、白色等。部分白葡萄酒和起泡葡萄酒酿造时，有时会添加一定比例的红葡萄增加其独特性。如果全面了解一下下面介绍的这些主要的红葡萄品种和白葡萄品种以及它们的特点，那就离成为懂葡萄酒的人进了一大步。

6.1　主要红葡萄酒品种与特点

6.1.1　赤霞珠(Cabernet Sauvignon)

赤霞珠(图6-1)被称为红酒界的品种之王，所酿的葡萄酒古典、高雅，具有贵族般的风格。赤霞珠的出生地在法国的波尔多，600多年前，它的妈妈(母本)美丽的长相思遇见了它的父亲品丽珠(父本)，两个品种自然杂交后诞生了赤霞珠。多年来，赤霞珠逐步成为法国波尔多红葡萄酒特别是波尔多左岸地区红葡萄酒的灵魂，著名的波尔多五大顶级酒庄都以赤霞珠为主要品种酿制红酒。

最新统计表明，赤霞珠是世界第一大酿酒葡萄品种，品性皮实，生长能力、适应能力、抗病性等都非常强。果粒平均只有1.5克左右，比美乐、歌海娜等其他优质的红色品种的果粒都小。这个特点使得赤霞珠酿造的葡萄酒色泽浓郁，单宁丰富（葡萄酒的色泽与单宁主要来源于葡萄果皮），有类似薄荷、桉树、黑醋栗、李子等的香味，层次丰富，结构感强。赤霞珠葡萄酒经过橡木桶陈酿或发酵后，单宁变得顺滑，带有明显的烟草气息，这是赤霞珠红葡萄酒的典型特征。

赤霞珠集深厚的色泽、浓郁的香气、厚重的口感和极佳的陈酿潜力等优秀品质于一身，所以，在红酒世界里尝到的来自不同产区的单品种或者混酿的赤霞珠葡萄酒基本不会让你失望。

目前公认最经典的赤霞珠葡萄酒是其家乡出产的波尔多混酿（常与美乐、品丽珠、小味儿多、马尔贝克等以不同比例搭配酿造），如以赤霞珠为主的较为强劲的左岸，及以赤霞珠为最重要配角的相对柔和的右岸。这些经典的赤霞珠葡萄酒成为世界各地赤霞珠酿酒师们争相模仿和学习的对象。在我国，除了经常看到赤霞珠与美乐的经典搭配外，赤霞珠和马瑟兰的结合，酿出了香气和口感更浓郁平衡的佳酿。而在世界各地，赤霞珠与当地特色品种混酿更是成为一种潮流，引领着葡萄酒世界的风向，尤其是在追求创新的新世界。在澳大利亚，赤霞珠与西拉混酿；在阿根廷，赤霞珠与马尔贝克混酿；在智利，赤霞珠与卡曼娜混酿等。尤其值得一提的是，在有着严苛法规制度的被世人同样崇拜的美酒之乡——意大利的托斯卡纳，也追逐着这股潮流，冒着被降级的压力，在桑娇维塞一统天下的托斯卡纳引种了赤霞珠，以赤霞珠为主，酿出了声名远扬的超级托斯卡纳（Super Tuscan）。其中最著名的是被誉为意大利顶级酒的“三剑客”西施佳雅（Sassicaia）、索拉雅（Solaia）和欧纳拉雅（Ornellaia），西施佳雅甚至获得了“意大利酒王”的荣誉，赤霞珠葡萄酒也在托斯卡纳，再次彰显了“红酒之王”的风范。

赤霞珠的代表产区有：法国的波尔多，美国的纳帕谷，意大利的托斯卡纳，澳大利亚的库纳瓦拉和玛格丽特河，智利的中央山谷，中国的宁夏、怀来、新疆和烟台等。

图 6-1

图 6-1　赤霞珠（李林宸 摄）

6.1.2　美乐（Merlot）

美乐（图 6-2）出生在法国波尔多的圣埃美隆（Saint-Emilion）和波美侯（Pomerol），是一个古老的欧亚品种，公元 1 世纪就已存在。在红酒界，美乐的重要性排名第二，在一瓶波尔多传统的混酿红酒里，有可能会没有赤霞珠，但不太可能没有美乐，尤其是波尔多右岸，美乐是红葡萄酒混酿的绝对主角。

美乐长得非常漂亮，有着圆形的蓝黑色果粒，软肉多汁，含糖量高，味道酸甜，早熟丰产，果皮比较薄，单宁含量中等，酸度相对较低。用美乐单品种酿的红酒带有美乐葡萄本身的果甜味，口味柔顺，优质的美乐葡萄酒陈年后常能品尝到咖啡、巧克力，甚至是黑松露的味道，“天鹅绒般柔软的质地”经常被用来形容美乐红酒。美乐葡萄酒中迷人的类似李子的果香是美乐的特征。

美乐的家乡是其最著名和表现最为优秀的产区，其中来自波尔多右岸的波美侯产区声名显赫的帕图斯(Pétrus)和里鹏(Le Pin)是美乐葡萄酒的最优代表。果香浓郁、口感柔和的美乐被认为是赤霞珠最完美的配角，它们俩一柔一刚，配合酿出最佳的干红葡萄酒。除经典的波尔多混酿外，世界其他产区也经常将它们作为混酿的主要搭档。在法国、意大利、匈牙利、罗马尼亚、保加利亚、俄罗斯、美国、阿根廷、智利、巴西、乌拉圭、新西兰、南非、西班牙等新旧葡萄酒世界，到处都有美乐的身影。我国在1892年，由张裕酿酒公司从欧洲引入美乐到烟台，20世纪70年代后期，又多次从法国、美国、澳大利亚等国引入美乐。目前美乐在甘肃、河北、山东、新疆等主产区均有栽培，其栽培面积约占我国总酿酒葡萄的10.6%。

图 6-2

图 6-2　美乐(李林宸 摄)

6.1.3　西拉(Syrah)

澳大利亚是西拉的绝对主场，有葡萄园的地方基本就会有西拉这个品种。但西拉的家乡却并非澳大利亚，而是法国的罗纳河谷。西拉(图 6-3)也是一个古老的红酒品种，是白梦杜斯和杜瑞莎的杂交后代。西拉的成熟期介于美乐和赤霞珠之间，比赤霞珠早，比美乐晚，属于中熟品种，果粒圆形，蓝黑色，果皮中等厚度，单宁丰富。用西拉酿造的红酒，颜色深红，酒质细腻，酸度较低，具有典型的李子、桑葚和黑莓等成熟水果及丁香、胡椒等香辛料的复合型香气。强劲的单宁和丰富的香气是西拉酒的特点。

Syrah为西拉的法语名称，在澳大利亚习惯被称为Shiraz，大部分研究表明二者是同一个品种，但也有人认为二者是不同的，尚需进一步研究。也有认为采用Syrah代表着一种传统酿造方式，多采用法式橡木桶，所酿造的酒香气丰富细腻，单宁精致，结构复杂，酒精含量相对低，其家乡罗纳河谷出产的西拉是其最佳代言；Shiraz则代表了以澳大利亚为主的一种新的酿造方式，偏向采用美式橡木桶陈酿，所酿造的酒香气浓郁奔放，单宁饱满，酒体厚重，酒精含量相对较高。而另一个也易让人混淆的小西拉(Petite Sirah，亦被称作杜瑞夫Durif)已被DNA测定其为西拉(父本)和普露莎(母本)自然杂交而来。

西拉除了常被用于酿造颜色深、香气浓郁、口感丰满和耐陈酿的优质单品种酒外，还常与其他品种混合酿造，如在罗纳河谷南部，西拉与歌海娜、慕合怀特、佳利酿、神索等品种混酿出香气和口感更复杂、结构和陈酿潜力更佳的顶级红酒；在澳大利亚，则常与赤霞珠、歌海娜等品种混酿出口感和风格上有较大差异的优质葡萄酒。除与红色品种搭配外，西拉还可与维欧尼(Viognier)、玛珊(Marsanne)和瑚珊(Roussanne)等白色品种搭配，酿造出香气更加活泼芬芳、口感更加圆润的红葡萄酒。

西拉的代表性产区有澳大利亚，法国的罗纳河谷、普罗旺斯，意大利，西班牙，美国，智利，南非，阿根廷，新西兰等。我国在20世纪80年代引入，宁夏、新疆、河北都有种植。

图6-3

图6-3 西拉(李林宸 摄)

6.1.4 黑比诺(Pinot Noir)

黑比诺(图6-4)绝对是地球上最受欢迎的酿酒品种，在人类基因组计划之后，它被选择为全基因组测序的植物代表之一，成为第一个被测序的果树品种，也是继拟南芥、小麦和白杨之后的第4个开花植物代表。

黑比诺出生在法国勃艮第地区，是古老的野生品种的后代。黑比诺的果穗小，果粒中等，紫黑色，果粒圆形，果肉多汁，结果力强，结果早，但产量少，属于中早熟品种。

用黑比诺酿制的干红葡萄酒有着不可揣摩的个性，全世界令人难忘的独特的红葡萄酒多出自黑比诺。出产于勃艮第的黑比诺红葡萄酒通常是世界上最奢侈昂贵的酒，层次复杂，细腻圆润，具有雅致的紫罗兰及玫瑰芬芳，同时又有草莓、樱桃等的果香，混合烘焙、橡木、烟草甚至秋叶等的迷人气息，酒体颜色不深，过橡木桶成熟后，带有香料、动物、皮革的香味，香而不艳，浓而不腻，具有柔滑如丝绒般的口感。而出产于法国另外的产地阿尔萨斯(Alsace)和德国的黑比诺酒则比较清淡；美国加州的黑比诺酒则以果味丰富和具有浓重的辛香为特点；新西兰的黑比诺酒既有草莓的果香也有花的芬芳，也表现不俗。正是这些难以琢磨且易变的特点，人们经常拿它与赤霞珠相比，如果赤霞珠是红葡萄之王，那黑比诺可以称为红葡萄之后。

值得一提的是法国香槟地区的黑比诺，经常与白葡萄霞多丽一起混酿香槟，承担起香槟酒骨架的作用，酿出的香槟口感强劲，结构坚实，增加了香槟的陈年潜质。

黑比诺的代表产区为法国的勃艮第、德国、美国加州、奥地利、新西兰、南非。在1892年黑比诺由张弼士引入山东烟台，20世纪80年代，再次从法国引种到甘肃、宁夏、山东、河北、河南、陕西、山西等地。

图 6-4

图 6-4 黑比诺(李林宸 摄)

6.1.5 桑娇维塞(Sangiovese)

对于意大利来说,桑娇维塞(图 6-5)是一个不得不说的品种。它原产于意大利的托斯卡纳,被认为是意大利最著名的本土品种,取名为 Sanguis Jovis,意为"丘比特之血"。现代基因分析表明桑娇维塞为托斯卡纳地区著名的古老品种 Ciliegiolo 和 Calabrese Montenuovo 自然杂交的产物。

桑娇维塞属晚熟品种,树势、产量和抗性中等,喜欢充满阳光、温暖干燥的气候,在排水良好的泥灰质黏土和石灰岩黏土中表现最佳。桑娇维塞果皮薄,呈紫黑色,果粒中等大小,果穗较大、较为松散。

桑娇维塞较易发生突变,目前其家族中至少记录有 14 个株系,不同株系、不同产区的桑娇维塞表现差异较大,其中布鲁奈罗(Brunello)最为有名。总体而言,桑娇维塞酿造的酒颜色不是很深,单宁和酸的含量均较高,酒体中等,有较为明显的樱桃、李子、肉桂和草本的特征,经过橡木桶的陈年,还会增添香草、烟熏等焙烤风味和赋予其更加饱满的酒体。

基安蒂(Chianti)作为托斯卡纳最著名的子产区,出产的葡萄酒多由 100%的桑娇维塞酿造。这个产区的精华——经典基安蒂(Chianti Classico),规定必须采用不少于 80%的桑娇维塞酿造,最多可搭配 20%的其他葡萄,如卡内奥罗(Canaiolo)和黑玛尔维萨(Malvasia Nera)等本土品种,也可以是黑比诺、赤霞珠、美乐、西拉等国际品种。公认的品质最为卓越的布鲁奈罗-蒙塔奇诺(Brunello di Montalcino)则要求采用 100%成熟度极好的桑娇维塞的克隆株系 Brunello,优秀的布鲁奈罗-蒙塔奇诺香气复杂细腻,酸度和谐,单宁紧实,酒体丰满,陈酿潜力出色。而蒙塔奇诺出产的贵族酒(Vino Nobile di Montepulciano)是由当地桑娇维塞的克隆品种 Prugnolo Gentile 酿造,允许添加 20%以下的其他品种混酿,这款贵族酒拥有更浓郁的酒体和较高的酒精度。超级托斯卡纳作为桑娇维塞国际化和现代化的体现,可以更为自由地搭配赤霞珠、美乐和品丽珠等非本土品种,经过小橡木桶的熟化,混酿出香气更加浓郁、酒体更加复杂饱满的佳酿。

除意大利外,美国加州、阿根廷、澳大利亚及法国科西嘉等地也能找到桑娇维塞,但鲜有产区能以这个品种著称。1981 年和 1984 年,中国两次从意大利引入桑娇维塞,目前在河北有小面积种植。

图 6-5

图 6-5　桑娇维塞(李德美 摄)

6.1.6　内比奥罗(Nebbiolo)

内比奥罗(图 6-6)是意大利另外一个不得不说的著名本土品种,其身世之谜至今未解,但最新的基因分析结果发现,其与 Nebbiolo Rose、Freisa、Negrera、Rossola 等意大利当地品种都有亲缘关系。Nebbiolo 这一名字源于意大利语 Nebbia,意为"雾",所以内比奥罗又被称作雾葡萄。之所以叫雾葡萄,有说法是由于内比奥罗成熟相当晚,常常晚于 10 月末甚至是 11 月初才采收,这个季节的朗格(Langhe,内比奥罗的最佳产区)弥漫着浓浓的秋雾;还有一个说法是内比奥罗成熟时,果皮上覆盖着一层乳白色的果粉,宛若雾气笼罩。

内比奥罗偏爱泥灰岩钙质含量高的土壤,喜欢夏季日照充足,而秋季冷凉的气候条件,这样可以充分成熟,积累其独有的风味成分,更好地平衡其高酸度和高单宁。内比奥罗发芽早,坐果率较低,其产量易受霜冻等不利天气影响,因此内比奥罗常被认为与黑比诺一样,对生长环境极其挑剔,只有在特定的风土条件下才能出产优质浆果,即使是在它最为钟爱的皮埃蒙特产区也需要被悉心照料才能获得满意的效果。尽管如此,优质的内比奥罗酿造出的葡萄酒风味独特且品质卓越,所以依旧深得酿酒师的青睐。

与大多数红葡萄品种相比,内比奥罗酿造的葡萄酒最初香气不突出,需要陈酿一定时间后,才能展现出其卓越的品质。它散发出樱桃、黑莓、紫罗兰、玫瑰的香气,在陈酿后具有甘草、焦油、烟草等的味道,高酸、高单宁和高酒精度的"三高"特征,使得它酒体饱满,极其耐陈酿。

内比奥罗是意大利杰出的葡萄品种之一,在意大利传统理念指导下酿造的内比奥罗,由于长时间的浸渍和发酵陈酿均采用橡木桶,其香气极其内敛,口感尤其强劲,需要陈放数年才能饮用。

为改变内比奥罗需要陈酿多年才能饮用的状况,新派的内比奥罗酿酒师们常采用控温效果较好的不锈钢罐发酵,严控浸皮时间和在法国橡木桶中陈酿的时间,酿造出果香和陈酿香平衡、单宁不那么强劲、口感圆润柔顺、在年轻时就可以饮用的高品质内比奥罗葡萄酒。

不论是传统风格还是现代潮流的新派风格，皮埃蒙特的内比奥罗一直被尊为世界上伟大的葡萄酒之一，而其中最具代表性的酒款是享誉全球的巴罗洛（Barolo）和巴巴莱斯科（Barbaresco）。

内比奥罗在全球的种植面积都不大，主要集中在意大利的皮埃蒙特地区，其仅占该产区葡萄酒总量的3%，但丝毫不影响内比奥罗酒占据意大利葡萄酒"酒王"的地位。

由于内比奥罗对环境的敏感，它又被称为最难以在其他产区复制成功的品种。虽然世界上也有不少产区试种，但除皮埃蒙特外，却鲜有高品质的内比奥罗出产。目前，在澳大利亚、美国的加州和弗吉尼亚州、新西兰等地都有少量种植。我国于1981年从意大利引种内比奥罗，目前尚未得到推广。

图 6-6

图 6-6　内比奥罗（李德美 摄）

6.1.7　丹魄（Tempranillo）

丹魄（图 6-7），又被称为当帕尼罗、添普兰尼诺等，为西班牙标志性红葡萄品种，被誉为西班牙的赤霞珠，西班牙的顶级红酒基本都有它的贡献。

丹魄起源于西班牙，在西班牙语中，temprano 意为"早的"，其后缀 illo 表示"小的"意思。正如其名，丹魄是一个早熟、果粒相对较小、皮厚、色深、酸度中等的红葡萄品种，喜欢冷凉气候，也可适应相对温暖的环境，尤其偏爱热量充沛、昼夜温差大的产区。西班牙的杜埃罗河岸（Ribera del Duero）是丹魄最适宜的产区。

作为西班牙最著名的葡萄品种和西班牙顶级佳酿最重要的原料，丹魄也被认为是少数可以适应气温急速变化的葡萄品种之一，其生命力强，产量较高。但过高的产量易导致其浆果风味寡淡，会严重影响葡萄酒的品质，因此很多优质产区都非常注意控制丹魄的产量。

传统的西班牙丹魄常在美国橡木桶中长时间地熟化，香气较为封闭，主要以香草等陈酿香为主，口感厚重。现在越来越多的酒庄通过缩短浸渍和陈酿的时间，改用法国橡木桶来凸显丹魄的果香，并最大限度地保留其清新度。

优质丹魄单品种酒的颜色都较深,带有黑莓、蓝莓、李子、烟熏、香料等的香气,单宁丰富,酒体饱满,结构强劲,具有较好的陈酿潜力。丹魄除了可单独酿造出颜色深、风味浓郁、酒体厚重的高品质酒款外,还可与歌海娜、格拉西亚诺、佳利酿等西班牙本土品种,以及赤霞珠、美乐等国际品种一起混酿,得到香气更为复杂、酒体更为紧实饱满和更有层次的酒种。西班牙的里奥哈(Rioja)和杜埃罗河谷(Douro)出产最优质的丹魄葡萄酒。此外,在葡萄牙的杜罗河谷,丹魄常被用于酿造著名的加强酒——波特(Port)。

据国际葡萄与葡萄酒组织(International Vine and Wine Organization,OIV)2022 年统计数据显示,西班牙目前是全球葡萄种植面积排名第一的国家,达 96.4 万公顷。而丹魄是除赤霞珠和美乐之外,世界排名第三的种植品种,其中 80%以上的丹魄种植在西班牙。

美国、智利、阿根廷、南非、澳大利亚和加拿大等国都有丹魄的种植,而澳大利亚已有 100 余个酒庄酿造丹魄葡萄酒,在麦克拉伦谷、阿德莱德山等重要葡萄酒产区都有不俗的表现。2009 年,我国河北怀来的迦南酒业开始引种丹魄,并首次酿造出品种特性典型的优质单品种丹魄酒。

图 6-7

图 6-7 丹魄(李林宸 摄)

6.1.8 歌海娜(Grenache)

歌海娜(图 6-8)被称为西班牙王子,它出生在西班牙的阿拉贡省(Aragon),之后传到里奥哈,再传到法国的罗纳河谷,进而为世界所知。歌海娜是西班牙绝对的当家花旦,法国是歌海娜的第二故乡,而在澳大利亚,除西拉和赤霞珠外,歌海娜排名第三。

歌海娜比较喜欢炎热的地中海沿岸和西班牙,生长在这里的歌海娜产量高、成熟晚、含糖量高,果粒皮薄色浅,单宁含量较低,所以经常用来酿造桃红葡萄酒或与其他品种混酿。在南罗纳河谷,歌海娜是酿造红葡萄酒的最基本品种,常与该地区的 10 余个法定品种一起搭配,混酿出让古往今来的名人雅士和知名酒评家均盛赞不已的教皇新堡。在该地区,歌海娜与西拉、慕合怀特一起生产品质非凡的 GSM 混酿,这款经典混酿在澳大利亚也非常出色。歌海娜酿造的酒带有非常清爽柔顺的口感,果味浓郁,色泽较浅,能品出柔和的梅子香气和些许香料的味道。

歌海娜的代表性产区主要是西班牙的里奥哈、加泰罗利亚,法国的罗纳河谷、朗格多克-鲁西荣,美国加州和澳大利亚南部等。1980 年,我国引入歌海娜,在新疆吐鲁番盆地、云南和河北怀来有少量种植。

图 6-8

图 6-8　歌海娜(李林宸 摄)

6.2　主要白葡萄酒品种与特点

6.2.1　霞多丽(Chardonnay)

前面我们说黑比诺是最受欢迎的红葡萄酒品种,霞多丽(图 6-9)则是世界上最受欢迎的白葡萄酒品种。从凉爽的山区到温暖的平原,从湿润的丘陵到干热的戈壁,到处都有它的身影。

霞多丽出生在法国勃艮第一个叫 Cardonnacum 的村子,霞多丽的名字 Chardonnay 就是为了纪念其出生地。这两个世界上最受欢迎的黑白双美(黑比诺和霞多丽)被证实存在亲戚关系。1999 年,加州大学戴维斯分校的卡萝尔・梅雷迪思(Carole Meredyth)博士对霞多丽进行了亲子鉴定,发现它是较古老的白葡萄品种之一白古埃(Gouais Blanc)和比诺(Pinot)家族(黑比诺、白比诺、灰比诺)的葡萄在漫长的共进化岁月里自然杂交的后代。

霞多丽是早熟品种,果粒小,皮薄,成熟时果皮为浅黄色或琥珀色。霞多丽有 400 多个类似双胞胎的不同品系,不同的品系可以适应不同的气候和土壤条件,酿出不同类型和风格的葡萄酒,这也是它广受欢迎的原因之一。

霞多丽有极好的可塑性,冷凉气候下,一般不采用橡木桶处理,以保持其清新的果香和活跃的酸度,让酒体轻盈。而顶级的霞多丽一般会在橡木桶中发酵,经过苹果酸-乳酸发酵来降低酸度,同时带酒泥陈酿,这样的霞多丽具有桃、柑橘、黄油、烤面包、坚果和酵母等的复杂香气,圆润丰腴的酒体和紧实富有层次的口感,产自勃艮第伯恩丘(Cote de Beaune)的蒙哈榭(Montrachet)和科尔登-查理曼(Corton-Charlemagne)就是因此而闻名于世。除可酿造风格多样的干白之外,霞多丽还是香槟和多个产区起泡葡萄酒的最适品种。白中白香槟 Blanc de Blancs 就采用 100%的霞多丽酿造,而与黑比诺和/或莫尼耶皮诺(Pinault Meunier)酿造的黑中白香槟 Blanc de Noirs,酒体通常更为饱满。

作为霞多丽出生地的勃艮第,所生产的霞多丽白葡萄酒无疑是最著名的,口感圆润醇厚,层次丰富,具有多种水果的复合香气,适宜陈酿。而引进到新世界的霞多丽,风格与勃艮第的则完全不同。如在更温暖干燥的加州，由于霞多丽会更加早熟，糖度高，酸度低，酿出的酒有哈密瓜浓郁的香气，酒精度相对要高，酸度则相对要低，比较容易与勃艮第的霞多丽进行区分。

不同于香气四溢的某些葡萄品种，霞多丽的香气相对中性，可塑性极强，风格多样，且其有着非常强的适应性，现在几乎在每个种植葡萄的国家都能见到它的身影。据统计，截至2016年，霞多丽种植已达20.2万公顷，位居世界第五大酿酒葡萄品种。美国是霞多丽种植最多的地区，其经典的霞多丽主要产自索诺玛郡的俄罗斯河谷（Russian River）和纳帕南部的卡内罗斯（Carneros）等地；澳大利亚的一些冷凉地区，如玛格丽特河和阿德莱德山区（Adelaide Hills）等，也出品特色的霞多丽；澳大利亚、新西兰、意大利、南非、智利等国家均有霞多丽的规模种植。中国于20世纪80年代从法国和美国引入霞多丽，在河北、山东、宁夏、新疆和甘肃等的主要产区均有栽培，其中河北怀来的迦南酒业、山东蓬莱的龙亭酒庄、宁夏的立兰酒庄和龙谕酒庄、新疆的天塞酒庄等酿造的霞多丽酒品质毫不逊色于国际上著名产区。

图 6-9

图 6-9 霞多丽（李林宸 摄）

6.2.2 雷司令(Riesling)

雷司令酒是德国葡萄酒的象征，是德国的白葡萄酒之王。雷司令（图 6-10）出生在德国莱茵高地区，是一个古老的欧亚种葡萄，古老到路德维希大王（公元843—876年在位）时代，在莱茵河沿岸就有雷司令的种植。最早的文字记载出现在1392年3月13日德国莱茵高地区的一个修道院的酒窖清单中，每年的3月13日也因此被定为雷司令的生日。希罗努姆斯·伯克在1577年撰写的一本德文植物学书籍中写道："雷司令生长于摩泽尔河、莱茵河畔，以及沃姆泽地区。"

雷司令酒作为德国葡萄酒的名片，在德国的第一个高光时期是19世纪末，莱茵河与摩泽尔河地区出产的雷司令酒，在世界各地拥有最高的身价，几乎所有欧洲王室都是它的粉丝，甚至比法国波尔多地区的葡萄酒还贵上好几倍。第二个高光时刻则是21世纪初的今天，德国雷司令酒再一次在世界范围内成为可信度高及质量保证的代名词，再一次跻身世界最昂贵白葡萄酒的行列。

世界上一半以上的雷司令都种植在德国，雷司令在每个德国葡萄产区均有种植。莱茵高地区无疑是最负盛名的产区，大约有79%的面积种植雷司令。此外，德国的莱茵黑森（Rheinhessen）、法尔兹（Pfalz）和摩泽尔（Mosel）等产区的雷司令也表现得非常出色。

雷司令生长势强，结果比较早，糖酸低，产量低，抗性弱，适宜在秋冬季比较漫长的寒冷地区种植。雷司令浆果的成熟期相对比较长，因此积累和丰富了雷司令的香味物质，成就了风格多样的雷司令葡萄酒，从干酒到甜酒，从贵腐型酒到冰酒等应有尽有。雷司令酒是一种芳香型酒种，拥有爽脆的酸度，酿制早期具有丰富的柠檬柑橘类果香、清新淡雅的槐花茉莉类花香，还常伴有蜂蜜与矿物质等的特征香气。陈酿雷司令的香气更加馥郁，在桃、杏和柑橘等成熟的水果，以及蜂蜜和淡雅花香的基础上，常带有轻微的汽油味(该香气被视为雷司令最重要的品种特征，是盲品达人们用来识别雷司令的秘密武器)。除德国出产的从干酒到冰酒不同风格的最高水准雷司令外，澳大利亚气候凉爽的克莱尔谷(Clare Valley)和伊顿谷(Eden Valley)也能酿造出品质超群的雷司令。

雷司令的代表性产区主要在德国、法国的阿尔萨斯、奥地利、美国、澳大利亚、加拿大等地，我国 20 世纪 80 年代从德国引入雷司令，目前分布在山东、河北、宁夏和甘肃等地。

图 6-10

图 6-10　雷司令(李林宸 摄)

6.2.3　长相思(Sauvignon Blanc)

长相思(图 6-11)属于欧亚种葡萄，常被音译为白索味浓、苏味浓、苏维翁等。长相思出生在法国波尔多和卢瓦尔河谷地带，有几百年的历史，其另外一个重要身份是高贵的红葡萄品种赤霞珠的母亲(母本)。

长相思喜欢温和的气候，特别喜欢生长在石灰质土壤中，最显著的特征是它的酸度，其次是其易于辨认的浓郁香气。在温和、凉爽的气候地区，长相思的表现最为出色，展现出浓郁、典型的绿色草本芳香，还经常伴有百香果、西番莲或接骨木花味。这一早熟的葡萄品种生命力尤为旺盛，因此需要在贫瘠的土壤上种植，并嫁接在低活力的砧木上，以控制其旺盛的生长势。

波尔多除拥有享誉全球的干红葡萄酒外，其干白葡萄酒也堪称经典，高品质的波尔多干白常由长相思和赛美蓉混酿而成，其中长相思负责提供丰富的香气和足够的酸度，赛美蓉负责提供圆润的酒体。波尔多左岸的格拉夫(Graves)和佩萨克-雷奥良(Pessac-Leognan)出产此类经典干白葡萄酒，其中后者的顶级长相思常在橡木桶中发酵和陈酿，香气典雅，酒体饱满，层次感丰富，可与勃艮第的干白媲美。卢瓦尔河谷的桑塞尔(Sancerre)和普伊-富美(Pouilly Fume)两个子产区也出产著名的长相思干白，该地的长相思常带有矿物和燧石的气息，由于多不经过橡木桶，也不经苹果酸-乳酸发酵，因此具有清新的酸度、活跃的口感。除了经典的干白酒款，长相思和赛美蓉还在法国的苏玳(Sauternes)、巴尔萨克(Barsac)和蒙巴兹雅克(Monbazillac)演绎出了世界上优质的贵腐甜白。这种贵腐酒带有浓厚的金黄色,香气层次丰富且浓郁,散发着杏仁、柑橘皮、蜂蜜、无花果和烤面包的香气,酸甜平衡,陈年潜力卓越。苏玳的伊甘酒庄(Chateau d'Yquem)又被称为滴金酒庄,贵腐甜白是其顶级代言。

近年来,长相思酒已然成为新西兰葡萄酒的一张名片,让新西兰在世界葡萄酒版图上有了不容忽视的地位。新西兰的长相思酒的香气像香水一样,十分芳香,清新活泼,酸度较高。一瓶法国的长相思酒与一瓶新西兰的长相思酒,很容易就能利用嗅觉来辨别。这些香气十足的新西兰葡萄酒受到了市场的热烈追捧,特别是凉爽的新西兰南部岛屿出产的长相思酒,给新西兰带来了巨大的声誉,其中最为出名的则要数马尔堡的长相思酒了。

此外,美国加州的长相思酒也表现不俗,出产经过橡木桶,散发出明显的烟熏味,酒体饱满的长相思酒常被戏称为"白富美"(Fume Blanc)。

长相思的主产区还包括智利、澳大利亚、南非、意大利等。我国最早在1892年由张弼士引入长相思到烟台,20世纪80年代又多次从法国等不同的国家引入,目前在山东、甘肃、北京有少量栽种。

图 6-11

图 6-11 长相思(李林宸 摄)

6.2.4 威代尔(Vidal)

威代尔(图6-12)出生于1930年,是年轻的白葡萄酒的品种代表。法国科学家用白玉霓(Ugni blanc)和金拉咏(Rayon d'Or,也称 Seibel 4986)两个品种杂交得到了威代尔,属欧美杂种。

威代尔属于典型的"墙内开花墙外香",它的祖国是法国,但在法国却不受待见,倒是在遥远的加拿大,威代尔找到了属于自己的位置,成为加拿大冰酒的标志。

威代尔最大的特点是霜冻后在葡萄穗轴及果梗干枯、果粒干缩的情况下果粒不脱落,可长时间留存在树上,这一特点让威代尔成为最理想的酿造冰葡萄酒的品种。威代尔较晚熟,果穗较大,果粒近圆形,平均单粒重2克左右,果皮黄绿色、较厚、果粉薄,产量高,抗病强,含糖量高,一般栽植第二年结果株率达100%。

世界上酿造冰酒的品种主要是威代尔和雷司令。威代尔酿造的冰酒,酸度相对较低,更加甜腻,经常有菠萝、芒果、杏桃和蜂蜜等的香气,与德国雷司令冰酒的优雅和耐久相比,年轻奔放的香气是加拿大威代尔冰酒的典型特点。

我国辽宁本溪桓仁满族自治县在2001年从加拿大引入威代尔并种植成功,成为我国主要的冰酒产地,生产的冰酒可媲美加拿大冰酒。目前,威代尔在北京、新疆、甘肃和宁夏都有种植。

图 6-12

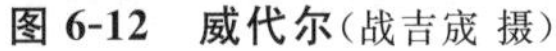

图 6-12　威代尔（战吉宬 摄）

世界上有约 3000 个葡萄栽培品种用于生产，每一个品种都有它们独特的遗传特性，或美或丑，或甜或酸，理论上都可以酿造出葡萄酒。前文介绍的这些代表品种，之所以成为全世界公认的明星，主要是因为它们的品种特性在合适的土壤与气候环境下获得了最佳的质量表现。不过每个产区的这些条件对于特定的品种不一定都能完美地契合，故才有同一个品种在不同的产区出产的原料质量不一样，同一个产区但不同的年份，原料的质量也不一样，加之全球气候变暖等因素，更需要依据这些变化因素，改变或选择更为合适的品种。

事实上，每一个国家、每一个产区，都有最适应其土壤、气候、栽培条件甚至文化习俗的独特品种，如我国新近崛起备受瞩目的法国品种马瑟兰，在我国的表现就超出了在其他国家和产区的表现；同样出生于法国的马尔贝克，到了阿根廷后，一跃成为阿根廷最耀眼的明星品种。杜罗河谷的葡萄牙国酒波特酒所用的法定酿酒品种多达 80 余种，但世界上最受欢迎的品种不过区区 50 个，这对于葡萄酒世界日益高涨的多样化需求相去甚远。如何借助已有的约 16000 个品种资源创新种质，让每一个国家、每一个产区、每一块地都有属于自己的明星品种，酿造出代表本产区、本地块的明星酒种是葡萄育种学家面临的挑战和需要解决的问题，对已有品种的改良、对新品种的培育是解决品种多样性的重要手段和途径。

第七章　育　　种

“三分工艺，七分原料”，说的是葡萄酒的品质取决于葡萄原料的品质，但葡萄原料的品质，在很大程度上则取决于酿酒葡萄品种本身的特质。换言之，品种决定了原料质量，也就决定了葡萄酒的质量。如何获得一个理想的酿酒品种？主要靠育种。育种就是对品种进行品质改良和创新。

葡萄的传统育种主要有引种、选种、杂交育种等，随着现代生命科学与技术手段的发展，现代技术育种成为未来种质创新的保障和方向。无论是传统还是创新，目的都是为了改良葡萄的遗传特性、创造葡萄的遗传变异、培育适应本地气候与生态特点的酿酒葡萄新品种。

7.1　引　　种

引种就是直接把其他地方的好品种引进来。所有的种和栽培品种都有自己的原产地或自然分布区，将它们由原产地或自然分布区引入新的地区栽培试种的过程称为引种。在葡萄酒的发展历史中，引种做出了最主要和最重要的贡献，旧世界的优良品种通过引种传播到新世界，这也是目前世界上有50个公认的优秀品种的重要原因之一。

引入一个外地表现好的品种到本地，可能会出现两种结果：一种是引入后生活得和原来一样健康，完全没有不适应的表现，另一种则可能水土不服，神采全无。会是哪一种结果，主要取决于出生地和引入地的气候、土壤和生态等条件。如果原产地或自然分布区的气候、土壤等条件与引入地相似、差异不大，或两地生态条件有一定的、甚至明显的差异，但引入的品种适应性强，不需要改变品种的遗传基础，在自然条件或人工稍加保护的情况下（如冬季埋土防寒）就能够正常地生长发育、开花结果，并获得具有一定经济效益的果实，这就算引种成功。这种引种也叫简单引种，属于自然归化或自然驯化。要是引入的品种“闹脾气”，完全水土不服，原因可能是原产地或自然分布区与引入地的气候、土壤等条件差异过大，或品种的适应性窄。在这种情况下，就不能采用简单的方法把某些品种从甲地引到乙地栽培，必须首先改变其遗传基础，才有可能适应新的环境条件，正常地生长发育、开花、结果，获得满意的品质、产量和较高的效益，这种引种叫作驯化引种。目前，世界上酿酒葡萄的引种一般都采取简单的自然引种，较少采取驯化引种。

引进一个品种一般需要10年甚至更长时间，酿酒葡萄引种需要的时间可能更长一点，因为还需要看栽培成功后的酿酒特性是否符合预期。

我国酿酒葡萄的引种大约经历了三个时期：1892年，张弼士在烟台建厂时从国外引进了120多个优良品种；到了20世纪五六十年代，从苏联、罗马尼亚、保加利亚、匈牙利等国又引入了一批酿酒葡萄品种，包括小白玫瑰、晚红蜜、白玉霓、白羽等上百个品种；80年代后期至近代，从法国、美国、德国、意大利等国家引进经过优选的世界优良酿酒葡萄品种及品系。

7.2 选 种

选种是葡萄传统育种的一个主要手段，分为实生苗选种和营养系选种。

所谓实生苗选种，就是以天然授粉种子繁殖的实生葡萄树为选种对象。葡萄的进化很大程度上依赖于人类过去长期的有意或无意的实生葡萄选种，那些古老的葡萄品种，都应该算是实生苗选种的结果。到了19世纪末20世纪初，人工控制下的杂交育种技术的出现，才取代实生苗选种，成为葡萄(果树)品种改良中的主导技术和手段。

果树科学研究证实，葡萄的一些性状，如产量和品质等，多是微效多基因控制的数量性状，当个别或几个控制数量性状的基因发生突变，会表现出性状的微小改变，把这些不明显的好的变化或差异选择出来，进行连续多年的累加效应选择，来提高品种的产量和品质的工作，称之为营养系或无性系选种。这是传统育种手段中比较有效的方法，一般需要15～18年的时间才能完成一个新品种的选育。

营养系选种的主要目的是提高原有品种的产量和品质，所以一般是结合主栽品种进行。德国从1876年开始，采用此方法使主栽品种产量提高了5倍，雷司令的产量提高了1.36倍。1975年，我国科学家采用此方法对龙眼葡萄进行了系统的选种，得到4个比原有品种产量高出至少13.6%的新品种。营养系选种对于各国改良品质和提高产量起到了重要的作用，此外，这种传统方法还能有效地控制或消灭病毒的蔓延和发生，正因为如此，在德国、法国等一些发达国家，就规定只能用营养系繁殖的苗木来建立新的葡萄园。

7.3 杂交育种

杂交育种是20世纪初开始的技术，是在人工控制下(相对于前文所说的实生苗自然条件下杂交)将父母本杂交，再通过对杂交后代的筛选，获得具有父母本优良性状、且不带有父母本中不良性状的新品种的育种方法。杂交育种不增加新基因，是对父母本已有优良基因的利用，是葡萄及其他农作物现在培育良种的主要方法也是传统的方法。我国近年来选育的葡萄新品种，绝大多数都是通过杂交育成的。

杂交育种主要是利用父母本的优良基因，所以选择父母本对于杂交育种是一件很重要的事。一般育种专家在决定父母本时都会考虑以下条件：(1) 性状互补。假如想培育一个抗寒或抗病的新品种，那就会看父母本是否具有抗寒或抗病性状。(2) 遗传规律。若想让酿酒品种具有浓郁的玫瑰香味，那父母本就需要有这个香味或至少一个有。(3) 出生地。一般选择不同出生地的品种杂交比起源于同一地方的要表现优异。(4) 谁做母本？母本比父本对后代的影响大，所以一般会选择具有目标性状的品种做母本。(5) 谁做父本？选择父本有一个基本原则，谁开花早谁当父本，这样可以避免花期不遇的问题。

遵循这些原则，酿酒葡萄的杂交育种主要有三种配备：(1) 欧洲品种之间选配杂交。可以得到经济性状优良的欧洲新品种。如前文介绍的法国国家农业科学研究院培育的马瑟兰(Cabernet Sauvignon × Grenache Noir)、我国用美乐×小味儿多杂交选育的梅醇等。(2) 欧洲品种与美洲品种杂交。利用欧洲品种的优良经济性状和美洲品种的抗病、抗寒等抗性特点，得到兼具美洲品种优良抗性和欧洲品种优良经济性状的欧美杂种。如威代尔(Ugni blanc×Rayon d'Or)、黑巴柯(Folle Blanche×*V. riparia*)、白巴柯(Folle Blanche×Noah *V. labrusca* ×*V.*

riparia)和黑库德(Jaeger 70×*V. vinifera*)等。(3) 欧洲葡萄与山葡萄杂交。利用山葡萄的高抗寒性,培育在埋土防寒区实现不埋土的抗寒品种。如我国培育的公酿一号(玫瑰香×山葡萄)、公酿二号(山葡萄×玫瑰香)、北醇(玫瑰香×山葡萄)、北玫(玫瑰香×山葡萄)、北红(玫瑰香×山葡萄)等。(4) 远缘杂交。利用圆叶葡萄抗湿热、抗根瘤蚜和抗病的特点,在真葡萄亚属和圆叶葡萄亚属之间进行远缘杂交,培育抗病、抗根瘤蚜和抗大穗的优质的葡萄新品种。

7.4 生物技术育种

生物技术育种是生命科学与技术发展后应用于葡萄育种的结果,是现代育种技术,也是葡萄和农作物的重要种质创新手段,包括多项生物技术。

7.4.1 组织培养

利用植物体的器官、组织或细胞,通过无菌操作,接种于人工配制的培养基上,在一定的光照和温度条件下进行培养,使之成长发育的技术统称为植物组织培养,也叫离体培养技术。植物组织培养包括胚胎培养、器官培养、愈伤组织培养、细胞培养、原生质体培养和细胞杂交。

植物组织培养是快速繁殖稀缺良种的最好办法,广泛用于引种、杂交育种和基因工程实践中,是育种实践中较基础的生物技术之一。在葡萄育种或繁殖实践中,植物组织培养常用于脱毒苗的生产。

7.4.2 分子标记技术

分子标记技术是目前广泛应用于葡萄辅助育种的一种生物技术。它直接以 DNA 为对象,不受季节、环境限制,不存在表达与否的问题,这门技术在育种上的应用,大大缩短了葡萄育种的周期。我们目前已经找到葡萄无核基因的分子标记,可以检测葡萄无核基因是否存在,这样,在无核葡萄育种的杂交后代的幼苗期就可以进行无核筛选与鉴定,加速无核葡萄的育种进程,提高育种效果。此外,人们还找到了抗旱基因的连锁标记,只要找到这个标记,就相当于找到了是否有这个抗旱基因。抗白粉病、白腐病、霜霉病和黑痘病基因相连锁的分子标记也相继被发现。这些分子标记成为葡萄抗病辅助育种的一种技术或手段,大大缩短了目标育种的时间。

7.4.3 转基因技术

转基因技术与传统育种技术的最大区别是有了外源基因的加入。杂交育种不涉及新基因的增加,是参与杂交的父母本自身所带优良基因的挖掘和利用,而转基因技术则是有目的地将外源基因或 DNA 导入葡萄细胞内,让外源基因与葡萄的基因整合,变成葡萄的基因。

1990 年第一次成功得到沙地葡萄(*V. rupestris*)的转基因植株后,欧洲葡萄酿酒品种也有了转基因植株。随着越来越多的抗性基因被鉴定分离,转基因精准抗性育种会越来越普遍,性状表达基因和抗病虫基因的导入为葡萄新品种的选育注入了新的希望和活力。

7.4.4 基因编辑技术

以 2020 年 CRISPR-Cas9 基因编辑技术获得诺贝尔奖为标志,对生物体基因组特定目标基因进行精准修饰的基因编辑技术，为葡萄育种打开了未来之门。

转基因技术和基因编辑技术的区别，一个是引入外源基因，一个是对原有的基因进行修饰。可以想象，该项技术对于葡萄抗性基因和数量性状基因的靶向修饰将会是未来葡萄育种领域的一个活跃的主题，通过修饰欧洲或美洲葡萄以及山葡萄、毛葡萄、刺葡萄等的优良内源基因来帮助设计所需的葡萄的抗性性状或品质性状，从而改善酿酒葡萄原料的质量，这是一件非常值得期待的事。

7.5　分子设计育种

分子设计育种是利用计算机平台，对植物的生长和发育及植物对环境条件的要求和反应行为进行预测，根据设定的具体育种目标，构建拟培育的品种设计蓝图，然后结合常规育种或生物育种技术，培育出符合设计要求的新品种。通过各种技术的集成与整合，对植物从基因(分子)到整体(系统)不同层次进行设计和操作，最主要的特点是在实验室对育种程序中的各种因素进行模拟、筛选和优化，提出最佳的亲本选配和后代选择策略。这完全不同于传统的经验育种，具有定向、高效的特点，是创新种质的新武器。不断完善分子设计育种的理论与实践，可能是育种领域的一场革命，引领着包括酿酒葡萄在内的农作物和经济作物的育种方向。

第八章　区　　划

8.1　区划是什么

了解了葡萄的起源、品种和育种等基本知识后，接下来就是如何生产出葡萄原料。当计划开辟一片葡萄园抑或想要种葡萄的时候，作为农户、酒庄庄主、地区乃至国家的决策者，可能想得最多的一件事就是：那种什么品种好呢？西拉还是赤霞珠？雷司令还是长相思？

这是在建设一个葡萄园之前需要考虑的一个非常重要的问题，而要回答这个问题，就要了解和明白一个国家、一个地区、一个酒庄、甚至是某一块地种什么品种合适，在合适的地方种合适的品种，有一个专有名词叫区划。简单而言，区划就是根据葡萄对生态环境条件的需要，进行适地栽培与生产。一个好的区划，往往是结合当地长期的生产实践经验、葡萄生态学原理和土壤气候因素等对品种、地区进行的严格的区域化，形成集中产区，以生产好的葡萄酒产品。

葡萄是多年生果树，一旦我们种到地里，这个品种就将在这个地方生长若干年，如果品种选择不当，栽培地点不合适，不良影响会逐年增加，造成不必要的损失。这样的例子不少，如新西兰由于在品种区域化上的失误，一开始引进和种植的80％～90％都是欧美杂种，这些品种在新西兰虽然表现出高产抗病，但酿出的葡萄酒品质低，后来只好重新引入欧洲品种如黑比诺、赤霞珠、长相思等，才让新西兰的葡萄酒产业走上世界的舞台。我国在发展葡萄酒的早期，迷信赤霞珠的世界性，单一品种遍地开花，经过多年的摸索，才逐步意识到因地制宜的品种区划的重要。

而先进的好的葡萄酒生产国，无一例外都有一个好的区划。这方面做得好的莫过于法国，它将葡萄酒和葡萄分为12个区域，实行葡萄品种和葡萄酒种的区域化。如在波尔多、勃艮第和罗纳河谷等产区均出产闻名于世的干红葡萄酒，而赤霞珠和美乐等品种适应波尔多的海洋性气候，黑比诺适应勃艮第相对冷凉的大陆性气候，而处于干热的南法的罗纳河谷符合西拉和歌海娜等品种。在酒种区域化方面，作为适应性最强的霞多丽，在热量充足的勃艮第被酿造为顶级干白葡萄酒，而在北部接近葡萄种植的临界区域——香槟产区，霞多丽被酿造为起泡葡萄酒的标杆——香槟。

区划显然是一个双向选择的结果，选择的甲方是当地的自然条件，乙方则是品种自身的条件。

8.2　如何区划

葡萄区划的工作，开始于20世纪初，走过了从经验到理论，从理论到实操再到完善的一个过程。早期的葡萄种植模式和品种选择，主要是来自各地长期实践经验的总结，到了近现代，人们才开始研究区划的理论和方法。

葡萄区划的理论和方法是建立在葡萄生长过程和果实发育对生态环境因子的要求上

的，多年生的葡萄等果树的好处，是可以让我们有可能在同样的生态条件下，对同样的一株葡萄树进行连续多年的研究，研究气候条件对他们的影响，并最终能够准确地描述气候等因子在葡萄生命过程中所起的影响和作用。

人们很早就发现温度是葡萄生长发育过程中最重要的影响因素，葡萄的生长、发育及产品的最后质量，很大程度上取决于温度。所以，在葡萄的栽培中，活动积温（某一地方稳定超过 10℃后每日平均温度的总和）和有效积温（减去 10℃后的总和）是两个很重要的概念，也是葡萄栽培学家对葡萄按成熟期和喜热程度进行品种分类的基础。因此，葡萄区划的理论、方法研究及实践，开始都是基于这一点来进行的。

1948 年，苏联学者达维塔雅在《苏联葡萄气候带》一书中，系统地研究了这两种积温的生物学意义及其对葡萄的影响程度，以积温作为一级指标，对苏联葡萄栽培和品种进行了区划。

约 20 年后的 20 世纪 60 年代，加州大学的温克勒教授提出了 Degree-Days 热指数，首次将积温指标理论化，用 4～10 月的有效积温，以 5 个级别，将加州分为不同的葡萄区。法国学者借鉴温克勒的热指数，结合 4～9 月的平均气温，将法国本土的葡萄栽培划分为 5 个气候区（凉温、温和、暖温、暖热、炎热）。

澳大利亚则用最热月平均温作为一级指标，将澳大利亚划分为 5 个栽培区。同时期的布拉讷（Branas）考虑到光照的因素，进一步提出了布氏光热指数Ⅰ（Rt）理论来表达品种对热量和光照的需求。对于光照不足的地方，光照成为葡萄生长的限制因子时，这个方法比热指数更合适。1978 年，在布氏光热指数的基础上，法国人赫-格林（Huglin）提出新的光热指数（IH）来作为衡量葡萄适栽程度的指标，比较适应阴凉地区的区划指导。

20 世纪 70 年代罗马尼亚人康斯坦丁内斯库（Constantinescu）提出的康氏生物气候指数Ⅰ（bc）可能算是同时代最为有名的区划指标了。这个方法综合了温度、光照、降雨三个主要因子来评价葡萄栽培区的气候条件、描述栽培新区的适宜程度以及指导品种选配。

影响葡萄生长和品质的综合因子很多，并不是单一地起作用，而是综合地对葡萄产生影响，因此苏联学者谢良尼诺夫提出的水热系数理论，得到了当时更广泛的认可。水热系数评价水分与热量共同影响葡萄适栽区，对于酿酒葡萄的区划具有一定的指导意义。罗马尼亚的葡萄专家布丹（Budan）还提出过土壤-气候指数，考虑了积温、日照时数、生长期、土壤湿度，对于更大区域的区划有积极的意义。而考虑综合因素更多的，是 1977 年波帕（Popa）创立的生物-土壤-气候指数。

20 世纪是葡萄区划理论和方法研究的集中时代，我们应该认识到，这些区划的理论和方法各有特点和局限性，所以在区划实践中，并不能简单地用理论来套，而应运用这些理论方法来指导实践。

意大利是先进的葡萄酒生产国代表之一，以优质红葡萄酒著称。根据意大利的气候特点，国内的葡萄栽培划分为三个气候区，Ⅰ区为意大利北部皮埃蒙特和波河流域，年平均温 13.1℃，活动积温 3000～3200℃，光照时间 1700～2000 小时，降雨量 912 毫米，集中于春、秋季。生产的葡萄酒以干红葡萄酒为主，也有白葡萄酒和起泡葡萄酒，被划分为优质酒产区。Ⅱ区为中南部半岛-岛屿气候性，亚平宁山脉横断其中，年平均温 15～17℃，活动积温 3200～3700℃，个别地方可达 4000℃，光照时间 2390 小时，降雨量 522～855 毫米。Ⅲ区为沿海一带和西西里岛的地中海式气候区。

中国的葡萄气候区划和品种区划要晚于国外，零星有一些小范围的区划尝试，如黄辉白

(1980)提出中国北方葡萄气候区划初步分析，王宇霖(1980—1981)做了中国葡萄区划研究报告等。1991 年，彭宜本用以上方法分别对新疆的葡萄区划进行了系统的比较研究，分析了这些方法对于新疆地区的葡萄区划的得失和借鉴意义，最后选择活动积温为一级指标，参考实地调查结果和最热月平均温、最冷月平均温、年降水量等指标，对新疆进行了葡萄气候区划，将新疆产区划分为冷凉区、凉温区、中温区、暖温区和炎热区，并对各区的葡萄品种给出了种植建议。2015 年，李华等人完成了对中国葡萄气候区划和品种区划的研究(表 8-1)，成为现今指导中国葡萄和葡萄酒发展的一个参考。

正是各国科学家和葡萄与葡萄酒从业者长期对气候的研究观察、生产实践，从一个葡萄园到一个产区，逐步形成了今天的世界范围的葡萄地理区划，所有的葡萄基本都长在北纬 30°～52°和南纬 15°～42°。

表 8-1 中国葡萄气候区划(来源：李华，2015)

气候区	1＜DI≤1.6 半湿润区	1.6＜DI≤3.5 半干旱区	3.5＜DI 干旱区
160 天＜FRD≤180 天 凉温区	1. 凉温半湿润区 2511.4～3536.0 极早熟到极晚熟	2. 凉温半干旱区 2569.5～3535.6 极早熟到极晚熟	3. 凉温干旱区 2685.3～3913.7 极早熟到极晚熟
180 天＜FRD≤200 天 中温区	4. 中温半湿润区 2580.1～3840.0 极早熟到极晚熟	5. 中温半干旱区 2696.5～3651.1 极早熟到极晚熟	6. 中温干旱区 2848.5～4313.7 极早熟到极晚熟
200 天＜FRD≤220 天 暖温区	7. 暖温半湿润区 2797.2～4101.9 中熟到极晚熟	8. 暖温半干旱区 2866.3～4082.5 中熟到极晚熟	9. 暖温干旱区 3361.6～4418.8 晚熟到极晚熟
220 天＜FRD 暖热区	10. 暖热半湿润区 3058.6～5062.9 中熟到极晚熟	11. 暖热半干旱区 3652.8～4181.8 极晚熟	12. 暖热干旱区 3816.3～5115.6 极晚熟、葡萄干
埋土防寒线	30 年内年极端最低温≤－15℃的次数超过 3 次以上		

(注：将平均无霜期≥160 天，且 20 年中无霜期＜150 天的次数不超过 3 次作为热量指标的最低限。FRD：无霜期；DI：干燥度。)

第九章　栽　　培

“栽培翦伐须勤力，花易凋零草易生”，这是古人对栽培的理解。对于最早的人类来说，要生存，就需要靠采摘果实充饥，但果实对人们的供给有一个最大的不足，就是季节性强，有些时候，碰到天时不利，野生果实根本就无法满足人们的需要，这迫使人们不断想办法去获得更丰富的食物，于是人们开始把野生的植物进行人工栽培。玉米如此，水稻如此，葡萄同样是在这样的情况下开始进行人工栽培的。在前面葡萄酒的历史与文化部分，我们做过介绍，经历几千年的发展之后，葡萄的栽培到今天已经可以依据葡萄的用途来细分为特定的酿酒葡萄栽培技术。这部分我们重点介绍两点：其一是按照品质为本的原则，如何顺应葡萄品种的生长特性和生长规律，生产出最好的原料；其二是介绍酿酒葡萄独特的不同于鲜食葡萄的栽培技术与特点，通过栽培激发出或呈现出酿酒原料的最好状态。

9.1　葡萄的一生

了解葡萄的一生是栽培好葡萄的前提。人们通常所说的生命的一生，都是指从生到死这样一个自然的生物学过程，但这里所要说的葡萄的一生，与传统意义上的生死一生不是一样的概念。我们都知道，世界上最长寿的生命是植物，据维基百科介绍，植物最长的寿命可达到9558年，这与植物的基因和植物细胞的全能性都有关系，所以一般葡萄的寿命可以达到100年以上。据2004年吉尼斯世界纪录，目前世界上存活最久的葡萄长在斯洛文尼亚马里博尔(Maribor)市兰特区(Lent Quarter)Vojašniška大街8号的一栋16世纪二层老房子内，被围栏小心地保护着，距今已经近500年。这棵葡萄的品种为Zametna Črnina或Modra Kavčina，在今天斯洛文尼亚东南部的Doljenska地区还在广泛种植，斯洛文尼亚特有的粉红酒Cviček就是用这两个品种酿造而成，重要的是这棵近500年的老树每年仍能生产35～60千克的葡萄浆果。

一年又一年，葡萄和其他高等植物一样，经历着一年四季的变化，我们要谈的葡萄的一生，其实是葡萄以年为单位的一个生命周期。图9-1是葡萄一生中主要发育阶段的手绘图片，可以帮助我们理解葡萄的一生。

1997年，库姆(Coombe)总结了葡萄学家的工作，描绘了葡萄一生从开始(萌芽)到结束(衰老)的过程，他将葡萄的一生分为新梢和花序发育期、开花期、浆果发育期、成熟期、衰老期一共5个时期，对每一个时期的重要时刻进行了描述。

图 9-1

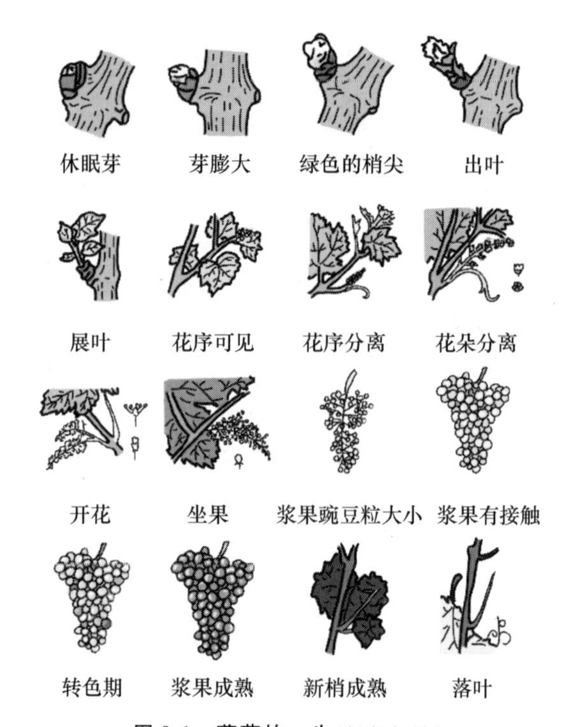

图 9-1 葡萄的一生(彭宜本 绘)

9.2 结构与功能

葡萄植株主要包括两类器官：营养器官和生殖器官，每一个器官都有独特的结构，行使不同的功能。

9.2.1 营养器官

葡萄的营养器官主要包括根、新梢和叶片。

9.2.1.1 根

葡萄的根由侧根、主根和大的永久根组成根系，根系的主要功能就是吸收水分和营养，以供应其他营养器官和生殖器官的生长发育。行使这个主要功能的部位主要在幼根，而幼根最活跃的区域在根尖，根尖最重要的区域是根冠和顶端分生组织。幼根的根冠负责吸收养分和水分并运输到其他器官，开疆拓土，保持生长伸长以推动根尖占领新的区域，去吸收新的水分和养分；幼根的顶端分生组织除了作为制造新根的工厂外，还是合成植物激素(赤霉素和细胞分裂素)的主要场所，这些激素会被运输到新梢，去影响地上生殖器官的活动。

葡萄种植几年后，其根系会达到地下 0.3～0.35 米，某些酿酒葡萄的根系非常发达，很容易达到 2～5 米，在疏松的土壤中甚至可达到 12 米。一定年限后，根系的数目和分布范围会稳定下来，在其后的岁月里，永久根系开始水平向外或垂直向下在周围的土壤中扩散，产生短命的侧根，这个扩展能力取决于土壤条件和遗传。土壤板结、地下水位高、酸性土壤是不利于根系的扩散的，所以种植前要对葡萄园土壤进行评估。

通常葡萄的根系越发达越好，那样就可以通过根系吸收到尽可能多的不同的矿质元素和营养成分，但酿酒葡萄和鲜食葡萄促进根系发育的措施和策略是完全不一样的。鲜食葡萄通过肥沃的土壤和充足的水肥供应来让葡萄的根系舒服且容易地实现发达的根系网络。而酿酒葡萄通常让葡萄在贫瘠的土壤中，在水肥供应不充足的情况下，通过“饥饿”来胁迫葡萄努力地生长以获取更多的营养元素来保障自己的生命健康而形成发达的根系，并以此来成就葡萄酒的不同风格与品质。舒适与逆境，是栽培鲜食葡萄与酿酒葡萄在策略上的最大不同。

9.2.1.2　茎

葡萄的茎包括生长点、节、节间、芽和卷须，具有不同的功能和作用。

葡萄的茎柔软匍匐，外皮粗糙，老皮每年片状剥落，分枝多。第一级分枝叫主干枝或臂，上面再着生当年生新梢，新梢到秋天成熟后，就变成了一年生枝或结果母枝。葡萄的茎除了起支撑葡萄树的作用外，也是葡萄地上、地下的交通线，通过葡萄茎的木质部和韧皮部运输水分和养分到各营养器官和生殖器官，茎也是一个储藏养分的仓库。

9.2.1.3　新梢

葡萄的新梢是重要的营养器官，由顶端分生组织发育而来，顶端分生组织一开始就有一整套的预设组织，后续会分别发育成为芽、卷须、叶和花序等器官。

新梢的外层下表皮可以进行光合作用，等它老了，变成褐色，新梢就变成了枝条。两年以上的枝条叫主蔓，也叫老蔓。当日均气温达到或超过 10℃（也就是活动积温开始），葡萄解除生理休眠，萌芽和新梢生长就开始了。

葡萄的芽着生在叶柄和叶腋之间，带有花序原基的芽称为花芽，其他的叫叶芽。一般一个新梢上会有 1～4 个花芽，花芽经过分化后才能开花结果。

9.2.1.4　卷须

卷须是葡萄向阳而生，在长期进化的过程中发展而来的攀援器官。按照演化生物学的观点，卷须是花序的变态，花序则是变态的新梢。所以，卷须在形态上类似新梢，只是有一点区别，新梢的生长是无限的，而卷须则是有限的。

美洲葡萄几乎每个叶片的对面都产生卷须，其他葡萄亚属的植物则是以间断的方式出现，产生于每 3 个叶片中前 2 个叶片的对面。有意思的是，欧亚种葡萄，结果新梢基部的 2 个或 2 个节位以上的卷须被花序取代了，美洲葡萄则是基部 3～4 个卷须被花序取代。

9.2.1.5　叶片

叶片是随着新梢的生长发育，其预设的基因进行时空表达后的结果。叶片最重要的作用是开展光合作用和气孔调节，为葡萄的生长发育提供能量和养分及适应胁迫环境。成熟的叶片包括一个宽大的可进行光合作用的叶身、起支撑和运输作用的叶柄以及基部两个半圆形的托叶组成。托叶很快会脱落，只剩下叶身和叶柄。叶身有上下两层表皮、一层栅栏细胞、三层海绵组织细胞和叶脉。而叶片的主要功能是光合作用，光合作用的场地则是叶片的海绵组织细胞。

在叶片上分布有气孔，控制气孔的开关是叶片的另外一个重要功能，通过气孔的关闭和开启，来调节植物的蒸腾作用和气体交换，响应一些逆境环境对葡萄的胁迫作用，而逆境胁迫对于酿酒葡萄的品质形成具有非常重要的意义。

9.2.2　生殖器官

生殖器官来自花，只有少数的葡萄芽会发育成为花芽，多数都是叶芽。

刚开始，花芽、叶芽是一样的，为什么后来就不一样了？你成了花，我却只是叶？刺激花序产生的确切因素尚不明确，但植物激素（生长素、赤霉素、细胞分裂素等）和营养条件（氮、磷、钾、镁等）诱导或影响花芽分化是确定的。一般2～3年的幼龄葡萄树即可开花结果，花序包括缩短的新梢、花序梗、花序轴、2个主要分枝、花梗，花朵长在花梗上，通常3个一组形成聚伞花序。

在当年的春天和初夏，芽在叶腋处开始发育，到了盛夏，芽发育为8个带有花原基的叶原基，花原基位于叶原基的对面；第二年的早春，花原基分化为小花，大约$\frac{1}{3}$的花发育为果实。

大多数我们栽培的葡萄都是两性花，自花授粉，意思是一朵花上既有雄花也有雌花，前面谈论葡萄起源的时候提过，两性花和自花授粉是葡萄长期进化和驯化的结果。葡萄开花一般发生在萌芽后8周内，风和昆虫是葡萄雄花和雌花能够相爱的主要媒人。

在风和昆虫的帮助下，葡萄完成授粉受精，葡萄的子房就开始发育完成坐果。葡萄的果实叫浆果，并不是所有的花都可以正常发育为浆果，这个与遗传、气候和栽培技术都有关系。

葡萄开花坐果后，浆果增长非常快，如果按时间进程把葡萄浆果的发育绘制成一个曲线（图9-2），会出现典型的双S曲线，呈现三个典型的时期：第一个时期为幼果快速膨大期，浆果内细胞快速分裂膨大，胚乳发育，这个时期在6周到2个月；第二个时期为缓慢生长期，生长速度减慢，中皮变硬，胚胎开始发育，到最后，浆果开始失去绿色，这个阶段的时间长短因品种不同而差异较大，从1周到6周都有，这个阶段的长短决定了某个品种是早熟品种还是中晚熟品种；第三个时期为浆果成熟期，伴随着种子成熟，浆果进行最后膨大，与第一期浆果膨大不同，第一期浆果膨大发生在白天，第三期则发生在夜晚，这一阶段，随着成熟的进程，

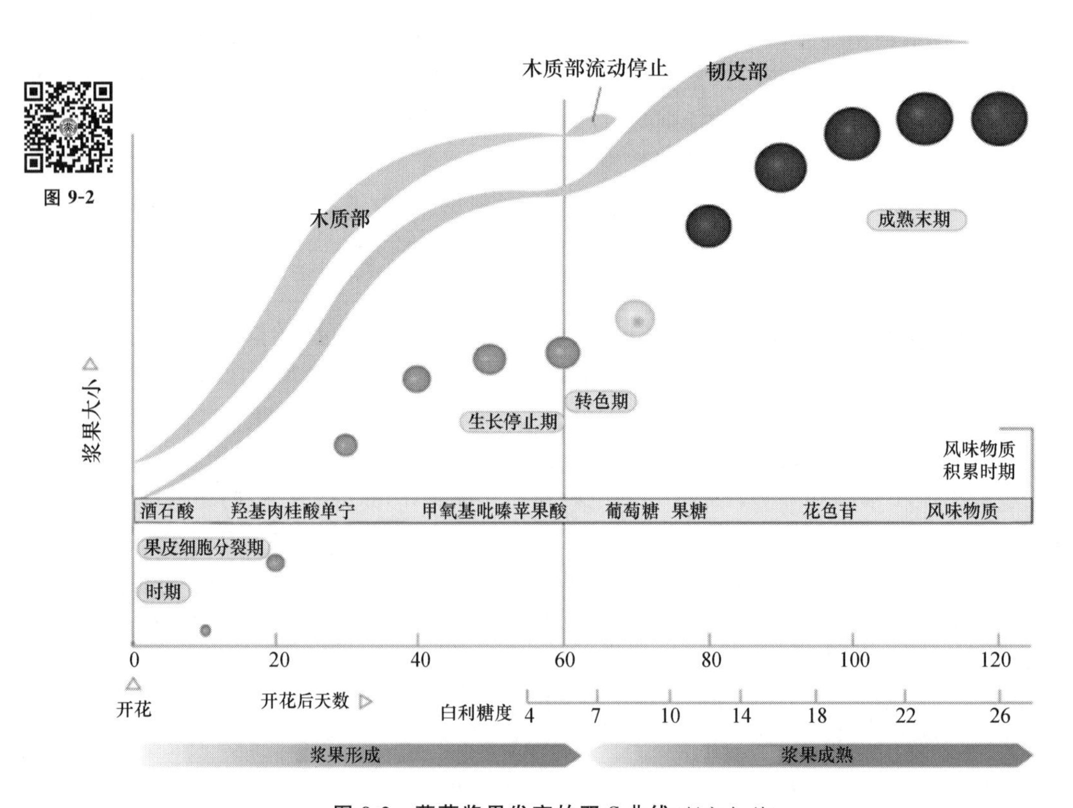

图 9-2　葡萄浆果发育的双S曲线（彭宜本 绘）

果肉开始变软，酸度降低，含糖量增加，各种品质物质（单宁、香气）形成（图 9-3），是葡萄酒最后品质塑造的关键时期，时间持续 5～8 周。除葡萄外，桃、李、杏等都是双 S 曲线果实，而苹果、梨、草莓等则是单 S 曲线果实。

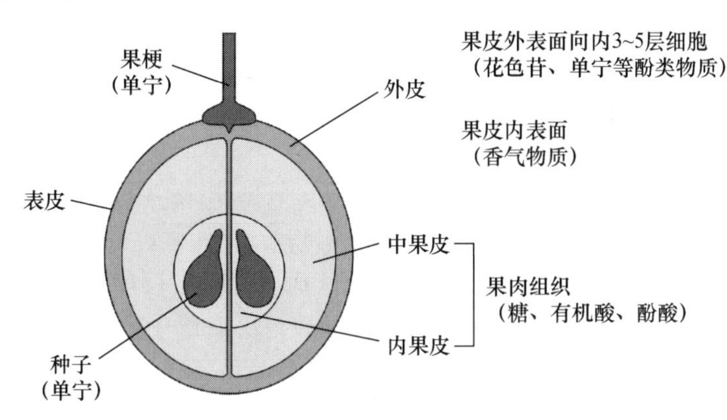

图 9-3

图 9-3　葡萄浆果结构与主要葡萄酒有用成分分布图（彭宜本 绘）

9.3　栽培：呈现品种最好的状态

1958 年，毛主席提出著名的“土、肥、水、种、密、保、管、工”农业生产八字宪法，具有非常高的科学内涵，影响和促进了中国的农业发展，直到今天，八字宪法也一样具有科学的指导意义（图 9-4）。

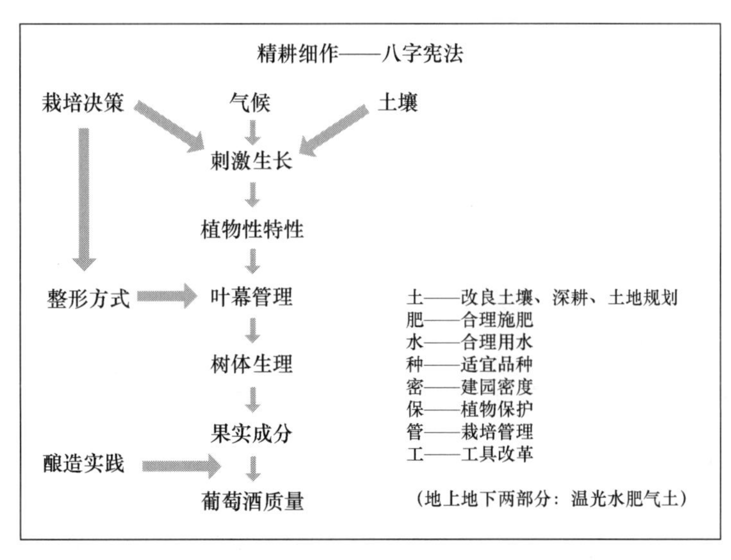

图 9-4

图 9-4　葡萄原料品质的打造过程示意图（彭宜本 绘）

而酿酒葡萄的栽培技术，是最终实现七分原料品质目标的重要环节，将八字宪法投射到栽培管理的每一步决策上，包括从如何建一个葡萄园开始到如何管理好一个葡萄园，每一个步骤都与七分原料品质目标的达成密切相关。

9.3.1 建园

9.3.1.1 建园前的准备

建园是栽培决策过程的第一步,与今后的栽培管理决策密切相关。建园首先要考虑的是选址问题,选址一般会结合品种特性,考虑土壤条件、地形与气候。目前最广泛用于酿酒葡萄生产的那些主要葡萄品种,多为欧亚品种和欧美杂交品种,它们比较喜欢温暖向阳的丘陵坡地、砾石砂质土壤。

种植葡萄的地块决定后,如果这块地以前种过其他果树,需要进行土壤消毒,因为老果树地可能会遗留下来一些果树特有的病虫害和有毒物质,条件容许的话,先种两年豆科作物以改良土壤可能更好。此外,还需要了解土壤的结构、质地、土层厚度、分析土壤营养状况(土壤肥力、酸碱度、氮磷钾、pH)。这些对于今后的栽培决策具有重要的参考价值。

做好这些基础准备工作后,就可以考虑确定种植的品种了。品种的确定,要依据下面这些信息:(1) 按照拟建园土壤条件和小气候因素确定品种类型;(2) 根据酒庄的产品定位,选择典型品种;(3) 品种搭配考虑混酿需要、品种优势互补、产量与质量平衡等。

完成这些工作,就可以着手建立一个酿酒葡萄园了。

9.3.1.2 规划

建葡萄园先要规划好园区道路和灌溉系统。酿酒葡萄园一般比鲜食葡萄园要大,采收季节需要通过大型车辆运输葡萄,田间管理农机具也需要进入田间。因此,需要规划出主干路连通大路,在园子的中心及两头规划出6~8米的主干道,园内每隔100米区间留出3~4米的作业道路。排灌系统的设计依据地形地势、灌溉方式(沟灌还是滴灌等)来决定,在我国北方,一般会考虑节水灌溉,采取地膜覆盖、膜下滴灌、管灌或沟灌等方式。而在平原或土壤比较黏的地方建立的葡萄园,要考虑雨季的排水问题,可采取每隔一定距离挖沟排水的方式。此外,对于降水较多和集中在葡萄成熟季节的区域规划葡萄园,可能还需要考虑采取适当的方式进行避雨,如避雨棚等,以减少病虫害和保障葡萄的品质。

在我国及一些有季风现象的国家,需要在葡萄园周围建立防护林,可以防止风对生长季葡萄的影响,也可以减少水土流失,减少水分的蒸腾,增加湿度,调节微气候,给葡萄一个安全的生长发育环境。防护林的设计原则是,乔木与灌木搭配,主林带与葡萄园地区的主风向垂直,副林带与主林带垂直,防风距离是树高的25倍左右;主林带种4~6行乔木,在我国多选用杨树、榆树、泡桐树等,配备2~3行灌木,灌木多为荆条、花椒树、枸杞树等;副林带阻挡的是其他方向的风,一般为3~4行乔木;主副林带种植密度一般为乔木(2~2.5)米×1.5米,灌木(1~1.5)米×(0.5~0.7)米。

9.3.1.3 葡萄苗种植

9.3.1.3.1 苗木准备

规划好后,就可以种植葡萄苗了。酿酒葡萄建园的苗木一般有两种,即自根苗和嫁接苗。

自根苗:用优良栽培品种成熟枝条的生根苗叫自根苗。葡萄可以无性繁殖,欧亚种的葡萄特别容易生根,且抗钙、抗盐,用自根苗建园的好处是建园成本低、结果快,因此比较常用。

嫁接苗:指砧木嫁接苗。19世纪末,根瘤蚜游荡在世界,欧洲自根葡萄苗建立的葡萄园遭到毁灭性的破坏,仅法国就毁掉了250万公顷的葡萄园。为了应对这个虫子的挑战,科学家在寻找对策的过程中，发现美洲的野生葡萄对根瘤蚜具有较强的抗性，甚至可以较好地生长在被根瘤蚜浸染过的葡萄园中，但原产于美洲的葡萄砧木，在欧洲特别是法国的高钙土壤上生长得有气无力。因此，既抗根瘤蚜又耐高钙土的砧木是当年欧洲的砧木育种目标，冬葡萄品种(*V. belandieri*)被发现具备这两个完美的特点，只是其扦插很难生根，育苗困难，且其与优良酿酒品种欧亚种的嫁接亲和力也比较低。为了解决这个问题，科学家花了将近半个世纪的时间，来选育砧木品种。经过几代人的努力，现在可以很容易地将栽培品种的接穗嫁接在这些具有抗根瘤蚜、抗根结线虫、抗白粉病等能力的砧木上(图 9-5)，这些葡萄砧木还可以适应土壤与气候条件、调整接穗生长量、提高品质、抗旱、抗寒、抗涝等。与自根苗相比，嫁接苗成本要高，建园投资会有所增加，但嫁接苗是主流。目前世界上尚有少数地方如中国、印度、智利、阿富汗等的根瘤蚜还没有泛滥，在这些地方，种植自根苗是葡萄建园的一个不错选择。

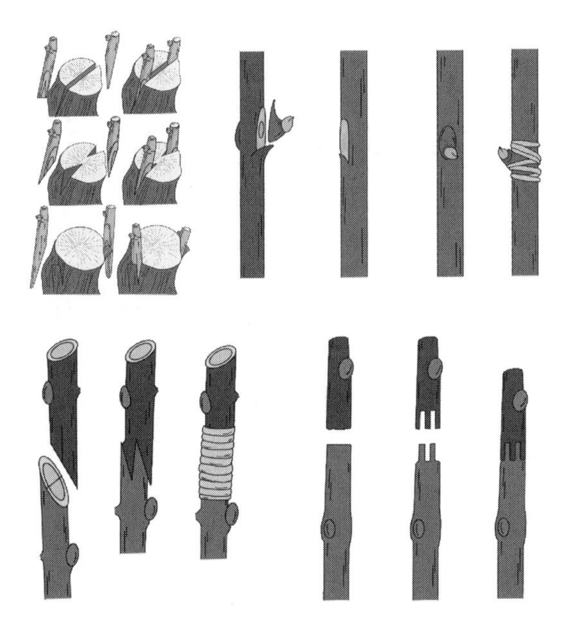

图 9-5

图 9-5 葡萄嫁接示意图(谢一丁 绘)

9.3.1.3.2 定植

种植葡萄苗的时间一般在春季，等日平均气温上升到 10℃以上，在干旱、升温慢的地区或盐碱地，可以待温度再升高一点(如到 15℃后)，这样有利于苗木成活，提高成园率。

定植葡萄可以多种多样，大面积建园现在多采用机械定植。定植的株行距与品种、基于酿酒目标的产量控制等都有关系，法国勃艮第的大部分区域和波尔多的一部分地区，株行距都是 1 米，密度大约是 10000 株/公顷。在波尔多的其他地区，种植密度要低得多，仅有 4000 株/公顷。可能人们想不到，在 19 世纪末根瘤蚜还没有成为问题之前，波尔多左岸的种植密度高达 20000～40000 株/公顷。现在新世界国家，由于机械化程度高，种植密度可能低至 2000 株/公顷。所以，种植的株行距和密度与传统、品种、产量等因素有关。

在深翻施肥和平整土地后，就可以准备种植选定好的葡萄苗了。种植前，苗木要注意防止失水干燥，苗木的根要修剪美容一下，目的是为了根系适合种植坑的尺寸大小，种植坑要挖得足够大，尽量保留大部分根系，回填种植坑的土壤类型和结构要与坑周围的土壤相同。

机械种植的苗木，要做好检查，确保种植成功。人工种植时，若是自根苗，一般种植坑开挖20～30厘米深，苗木放进去，填上一半土的时候，将苗木稍微提一下，让根系舒展，继续填土后用脚踩实；若是嫁接苗，嫁接部位应该露在地面。土壤瘠薄的地方建园，种植坑底部可以施一些腐熟的有机基肥，再与土壤拌匀。定植后，有条件的地区可以覆膜，但要及时将有苗的地方划破露出苗木。近些年，流行给刚定植的葡萄苗套一根保护套管，这个套管除了保护砧穗嫁接部位不受风沙和啮齿动物啃食外，还可以引导新梢直立向上成为主干，套管的直径一般为9厘米比较合适。

9.3.1.3.3　架式

葡萄园建园时，会根据葡萄品种类型、气候特点和传统，同时设置葡萄架式。酿酒葡萄最常用的架式主要是篱架，架面与地面垂直或略倾斜，葡萄藤蔓枝叶分布其上，形同篱笆，故称之篱架。目前生产上最常用的架式有单篱架和双篱架两种形式，特别是新建园（图9-6）。

单篱架每行葡萄只有一个架面，每隔4～6米设置一个立柱（立柱多为水泥柱），架高2米左右，以3～4道铁丝串连，作为葡萄攀附之用，第一道铁丝距地面70厘米，以后每隔30厘米一道。单篱架植株通风好，有利于浆果品质形成，作业方便，是新世界新建园适宜机械化管理的首选架式。双篱架则是在葡萄行的两侧，分别建立两排相近的单篱架，植株的枝蔓分两部分分别引缚在两侧的单篱架上。这种架势增加了架面，产量增加，但不适合机械化管理，通风透光不如单篱架，需要肥水条件比较高。

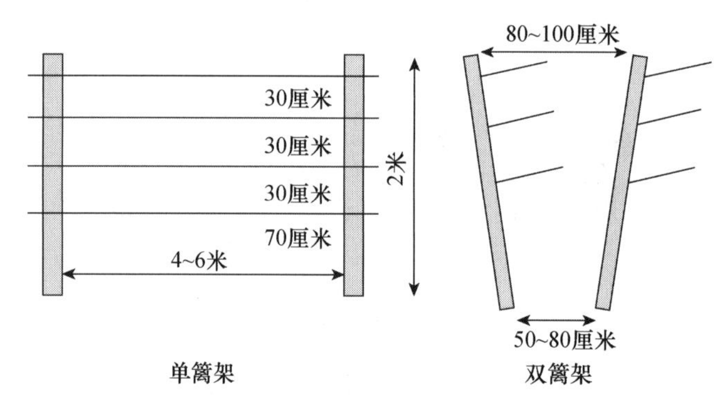

图9-6　单篱架和双篱架示意图（谢一丁 绘）

9.3.2　葡萄园管理

在温带地区，冬季休眠是一个生长周期的结束和下一个生长周期的开始，在葡萄的一生中，为获取最好的葡萄原料，我们所施加的影响贯穿在葡萄的整个生长周期。

随着天气回暖，葡萄的新陈代谢活动开始，葡萄树会从枝蔓的剪口处流出“眼泪”，称之为伤流，伤流预示着休眠期结束，葡萄舒展身体，开始醒了，快乐的生命周期开始了。

整形和修剪是葡萄园管理的最重要手段。原则就是在保证浆果质量也就是酿酒所需原料的品质的前提下，获得最大的产量，品质在先，产量服务于品质。所以整形和修剪是塑造葡萄原料品质及葡萄酒最后品质的主要手段，疏花疏果是整形和修剪的补充手段。

整形和修剪有时会被混淆、混用，其实它们是两个概念。整形是葡萄支撑系统的设计与永久结构，具有一定形状和固定的更新位置，整形与选择的栽培架式等因素有关。而修剪则是根据整形的要求，通过剪刀修理枝蔓来管理外形。

整形和修剪是个技术含量很高的活，如同一个理发师，要根据一个人的气质、年龄、身份、头型、头发的多少等多种因素来考虑一个顾客的理发要求。整形和修剪的核心是产量和质量，好比理发师确定发际线来作为参照，整形和修剪则通常以叶果比来作为参照。叶果比可以有效反映树体光合叶面积和树体上生长的浆果质量(LA/F)之间的关系。有了叶果比作为参照，就将复杂的事物简单化了，可以按照增加叶面积从而直接提高产量的原则来操作。但在实际的操作中，如同只有一招来应对所有顾客的理发师，可能不会受到欢迎，因为葡萄是极其复杂的自我调节能力非常强的植物，会出现大小年，今年繁花盛开，明年可能花信减半。所以，整形和修剪也要因地、因时、因年制宜。

长期以来的经验和科学研究，让人们总结出一些基本的原则：结果能力(负载能力)由葡萄树体快速形成叶幕的能力决定，在满足浆果充分成熟的前提下，对冬季剪除成熟枝条和芽的修剪程度要轻，但无论是重剪还是轻剪，都只遵循一个原则，就是结果量和现有叶幕之间的平衡。早期的整形过程中，需要考虑葡萄树体永久结构的快速形成，之后则需要考虑平衡修剪以增加产量潜力，而最理想的负载能力就是正常年份能保证最大的结果量，且葡萄树体还能够正常成熟。

修剪一般在冬季进行，当冬至来临，就可以开始了。冬季修剪的好处是显而易见的，除了可以避免营养物质的流失和激活休眠芽外，在光秃秃的葡萄树上的芽眼清晰可见，计数和枝条的选留也一目了然。尽管从落叶开始到萌发期间，修剪都可以进行，但那些长势弱的或比较年轻的葡萄，修剪时间晚一点会更好。

除了决定第二年的葡萄产量与品质的冬季修剪之外，在春天和夏天也会进行春剪和夏剪。春剪和夏剪配合疏花疏果，对树体进行调整，改善微气候环境，调整当年的产量。

除了整形和修剪外，其他管理手段还包括抹芽、除萌蘖、掐尖和疏花疏果。

抹芽一般是对早期的幼树进行的小手术，好像计划生育一样，为了塑型、节约养分和促进新梢生长。除萌蘖是为了清理门户，减少萌蘖与浆果争夺养分。掐尖是去除新梢顶端几厘米的部分，掐尖的程度和时间变化较大，花期掐尖是为了提高坐果率，浆果发育过程中的掐尖是为了平衡叶果比例，改变碳水化合物的流向，减少幼叶对光合产物的竞争，使之更多地流向花序或发育中的浆果，还可以改变叶幕微气候环境。疏花疏果是塑造品质的重要辅助手段之一。目的是防止负载量过大，疏花主要参照树体的状况更精细地调整产量；疏果比疏花理论上对于产量的调节更精准。

再回到修剪的实操环节，冬季修剪最常用的几个方法：

短截：对幼树，保留5～8个芽，成年树4～5个芽后短剪，叫短截。掌握每株葡萄树保持6～8个主蔓。但如果全部短枝修剪，尽管可以有效防止枝条向前延伸过快，但短枝修剪留芽量相对较少，枝条基部的芽眼结实率低，可能影响产量。实际操作中，采用长短结合的方式来平衡这个矛盾，即在母枝上形成许多长短枝结合的结果枝组，长稍留6～10个芽，是主要的结果母枝；短稍留2～3个芽，第二年新梢不留果，作为第二年的替换枝。

疏剪：把枝条从基部全部剪除。主要针对过密枝、老弱病虫枝，目的是改善光照和调节营养物质分配，平衡叶果比。

缩剪：把两年生枝条剪去一段保留一段的方法，主要目的是控制树形和结果部位外移扩大。每年冬剪时将第二节以后的部分剪去，选留基部生长健壮的一年生枝作为结果母枝。

人工修剪与机械修剪是当前的两种选择。人工修剪需要根据葡萄的品种特性和气候对树体负载能力的影响，评价葡萄树的健康状况、每个枝条的位置、大小、成熟度，需要修剪人员具备一定的专业技能，随着人工智能的发展，这样的工人可能以后会越来越少，机械修剪会成为主流。机械修剪显然具有可以看得见的优点，如树体更容易成型，管理更简洁，对于短枝修剪的品种更合适。

整形：整形所依据的主要是结果母枝的位置、长度和数量。最常用的整形方式有两种：一种是头状整形，一种是龙干整形(图 9-7)。

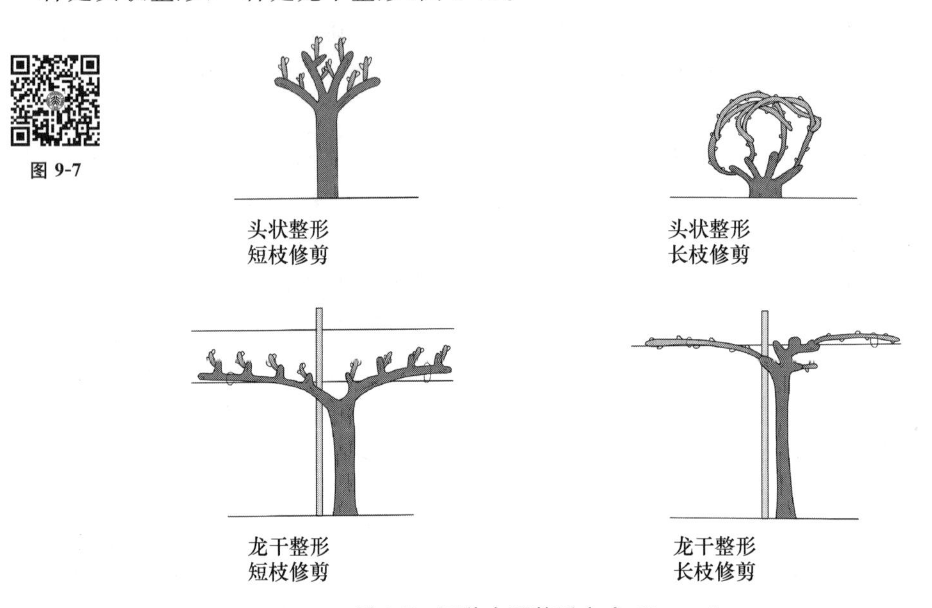

图 9-7　两种主要整形方式(谢一丁 绘)

头状整形是早期的整形方式，将产生结果新梢的长枝或短枝放射状地定位于一个前端膨大的主干上，或主干前端几个放射状排列的短臂上。头状整形可能会带来新梢过多，叶幕过密，导致浆果的品质受损。只是因为简单经济，所以早期流行，尤其是土壤贫瘠、水分缺失的地区。

龙干整形是进化的整形方式，与头状整形相比，是将结果母枝等距离地沿着一定角度排列在主干(龙干)上。大多数情况下，龙干都是沿着水平方向发育且与行向平行，偶尔会以一定角度倾斜或垂直。龙干整形是新世界国家流行的方式，有利于浆果的成熟和品质形成，适宜机械采收和作业，是新建葡萄园的首选。

随着龙干整形方式的普及，葡萄栽培学家和生理学家根据叶幕微气候对浆果品质的影响，总结出龙干整形的几条原则：(1) 如何快速让叶幕表面积/叶幕体积达到最大；(2) 如何让叶幕高度与叶幕之间的比值接近 1；(3) 结果区的叶幕遮阴要最小化；(4) 要有利于机械修剪和采收。

依据这几条原则，目前世界上比较常见的公认较好的整形系统有：

VSP 系统(vertical shoot positioning, VSP)：即新梢垂直定位，外形就像一道绿篱，主要见于欧洲和其他地区，比较广泛，VSP 系统将果实定位于地面以上 1～1.2 米的区域，在叶幕的下方，简化葡萄园的管理，利于机械作业，是酿酒葡萄园最常用的系统。

斯科特-亨利(Scott-Henry)型：是在 VSP 整形系统的基础上变化而来，区别在于新梢的方向，上部长枝上的新梢向上长，下部长枝上的新梢向下长，结果区在叶幕的下部。

斯玛特-戴森(Smart-Dyson)型：是在斯科特-亨利型的基础上发展而来，本质上一样，结果区在叶幕的下部，只是更适合机械修剪。

日内瓦双帘(Geneva double curtain，GDC)型：是一个双边、龙干整形、短枝修剪的系统，新梢全部向下培养，结果区在叶幕的顶端。

七弦琴(lyre)型：是反向的 GDC 型，新梢被培养为两个倾斜的叶幕。

除了上述这些葡萄园的农艺活动和管理决策外，还有一些其他因素影响葡萄原料品质的形成和决定，概括起来，包括天、地、人三个方面，可以用图 9-8 来形象地总结综合影响葡萄酒原料的因素。

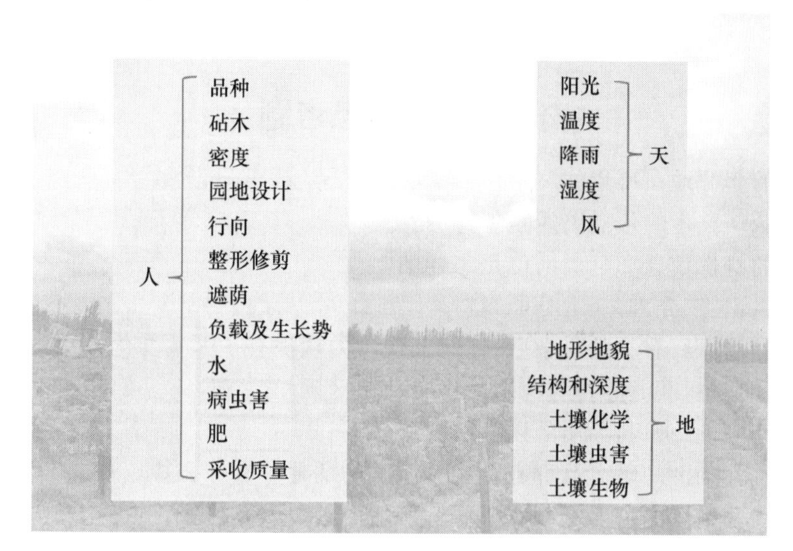

图 9-8

图 9-8　影响酿酒葡萄品质形成和决定的因素(彭宜本 绘)

研究前沿与挑战

葡萄酒原料背后的科学，所面临的挑战和研究前沿主要表现在以下方面：

(1) 有关葡萄的起源，考古学家借助现代仪器和现代分子生物学技术，通过在已有化石、新发现化石或其他古代遗存中寻找和发现我们尚不知道的葡萄在这个世界上的更多、更早的证据，丰富葡萄的起源和历史，这是一个值得期待的事。

(2) 对于葡萄科 17 个属葡萄的野生种质资源的挖掘和利用，可能会一直是一个需要关注的内容，彻底搞清楚有用的葡萄基因资源对于品种培育具有重要的意义，这可能是一项长期且艰巨的工作。

(3) 根据遗传理论，利用野生种的抗病性和欧洲葡萄的优良品质及微效基因抗病性(minor gene resistance)特点，借助现代生物技术培育能抗多种病害且品质优良的葡萄新品种，是一直以来的热点和挑战。

(4) 利用分子设计育种和基因编辑技术来创新酿酒葡萄种质，丰富不同产地最适宜的优良品种，是葡萄产业中具有挑战和前沿的课题之一。

(5) 约 16000 多个葡萄品种，常用的 3000 余个，能酿造好酒的不过区区 50 个。将这 3000 余个栽培品种的遗传信息和密码破解，将对酿酒有用的性状基因转移到优良品种上或创新品种资源，是一件非常值得去做的事。

(6) 葡萄园管理的无人农场模式，智慧农业在葡萄园管理和浆果原料品质塑造中的实现，是未来原料科学领域研究最前沿和最具挑战的课题。

(7) 采收机器人完美兼具人工和机械采收的优点，破解应用于葡萄园采收作业最后一公里的研究是未来的热点。

(8) 何种逆境栽培措施、何种土壤与气候环境能激发这个园区的葡萄品种呈现最好的品质是酿酒葡萄栽培追求的目标。

(9) 对于逆境胁迫与次生代谢产物和葡萄酒品质之间关系的研究是值得深入展开的课题。

阅读理解与思考题

(1) 葡萄的起源地在哪里？

(2) 葡萄栽培技术的传播路线是怎样的？

(3) 葡萄的身份信息和分类地位是怎样的？

(4) 为什么说“三分工艺，七分原料”？

(5) 学习葡萄原料有关的科学后，你对葡萄酒的认识有了哪些变化？

(6) 酿酒葡萄中，欧洲品种与美洲品种有什么区别？

(7) 决定酿酒葡萄原料品质的因素有哪些？

(8) 酿造红葡萄酒的著名品种有哪些？所酿的葡萄酒有什么特点？

(9) 酿造白葡萄酒的著名品种有哪些？所酿的葡萄酒有什么特点？

(10) 现代生物技术的发展对酿酒葡萄产业会带来什么样的影响？

推荐阅读

[1] 杰克逊·罗纳德. 葡萄酒科学——原理与应用：第 3 版[M]. 段长青，译. 北京：中国轻工业出版社，2017.

[2] 基思·格兰杰，黑兹尔·塔特索尔. 葡萄酒生产与质量：第 2 版[M]. 王军，段长青，何非，译. 北京：科学出版社，2019.

[3] 战吉宬，李德美. 酿酒葡萄品种学：第 3 版[M]. 北京：中国农业大学出版社，2022.

[4] 伊恩·塔特索尔，罗布·德萨勒. 葡萄酒的自然史[M]. 乐艳娜，译. 重庆：重庆大学出版社，2018.

参考文献

[1] Anderson K, Aryal N R. Which winegrape varieties are grown where? A global empirical picture [M]. Australia: University of Adelaide Press, 2013.

[2] Bowers J E, Meredith C P. The parentage of a classic wine grape, Cabernet Sauvignon [J]. Nature Genet, 1997,16(1): 84—87.

[3] Bowers J, Boursiquot J M, This P, et al. Historical genetics: The parentage of Chardonnay, Gamay, and other wine grapes of northeastern France [J]. Science, 1999,285(5433): 1562—1565.

[4] Cantu D, Walker M A. The Grape Genome [M]. Cham: Springer International Publishing AG, 2019.

[5] Creasy G L, Creasy L L. Grapes[M]. Oxford: CAB International, 2018.

[6] Dong Y, Duan S, Xia Q, et al. Dual domestications and origin of traits in grapevine evolution[J]. Science, 2023,379(6635): 892—901.

[7] Giancaspro A, Mazzeo A, Carlomagno A, et al. Optimization of an in vitro embryo rescue protocol for breeding seedless table grapes (*Vitis vinifera* L.) in Italy [J]. Horticulturae, 2022,8(2): 121.

[8] Guth H. Quantitation and sensory studies of character impact odorants of different white wine varieties [J]. J. Agric. Food Chem., 1997,45(8): 3027—3032.

[9] Gutiérrez-Gamboa G, Zheng W, de Toda F M. Current viticultural techniques to mitigate the effects of global warming on grape and wine quality: A comprehensive review [J]. Food Res. Int., 2021, 139: 109946.

[10] Kerridge G H, Antcliff A J. Wine grape varieties [M]. Australia: Csiro publishing, 1999.

[11] Li-Mallet A, Rabot A, Geny L. Factors controlling inflorescence primordia formation of grapevine: Their role in latent bud fruitfulness? A review [J]. Botany, 2016,94(3): 147—163.

[12] Magris G, Jurman I, Fornasiero A, et al. The genomes of 204 *Vitis vinifera* accessions reveal the origin of European wine grapes [J]. Nat. Commun., 2021,12(1): 1—12.

[13] Matsuta N, Hirabayashi T. Embryogenic cell-lines from somatic embryos of grape (*Vitis vinifera* L.) [J]. Plant Cell Reports, 1989(7): 684—687.

[14] Migicovsky Z, Sawler J, Gardner K M, et al. Patterns of genomic and phenomic diversity in wine and table grapes [J]. Hortic. Res., 2017,4: 17035.

[15] Myles S, Boyko A R, Owens C L, et al. Genetic structure and domestication history of the grape [J]. Proc. Natl. Acad. Sci., 2011,108(9): 3530—3535.

[16] Ren C, Liu Y F, Guo Y C, et al. Optimizing the CRISPR/Cas9 system for genome editing in grape by using grape promoters [J]. Hortic. Res., 2021,8(1): 52.

[17] Bramley R G V. Managing Wine Quality. Volume 1. Viticulture and Wine Quality [M]. UK: Woodhead Publishing, 2021.

[18] Ruiz J, Kiene F, Belda I, et al. Effects on varietal aromas during wine making: A review of the impact of varietal aromas on the flavor of wine [J]. Appl. Microbiol. Biotechnol., 2019, 103(18): 7425—7450.

[19] Wang Y J, Li Y S, Wang X Q, et al. The effect of climate change on the climatic regionalization of wine grapes in Northeast of China [C]// IOP Conference Series: Earth and Environmental Science. UK: IOP Publishing, 2020, 559(1): 012008.

[20] Zhou Y F, Massonnet M, Sanjak J S, et al. Evolutionary genomics of grape (*Vitis vinifera* ssp. *vinifera*) domestication [J]. Proc. Natl. Acad. Sci., 2017,114(44): 11715—11720.

[21] 贺普超. 葡萄学[M]. 北京：中国农业出版社,1994.

[22] 李华,王华. 中国葡萄气候区划[M]. 咸阳：西北农林科技大学出版社, 2015.

[23] 孟聚星,张国海,樊秀彩,等. 中国葡萄野生种的分布调查分析[J]. 植物遗传资源学报,2020,21(06): 1539—1548.

第 三 部 分

工艺背后的科学

第十章　引　　言

当我们通过有方向、有目标的栽培管理，获得了酿造葡萄酒的优质葡萄原料之后，接下来就是如何将优质葡萄变成优质葡萄酒。

从葡萄到葡萄酒的过程，是完美展现原料的优秀品质的过程。经过几千年的发展和完善，每一步的工艺相互协同、前后呼应，致力于将原料的优秀变成葡萄酒的优秀。

如果将从葡萄到葡萄酒的工艺过程比作是一部音乐剧，它的前奏是对酿酒原料中影响葡萄酒品质的成分进行控制，前奏的主旋律是基于要酿造的葡萄酒种类（如干红、干白、起泡葡萄酒、晚采甜酒、冰酒等），如何满足其对葡萄原料成分组成和比例的要求。如雷司令/小芒森早采可以酿造干白，而晚采可以酿造甜酒等，何时采摘呢？则需要由酿造的酒的类型和风格来确定。

将高质量的葡萄原料变成葡萄汁/葡萄醪，启动发酵之前，是从葡萄到葡萄酒音乐剧的序曲，序曲的核心是将原料中的品质成分尽可能地转入或带入发酵阶段。序曲之后，就进入发酵阶段，开启原酒的生产。葡萄汁/葡萄醪经过不同的工艺过程，在酿酒师的指挥下，一步一步变成葡萄原酒。这些工艺过程，如云兴起、如雪飘落，就像一首交响曲，永恒的旋律和目标是最大限度地发挥原料特征并将原料的优秀品质在葡萄酒中完美地呈现。

在原酒生产阶段，葡萄原料质量表现好的年份，酿酒师会尽可能地将原料中所有潜在的优秀品质成分和因子通过工艺与技术手段挖掘、激发出来，使其在葡萄酒中得到最佳的表现，将原料的优秀转为葡萄酒的优秀。如果年份不好，原料品质没有那么理想，这时候就需要酿酒师的技艺和智慧，如 2012 年的波尔多春季雨水偏多、温度较低，夏季提前到来，天气炙热，造成波尔多地区的葡萄成熟度不一致，还引起霉病的流行。在这种情况下，如何通过技术手段和方法，尽可能地降低和去除这些不好的因子对葡萄酒品质的负面影响，尽量生产出好的葡萄酒，是对酿酒师理念和技术的一个考验。所以这些原料生产不理想的年份，通常也叫“看酿酒师的年份”。

而酵母等微生物，在从葡萄到葡萄酒的过程中，扮演着不可或缺的重要角色。它们伴随着交响曲的节奏，或明或暗，时而轻柔，时而激昂，步调一致地伴奏着协奏曲，它们为更完美地诠释原料的优秀这个主旋律而认真地演绎着每一个音符，吸引着酿酒师的注意。

从原酒到最后的美酒，在酿酒师的指挥下，通过陈酿或调配，体现出酿酒师的风格和原料与产品的特点，宛如最后的大合唱。从葡萄到葡萄酒，从原料的优秀到葡萄酒的优秀，通过酿酒师，一步一步地呈现和演绎，既有工艺背后的科学，也有酿酒师的艺术，是原料、工艺与酿酒师共同演绎的一部美妙而伟大的作品。

第十一章　前奏：原料的成分与质量控制

11.1　原料的主要成分及扮演的角色

葡萄酒的品质成分绝大部分来自原料，了解原料的主要成分及其在葡萄酒中所扮演的角色，是葡萄酒科学的主要内容之一。而葡萄酒原料是酿酒葡萄的浆果，所以浆果的主要成分就构成了原料的品质，原料的质量最终成就葡萄酒的品质。了解酿酒葡萄浆果中影响葡萄酒品质的主要成分及它们在葡萄酒中所扮演的角色，是成为懂葡萄酒的人需要学习的基础知识。

我们重点介绍酿酒葡萄原料中那些影响葡萄酒品质的主要成分，包括糖类物质、酸类物质、多酚类物质、芳香物质、矿物质、含氮化合物、维生素、果胶、酶等，这些来自原料中的成分，对葡萄酒的品质至关重要。

11.1.1　糖类物质

糖是葡萄利用水和二氧化碳通过光合作用合成的具有多种化学结构和生物功能的一类有机化合物，我们时常所说的碳水化合物，是糖的别名，这个别名是因为一些糖的分子中氢和氧的原子数之比与水分子的氢和氧原子数之比相同，都是 2∶1，所以被人们误以为这类物质是碳和水的化合物，这才有了把糖类物质称为碳水化合物的习惯。但这个俗称是不科学的，因为并不是所有的糖都遵守这个 2∶1 的规则，如鼠李糖（$C_6H_{12}O_5$）就不是 2∶1，而是 12∶5；也有些不是糖的物质，氢和氧原子数之比反而是 2∶1，如甲醛（CH_2O）、乙酸（$C_2H_4O_2$）和乳酸（$C_3H_6O_3$）等。

糖分为单糖、双糖和多糖等。影响葡萄酒质量的主要是葡萄原料中的单糖葡萄糖和果糖，它们存在于浆果的果肉中，是葡萄酒酿造时酒精发酵的基质，也是葡萄酒重要的呈味物质。

葡萄酒需要通过酵母发酵，将糖转变为酒精，酵母利用的糖主要是葡萄糖和果糖，所以葡萄糖和果糖又叫可发酵糖。而且酵母会优先利用葡萄糖，这样随着发酵的进行，发酵的葡萄醪中葡萄糖与果糖的比值就会逐渐下降，发酵快结束时，葡萄醪中的糖主要是果糖。

最常见的欧亚种酿酒葡萄品种的葡萄果肉中积累少量的蔗糖，而北美品种和欧美杂交品种的葡萄汁中，则存在较多的蔗糖。蔗糖是由一分子果糖和一分子葡萄糖构成的双糖，在发酵过程中被蔗糖酶水解为果糖和葡萄糖，成为可发酵糖而被利用，这三种糖的甜度关系依次为：果糖＞蔗糖＞葡萄糖。

在葡萄浆果发育的早期，果肉中的糖主要是葡萄糖，到成熟期后，果糖快速积累，到完熟期，浆果内的果糖和葡萄糖含量差不多，接近 1∶1。在原料背后的科学中，我们介绍过葡萄浆果的发育过程呈双 S 曲线特征，糖从缓慢生长期开始积累，到第二次快速生长期，糖会急剧地增加，到浆果成熟时，含糖量可达到 150～300 克/千克。品种、栽培方式、小气候和采收时间不同，葡萄浆果的含糖量也会不同。

葡萄酒发酵利用的糖主要是原料中的糖成分。对于是否可以添加外源糖来进行发酵，这是一个一直存在不同看法的问题。有人认为这是作弊行为，也有人认为对于某些品种来说，加糖是正常的，在一些寒冷的地区（比如德国和美国的东北部），加糖是很有必要的，否则葡萄中的自然糖分不足以用来达到理想的酒精度。就目前而言，阿根廷、澳大利亚、葡萄牙、西班牙和意大利等国的葡萄酒不允许添加外源糖；而法国、德国、英国、加拿大、美国和新西兰等国的部分产区允许额外加糖，但对加糖剂量控制得十分严格。我国国家标准《葡萄酒》（GB/T 15037—2006）规定葡萄酒酿造不允许加糖，2017 年修订新葡萄酒国家标准征求意见时，曾有专家提出新的国家标准中建议允许葡萄酒外加糖，但添加糖应不超过 2%酒精度。有意思的是，澳大利亚在 2021 年修订葡萄酒标准的时候，允许向葡萄汁中额外添加水来稀释葡萄汁中过高的含糖量，含糖量过高易导致酵母启动发酵慢、发酵易出现停滞、发酵时间长、酿造的葡萄酒酒精度过高等问题。除澳大利亚的葡萄酒产业面临这一问题外，现在全球气温变暖，将会有越来越多的优质葡萄酒产区面临这一问题。

11.1.2　酸类物质

大多数有机酸是指含有碳链且至少有一个酸性羧基（—COOH）的弱酸，广泛地存在于葡萄等植物中。葡萄中含有大量的有机酸，含量可达 10 克/千克甚至更多。有机酸影响葡萄酒的口感，如果葡萄酒中的有机酸含量过低，葡萄酒就寡淡无味；含量过高，葡萄酒显得粗糙；适量的有机酸，才会使葡萄酒清爽适口。葡萄酒中的有机酸主要来自浆果原料，因此原料中有机酸的种类与含量也和糖一样，对葡萄酒的最后品质具有重要的意义。

葡萄浆果中的有机酸主要为酒石酸、苹果酸和柠檬酸三种（图 11-1）。酒石酸和苹果酸在浆果转色前形成并积累，以游离酸和有机酸盐的形式存在于果肉中，其含量随着浆果成熟和糖积累而降低。葡萄汁中有机酸的含量多少主要取决于这三种有机酸的含量，其中酒石酸和苹果酸又是最主要的有机酸，占到 70%～90%。通常情况下，发酵前葡萄汁中的有机酸含量为 4～10 克/升（以酒石酸计），品种、气候、栽培条件会影响有机酸的含量。一般而言，同一葡萄品种在气候冷凉的产区，其含酸量会比在炎热产区的高。因而，在凉爽的产区，葡萄酒酿造过程中需要采取适当的方法来降低酸度，而在一些温暖的产区，则需要适当增加酸度。

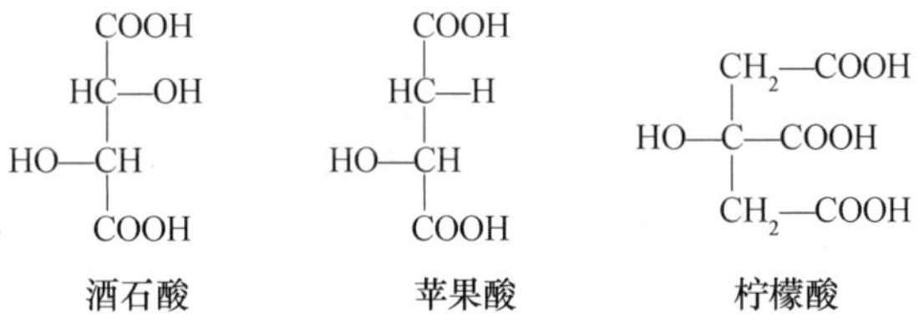

```
     COOH              COOH
      |                 |
    HC—OH             HC—H            CH2—COOH
      |                 |              |
HO—CH             HO—CH          HO—C—COOH
      |                 |              |
     COOH              COOH           CH2—COOH
    酒石酸             苹果酸           柠檬酸
```

图 11-1　浆果原料中三种主要有机酸的分子式（谢一丁 绘）

酒石酸（2,3-二羟基丁二酸）为葡萄酒中的特征有机酸，是葡萄中最强的有机酸，有两个相邻的羟基，以酒石酸氢钾和酒石酸钙两种盐形式存在，这两种盐的溶解度较低，在葡萄酒中容易形成酒石沉淀。所以，酒石酸是一种可引起葡萄酒不稳定的重要有机酸。

苹果酸（羟基丁二酸）的重要性仅次于酒石酸，有两个酸根，第一个酸根的电离度只有酒石酸的 1/3，第二个酸根只有 1/6，所以苹果酸的酸性比酒石酸要小得多，易溶于水和乙醇，具有尖锐的酸味。在葡萄酒酿造过程中，常通过接种乳酸菌进行苹果酸-乳酸发酵，将苹果酸转化为乳酸来降低葡萄酒中的酸度。

柠檬酸(2-羟基-1,2,3-丙烷三羧酸)的酸味非常可口,它有三个酸根,第一个酸根的电离度与酒石酸的第一个酸根类似,第二个酸根只有酒石酸的1/2,但比苹果酸大三倍,第三个酸根不发生电离。仅就酸度而言,这三种有机酸的酸度依次为:酒石酸>柠檬酸>苹果酸。

在葡萄酒中,有机酸的存在,除对葡萄酒的味道(尤其是酸味)有直接影响外,还决定了葡萄酒的pH,进而影响葡萄酒的外观(如红葡萄酒的色泽)、微生物的稳定性和化学稳定性。

11.1.3 多酚类物质

多酚是具有苯环并结合多个羟基化学结构的物质总称,主要通过莽草酸和丙二酸途径合成,是葡萄等植物体内重要的次生代谢产物,是葡萄和葡萄酒的感官品质和营养品质的主要决定因素。葡萄酒中的多酚类化合物绝大多数来源于葡萄浆果。多酚不同于糖和酸,在果肉和果汁中含量非常低,它们主要存在于浆果的果梗、果皮和种子中,其中果梗和种子分别含葡萄果穗总酚的20%和20%~55%,其余部分存在于果皮中。多酚的种类和含量受品种、气候和栽培管理等因素的影响。一般而言,红葡萄的总酚浓度比白葡萄的高,又由于工艺的不同,红葡萄酒是采用带有果皮和种子的葡萄醪酿造而成,而白葡萄酒是用葡萄压榨出来的清汁发酵而成。因此,红葡萄酒中的多酚含量一般高于白葡萄酒。葡萄酒的多酚含量差异极大,但总体而言,多酚在白葡萄酒中的含量大约为200毫克/升没食子酸当量,而在适宜饮用的红葡萄酒中大约为2000毫克/升没食子酸当量,而在某些新酿造的红葡萄酒中能达到3500毫克/升,甚至更高,但往往此时的葡萄酒口感非常涩,比较粗糙,需要经过陈酿来使其达到最佳饮用状态。

葡萄穗梗和果梗一样,也含有部分多酚。葡萄酒原料在处理时,大多数情况下会去掉果梗和穗梗再发酵,进入葡萄酒中的多酚主要来自果皮和种子。但也有一些有追求和想法的酿酒师,喜欢部分或全部带上果梗和穗梗发酵,这个操作主要就是看中了穗梗和果梗中的多酚。如法国勃艮第的黑比诺和法国南部的西拉,酿酒师有时就会选择部分带梗或全部带梗发酵,而格鲁吉亚最有名的陶罐酒,也是采取带梗且不破碎直接入罐的方法发酵而成。

多酚是一大类物质,根据结构,一般分为类黄酮和非类黄酮。类黄酮,指两个苯环通过三个碳原子相互连接而成的一系列化合物,即具有 $C_6—C_3—C_6$ 结构的一类化合物的总称(图11-2)。葡萄中的类黄酮主要包括花色苷、黄酮醇、黄烷-3-醇单体及其聚合物原花青素等;葡萄中的非类黄酮主要包括酚酸、芪类化合物等。葡萄和葡萄酒中存在种类和含量均丰富的多酚,其不仅对葡萄和葡萄酒的感官品质起着重要的作用,还是葡萄酒被世界卫生组织誉为"十大健康食品"的主要原因。葡萄和葡萄酒及其中的多酚成为食品营养与健康领域的研究热点。

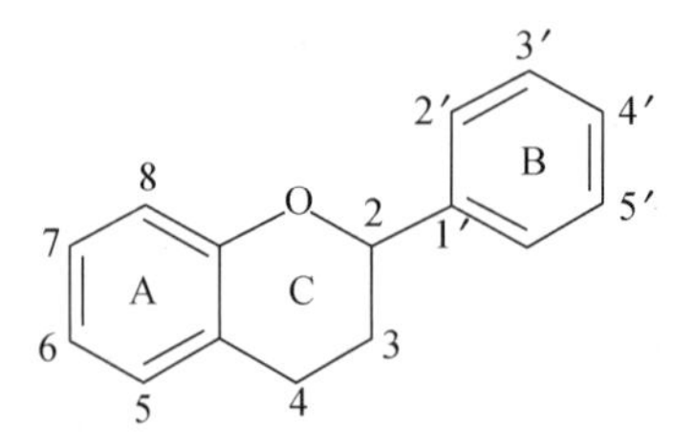

图11-2 具有 $C_6—C_3—C_6$ 结构的类黄酮核心结构(谢一丁 绘)

11.1.3.1　类黄酮

1. 花色苷

花色苷是红色葡萄、黑色葡萄及红葡萄酒中的呈色物质，是花色素糖基化的产物。在欧亚种酿酒葡萄中，花色苷主要存在于葡萄果皮中，另外也存在于一些染色品种如紫北塞（Alicante Bouschet）、泰图里（Teinturier）和烟 73（Yan 73）的果肉中。花色苷具有 $C_6—C_3—C_6$ 结构，其中包括芳香环 A，连接 A 环的杂环 C，以及与 C 环通过碳碳键相连的芳香环 B（图 11-3）。花色苷是由花色素（自然界不止 6 类）在花色素-3-*O*-葡萄糖基转移酶下对 C 环上 3 位和 A 环上 5 位或 7 位的羟基催化糖苷化形成。与花色素相连的葡萄糖可以在其 C6 位上通过酯化进一步发生取代，取代基是乙酰基或香豆酰基，也有少量的咖啡酰基。在欧亚种葡萄中，花色苷的最主要形式是 3-*O*-葡萄糖苷，在美洲种等一些非欧亚种葡萄中也存在 3，5-*O*-双葡萄糖苷。

在自然界中目前已报道了 540 余种花色苷。但葡萄和葡萄酒中的花色苷最主要的有 5 种（图 11-3），分别为花翠素-3-*O*-葡萄糖苷、花青素-3-*O*-葡萄糖苷、甲基花翠素-3-*O*-葡萄糖苷、甲基花青素-3-*O*-葡萄糖苷和二甲花翠素-3-*O*-葡萄糖苷。它们的区别主要在于花色素 B 环上取代基的数目及类型的差异。此外，花葵素也存在于欧亚种葡萄及葡萄酒中，但其含量相比于其他花色苷极低，因此常认为葡萄和葡萄酒中的花色苷主要是 5 种。在大多数红葡萄和红葡萄酒的花色苷中，二甲花翠素-3-*O*-葡萄糖苷及其衍生物占主导地位。

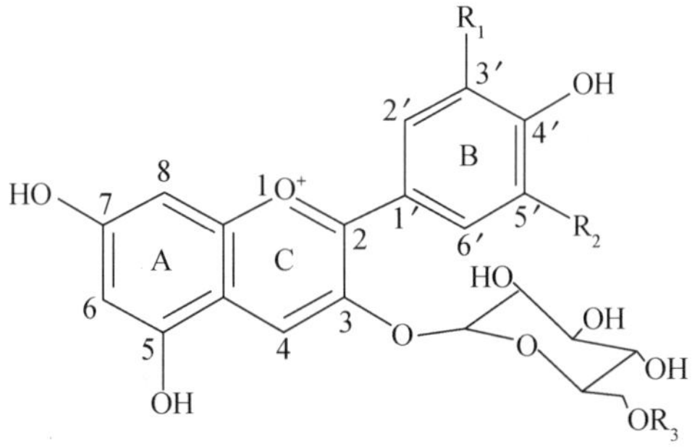

序号	中文名	英文名	R_1	R_2	R_3
1	花翠素	delphinidin	—OH	—OH	
2	花青素	cyanidin	—OH	—H	
3	花葵素	pelargonidin	—H	—H	
4	甲基花青素	peonidin	$—OCH_3$	—H	
5	甲基花翠素	petunidin	$—OCH_3$	—OH	
6	二甲花翠素	malvidin	$—OCH_3$	$—OCH_3$	
7	乙酰化基因	-acetyl			乙醛
8	香豆酰化基因	-*p*-coumaroyl			对香豆酸
9	咖啡酰化基因	- caffeoyl			咖啡酸

图 11-3　欧亚种葡萄与葡萄酒中花色苷的结构与种类（游义琳 绘）

花色苷虽然对味觉的直接影响微乎其微，但其是红葡萄酒带给品鉴者视觉享受的最重要的呈色物质，并且一般而言，质量较好的红葡萄酒通常都含有较高水平的花色苷。花色苷之所以呈现出红色，是其独特的 $C_6—C_3—C_6$ 所形成的广阔 10π 电子共轭结构使其在绿色波长(520 nm)范围具有光谱吸收,从而呈现出互补色红色。花色苷颜色与其结构有关,随B环结构中羟基数目的增多,颜色向蓝紫色增强的方向移动;随B环结构中甲氧基数目的增多,颜色向红色增强的方向移动。除结构外,pH也是影响花色苷呈色特性的重要因素,在不同的pH下花色苷呈现出不同的形式,故其颜色也不同,这也是植物能够展现多彩颜色的原因之一。在酸性介质中,花色苷呈红色(当pH>4时,呈淡紫色至蓝色);在中性或碱性介质中,花色苷呈黄色。葡萄酒的pH一般介于3～4,因而呈现紫红色至红色。然而,对于新鲜红葡萄酒的颜色影响最大的因素不是pH,而是游离二氧化硫的量,二氧化硫是一种高效且可逆的花色苷漂白剂。

花色苷的合成始于葡萄的转色期的启动,其含量和组成取决于葡萄品种、气候及栽培条件。如黑比诺,其酿造出的酒为红葡萄酒中呈色较浅的,还被证明不具有合成酰基化花色苷的能力。不同红葡萄品种中花色苷含量差异很大,一般在200～6000毫克/千克。即使是同一品种,在不同年份、不同栽培措施下花色苷含量也不相同,如疏果、疏穗和摘叶措施等被报道能够提高浆果中花色苷的含量。气候和栽培措施可以影响并调节花色苷合成基因的表达,进而造成花色苷含量积累的不同。

上述介绍的葡萄原料中的花色苷被称为单体花色苷,它们是红葡萄酒的主要成分(接近1000毫克/升),但在葡萄醪发酵、陈酿和瓶储过程中这些单体花色苷会进一步与单宁和其他葡萄酒成分进行反应,形成花色苷的衍生物(也常被称为聚合色素),使得葡萄酒从紫红色变为砖红色或橙红色。

2. 黄酮醇

黄酮醇广泛存在于植物中,一般以糖苷形式存在于包括葡萄在内的植物中,分布在葡萄的果皮中。黄酮醇是葡萄和葡萄酒中重要的类黄酮物质,在C_6—C_3—C_6核心结构的C4位置上有一个羰基,C2和C3之间有不饱和键,以及在C3位置上有一个羟基。

构成葡萄中黄酮醇的主要苷元包括槲皮素、杨梅酮、山萘酚和西伯利亚落叶松黄酮,通常还有少量的异鼠李素和丁香亭(图11-4)。葡萄中黄酮醇的主要糖苷包括3-*O*-葡萄糖苷

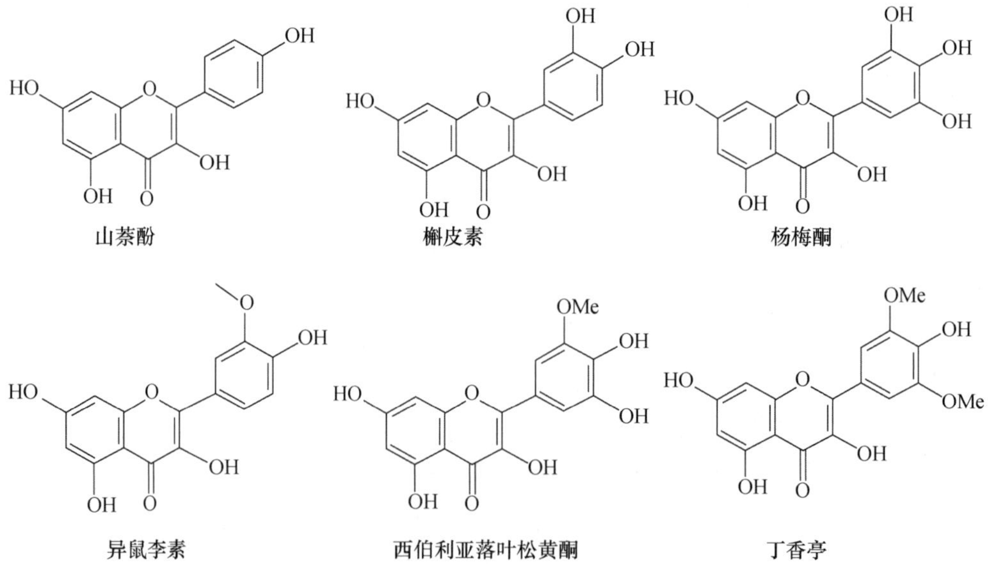

山萘酚　　槲皮素　　杨梅酮

异鼠李素　　西伯利亚落叶松黄酮　　丁香亭

图11-4　葡萄和葡萄酒中黄酮醇苷元(游义琳 绘)

和 3-*O*-葡萄糖醛酸苷。黄酮醇的合成始于坐果，并在成熟过程中持续合成和积累，其组成和含量也受葡萄的品种和生长条件等影响，其含量一般在 1～80 毫克/千克。在大多数葡萄中，杨梅酮和槲皮素为含量最高的黄酮醇苷元（约 12 毫克/千克），其余 4 种苷元含量相对较低（1～2 毫克/千克）。黄酮醇的合成尤其与光照密切相关，已有大量研究发现，葡萄浆果中黄酮醇的含量与曝光程度相关，增加葡萄果穗的曝光能够显著上调黄酮醇合成酶基因的表达，进而增加黄酮醇的含量。黄酮醇主要存在于葡萄浆果的表皮和外层真皮的细胞液泡中，且黄酮醇在 360 nm 有最大的紫外吸收，表明葡萄等植物合成这些化合物可能是将其作为天然防晒剂，用于防御紫外线的损伤。

黄酮醇作为葡萄和葡萄酒中重要的多酚类物质，其可作为重要的辅色素，与花色苷结合共同影响葡萄和葡萄酒的颜色和口感。一般而言，黄酮醇呈一定的苦和涩的味道，但是对于其在葡萄酒中的含量水平对葡萄酒的风味具有多大的贡献，现在仍无定论。葡萄酒中的黄酮醇主要来自葡萄原料，其浓度取决于发酵工艺中对于葡萄果皮的浸提效果，所以白葡萄酒中黄酮醇的含量一般比红葡萄酒的低。

3. 黄烷-3-醇

黄烷-3-醇是葡萄等植物中含量最丰富的类黄酮化合物，主要分布在浆果种子、果皮和果梗中。黄烷-3-醇中的黄烷指饱和碳环，“-3-醇”指的是醇羟基位于 C3 位置（图 11-2）。

在葡萄中已发现 7 种不同的黄烷-3-醇单体，包括儿茶素、没食子酸儿茶素、没食子酸儿茶素没食子酸酯、表儿茶素、表没食子酸儿茶素/表棓儿茶素、表儿茶素没食子酸酯和表没食子酸儿茶素没食子酸酯（图 11-5）。在葡萄浆果中存在少量的单体，大部分黄烷-3-醇以寡聚体和多聚体的形式存在，这些聚合物被称为原花青素，也叫缩合单宁。它们在葡萄浆果中的分布因品种而异，在种子、果皮和梗中的种类和含量也有差异。黄烷-3-醇及其聚合物在葡萄籽、果梗和果皮中分别约占 60%、20%和 20%。通常种子中的没食子酸酯较高，而表没食子酸儿茶素则主要存在于葡萄果皮中。

葡萄中的原花青素的含量在 0.5～1.5 克/升，葡萄酒中的黄烷-3-醇来自浆果，随着发酵进程而被浸提出来，红葡萄酒中的黄烷-3-醇及其聚合物的含量通常不足葡萄中含量的一半。又由于酿造工艺的差异，同样，黄烷-3-醇及其聚合物在白葡萄酒中的浓度远低于红葡萄酒中的浓度。赤霞珠葡萄酒中儿茶素和表儿茶素的浓度为 37～80 毫克/升，通常以儿茶素为主，而表没食子酸儿茶素、没食子酸儿茶素和表儿茶素没食子酸酯等则少量存在于葡萄酒中。黄烷-3-醇单体具有苦味和涩味，随着聚合度增加到二聚体和三聚体，苦味降低，涩味增强。在葡萄酒陈酿过程中，它们能与花色苷结合产生辅色现象，具有改善葡萄酒色泽、稳定色素作用。

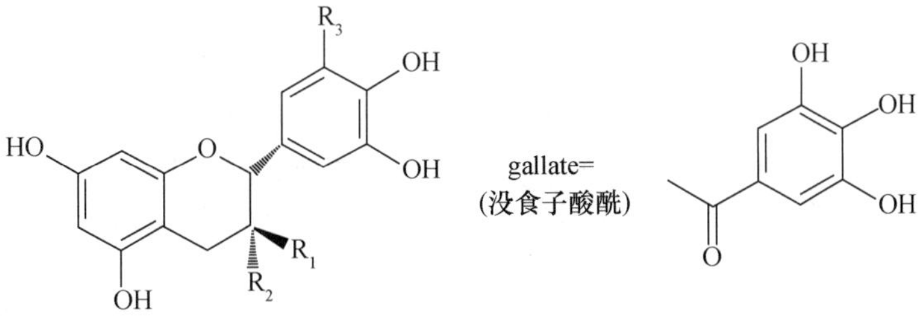

R_3 OH HO O OH R_1 R_2 OH gallate=（没食子酸酰） OH OH OH O

图 11-5　葡萄和葡萄酒中黄烷-3-醇单体的化学结构（游义琳 绘）

序号	中文名	英文名及简写	R_1	R_2	R_3
1	儿茶素	catechin(CAT)	—OH	—H	—H
2	没食子酸儿茶素	gallocatechin(GC)	—OH	—H	—OH
3	没食子酸儿茶素没食子酸酯	gallocatechin-3-*O*-gallate(GCG)	-*O*-gallate	—H	—OH
4	表儿茶素	epicatechin(EC)	—H	—OH	—H
5	表没食子酸儿茶素	epigallocatechin(EGC)	—H	—OH	—OH
6	表儿茶素没食子酸酯	epicatechin-3-*O*-gallate(ECG)	—H	-*O*-gallate	—H
7	表没食子酸儿茶素没食子酸酯	epigallocatechin-3-*O*-gallate(EGCG)	—H	-*O*-gallate	—OH

图 11-5(续) 葡萄和葡萄酒中黄烷-3-醇单体的化学结构(游义琳 绘)

4. 单宁

单宁最早是一个制皮业的专业用语，这类化合物能够作为很好的鞣制，使动物的皮毛被加工成皮革。这一词汇慢慢扩展到整个植物多酚领域。葡萄酒中存在的单宁有两种：一种为源于葡萄浆果的缩合单宁，另一种为水解单宁，在常用于酿酒的欧亚种葡萄中尚未发现水解单宁，但其存在于橡木和圆叶葡萄中，因此葡萄酒中的水解单宁全部来源于陈酿时所用的橡木桶及其他外源添加。缩合单宁是儿茶素类聚合多酚，由黄烷-3-醇聚合形成的复杂聚合物，构成葡萄中缩合单宁的 7 个基本单元如图 11-5 所示。缩合单宁在酸性介质中加热可产生花青素，因此又被称作原花青素，其结构、聚合度、性质对葡萄原料的质量和葡萄酒的风味具有决定性的作用。单宁主要存在于浆果的果皮、种子和果梗中。果皮中单宁的结构和组成与其他部位的单宁有较大的区别，果皮中的单宁主要由儿茶素、表儿茶素、表儿茶素没食子酸酯及少量的表没食子酸儿茶素等组成，含量为 0.5%～4.0%，平均聚合度为 3.4～83.3，其聚合度随浆果发育的进程而增加。而种子中的单宁主要为(+)-儿茶素和(−)-儿茶素，浆果转色期的含量最高，如赤霞珠种子中可含(1846.2±20.8)毫克/100 克，霞多丽种子中可含(979.2±12.0)毫克/100 克，而这两个品种果皮中的单宁含量为(24.0±1.4)毫克/100 克和(4.7±0.2)毫克/100 克，差别巨大。种子中单宁的平均聚合度较果皮中的低，为 4.7～17.4。此外，葡萄的果梗也含有丰富的单宁，多由表儿茶素组成，无酯化，平均聚合度为 2.3～16.7，对于部分带果梗发酵的葡萄酒而言具有重要的意义。

单宁对于葡萄和葡萄酒风味的影响，除了与其含量相关外，还与其结构密切相关。不同品种、不同气候下、不同成熟度和不同来源的单宁的结构差异非常大，主要表现在羟基数目、羟基在芳香环上的位置、吡喃环上不对称碳原子的立体化学结构、基本结构之间的连键数目和类型等均存在不同。一般而言，当平均聚合度小于 10 时，收敛性随着聚合度的增加而增强；而当平均聚合度大于 10 时，收敛性则随着聚合度的增加而降低。葡萄种子中的单宁聚合度相对较小，过多进入葡萄酒中常被认为可能引起葡萄酒单宁粗糙的口感，酿酒过程中为了避免过多的种子中的单宁进入葡萄汁影响后续葡萄酒的品质，通常会在原料处理(破碎、压榨)与发酵过程中尽量不破碎种子和控制浸渍时间。

单宁独特的个性为每一个酿酒师所熟知：① 在酒精中比在水中溶解度大，因此随着发酵的进行，原料中的缩合单宁会溶解在葡萄酒中，随着酒精度的增加，单宁也会越来越多。② 具有收敛性，我们品酒时感觉到的涩味，就是葡萄酒中的单宁，它决定葡萄酒的层次感。

如果单宁过多，口感会受到影响。③ 具有较强的抗氧化功能。单宁易被氧化，在氧化条件下可延迟其他物质的氧化，这个特点使其可降低葡萄酒变质的速度，有利于葡萄酒的成熟和醇香的形成。但凡事有利就会有不利的一面，如氧化作用可促进醌的形成，导致葡萄酒颜色变黄，进一步可能褐变。④ 可与蛋白质发生絮凝反应，有利于葡萄酒的澄清，葡萄酒下胶过程中经常用到这个特性。⑤ 葡萄酒中的铁破败病是单宁与铁发生反应，形成不溶性化合物导致的。⑥ 可与色素结合，形成稳定的色素物质，使葡萄酒的颜色不再随 pH 的改变而改变。还可与多糖、酒石酸等结合，改变葡萄酒的口感。⑦ 具有一定的抗菌作用，能抑制某些病原微生物的繁殖。也可通过解聚恢复为简单酚。⑧ 橡木桶陈酿后的葡萄酒，还会有来自橡木桶的水解单宁。

单宁决定了葡萄酒的格调，被认为是葡萄酒特别是红葡萄酒的灵魂，对于葡萄酒品质的重要性不言而喻，从而受到每一位酿酒师的高度重视。

11.1.3.2　非类黄酮

1. 酚酸

酚酸是葡萄及葡萄酒中最主要的非类黄酮物质，作为一种次生代谢产物广泛存在于植物体中，这类化合物具有一个苯核。酚酸类物质与葡萄的生长发育和抗性密切相关，主要存在于葡萄浆果果肉和果皮的液泡中，主要为羟基苯甲酸和羟基肉桂酸及其衍生物。葡萄和葡萄酒中主要存在有对羟基苯甲酸、原儿茶酸、龙胆酸、水杨酸等 7 种羟基苯甲酸，以及香豆酸、咖啡酸和阿魏酸 3 种羟基肉桂酸。在葡萄浆果中 20%～25%的酚酸以游离态形式存在，其余主要以结合态形式存在，如与酒石酸结合形成酒石酸酯类。酚酸在葡萄酒中会与乙醇发生酯化反应而产生部分乙酯等，还能与糖、多种醇和其他有机酸结合。在果胶甲基酯酶存在和发酵的过程中，这些结合态的酯会发生水解，进而产生游离态的酚酸单体。

羟基肉桂酸是自流葡萄汁和白葡萄酒中主要的多酚成分，且其含量高于羟基苯甲酸的含量。由于酚酸主要存在于葡萄浆果果肉中，非常容易被浸出而进入葡萄酒中，其在干红葡萄酒和干白葡萄酒中的含量相近。但由于没食子酸主要来自缩合单宁和水解单宁的没食子酸酯水解，所以一般带皮渣发酵和经过橡木桶陈酿的葡萄酒中没食子酸含量相对较高。酚酸对于葡萄酒（尤其是干白葡萄酒）的颜色和口感贡献非常大，酚酸是多酚氧化酶的底物，被氧化后呈黄色，适当的含量赋予干白葡萄酒金黄色，随着时间延长氧化加剧导致褐变。据报道，高浓度的酚酸在浓度超过感官阈值的情况下呈现苦味和涩味，进而赋予葡萄汁和葡萄酒一定程度的收敛感，但也有研究发现这些化合物在葡萄酒中的浓度低于其感官阈值。

2. 芪类化合物

除酚酸外，葡萄中还存在一类重要的非类黄酮物质——芪类化合物。白藜芦醇是葡萄原料和葡萄酒中这类化合物的代表，由于它所具有的健康作用被人们越来越多的了解，对于白藜芦醇的研究也成为葡萄酒科学的一个热点。

白藜芦醇是葡萄植株响应葡萄孢属感染和其他真菌侵染时而产生的一类次生代谢物，以糖苷化形式存在。它是由二苯乙烯合成酶合成的芪类化合物，具有顺式和反式两种结构（图 11-6），顺式和反式白藜芦醇均具有抗氧化性能，能够阻止低密度脂蛋白的氧化。有研究表明，1.2 毫克/升的白藜芦醇可使血小板凝集的抑制率达到 80%，对于预防血栓病和心血管疾病、防癌、抗病毒及免疫调节等都具有潜在的意义，可作为延缓衰老、调节血脂、改善肠胃功能和美容等功效产品的活性成分。

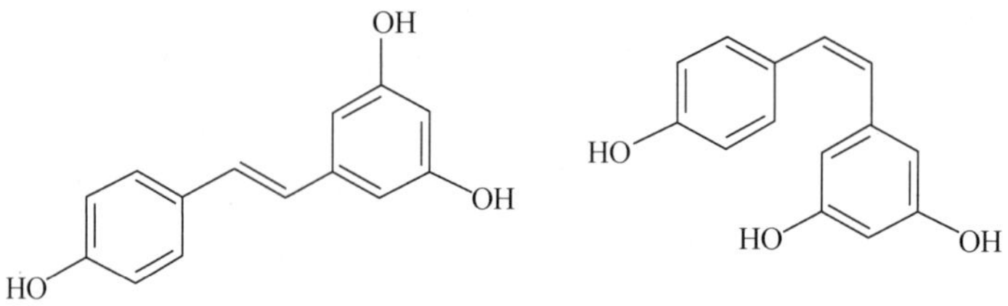

图 11-6 白藜芦醇的结构(谢一丁 绘)

白藜芦醇主要存在于葡萄浆果的果皮中,果皮里的白藜芦醇通过浸渍和发酵进入葡萄酒中。因此,带皮发酵的红葡萄酒中的白藜芦醇含量要显著高于去皮渣发酵的白葡萄酒;红葡萄酒中白藜芦醇的含量最高可达每升几毫克,其中反式白藜芦醇及其衍生物的含量总是多于顺式白藜芦醇,即红葡萄酒中主要为反式白藜芦醇。葡萄原料和葡萄酒中白藜芦醇的含量与葡萄品种和产地、酒种等密切相关。

除白藜芦醇外,葡萄植株在响应伤害以防御病原菌侵害时,还会产生云杉新甙、紫檀芪和葡萄素等芪类及其衍生物。

11.1.4 芳香物质

芳香物质是指能够挥发的有芳香气味的物质的总称。香气是衡量葡萄及葡萄酒品质的重要指标,优质的香气使产品具有馥郁、稀有、独特的品质特性。葡萄原料的芳香物质主要存在于果皮和果肉中,种类和比例因品种不同而不同,但香味的浓度和优雅度则取决于品种的栽培条件、生态条件、年份和采摘时的浆果成熟度。

葡萄原料中的芳香物质主要以两种形式存在:挥发性的游离态和非挥发性的结合态。非挥发性的结合态也可转变为游离态,我们能够感觉到的都是挥发性的游离态芳香物质。葡萄原料中游离态的芳香物质主要有 4 大类:酯类、醛类、酮类和萜烯类化合物。

葡萄浆果中的香气物质主要为源于脂肪酸的 C_6/C_9 化合物,源于异戊二烯的萜烯类和降异戊二烯类化合物,以及源于氨基酸的芳香族类和甲氧基吡嗪等,这些物质的感官作用不仅受其浓度和类型的影响,还与其感官阈值有密切关系。由于感官阈值的差异,一些含量在纳克每升的物质对香气表现却具有重要贡献,一些含量在毫克每升的物质对香气表现的贡献却可忽略不计。例如,降异戊二烯类物质虽然在葡萄浆果中含量较低(每升几微克至几十微克),并且多以无味的不具挥发性的糖苷结合态形式存在,具有挥发性的游离态所占比例较小,但该类物质感官阈值极低,结合态还可在发酵过程中被酶促或酸解释放出游离态物质而呈现特定香气,因此降异戊二烯类物质被认为对葡萄酒的特征香气具有举足轻重的作用。

11.1.4.1 酯类

葡萄原料和葡萄酒中散发出来的果香或花香的味道主要就是酯类物质或醛类物质,主要的酯类物质有:甲酸乙酯,散发出李子的香气;甲酸茴香酯,表现为水果型花香味;异戊酸甲酯,表现为典型的强烈的苹果香气;氨茴酸甲酯,挥发的味道俗称为狐臭味,为美洲品种和与美洲品种杂交后的品种特有的标识性味道。

11.1.4.2 醛类

醛类和酯类一样,表现出来的也是花香或果香。主要的芳香醛类物质有:柠檬醛,具有类似柠檬、柑橘的香气；茴香醛，具有类似茴芹和山楂的气味；正庚醛，具有柠檬油的香气；肉桂醛，具有肉桂气味；苯甲醛，具有苦杏仁香；苯乙醛，具有类似风信子的气味；苯丙醛，具有类似丁香花的香气。

11.1.4.3 酮类

葡萄浆果果皮中的酮类物质主要为：甲基庚烯酮，具有柑橘香气，也带有脂肪的气味；香芹酮，有典型的留兰香气；茴香酮和茴香醛类似，具有茴香的香气。

11.1.4.4 萜烯类

萜烯也被称为类异戊二烯化合物，葡萄浆果中挥发性萜烯类物质包括单萜类、倍半萜类和降异戊二烯类物质，主要呈现花香和果香，此类香气对葡萄浆果和葡萄酒的香气，尤其是品种香具有重要的意义。葡萄浆果中这些萜烯类化合物约90%以糖苷化的结合态形式存在，不具有挥发性，通过葡萄酒酿造过程中的酶促反应或者化学反应释放出挥发性的游离态萜烯类化合物，而产生花香和果香。其中游离态萜烯总量被用作划分葡萄香型的依据，通常含量在4毫克/升以上被定义为麝香型，1～4毫克/升为非麝香芳香型，低于1毫克/升为非芳香型。常见的欧亚种酿酒葡萄，如赤霞珠、美乐、西拉、霞多丽等都属于非芳香型品种。

葡萄原料中降异戊二烯类化合物非常丰富，其中β-大马士酮广泛存在于植物中，在葡萄及葡萄酒中均被鉴定出来，该物质呈现熟苹果或柑橘的香气。β-紫罗兰酮呈紫罗兰、木本、覆盆子的香气。1,1,6-三甲基-1,2-二氢萘(TDN)是葡萄酒中被关注较多的一种物质，这种物质呈现煤油、汽油的气味，感官阈值为20纳克/升。通常情况下，葡萄酒中TDN含量低于感官阈值，但在雷司令葡萄及葡萄酒中TDN含量可达到200微克/升，赋予了该品种典型香气特征。2,2,6-三甲基环己酮(TCH)呈现玫瑰花的香气，在波特酒中被鉴定出来。葡萄螺烷呈现桉树、樟脑的气味。雷司令缩醛是一种具有水果香气的物质。

其他挥发性萜烯类成分，香味非常浓郁的单萜类物质如里那醇、香叶醇、橙花醇和香茅醇，及其衍生物玫瑰醚等，具有典型的玫瑰、紫丁香或柑橘的香味，这些化合物是在转色后的玫瑰香型品种、琼瑶浆葡萄的浆果中积累，而在雷司令、维欧尼和白诗南的浆果中积累较少。香叶醇和橙花醇主要存在于浆果表皮，而里那醇和玫瑰醚的合成是在外果皮和中果皮。莎草奥酮等倍半萜对西拉、慕合怀特、杜瑞夫和赤霞珠等的葡萄浆果以及葡萄酒的胡椒等香辛料的风味贡献较大。

葡萄原料在前处理和酿造发酵过程中，浆果内有大量结合态芳香物质，其糖苷被糖苷酶分解后，会释放出游离态芳香物质和糖，葡萄汁的香气就会越来越浓。在大多数葡萄中，浆果果皮中的结合态芳香物质含量高于游离态芳香物质含量，有经验的酿酒师会尽量延长葡萄汁和果皮在一起的浸渍时间，以便最大可能地将结合态芳香物质浸提到葡萄汁中，促进游离态芳香物质的释放。在生产实践中，糖苷酶的活性会被糖所抑制，所以酿酒师会通过外源添加糖苷酶的方式，促进酒精发酵过程中糖苷的分解，以促进游离态芳香物质的释放。选用高产糖苷酶的非酿酒酵母和酿酒酵母混合发酵，以增强葡萄酒的香气，也是被经常采用的方式。

11.1.5 矿物质

葡萄原料中的矿物质与品种、土壤和栽培决策如施肥有关，矿物质主要分为阴离子和阳离子两大类。其中阴离子主要为硫酸根离子(SO_4^{2-})、氯离子(Cl^-)和磷酸根离子(PO_4^{3-})，以及少量的硼酸根离子(BO_3^-)、碘离子(I^-)和溴离子(Br^-)；阳离子主要为钾离子(K^+)、钙离子(Ca^{2+})、镁离子(Mg^{2+})、亚铁离子(Fe^{2+})和铜离子(Cu^{2+})。

在压榨好的葡萄汁中,矿物质含量为2～4克/升。葡萄原料中,硫酸根离子的含量不高于0.3～0.4克/升,只有在硫酸钙含量比较高的土壤中,硫酸根离子的含量可达到0.7～1.0克/升;而氯离子的含量变化比较大,含量为0.05～0.5克/升,葡萄园盐碱含量高,氯离子含量会相对增加;磷酸根离子主要以无机盐或有机状态存在,含量为0.1～0.5克/升。

钾离子是葡萄汁中含量最多的矿物质,约占全部阳离子的一半,钾离子含量与葡萄酒中酒石酸钾的稳定性有关。钾离子含量受品种、地区生态条件、采收期影响,含量一般为0.5～1.2克/升。由于酚类物质对酒石酸氢钾沉淀有抑制作用,红葡萄酒中钾离子含量高于白葡萄酒;又由于酒石酸钾溶解度降低并以沉淀析出,陈酿过程中钾离子含量会下降。

钙离子在葡萄酒中以酒石酸钙和草酸钙为主,葡萄酒中钙的来源主要有土壤、碳酸钙降酸、过滤、辅料、澄清剂如皂土。白葡萄酒中,钙离子浓度为80～140毫克/升,红葡萄酒中这个值略低一些。

葡萄酒中镁离子的含量(60～150毫克/升)比钙离子的要高,发酵和陈酿过程中镁离子含量不会下降。红葡萄酒中镁离子含量较高,因为葡萄籽中镁离子含量是果皮中的3倍、果肉中的30倍。镁离子的含量过高会影响酒石酸盐的稳定性和酸味。

铁离子主要来源于土壤和加工设备。葡萄汁在发酵时铁离子一般损失1/3～1/2。当铁离子含量大于8毫克/升,在pH、单宁含量、磷酸含量等适当的情况下,会引起葡萄酒铁破败病。我国颁布的标准规定葡萄酒中铁离子含量不能大于8毫克/升。

在正常情况下,葡萄汁和葡萄酒中铜离子含量为0.1～0.3毫克/升,当铜离子含量高于0.8毫克/升时,酒可能会出现铜性浑浊。当葡萄园里使用含铜试剂(如波尔多液),或葡萄汁和葡萄酒与含铜容器接触时,酒中的含铜量提高。在发酵期间多数铜可被酵母吸附,或沉淀为硫酸铜。

砷,一种高毒性的元素,在葡萄酒中浓度为0.01～0.02毫克/升,OIV规定其浓度不能超过0.2毫克/升。

铅,一种重金属元素,葡萄和葡萄酒中来源主要受以下两方面影响。① 环境污染:来自雨水等,主干道两旁的葡萄中含铅量较高;② 酿酒过程的污染:来自包裹了环氧树脂的除梗机或刷了油漆的设备;来自青铜或黄铜做的软管接头、龙头和泵上的溶解(这些材料含有铅,葡萄酒的低pH可加速其溶解);来自贮酒罐的制作材料;由瓷砖铺成的贮酒窖,由于酒渗漏出木塞导致铅-锡瓶盖帽腐蚀,生成醋酸铅。目前已禁止使用铅盖帽。1996年3月,OIV宣布葡萄酒中铅最高限量为200 μg/L。

锌,来自机械化采收中镀锌的铁丝或以二硫代氨基甲酸盐为基本成分的杀真菌剂;同样也可能来自酿酒设备中的合金,如青铜泵、软管接头和龙头等。葡萄酒中锌离子含量一般为0.14～4毫克/升。皮渣浸渍时间延长会导致锌离子含量的升高。在防治铁破败病时,亚铁氰酸钾的使用可降低葡萄酒中锌离子含量。

11.1.6 含氮化合物

含氮化合物主要为氨基酸、多肽和蛋白质。尽管其含量较低,但对于葡萄酒的发酵、稳定和微生物繁育具有重要意义,因而也是影响葡萄酒品质的重要成分,含量为1～3克/升。

氨基酸是葡萄果肉中重要的含氮化合物,参与组成蛋白质和多肽。在葡萄中已发现24种氨基酸,其中谷氨酸、精氨酸、脯氨酸和苏氨酸含量最高,占氨基酸总量的85%。不同的氨基酸具有不同的味感特性。有些氨基酸表现为甜味氨基酸，如甘氨酸、苏氨酸、脯氨酸等；有些氨基酸表现为苦味氨基酸，如色氨酸、精氨酸、组氨酸；有些氨基酸表现为酸味氨基酸，如天冬氨酸和谷氨酸。氨基酸的不同味感对葡萄和葡萄酒的品质具有一定的作用，但每一种氨基酸都有一定的感官阈值，葡萄和葡萄酒中的其他成分经常会将其掩盖。

氨基酸之间通过氨基和羧基作用形成酰胺键而生成的聚合物为多肽。葡萄浆果果肉中60%～90%的有机氮是以多肽形式存在。

蛋白质在葡萄浆果果肉中含量较低，仅占葡萄浆果中有机氮的3%，酵母自溶释放出的蛋白质是葡萄酒中蛋白质的另一来源。由于蛋白质在各种理化因素（如加热、pH改变、电解质存在等）下可能发生变性，蛋白质会影响葡萄酒的稳定性。此外，这些蛋白质在葡萄酒酿制过程中，与多糖、花青素、单宁等结合形成大分子物质，还会影响葡萄酒的品质。

11.1.7　维生素

维生素分为水溶性维生素和脂溶性（非水溶性）维生素，前者如维生素B、维生素C等，后者如维生素A、维生素D等。在葡萄浆果中，脂溶性维生素主要分布在种子中。而一些水溶性维生素如维生素B和维生素C，在葡萄酒酿造过程中具有更重要的作用。维生素B是酒精发酵过程中重要的辅酶，根据现有的相关研究报道，葡萄和葡萄酒中含有丰富的维生素B，可直接或间接地促进酒精发酵。维生素C，又称抗坏血酸，具有强还原性，是重要的抗氧化剂。在生产中常在葡萄酒中加入30～50毫克/升维生素C以防止葡萄酒的氧化，保护葡萄酒的构成成分。

11.1.8　果胶

葡萄浆果的果胶物质主要是不溶性的原果胶。当葡萄浆果成熟时，原果胶在原果胶酶的作用下，逐渐分解成可溶性的果胶和果胶酸进入细胞中。果胶物质好的一面是可以通过去甲酯化作用，释放出甲酯，而甲酯可构成葡萄酒的果香；不好的一面是果胶能够引起浑浊，影响澄清，堵塞过滤，在生产实践中需要对葡萄汁进行果胶酶澄清处理。

11.1.9　酶

葡萄原料中主要的酶有水解酶、氧化酶和转化酶。

酵母代谢中水解酶扮演了重要的作用，其中最重要的水解酶是蛋白酶和果胶酶。在葡萄汁中，蛋白酶存在于果肉的残片上，在葡萄酒酿造过程中，蛋白酶有利于短链氨基酸的释放，便于酵母吸收，或在发酵前附着于酵母细胞壁外，利于发酵启动。果胶酶包括果胶酯酶、聚半乳糖醛酸酶、纤维素酶及半纤维素酶等。果胶酯酶促进半乳糖醛酸的甲酯化或甲酯的释放，影响葡萄酒的香气；聚半乳糖醛酸酶有利于聚半乳糖醛酸水解，软化果肉组织，使葡萄汁的黏度下降；纤维素酶和半纤维素酶有利于细胞壁的降解，从而决定复合酶的活性。所以在葡萄酒酿造过程中，常常人工添加果胶酶以利于出汁和澄清。

而葡萄中危害性最大的酶是多酚氧化酶，包括酪氨酸酶和漆酶。当葡萄浆果破碎后，酪氨酸酶多附着在果肉细胞碎片上，有较高的活性，在葡萄酒酿制过程中，酪氨酸酶活性随葡萄汁的各项处理（如澄清、膨润土处理等）而有所降低。在葡萄酒中，由于酒精的存在，酪氨酸酶危害较小。而漆酶是由贵腐菌产生的，主要存在于受贵腐菌危害的葡萄中。与酪氨酸酶相比，漆酶不但能够完全溶解在葡萄汁中，而且适应范围较高，可氧化的物质更多，因而具有更大的危害性。

蔗糖酶可将蔗糖转化为葡萄糖和果糖，在葡萄酒添加蔗糖发酵时，有利于酵母间接利用蔗糖，提高葡萄酒的酒精度。

11.2　原料的采收成熟度与质量控制

11.2.1　成熟度的确定

葡萄原料最重要的指标是葡萄的糖度、酸度、芳香物质、多酚物质之间的平衡，所以每到酿酒的季节，酿酒师们都会天天去葡萄园采取浆果的样品，监测浆果的糖酸等指标，以便确定最合适的采收成熟时期。

原料合适的采收期根据不同的酒种，有不同的标准。如何在葡萄成熟期选择适当的成熟度采收，成为影响葡萄原料和葡萄酒质量的关键因素之一。

葡萄浆果的成熟可分为两种，即生理成熟和技术成熟。所谓生埋成熟，是指葡萄浆果含糖量达到最大值，果粒也达到最大直径时的成熟度。而技术成熟，则是指根据所拟生产的葡萄酒种类，浆果采收时的成熟度。生理成熟和技术成熟的时间可能并不一致或同步。

成熟系数是目前最常用、最简单的确定合适的采收成熟时期的方法。这个方法是基于在葡萄成熟过程中含糖量增加、含酸量降低这一现象来确定的，成熟系数＝浆果含糖量/浆果含酸量。

成熟系数具体的确定方法为：在同一葡萄园中，按照一定的间距选取生长健壮、无明显病虫害的 250 株植株并标记，每株植株上随机选取 1～2 粒果粒。不同植株选取果粒时，应注意更换果粒的着生方向和部位。每次取样时间间隔不宜过长或过短。可于成熟前 3 周开始，每隔 3 天取样一次。将所获得的 250 粒果粒立即压汁，以免因果粒失水造成测定值高于实际值。获得的果汁用于分析含糖量、含酸量和 pH 等。有的酒庄会同时测定多酚和香气物质的含量和组成变化情况。

将每次的测量结果，以时间为横坐标，含糖量、含酸量及含糖量/含酸量为纵坐标，在坐标纸上绘制成熟度变化曲线。酿酒师参考这些结果，结合田间品尝，果梗、果皮、种子等的成熟情况，原料卫生状况和天气情况，最后确定适宜的采收期。

11.2.2　不同酒种对于采收期的特殊需要

不同酒种和酿造工艺，对于采收时所看重的因素是不一样的。在采收前检测成分变化，确保葡萄浆果的糖酸比、色素含量等主要成分达到最佳平衡状态，依据不同酒种所侧重的因子，确定采收期。

对于干白葡萄酒，除含糖量外，酸度是最重要的因素，因此合适的酸度是确定干白葡萄酒原料采收期的主要指标之一，足够的含酸量可以衬托葡萄酒的香气，还能保持葡萄酒清爽的口感，这就需要在浆果完全成熟前采收，以保证酸度的条件下确保芳香物质含量最高并尽量提高自然酒精度。干红葡萄酒则要求色素、单宁等多酚含量最高，酸度不太低，这个显然是葡萄完全成熟时的状况。如果是打算酿造加强葡萄酒，就需要在过熟期采收，以尽可能地提高葡萄酒的自然酒精度。

如在有病害或降雨过多的地区或年份，为了防止它们造成较大的危害，影响葡萄酒产量、质量和陈酿潜力，可适当提早采收。此外，拟采摘的面积、劳动力安排、运输距离、发酵容积及发酵期限等，都会直接影响采收期。确定采收期以前，需要综合考虑这些因素。

11.2.3　葡萄原料质量的控制

对葡萄原料进行质量控制，是为了酿造出符合高品质要求的葡萄酒。这里所说的质量控制，是指由于各种条件的变化，采摘时的葡萄浆果没有完全达到成熟度，原料的各种成分不符合要求，如何进行质量控制或质量改良。

提高原料的含糖量（即潜在酒精度）、降低或提高含酸量是葡萄原料质量控制的主要任务。

11.2.3.1　提高含糖量

最常见的提高含糖量的方法是添加蔗糖和浓缩的葡萄汁。

蔗糖一般为98%～99.5%的结晶白砂糖（甘蔗糖或甜菜糖），遵照17克/升蔗糖可提高1%酒精度的原则。添加时间一般在发酵刚开始或第二天的时候，添加方法是将计划添加的蔗糖在部分葡萄汁中先溶解，再加入发酵罐中。添加蔗糖后，要倒一次罐，让加入的糖均匀地分布在发酵汁中，便于酵母快速地利用蔗糖。

添加浓缩葡萄汁是另外一种应对含糖量不足的办法。两种方法不同的是：通过蔗糖来改良和控制原料糖不足，葡萄酒的含酸量和干物质含量会略有降低；与之相反，浓缩葡萄汁则可以提高葡萄酒的含酸量和干物质含量。

此外，还可以通过反渗透法来间接增糖，在压力的作用下，通过半透膜除去葡萄汁中过多的水分，相对提高葡萄汁的含糖量，达到间接增糖的效果。

11.2.3.2　降低含酸量

降低原料的含酸量有化学降酸、生物降酸和物理降酸三种改良方式。

化学降酸是采用外加盐来中和葡萄汁中超出需要的有机酸的方式来达到降低葡萄汁和葡萄酒的酸度的办法。常用化学降酸的盐有酒石酸钾、碳酸钙、碳酸氢钾，业内称它们为降酸剂。这几种盐里，以碳酸钙效率最高，而且最便宜，所以生产上最常用。红葡萄酒化学降酸可结合倒罐添加降酸盐，白葡萄酒可先在部分葡萄汁中溶解降酸盐，待起泡结束后，再注入发酵罐，并进行一次封闭式倒罐，使降酸盐分布均匀来降酸。需要特别说明的是，葡萄汁酸度过高，主要是苹果酸含量过高，而化学降酸除去的是酒石酸。因此，化学降酸一般在酒精发酵结束时进行。什么情况下使用化学降酸是酿酒师的一项基本功。

生物降酸是利用苹果酸-乳酸发酵的乳酸菌和裂殖酵母等微生物来分解苹果酸，从而达到降酸的目的。在适宜条件下，乳酸菌可通过苹果酸-乳酸发酵将苹果酸分解为乳酸，这一发酵通常在酒精发酵结束后进行，导致酸度降低，pH增高，并使葡萄酒口味柔和。对于大部分的干红葡萄酒，苹果酸-乳酸发酵是必需的发酵过程，而在大多数干白葡萄酒和其他已含有较高残糖的葡萄酒中，则应避免这一发酵。裂殖酵母可将苹果酸分解为酒精和二氧化碳，活性强的裂殖酵母特别适用于苹果酸含量高的葡萄汁的降酸处理。

物理降酸主要为冷处理降酸和离子交换降酸，一般会结合化学降酸进行。冷处理降酸是通过冷处理让化学降酸处理后的酒石加快析出，从而达到降酸的目的。冷处理技术目前在酿酒实践中得到了广泛的应用。离子交换降酸是采用苯乙烯碳酸型强酸性阳离子交换树脂除去化学降酸带来的过量的钙离子，该方法对酒的pH影响甚微，用阴离子交换树脂（强碱性）也可以直接除去酒中过高的酸。

原料含酸量高主要是苹果酸含量高，近年兴起一种新的工艺降酸，称为复盐法降酸，适用于降酸幅度大的原料。方法是用含有少量酒石酸-苹果酸-钙的复盐的碳酸钙将部分葡萄汁的 pH 提高到 4.5，形成钙的 L(＋)-酒石酸-L(－)-苹果酸复盐沉淀，从而降低苹果酸的含量。

11.2.3.3 提高含酸量

原料有机酸含量低时，酿造出的葡萄酒会显得平淡，缺乏清爽感，不稳定，容易在贮藏过程中感染各种病害。对于这类葡萄原料的改良主要是提高含酸量，提高含酸量可采取直接增酸和间接增酸两种方式。

当葡萄汁含酸量低于 4 克硫酸/升和 pH 大于 3.6 时，采取直接增酸。直接增酸一般用酒石酸，在酒精发酵开始时进行，其用量最多不超过 1.50 克/升。方法是先用少量葡萄汁将酒石酸溶解，然后均匀地加进发酵汁中并充分搅拌。用葡萄汁溶解酸的时候注意不要用金属容器溶解，应在木质、玻璃或瓷器中进行。

也有的酿酒师用柠檬酸来提高酸度，其添加量不要超过 0.5 克/升。柠檬酸主要用于稳定葡萄酒。如果葡萄酒还要进行苹果酸-乳酸发酵，因柠檬酸容易被乳酸菌分解，提高挥发酸含量，一般应避免使用。

理论上，未成熟的葡萄浆果中含酸量很高，所以也可通过添加未成熟期的葡萄汁来增酸。此外，通过对葡萄浆果进行二氧化硫处理，也可直接和间接地提高酸度。因为二氧化硫溶于水呈酸性，同时可抑制细菌等微生物对酸的分解，从而保持葡萄汁中已有的酸度；还可以溶解浆果固体部分中的有机酸，从而提高酸度，所以生产上也会通过这个办法来弥补酸不足。

11.2.3.4 劣质原料的品质改良

劣质原料是指腐烂、变质、破损的葡萄浆果，以及不成熟、色泽差，色素物质被部分破坏，产量低，果穗固体部分所占比例大，出汁率低，果汁中含有较多果胶物质，有害细菌（如醋酸菌、乳杆菌等）较多等的葡萄。用这样的原料酿酒，需要通过技术手段加以改良，包括改变葡萄酒原计划酿造的类型而依据原料水平改为适合的酒种等。具体而言，如红葡萄着色不良，可改为酿造桃红或白葡萄酒。对劣质原料进行适当高浓度的二氧化硫（100～150 毫克/升）杀菌以抑制氧化，将葡萄汁进行热处理、离心处理或澄清后用膨润土处理，再用澄清葡萄汁进行酒精发酵等。发酵过程中，采取果胶酶处理和酪蛋白处理来改良和应对葡萄酒浑浊以及可能会有不良味道的问题，有时还会采取热浸渍和闪蒸等技术手段。

第十二章　序曲：从原料到葡萄汁

当我们确定了葡萄合适的采收期、对于要采收的葡萄原料具有的品质成分和可能的质量有了清楚的了解之后，葡萄开始进入葡萄酒工艺流程。葡萄酒工艺每一步的核心，都是如何将原料已经拥有的这个品质变成葡萄酒的品质。从原料到葡萄汁，是实现这个目标的第一步。

12.1　原料采收

从原料采收开始，就相当于启动了整个葡萄酒酿造的生产工艺流程。

确定何时采收大概是每个葡萄园都会面临的一个最重要的决定。采收时浆果原料的品质直接关联所酿葡萄酒的品质，尽管某些工艺上的措施可以改善原料品质的缺陷，但无法完全抵消原料不好带来的遗憾。

如果葡萄园主和酒庄庄主是一体的，那采收时间和对浆果原料的评估是没有问题的，要是酒庄庄主和种植者是分离的，那如何确定采收时间以及最佳采收时间对于种植者和酒庄庄主可能有偏差，这种情况下，可能酒庄对于种植者会需要有经济方面的补偿。

葡萄采收时间的确定，主要依据某个品种酿造出最好的葡萄酒的品质达成时期。从发现浆果原料中含糖量和含酸量对葡萄酒品质的重要性以及简单测定二者的方法后，含糖量和含酸量成为现在判定浆果成熟度和采收期的重要指标。

在温带气候区，一般更多的是关注糖酸比，用这个指标来确定成熟和采收，但在冷凉地区，含糖量可能是第一考虑因素；在炎热地区，含糖量高，则要考虑避免酸度过低。一般而言，对于酿造白葡萄酒的品种，采收时 pH 不超过 3.3，红葡萄酒品种则不超过 3.5 为宜。

采收方式有人工和机械之分，关于采用哪一种方式采摘葡萄是个蛮有意思的问题。人工采摘的方式至今仍被推崇，主要原因是因为人工采摘确实有一些优点，特别是对于果皮比较薄的品种，另外，人工采摘的同时，可以顺手去除不成熟的果粒、病果、干瘪果、破损果等，最大限度地减少原料的破损，有效保障原料的一致性和品质。在不适于机械作业的坡地、小型酒庄、注重传统的旧世界以及酿酒师的理念都是选择采用人工采摘的原因，而新世界葡萄酒生产国则青睐于机器采收。

人工采摘的盛果容器一般为便于清洗的塑料箱，每箱可盛果 5～10 千克（一般低于 20 千克，防止葡萄浆果被挤压坏和感染微生物）。采取后，盛果容器集中运往酒厂。人工采摘对浆果的保护和去除劣质原料有利，但用工量大，用工集中，工作量大。现代化的酿酒葡萄栽培面积一般较大，且成熟期相对集中，特别是成片的葡萄园，可能更适用机械采摘。

机械采摘最大的优势是方便经济，比人工采摘大大节约人力成本，且不可避免地有一定的产量损失。此外，由于机械采摘的果实基本上是果粒，浆果已经受到不同程度的损伤，存在较大的感染微生物的风险，因而应尽快进行加工，不宜长距离运输。另外，机械采摘的方式与前面所谈及的整形系统相关联，采摘的原理基本是击打、振动、击打-振动结合、水平撞击等。近年来，随着智慧农业的发展，未来机器人采摘可能会成为可以期望的最好的方式。

机械采摘和人工采摘之间原料质量存在一定的差异，这个差异会带进后续的工艺，所以一般认为葡萄浆果经人工采摘后酿成的葡萄酒质量比机械采摘的更胜一筹。但机械采摘是葡萄酒产业化的需要，是未来葡萄酒生产的趋势，相信随着智慧农业装备技术特别是采摘机器人技术的发展和完善，机械采摘的质量会越来越好。

12.2　原料前处理：葡萄除梗与破碎

人工采摘的葡萄原料都是整穗采摘，无论是红葡萄酒还是白葡萄酒，都需要去除穗梗和果梗，这是原料采摘后的第一道工序。

除梗的目的是为了防止果梗中单宁类苦涩物质的溶出，影响葡萄酒的口感，同时也避免果梗吸附色素造成色素损失。此外，去掉果梗可减少发酵液体积，从而节省发酵容器的用量，便于后续液体的输送。正如前文提到的那样，也有根据需求而带部分果梗进行发酵的情况。

破碎葡萄的目的是为了使浆果原料中有用的品质成分被高效利用和提取。破碎葡萄遵循三个原则：根据酿造要求对葡萄浆果进行不同比例和程度的破碎；种子不能压破；浆果果皮不能被压扁。在破碎过程中，原料和葡萄汁应尽量避免与铁、铜等金属接触。

葡萄的除梗与破碎一般是同步进行，由除梗破碎机完成（图 12-1）。葡萄破碎机附有除梗装置，有先破碎后除梗，也有先除梗后破碎两种不同的机械形式，常见的有卧式除梗破碎机、立式除梗破碎机、破碎-除梗-送浆联合机、离心破碎除梗机等。

图 12-1

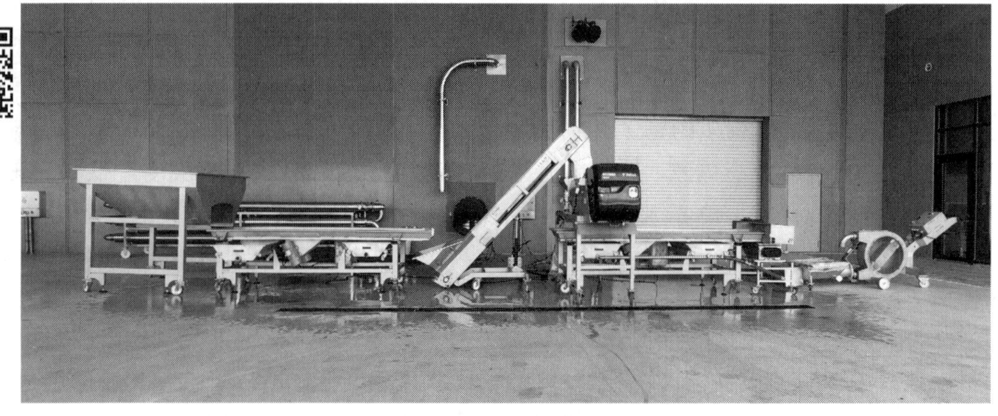

图 12-1　葡萄原料前处理工艺（游义琳 摄）

［葡萄原料的进料—振动筛选（串选）—除梗—粒选—破碎—泵入发酵罐］

12.3　榨　　汁

红葡萄酒和白葡萄酒酿造工艺的主要区别是：红葡萄酒是带皮、肉和种子一起混合发酵，将皮中的色素、单宁等多酚类物质充分浸提到葡萄酒中；白葡萄酒需要将果皮、果肉、种子与葡萄汁分离，用果汁单独发酵。所以这里的葡萄汁，主要指白葡萄酒酿造的葡萄汁。红葡萄酒也会压榨获取葡萄汁，不过那时候已经不能叫葡萄汁而是发酵后的葡萄酒了。

果汁分离的方法比较多，按基本原理可分为静置重力分离和机械分离，生产上多采用机械分离。

葡萄汁分离的机械有螺旋式连续压榨分离机、气囊压榨式分离机、果汁分离机、双压板(或单压板)分离机等，它们各有特点。其中螺旋式连续压榨分离机结构简单、生产效率高；气囊压榨式分离机虽然造价昂贵，但能够有效地避免葡萄汁与空气接触而获得质量较高的葡萄汁，是较先进的分离设备之一；果汁分离机分离速度快，但易导致果汁略带涩味；双压板(或单压板)分离机机械化程度高，适于大量生产使用。

12.4　澄　　清

生产白葡萄酒的葡萄汁在发酵前需要低温澄清，以去除葡萄汁中的杂质，不让葡萄汁中的杂质参与发酵而产生不良的成分影响白葡萄酒新鲜、天然果香、纯正、优雅的口感。

葡萄汁澄清的方法主要有二氧化硫低温静置澄清法、果胶酶澄清法、皂土物理澄清法、机械离心澄清法等。

二氧化硫低温静置澄清法的特点是：① 二氧化硫能加速胶体凝聚，对非微生物、杂质起到助沉作用；② 抑制葡萄皮上的野生酵母、细菌、霉菌等微生物，以及在采收加工过程中可能感染的其他杂菌的生长；③ 防止葡萄汁中的花色苷、儿茶酸等易发生氧化反应的物质的氧化。

果胶酶澄清法的特点是软化果肉组织中的果胶质，使之分解生成半乳糖醛酸和果胶酸，使葡萄汁的黏度下降，葡萄汁中的固形物失去依托会沉淀下来，促进葡萄汁的澄清。这个方法能够保持葡萄汁的芳香，降低葡萄汁中总酚和总氮的含量，有利于提高酒的质量。

皂土是一种天然黏土，以三氧化硅、三氧化二硅为主要成分，其他还有氧化镁、氧化钙、氧化钾等成分的胶体铝硅酸盐，皂土具有很强的吸附力，遇水膨胀，可吸附 8～15 倍于自身的含水量，用它来澄清葡萄汁可获得最佳效果。

机械离心澄清法的特点是利用离心机高速旋转产生巨大的离心力，葡萄汁与杂质因密度不同而得到分离，离心力越强，澄清效果越好，使用前在葡萄汁中先加入果胶酶效果更好。

12.5　澄清后处理

低温澄清后的白葡萄汁在接种酵母启动发酵前要进行回温处理，回温是为了让接下来加入的酵母能有效地生长、繁殖，以快速启动发酵。

回温方法是将澄清后的白葡萄汁加入二氧化碳或氮气进行隔氧处理，密闭静置，切断冷源后利用周围环境中的热量，使白葡萄汁缓慢升温。每隔 2 小时，取样测温，待温度回升至 15℃，即可接种酵母，启动发酵。

第十三章　交响曲：从葡萄到葡萄原酒

从葡萄到葡萄原酒，要经历三个阶段：发酵前、发酵中和发酵后。主要变化是原料中的糖转化为酒精，核心问题是两个：① 如何将葡萄原料中的质量成分提取出来？② 如何将这些质量成分变成葡萄酒的质量成分？

13.1　酒精发酵

葡萄原料中可发酵性糖分在酵母的作用下转化为酒精和二氧化碳，同时浸提色素、单宁和芳香物质等的过程，称为前发酵或酒精发酵。酒精发酵是决定葡萄酒质量的关键工艺之一，红葡萄酒的发酵方式有密闭式和开放式，开放式发酵主要以开放的水泥池作为发酵容器，已基本淘汰，现在主要是密闭式发酵。

密闭式发酵一般在不锈钢或者橡木桶发酵罐中进行。发酵时会产生大量的二氧化碳，因为密闭不能排除而形成“皮盖”，发酵产生的热量会导致发酵醪温度升高、体积增加，所以发酵醪不能装得太满，一般小于或等于 80%。

装入发酵醪后，下一步是加酵母。酵母需要先“唤醒”，方法是将酵母缓慢撒入 35～38℃的含 4%葡萄糖或蔗糖的温水中，或者加入不添加二氧化硫的稀葡萄汁中，搅拌均匀，静置保温 30 分钟左右。被唤醒后的酵母液倒入发酵醪中搅拌均匀，酵母用量可参考产品说明。

13.2　颜色与香气的养成

颜色与香气物质主要存在于皮渣中，要对皮渣中的色素、单宁和芳香物质进行充分的萃取。发酵时产生的大量二氧化碳，会使大多数的葡萄皮渣浮在葡萄汁的上表面，形成一层厚厚的“酒盖”或“皮盖”，影响浸泡和芳香物质与多酚组分的浸提，加上与空气接触，还容易感染病菌。所以在发酵过程中，将“皮盖”压入发酵醪中，是一个很重要的工艺。可用泵将葡萄汁从发酵罐底部抽出，再喷淋到“皮盖”上；也可在发酵罐上想办法，如在内壁四周制成卡槽，装上压板，压板的位置恰好使皮渣完全浸于葡萄汁中等。

13.3　发酵质量的控制

发酵质量控制的核心是发酵温度的控制，通常情况下，红葡萄酒合适的发酵温度范围为 25～30℃；白葡萄酒的发酵温度控制在 15～20℃。

随着发酵的进行，发酵醪的温度会越来越高。尽管发酵温度越高，色泽浸提越好，但若温度过高，产生的副产物会影响酒体的和谐和导致香气流失，口感粗糙，严重影响葡萄酒最终的质量。因此，控制温度在一个较低的合适的状态非常重要，是获得口味醇和、酒质细腻、果香及酒香浓郁优雅的葡萄酒的关键。

对发酵温度的控制方法，目前主要有外循环冷却、葡萄汁循环、发酵罐外壁焊接冷却带和内部安装蛇形冷却管等。

13.4 原　　酒

一般情况下，发酵进行 5～8 天后，有时会根据皮渣情况进行适当时间的后浸渍，发酵结束，通过压榨机，将发酵醪里的葡萄酒汁与皮籽分开，得到原酒。压榨前先用 2～3 小时放出自流酒后再进行压榨，也可以第 2 天再对皮渣进行压榨，压榨后得到的酒汁称为压榨酒。自流酒和压榨酒成分差异较大，一般要分开存放。自流酒质量好，是酿制优质名贵葡萄酒必需的基础原酒。压榨酒就略逊色。葡萄酒的压榨设备有卧式转筐双压板压榨机、连续压榨机、气囊压榨机。其中气囊压榨机是最常使用和比较受欢迎的设备。

13.5 苹果酸-乳酸发酵

压榨后的原酒进入后发酵期，后发酵主要是苹果酸-乳酸发酵。原酒中可能残留有 1～3 克/升的糖分，在酵母的作用下继续转化为二氧化碳与酒精。后发酵是严格的厌氧发酵，需要严格隔绝空气，酒温控制在 20～25℃。

苹果酸-乳酸发酵的启动有自然启动和人工诱导启动。自然启动是利用酒液中已经存在的一些天然的能够启动苹果酸-乳酸发酵的细菌群（如明串珠菌），在 18～25℃下能够利用苹果酸生成乳酸。但自然启动的发酵时间长，速度慢，容易造成杂菌的污染，影响葡萄酒品质。人工诱导启动苹果酸-乳酸发酵是直接添加启动苹果酸-乳酸发酵的成品细菌制剂，1～2 周即可结束，具有启动快、时间短的特点。苹果酸-乳酸发酵结束后，需要立即往酒中添加 25～40 毫克/升的二氧化硫（以游离态计），并满罐储存，让完成后发酵的新酒进入陈酿阶段。

第十四章　协奏曲：微生物的盛宴

对于葡萄酒而言，原料、工艺和微生物，像极了三国鼎立时期的魏蜀吴，三分天下有其一。参与葡萄酒发酵和品质构成的微生物主要有4种：酵母、乳酸菌、霉菌和醋酸菌，酵母和霉菌是真菌，乳酸菌和醋酸菌是细菌。它们就像不请自来的客人，积极主动地参与葡萄酒的发酵和品质形成的过程中，尽管它们和其他生物一样，在这个地球上已经生活了很久，它们与葡萄和葡萄酒的结缘伴随着葡萄和葡萄酒的悠久历史，但人们搞清楚它们在葡萄酒生产过程中的行为和作用，则是近300年来的事。

14.1　撩开面纱的过程

人类对于酒精饮料的认识历史像人类自身一样古老，差不多所有民族对发酵饮料都有一定的认识，赋予其各种传说和神话。微生物这个发酵动力的扮演者一直蒙着神秘的面纱，不为人类所了解。直到1697年，斯塔尔(Stahl)提出了一个"发酵假说"，这是对发酵过程最初的探索尝试。他观察到正在腐烂的物体很容易引起另一个尚未腐烂的物体腐烂。这是第一次谈到发酵物的传播问题，但人们对于引起这种腐烂传播的原因却一无所知。第一次让我们能够看见这个传播者的面目的人是只有小学文化程度，最后却成为英国皇家学会会员，跻身最伟大科学家行列的列文虎克。他在阿姆斯特丹的一家眼镜店里学会了磨制玻璃片制成放大镜，1674年用自己制作完成的世界上第一台光学显微镜，为我们打开了微生物世界的大门。显微镜下，列文虎克第一次发现的那个小小的圆形物，就是葡萄酒发酵的动力——酵母，他也是第一个看到酒石和霉菌的人，可惜那时候人们还不知道他这个发现的巨大意义，所以并未引起当时人们的关注。

1860年巴斯德在巴黎科学院发表了论文及研究报告，这是微生物学领域划时代的事件，证实了微生物是发酵腐烂过程中的主要角色。1858年，他还发现了细菌可以使糖生成乳酸，第一次提出了乳酸发酵的基本特点。1866年，巴斯德出版了《葡萄酒研究》一书，书中不仅对葡萄酒病害微生物做了阐述，也报告了著名的巴氏消毒法，与他1876年出版的《啤酒研究》一起，奠定了发酵理论的基础。葡萄酒发酵这个让过去几千年的人类一直感到不可思议，被赋予各种神性的现象，终于被科学家揭开了神秘面纱。

看清了酵母的面目后，德国的赫尔曼·米勒-吐尔盖(Hermann·Miller-Thurgau)首先用分离培养出来的酵母来发酵葡萄汁，开启人工选育酵母菌种的工作。1894年，第一个葡萄酒酵母菌种站在德国建成。从此，微生物发酵葡萄酒的研究一度成为热点，葡萄酒酵母的来源及其分布陆续被发现。当葡萄汁开始发酵时，柠檬形酵母在葡萄酒酵母中占多数，在以后的发酵过程中，就完全相反，柠檬形酵母只占很小的比例。也有研究证实了葡萄酒中的酸分解是由细菌造成的。1905年，他的《葡萄酒酿造和管理的科学基础》出版，酒精发酵的理论被世人所肯定。

1897年证实酶是酵母体内对糖起化学转化作用的物质，这一生物化学方面的成果，不仅获得了诺贝尔奖，还直接产生了葡萄酒与饮料行业革命性的技术——除菌过滤并大获成功。

20 世纪 30 年代，发酵微生物分类学和形态学得到发展，1937 年，迈耶霍夫(Meyerhof)阐明了酒精发酵的生物化学机制。1938 年杂交酵母培育成功。第二次世界大战期间，对雪莉酒的研究证明雪莉酒也是酵母的发酵产物，这种酵母在酒精发酵中，于葡萄酒表面形成一层膜盖。

20 世纪 50 年代，勒德莱(Radler)等对乳酸菌分解苹果酸做了大量工作，深入地阐明了苹果酸分解的起因、乳酸菌的营养要求以及苹果酸分解的生物化学等问题。1972 年勒德莱又搞清了乳酸菌对酒石酸分解的现象，1964 年迪特里希(Dittrich)研究发现乳酸菌可生成双乙酰，并提出了消除这一口味缺陷的方法。

另一个领域是发酵的副产物，甘油、2,3-丁二醇、乙醛、丙酮酸、酮戊二酸等发酵副产物在葡萄酒中具有重要意义，他们对葡萄酒的感官品质和质量具有重要作用，还可以通过测定这些物质的组成与比例，来鉴定葡萄酒的真伪。

随着分子生物学技术的发展，对发酵微生物的研究也得到了飞速发展。20 世纪 90 年代流行起来的全基因组测序，酿酒酵母成为测序的最佳候选对象，成为第一个被全基因组测序的真核生物。为了探究对酿酒起关键作用的野生酵母，目前已有大批量新的野生酵母被测序，对于培育、创制优质的商业酵母和发掘新的种质资源具有重要意义。

而在近 100 年人类对于生命密码的探索中，酵母、大肠杆菌与农杆菌一起，作为分子生物学研究载体中最著名的三剑客，为人类探索生命的奥秘做出了其他物种无法替代的贡献。经过近 300 年的不懈努力和研究，对于酵母、乳酸菌、醋酸菌和霉菌等在葡萄酒生产过程中的作用和所扮演的角色等已经被科学家一一揭开。

14.2　盛宴的主角——酵母

毋庸置疑，在酿造葡萄酒的过程中，酵母绝对是这场盛宴的主角。它的表演直接影响葡萄酒的品质，而乳酸菌则是不可或缺的配角，醋酸菌和霉菌扮演了小丑的角色。在这场盛宴中，它们共同演绎和完成葡萄酒的协奏曲。

14.2.1　酵母的身份信息

真菌和细菌是非常神奇的存在，它们非常小，大部分小到需要通过显微镜才能看见，真菌和细菌在很多方面都明显不同，简单而言，主要包括以下几点：① 细菌是单细胞原核生物，没有成形的细胞核，真菌是单细胞或多细胞真核生物，有成形的细胞核；② 细菌和真菌的细胞壁成分不同，细菌细胞壁的主要成分是肽聚糖，真菌细胞壁的主要成分是几丁质；③ 细胞器组成不同，细菌只有核糖体一种细胞器，而真菌除了核糖体外还有内质网、高尔基体、线粒体、中心体等多种细胞器；④ 细菌没有染色体，其 DNA 分子单独存在，而真菌细胞核中的 DNA 与蛋白质结合在一起形成染色体；⑤ 细菌主要通过二分裂法进行生殖，真菌的生殖方式主要包括出芽生殖和孢子生殖。

自然界的真菌数量已知的有 10 万种左右，也有的认为高达 150 万～500 万种。酵母菌群是一大类真菌，主要来自三个亚门：子囊菌亚门、担子菌亚门和半知菌亚门。

与葡萄酒有关的酵母，主要来自子囊菌亚门，子囊菌亚门中的内孢霉目-酵母科-酵母属的菌种是葡萄汁发酵的主动力，我们称之为酿酒酵母，来自其他属或其他亚门的与葡萄酒有关的酵母则称为非酿酒酵母。

与葡萄酒有关的酵母主要有：酵母属（*Saccharomyces*）、假丝酵母属（*Candida*）、德克酵母属（*Dekkera*）、有孢汉逊酵母属（*Hanseniaspora*）、伊萨酵母属（*Issatchenkia*）、梅奇酵母属（*Metschnikowia*）、毕赤酵母属（*Pichia*）、类酵母属（*Saccharomycodes*）等。

14.2.2 酿酒酵母的来源

当我们从葡萄树上摘下一颗葡萄，或者抓一把葡萄树生长的土壤，能够发现几百万个微生物，这其中就包括酵母。酵母广泛存在于自然界，特别喜欢聚集于植物的分泌液中。琥珀中保存的标本证实，酵母在3000万年前就存在了，很可能在人类出现之前就默默地让成熟的水果发酵。早先的时候，人们误认为引起葡萄汁发酵的酵母是在葡萄压榨时从空气中落下的，后来又认为瓶装的红葡萄酒的再发酵，是由空气污染引起的，空气中偶然也会检出几个酵母，但其数量微乎其微，常见的是霉菌，这些错误的认知持续了很长时间。

科学家为我们描绘了酵母自然生活的样子，在一年的大部分时间里，酵母主要待在土壤里，当葡萄和其他水果在秋季成熟后，从枝条上脱落下来，流出果汁，酵母便随果汁一起进入土壤，所以我们在葡萄园的土壤中能够很容易收集到酵母。酵母在秋季含糖的果汁中摄取了充分的营养，在土壤中度过寒冷的冬天，这段时间它的代谢和繁殖处在较低的水平，就像冬眠的动物一样。等到春暖花开，夏季到来，随着土壤温度的升高，当风吹起，土壤中的酵母随风传播到葡萄和其他水果上。下雨天更是酵母传播的极好机会，飞溅的泥水，使酵母溅到低枝下垂的葡萄上，所以葡萄被侵染是由下至上逐渐扩大的，因而在低枝下垂的葡萄上发现的酵母数要比高枝上的葡萄的酵母数多好几倍，而位于葡萄架最上面葡萄的酵母数则相对较少。随着酵母的代谢和繁殖越来越活跃，到最盛时期，又会进入饥饿状态，大多数酵母会被饿死，而残活下来的酵母到秋季又通过种种途径附着在葡萄上，从流出的果汁中再次获得营养而繁殖，这就是酵母的一年四季。

酵母这种小东西并不仅仅是飘浮于空气中，随风去落到一串葡萄上，它们也通过动物来传播。一位意大利科学家在胡蜂的内脏中发现了不同种类的酵母，但只有酿酒酵母每次都能被找到，进一步的基因位点分析表明，胡蜂的栖息地是当地酿酒葡萄的典型品种种植园，它们之间有着漫长的相互依存关系。科学家描绘的画面是，成年胡蜂通过反刍已经在其内脏中消化的昆虫来喂食幼虫时，将酿酒酵母传给下一代，当幼虫长成成虫，可以飞行觅食后，胡峰用强壮的嘴部器官戳穿葡萄表皮汲取里面的糖分，这样做，相当于给葡萄进行了酵母的天然接种。胡蜂在酿酒酵母的生命周期中扮演了重要的角色，秋季胡蜂出现得越多、越频繁，葡萄感染酵母就越多，葡萄汁发酵也就越迅速。

酿造葡萄酒所需的酵母，必须具有良好的发酵力，通常把具有良好发酵力的酵母统称为酿酒酵母，主要指酵母科酵母属的菌种，其他则一概统称为非酿酒酵母，非酿酒酵母对于葡萄酒酿造所起的作用，正成为目前的研究热点。

14.2.3 酿酒酵母的生活

酿酒酵母都来自酵母科（Saccharomycetaceae）。这一科包括几千个种，但其中一个非常特别品种的叫酿酒酵母（*Saccharomyces cerevisiae*），对于酿酒非常关键。这一酵母品种，既进行有性繁殖，也进行无性繁殖。当无性繁殖时，每个细胞“芽”长出非常像水滴的子细胞，前者向后者转移一个复制的细胞核。

酿酒酵母一般为单细胞，显微镜下为球形或卵圆形，(2.5～10)微米×(4.5～21)微米，多边芽殖，可能形成假菌丝，酿酒酵母能形成1～4个平滑的椭圆形孢子(图14-1)。菌落是光滑的，大多数时候是凸起的，有的也扁平，不透明。酿酒酵母有典型的细胞核、细胞膜、细胞壁和细胞器，它的发育周期一般为：① 生长繁殖，发芽生成双倍体细胞；② 子囊孢子产生；③ 子囊孢子发芽和单倍体细胞发芽；④ 两个单倍体细胞接合；⑤ 接合子生成和双倍体细胞发芽。

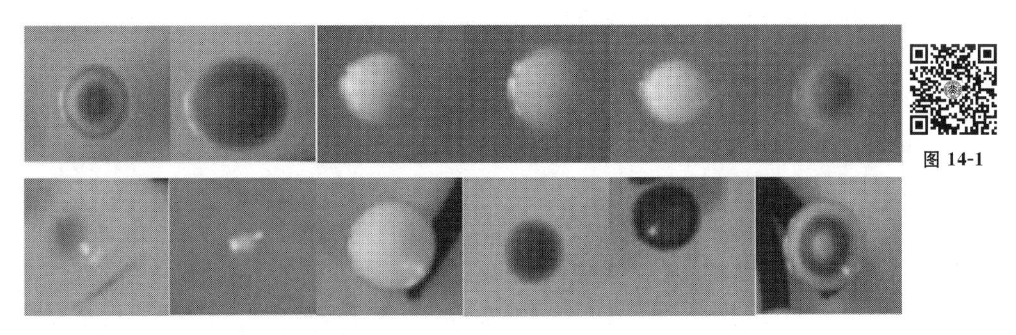

图14-1

图14-1　不同种类酵母的菌落形态与颜色(杨思雨 摄)

14.2.4　酵母的舞蹈

酿酒酵母作为发酵的动力，它的主要工作就是在酒精发酵中“跳舞”。早在1810年，从发酵开始到终了的平衡方程式已准确地被列出：

$$C_6H_{12}O_6 \longrightarrow 2C_2H_5OH + 2CO_2$$

酿酒酵母通过吃糖来产生二氧化碳和酒精，原料背后的科学中介绍过，葡萄汁中对葡萄酒酿造最重要的糖是葡萄糖、果糖及蔗糖，这几种糖是酿酒酵母的粮食，大多数情况下，葡萄糖比果糖消耗得更为迅速。

酒精发酵是以糖酵解为途径的，其中间产物为1,6-二磷酸果糖。葡萄汁中的游离己糖先通过转运酶渗入细胞，再与腺苷三磷酸(adenosine triphosphate，ATP)进行酰基磷酸化，引起此种反应的酶是己糖激酶，特异性并不十分强，因此能使两种己糖酰基磷酸化。这种酰基磷酸化发生在第6位碳原子上，必须有镁离子存在才会发生反应。

每发酵一个分子的葡萄糖或果糖，可以生成两个分子的酒精和两个分子的二氧化碳。二氧化碳是由第3和4位碳原子生成的，酒精则由第1和2位及第5和6位碳原子生成。

发酵产生的二氧化碳体积为发酵的葡萄汁体积的40～50倍，值得注意的是，发酵蔗糖产生的酒精和二氧化碳的量不都是等同的，差不多有一半的糖在发酵时变成没有用的气体而损失。发酵过程生成的二氧化碳气体虽然无毒，但由于相对密度大，易沉降于地下酒窖的深处，将空气及所含的氧排除，所以当人进入充满二氧化碳的气体中，便会失去知觉，若不及时抢救，终致窒息死亡。所以在葡萄酒发酵过程中，及时排除二氧化碳是十分重要的事，若不加以重视，就有可能导致死亡事故发生。酵母发酵除了得到两种主要的最终产物——酒精和二氧化碳外，还可得到一系列含量不多被称为发酵的副产物的其他物质。这些副产物可进一步分为以下两种。

(1) 初级副产物：即指酒精发酵的中间产物，或者是由简单的生物化学反应(如还原或氧化反应)生成的产物。比较重要的初级副产物有乳酸、乙醛、甘油、乙酸、琥珀酸、柠檬酸等。

(2) 次生副产物：经过复杂生成方式的产物，还有一些产物既不是经过发酵产生，也不是由酵母代谢产生。比较重要的次生副产物如高级醇、甲醇、酯、醛、酮等。

14.2.5 干扰酵母舞蹈的因子

酒精发酵是由酶的一系列反应引起的，酵母作为酒精发酵的动力之前，酵母细胞内就已进行酶反应。酵母依靠酶促反应合成它的细胞内容物，并且在它发酵前先进行繁殖。没有酶的作用，酵母就不会繁殖。酵母量少，发酵就弱，酵母量大，发酵就较强，但如果酶的活性较差，就会出现例外情况。干扰酵母舞蹈的因子包括温度、糖浓度等。

14.2.5.1 温度

酵母繁殖和发酵的适宜温度为 25～28℃，高于或低于此温度范围，都会妨碍酵母的代谢。

不同的温度对发酵副产物的生成是有影响的。炎热的葡萄栽培地区如南非、南美、澳大利亚，在采摘葡萄时，气温一般都高达 30～40℃，压榨葡萄汁的温度过高，会引起酵母迅速繁殖和发酵。发酵温度过高，会致死酵母和微生物，导致发酵终止。而低温发酵相对高温发酵有不少优点：① 抑制杂菌的生长，有利于控制不良杂味和异味的产生，醋酸菌、乳酸菌、柠檬形酵母和其他野生酵母均喜高温，在低温下繁殖极弱，因此低温发酵的葡萄酒会抑制这些微生物的代谢活动。② 酒精含量较高，酒精在高温下易从发酵罐挥发逸出，且酵母在低温下数量较少，酵母自身消耗的糖也较少，有较多的糖供生成酒精所需。③ 新葡萄酒的二氧化碳含量较大，因二氧化碳在低温下易溶解于酒内，使葡萄酒清爽适口，具有适宜的保鲜效果，老化慢。④ 葡萄酒口味丰满、芳香浓郁，因为芳香物质在低温下不易挥发。⑤ 抑制了微生物对酸的分解。在低温下，分解苹果酸的乳酸菌不能大量繁殖，只有在高温下才有可能。除此之外，由于低温发酵微生物活动很少，便于酒石分离，使葡萄酒比较澄清。

14.2.5.2 糖浓度

一般而言，糖浓度低的葡萄汁发酵很容易，糖浓度高的比较困难。随着糖浓度的增高，会对酵母造成高渗透压的环境胁迫而使发酵活动受到抑制。相关研究表明，含糖 12%～18%的葡萄汁，发酵最为迅速；当糖浓度达到 50%时还可发酵；当糖浓度超过 70%，生成酒精甚少，当酒精生成量达到 5%时，发酵强度大大下降，绝大部分酵母迅速死亡。

14.2.5.3 二氧化碳

发酵时产生的二氧化碳对酵母的代谢有明显影响，在二氧化碳未能很快地释出时，会使发酵受阻。二氧化碳量达 15 克/升时，酵母繁殖便会停顿下来，这相当于 15℃下 720 千帕的二氧化碳。这一压力适于所有的酵母，也就是说，在这样高的二氧化碳浓度下，葡萄汁中的酵母不再繁殖，即使酵母数量大，也无能为力。当二氧化碳压力达到 3000 千帕时，酵母就会死亡。生产上经常利用二氧化碳抑制酵母繁殖和发酵的这一特点，来调控发酵的进程。

14.2.5.4 金属

葡萄汁有较高的酸度，铁、铜等金属的裸体表面都有可能被酸腐蚀。铁对发酵有干扰作用，特别是香槟酒发酵时不允许有铁出现。葡萄酒内若有较高浓度的铁存在，就很难发酵，或者会使发酵推迟数周。酵母在含铁的葡萄酒内繁殖，会不断吸收铁，酵母吸收铁后逐渐中毒，直至死亡。有这种死酵母的葡萄酒呈紫黑色至黑色。如果葡萄酒的含铁量不多，发酵经过一段时间阻滞后还能进行，在这种情况下，酵母在不断吸收铁的同时缓慢进行繁殖。由于老酵母吸附降低了一部分含铁量，芽殖的下一代酵母便不再受铁的影响，恢复正常繁殖，立即开始发酵。铜像铁一样，对葡萄汁的发酵也有抑制作用。当葡萄酒发酵接近终了时，这种抑制作用即显露出来。如果葡萄酒内有一定浓度的铜存在，它对发酵的抑制作用与铁不相上下。

14.2.5.5　乙酸

乙酸是挥发酸，俗称醋酸，是酵母和其他微生物的代谢产物，不同种类的酵母对乙酸的耐受力不同，酵母属酵母是葡萄酒酿造的重要酵母，对乙酸很敏感。只要一有醋酸菌出现，葡萄酒中的乙酸含量立即上升，口味随之变坏，为此规定葡萄酒不允许有太高含量的乙酸。国家标准中规定，各种葡萄酒中挥发酸的含量小于或等于1.2克/升。

14.2.5.6　酒精

一般来说，酵母对它最重要的代谢产物酒精是有一定耐受性的，但酒精却对酵母繁殖有影响，葡萄汁内影响酵母繁殖的酒精临界浓度为2%。当酒精度在6%～8%时，会使酵母芽殖全部受到抑制。

14.2.5.7　氧气

酒精发酵过程是酵母的无氧代谢过程，且葡萄酒储存过程中过多的氧容易导致葡萄酒的氧化。因此，在葡萄酒酿造中，葡萄汁和葡萄酒都尽量与氧隔绝，但并非一直如此，尤其是酵母进行大量繁殖和发酵醪或葡萄酒处于还原状态的情况下，需要适量供氧。所以，供氧还是隔绝氧，供氧的时间和剂量等都需要酿酒师依据葡萄醪和葡萄酒的具体情况而定。

14.3　盛宴的配角——乳酸菌

14.3.1　乳酸菌的A面

葡萄酒的酸度很大一部分由苹果酸构成，苹果酸呈现相对尖刻粗糙的酸感。对于酸度过高的葡萄酒，一般可通过苹果酸-乳酸发酵来达到降酸的目的，即通过乳酸菌把二元酸苹果酸脱羧成酸感柔和的一元酸乳酸，释出二氧化碳。这一过程称为二次发酵，二次发酵的核心是降酸，乳酸菌无疑是此过程中的明星。

二次发酵除苹果酸的分解外，还形成一些新的风味物质，增添葡萄酒的风味（如黄油的香气），使酒体更加协调，提高葡萄酒的生物稳定性和风味稳定性。因此，一般酿造干红葡萄酒和高品质的干白葡萄酒都会经历此过程。同时，这些新的物质也使葡萄酒原来的风味受到影响。所以，一些酸度不足，或者追求清新活跃酸度的干白葡萄酒，不需要经历此过程。

除了葡萄浆果通过压榨进入葡萄汁和生产设备、管路、贮罐等的过程中沾染的乳酸菌外，在现代化的生产中，二次发酵的乳酸菌多来自人工培养的菌株。

分解苹果酸的量，对大部分菌株来说，取决于细菌量，还间接地取决于碳水化合物的量。葡萄酒所含的糖量，足够供给大部分细菌的生长所需，含糖在0.1%以下的干葡萄酒，也许会使细菌的繁殖受到抑制。乳酸菌除了把葡萄酒中的糖当作基质外，还把多元醇作为营养物消耗，因而肌醇的含量在苹果酸分解过程中大大减少。起先由于pH较低而受到抑制的乳酸菌，又因酸度降低和pH升高而得到复苏，增加了糖的消耗转化，反过来又促进了乳酸菌的繁殖。

人们可能会想，酵母和乳酸菌在发酵过程中是怎样的关系？乳酸菌能在葡萄汁内繁殖，酵母在酒精发酵过程中和发酵结束后对乳酸菌起到什么作用？事实上，在发酵的整个过程中，酿酒设备等上的乳酸菌进入葡萄汁后就会进行酸分解。虽然酵母与乳酸菌对营养的要求是等同的，都需要糖，但由于酵母的繁殖比乳酸菌快，生长旺盛，酵母在葡萄酒内的量可达1～2克/升，为(40～100)×10^6菌落形成单位/毫升，而乳酸菌的数量只有0.05～0.1克/升。也就是说，当酵母进行主发酵(酒精发酵)时，酵母才是绝对的明星，乳酸菌只是一个小小的配角；并且酵母发酵产生酒精，当其浓度增加到一定程度，乳酸菌的生长便受到抑制。而酵母对乳酸菌分解苹果酸的促进作用，要到主发酵结束后才产生。酵母发酵时产生的氨基酸和维生素，是乳酸菌必需的营养物，当酵母衰亡时，酵母细胞的可溶性内容物很快进入基质，酵母进行自溶，高分子内容物通过酶解由死细胞渗出，使乳酸菌得到丰富的营养，进而生长繁殖骤然加快，完成主角和配角的过渡。此外，乳酸菌的活性还受发酵醪和葡萄酒中的二氧化硫、pH和温度的影响。所以，生产上当主发酵结束后会通过不添加(或者尽量少添加)二氧化硫、适当回温的方式来尽快启动苹果酸-乳酸发酵程序。

需要进行二次发酵的红葡萄酒等的生产，则需要改善乳酸菌分解酸的效率，最简单的方法就是增加乳酸菌的数量，需要在葡萄酒中添加纯粹培养的乳酸菌。

分析葡萄酒的乳酸含量，可判断出苹果酸是否已经分解，测定葡萄酒的乳酸含量对食品监测部门评定葡萄酒质量至为重要。苹果酸分解为乳酸和二氧化碳可表示为：

$$\underset{134}{COOH-CH_2-CHOH-COOH} \longrightarrow \underset{90}{CH_3-CHOH-COOH} + \underset{44}{CO_2}$$

二羧酸连有2个可解离的羧基，由二羧酸生成1个一羧酸，只有1个可解离的羧基。经过这种转化，使pH有所提高，葡萄酒的酸感得以降低，使酒味变得醇厚可口。

理论上134克苹果酸只能产生90克乳酸和44克二氧化碳，即1克苹果酸约产生0.67克乳酸。

完成这个生物过程的功臣主要是苹果酸脱氢酶、草酰乙酸脱羧酶和乳酸脱羧酶，前两种酶作用使苹果酸分解生成丙酮酸，再经乳酸脱羧酶还原成乳酸。

14.3.2 乳酸菌的B面

乳酸菌在二次发酵中的作用，算得上是它在葡萄酒微生物盛宴中所扮演的主要戏份，但它还有另外一面。

苹果酸和乳酸的口味很难区别。但葡萄酒的乳酸味，往往不是由于它所含的乳酸，而是由于乳酸菌可能产生的副产物。

单独区别乳酸菌败坏的现象和程度，还是比较困难，因为葡萄酒的各种病害特征时常混淆在不同变化的差异之中，使人难以准确分辨出是哪种原因造成的。随着细菌代谢强度的递增，各种病害的差异也在缩小，最终都会导致葡萄酒败坏。

乳酸菌代谢产生的双乙酰浓度过高时，会使葡萄酒产生馊饭味，双乙酰可通过下列措施之一予以消除：补加新葡萄汁，进行再发酵；加糖进行再发酵；加新鲜酵母进行再发酵。

14.4 盛宴的小丑——醋酸菌与霉菌

14.4.1 醋酸菌

葡萄酒的醋病或法文中称为酸酒(acescence)或坏酒(piquette)的葡萄酒，就是由醋酸菌引起的。

醋病难以消除，醋酸菌的繁殖导致了大量挥发酸的产生，挥发酸由大量乙酸和少量脂肪酸组成，有一股特殊的味道，感官阈值极低，极易被觉察和辨别。

醋酸菌广泛存在于自然界，葡萄浆果表面聚集较多，破损的浆果流出的果汁为醋酸菌繁殖提供了有利条件。通常是霉菌破坏了葡萄皮组织，使葡萄汁流出，为醋酸菌繁殖提供了条件，致使大量乙酸产生。在闷热潮湿的秋天，葡萄可能在架上已染有醋病。醋病早就孕育在葡萄汁中，不是从葡萄酒才开始的。

醋酸菌是好氧菌，在供氧的条件下才能进行代谢活动。醋酸菌与乳酸菌一样，要求组成复杂的基质，葡萄酒的内容物能使它很好地繁殖。葡萄汁所含的糖是醋酸菌重要的碳源和能源，醋酸菌沿着磷酸戊糖途径分解生成的乙醛，再受到乙醛脱氢酶作用生成乙酸。

即使葡萄酒中的醋酸菌保持较低的活性，也能逐渐繁殖，导致挥发酸浓度愈来愈高。当挥发酸浓度超过 1.2 克/升的界限值，就会导致葡萄酒败坏。

红葡萄酒的酒醪特别容易使醋酸菌繁殖，葡萄皮渣上的醋酸菌可以说是处于最适的供氧条件之下，繁殖甚为迅速。

除了乙酸外，醋酸菌还能生成一些其他的有味物质，如醋酸酯、醋酸乙酯、脂肪酸、羟基丁酮等。生成羟基丁酮，被看成是用微生物方法产生乙酸的典型特点，用合成法产生乙酸，就不会生成羟基丁酮。

醋酸菌于酿酒时先染入葡萄汁，发酵的葡萄汁中的糖被醋酸菌变成乙酸。如果葡萄汁缺少糖，醋酸菌得不到营养，就难以产生乙酸。但同时酒精也是醋酸菌的碳源和能源之一，醋酸菌也可使酒精变成乙酸。

在葡萄汁和葡萄醪液里出现的醋酸菌，属于酒醪和麦芽汁醋酸菌群。这些醋酸菌也常在葡萄酒庄、啤酒厂、酒精厂、酵母厂及设备中存在，能使含糖的基质不产生酒精而变酸，因此必须保障酒庄及其设备等的卫生状态合格。

14.4.2　霉菌

呈菌落或丝状丛生的菌叫作霉菌或丝状菌，主要有藻状菌纲、子囊菌纲和担子菌纲三大类。

与葡萄酒酿造有关的接合菌纲中的霉菌是毛霉科；锤舌菌纲中的霉菌主要是葡萄孢核盘菌属的灰葡萄孢霉，以及散囊菌纲的曲霉属和青霉属的霉菌；担子菌纲中的霉菌仅仅有蜜环蕈(*Armillaria mellea*)会专门侵染软木塞，使葡萄酒散发出一股软木塞味。

14.4.2.1　毛霉

毛霉也称头霉，因为在孢子囊梗的顶端生有孢子囊，内生无性的孢子囊孢子，呈黑色，由棉絮状的菌丝组成，外形为圆头状。孢子柄菌丝趋光生长，成熟时由孢子囊散出的孢子在适宜的环境中萌发形成菌丝。黑根霉的菌丝有匍匐枝和直立枝两种，在两者相连处生有假根伸入基质，孢子囊壁坚密，不易破碎，能形成厚壁孢子。

毛霉的孢子和菌丝常染入葡萄醪和葡萄汁内。由于霉菌是好氧菌，主要在葡萄浆果表面生长，进入葡萄汁的毛霉菌丝在兼氧条件下，其形态和生理都会发生显著变化，如菌丝扭结成圆球形粉孢子，沉降至酒桶底部发芽，进行无性繁殖。它能分解果胶、糖化淀粉、水解蔗糖，并可以不同方式分解糖，使葡萄汁的糖生成琥珀酸、苹果酸、柠檬酸等，但不能生成葡萄糖酸。毛霉不能使酒石酸分解，加上产生的乙酸、延胡索酸和草酸，使葡萄汁的 pH 显著下降。毛霉在葡萄汁内产生的甘油量要比各种葡萄孢霉产生的甘油量多得多。

在葡萄汁发酵初期,毛霉是酵母的竞争对手。染有毛霉的葡萄汁在发酵时,霉菌能超过酵母,但其菌丝在酒精度超过5%时死亡。

14.4.2.2 灰葡萄孢霉

灰葡萄孢霉(*Botrytis cinerea*)对葡萄酒酿造极为重要,它应该算是葡萄酒微生物盛宴中最欢乐的小丑了。一方面它可能给葡萄栽培造成很大损失,新葡萄苗受到这种霉菌侵染后,对来年的发芽有不利影响,葡萄质量也大幅度下降,对葡萄枝条本身也有影响,使浆果从枝条脱落,造成重大损失,如不及时采取措施,估计一般会有10%的损失;另外一方面,却因为它,带给我们一款妙不可言的臻品——贵腐葡萄酒,灰葡萄孢霉也因此常被称为贵腐菌。

贵腐菌的菌丝开始呈白色,后渐变为灰色至黑色。典型的分生孢子柄为树枝状,孢子柄分叉的顶端有一个半球形的分生孢子球,分生孢子球呈梨状,长10~15微米,宽6~10微米。在葡萄枝、葡萄皮及实验室培养的菌株上,贵腐菌生成长3~4微米、厚2厘米的菌核。

葡萄感染的贵腐菌,极易由它的分生孢子柄上的灰色孢子识别,染霉葡萄可分为下列几等:

(1) 粗腐或酸腐。未成熟的葡萄含糖少,含酸多,霉菌耗去大量糖,随着葡萄浆果持续发育成熟,积累糖分,而使糖的含量未有减少。

(2) 贵腐。已成熟的葡萄含有适量的糖,贵腐菌分解葡萄中的糖,但同时分解了双倍的酸,与酸的减少量相比,糖的损失量较少。葡萄果皮由于贵腐菌腐生成孔,在干燥的秋季,会造成葡萄果内的水分大量损失。贵腐葡萄全熟的界限取决于葡萄的酸糖比,也取决于年景、土壤和葡萄品种。

(3) 废腐。染霉的葡萄在气候良好时制得的葡萄汁重量要比阴雨天大,因糖易溶于水,所以阴雨天的葡萄汁重量会受到损失。

贵腐菌是典型的好氧菌,它通过1,6-二磷酸果糖途径或磷酸苯酯途径分解糖产生丙酮酸进入三羧酸循环,然后进一步分解,最终生成各种酸。染有贵腐菌的葡萄,即使在好年景,葡萄汁得率也要有所减少,但葡萄汁的含糖量和酿制成的葡萄酒质量却不一定低。贵腐菌的菌丝能破坏生香物质,贵腐葡萄酿制的葡萄酒之所以名贵,是由于获得适宜的葡萄原料的条件苛刻,当然,主要还是由于感染该菌带来的一些令人喜爱的特殊风味,即特有的贵腐香味,贵腐香味很可能是一种尚未搞清楚的酯水解和氧化产物产生的。

这个欢乐的小丑,现在越来越受到人们的欢迎,人们甚至开始在全熟的葡萄上创造适宜的条件人工接种贵腐菌,使其达到贵腐葡萄酒的原料质量要求以生产优质贵腐葡萄酒。

14.4.2.3 曲霉

曲霉是一种常见的霉菌,能利用各种基质生存。曲霉的菌丝有隔而分枝,隔膜比毛霉的薄,菌丝本身无色。菌丝体产生大量的分生孢子梗,孢子梗顶端一般形成球形或棒形顶囊,直径可达80微米。顶囊上覆盖一层梗基和一层小梗,小梗上长有分生孢子,直径仅3~4微米,形状极小,起初很光滑,后有乳头,生成很多孢子。菌落的颜色起初呈白色,随着霉菌衰老,菌落逐渐变成绿色、黄色、褐色、灰色或黑色,这主要取决于分生孢子的颜色。

最常见的是绿色的曲霉,经常出现在腐败的葡萄上和酒窖潮湿阴暗的角落里;纸板、木板、稻草和软木塞上也常有发现,如常见的烟曲霉(*Aspergillus fumigatus*)、葡萄曲霉(*Aspergillus repens*)和黑曲霉(*Aspergillus niger*),以及赤曲霉(*Aspergillus ruber*)。有时可在软木塞上发现赤曲霉,其菌丝分泌出一种红色素。

曲霉是一种好氧菌，其代谢产物为不完全氧化物，能产生柠檬酸和葡萄糖酸，对酿酒具有重要意义。葡萄酒酿造中分解果胶常用的过滤用酶就是从黑曲霉取得的。

14.4.2.4　青霉

青霉在葡萄酒酿造过程中出现得比曲霉频繁。两者都能在多种基质上生长，对营养无特殊要求，生存的范围颇为广泛。青霉的颜色与曲霉类似，取决于分生孢子的数量和菌落的颜色，一般呈灰绿色。而菌丝的底面则呈淡白色至淡黄色，青霉的菌丝为多细胞分枝、无色、有隔膜。青霉的分生孢子多为球形或椭圆形，表面粗糙，并有乳头，一般有色素，由于它的分生孢子柄上的一串串分生孢子形似帚状，因此又称为“帚状霉”。

青霉是侵染葡萄的主要霉菌，葡萄上最常见的是扩展青霉(*Penicillien expansum*)。受冰雹伤害的葡萄最易侵染青霉，早期即已破损的未熟葡萄也易侵染青霉。实验室将青霉接入紫葡萄或奶油葡萄，均能制得无糖浸出物和单宁含量很高的葡萄汁。由于青霉能产生果胶分解酶，酿制的葡萄酒容易过滤，然而酒味中夹杂着一股轻微的霉味和很苦的苦味。受扩展青霉侵染的葡萄酿造的红葡萄酒含色素较多。

被青霉侵染的葡萄及压榨葡萄汁，其糖含量、酒石酸含量和氮含量均有所下降，糖转化成葡萄糖酸和柠檬酸，致使总酸含量上升。此外，甘油含量也有显著增加，代谢产物中有部分苦味物质。

扩展青霉能产生一种挥发性的物质，这种物质很可能是引起葡萄酒软木塞味和霉味的根源，据推测，可能是一种不饱和的脂肪酸酯。

青霉不是直接生长在葡萄酒中，一般是间接地对葡萄酒进行侵染，如通过软木塞染入葡萄酒内。在潮湿的葡萄酒窖里，陈酿葡萄酒的瓶塞上也常会发现青霉，有的青霉还能产生红黄色素。因此，酿酒厂保持厂内的日常清洁卫生，是一件头等重要的事。

14.4.2.5　黑露霉

黑露霉表面有一层黑膜，喜在蚜虫的含糖分泌液上繁殖。黑膜由黑色双细胞的孢子组成。葡萄受黑露霉侵染时，孢子钻入葡萄，开始发芽，长出芽生菌丝，形成芽生分生孢子。通过发芽产生的细胞，称为芽丛酵母，是一种假酵母，在幼期很难与酵母细胞区别。脱离幼期后的细胞，在其一端形成大小相同的两个芽细胞，有点像老鼠耳朵。黑露霉在葡萄汁内分枝发芽生殖，浮在液面的细胞孢子呈球形，外面包一层硬壳，内含黑色素。这种厚垣孢子分裂为单细胞前，排列成链状。

黑露霉在未发酵的葡萄汁中，或在未添加足量亚硫酸及贮藏的酒精度很低的甜葡萄酒中，均能大量繁殖，并生成多糖使葡萄酒发黏。芽丛酵母很难用过滤方法除去。黑露霉只能耐2%的酒精度，因此进入葡萄酒后不再繁殖。而且染有黑露霉的葡萄酒，在瓶内不会出现浑浊或其他病败。染有黑露霉的葡萄酒可使这种酒进行再发酵，黑露霉也是一种酒窖疽，在潮湿阴暗的窖壁上常有发现，用手摸之发黏。黑露霉能代谢产生气态的乙醇。

第十五章　大合唱：酿酒师的艺术

15.1　陈酿——塑造不一样的品质

完成后发酵的新酒进入成熟阶段，这个阶段也叫葡萄酒的陈酿。陈酿可以塑造葡萄酒不一样的品质。

每一个酒庄都会有一个陈酿的酒窖，摆放着整齐的橡木桶。陈酿一般在橡木桶内进行，也可以在不锈钢罐内进行。陈酿过程不仅可以决定葡萄酒的不同风格，还是充分展现酿酒师个性与艺术的过程。

15.1.1　陈酿的容器

陈酿的容器主要是橡木桶和不锈钢罐。高档的葡萄酒都会在橡木桶内进行陈酿。

橡木桶的原材料是橡木树，有生长在法国、奥地利等欧洲国家的卢浮橡、夏橡，也有产于美国的美洲白栎，还有产于中国长白山的蒙古栎，这些特殊的树木，经焙烤加工制成橡木桶。不同的橡树制成的橡木桶具有不同的特点，如欧洲橡木制成的橡木桶具有优雅细致的香气，易与葡萄酒的果香和酒香融为一体；美洲白栎的香气则更为浓烈一点，带给葡萄酒特殊的橡木味。

由于橡木桶壁具有一定的透气功能，可让极少量的空气渗透到桶中让葡萄酒发生适度的氧化，起到柔化单宁、增加葡萄酒中色素稳定性的作用。橡木本身也含有芳香成分和单宁物质，不同焙烤工艺会带来特殊的奶油、香草或烤面包的味道，这些味道在陈酿过程中，慢慢融入葡萄酒中，赋予葡萄酒馥郁、怡人、具有个性的香气，以及柔和、饱满、醇厚的口感，造就葡萄酒不一样的风格和品质。

在橡木桶中陈酿的时间，取决于酿酒师的风格，酿酒师通过品评确定时间长短，一般为2～8个月。橡木桶陈酿的过程中，注意要定期检查，检查橡木桶是否为满桶状态，并及时添桶，保持橡木桶桶口的干净，防止杂菌生长，关注有无渗漏，随时监测酒中游离二氧化硫含量并保持在25～40毫克/升。

不锈钢罐陈酿具有结实耐用、容积大、使用方便、造价低、不渗漏、不与酒反应、不会对葡萄酒的风味和口味造成影响的特点，多用在普通葡萄酒的酿造上。不锈钢罐陈酿时，可以向酒中加入适量特殊工艺处理后的橡木片或橡木块，既可降低陈酿成本又能提升葡萄酒的品质。

15.1.2　陈酿的环境

葡萄酒陈酿需要在避光、阴暗、恒温的地下酒窖中进行。温度应控制在12～15℃，湿度在70%～80%，且应通风良好，无异味，保持陈酿酒窖的清洁卫生。

陈酿的时间长短也与酿酒原料品种有关，如用麝香、佳美等葡萄品种酿造的新鲜、果香浓郁的红葡萄酒，酿造后经过澄清和稳定性处理即可上市销售，尤其是针对佳美酿造的博若莱新酒建议在酿造后3个月～1年内饮用最佳。而赤霞珠、丹魄、内比奥罗、品丽珠、西拉等葡萄品种酿造的葡萄酒则可以进行较长时间的陈酿，陈酿期可达2～10年。

15.1.3　换桶和添桶

换桶是指在陈酿过程中，将澄清的酒液换到另一个干净的容器中。换桶的目的，是让陈酿过程中沉淀在容器底部的酵母、酒石酸盐、果胶、纤维等与酒液分开，不让这些杂质给酒带来异味，也让酒液得到进一步的澄清。

在换桶的过程中，会有微量的氧气进入酒中，促进酒的后熟，但同时也会损失部分二氧化硫，所以一定要注意往酒中补充二氧化硫，确保其含量保持在25～40毫克/升（以游离态计）。同样，换桶后的新桶也一样要保持满桶状态，定期检查酒的体积，及时添桶或通入惰性气体来隔绝氧气。尽量减少酒与空气接触的机会，是陈酿过程中的第一定律，也是最重要的注意事项。

换几次桶，取决于酒的澄清情况和酒的种类，换桶一般在温度较低、晴朗、无风的天气进行，注意对所用设备的清洁和灭菌。

15.1.4　后处理

陈酿过程中葡萄酒的后处理是去除酒液中含有的容易变性、沉淀的不稳定胶体物质和杂质，使酒保持稳定澄清状态的操作，分为自然澄清和人工澄清两种办法。自然澄清就是静置沉降，这种办法需要的时间长，且无法将酒液中存在的影响葡萄酒稳定性但未沉淀成分去除掉。所以，人工澄清是最常用的后处理方式。人工澄清的措施包括下胶、过滤、冷热处理等。

15.2　调配——酿酒师的魔术

调配是将不同品质的葡萄原酒，根据目标成品酒的要求和特点，按照适当的比例调制成具有目标香气、目标风格的葡萄酒的过程。这是最能体现酿酒师艺术的操作，就像酿酒师表演的魔术，通过调配来消除和弥补葡萄酒质量的某些缺陷，或者实现某些酒的优势互补，使葡萄酒的质量得到最大程度的提升。

15.2.1　颜色调整

颜色调整一般有三种方式：将色泽较深的同类原酒合理混合，来提高调配酒的色度；添加中性染色葡萄原酒；添加天然葡萄皮色素。

15.2.2　香气调整

葡萄酒的香气组成有来自葡萄原料的品种香、发酵香和陈酿香。对香气进行调整的原则是：通过不同地区的同一品种、同一地区的不同品种或者不同风格的原酒进行调配，以增强品种香的典型性、产区的风格特性或产品香气的复杂性与平衡性等。特别要说明的是，传统意义上的葡萄酒绝对不能添加香精、香料来达到增香和调香的目的，而有些特种葡萄酒不会遵循这个原则。

15.2.3 口感调整

葡萄酒的口感是构成葡萄酒综合品质的重要因素。而影响口感体验的因子主要是酸、单宁、糖和酒精的含量。

由于原料或其他原因,可能出现这些成分的含量过低或过高。通常情况下,酸度过低,酒给人感觉没有活力,酸度过高,则口感上会感觉到难以忍受的酸。而单宁含量低,口味显得寡淡,酒体不丰满,单宁含量过高,又会有明显的涩感或苦味。酒精含量低,酒味平淡,酒精含量高,又会有令人难受的灼热感。糖分在口感体验中无疑是非常重要的,喜欢甜是人类的天性,葡萄酒中的糖应该是残糖,如果在许可的范围内,增加含糖量,显然可以增加品鉴者口感的愉悦,也能够调剂其他成分过多造成的负面影响。但我们前面也专门提过,大多数国家是不允许在葡萄酒中加糖的,甚至将在葡萄酒中检测出蔗糖作为打假的指标之一。所以,基于商业或取悦消费者的目的,酿酒师通过添加糖来调整甜度,使酒的口感更加平衡、协调和圆润,就需要特别注意生产地的法律法规及标准,要在允许的前提下进行。

15.3 葡萄酒灌装

葡萄酒完成陈酿或处理好后,将葡萄酒装入容器内进行封口使之成为商品,是从葡萄到葡萄酒的最后一个环节。

葡萄酒灌装过程包括检验、洗瓶、灭菌、装瓶、打塞/压盖、套帽、贴标、卷纸、装箱等流程。整个流程大多由自动化的灌装设备完成。

检验:指葡萄酒的质量检验,包括稳定性试验、感官品尝及根据国家标准进行相关理化指标的分析。

洗瓶:酒瓶需要在灌装前进行清洗和杀菌。方法是先用温水浸泡,然后用水和热去垢剂(1%氢氧化钠,66℃)溶液进行冲淋,再用清水冲洗,最后控干水分待用。

灭菌:清洗后的酒瓶在灌装之前还要进行灭菌。常用的杀菌方式是臭氧杀菌,先用臭氧溶液冲洗空瓶,倒空后再用过滤的无菌水连续冲洗,控干后用无菌空气吹干。

装瓶:这个过程需要特别注意空间和灌装设备的消毒灭菌,可用甲醛水溶液熏蒸进行空气消毒,贮酒容器、管路用蒸汽灭菌,管头用消毒酒精擦拭,灌装时所用的空气也应过滤除菌。此外,灌装液面的高度应适当,液面过高会增大压塞的难度,增加漏酒的风险;液面过低,内含较多的空气又会增加葡萄酒氧化,影响品质。

打塞/压盖:不同的酒种会选择不同的瓶塞,相关内容会在侍酒文化这部分进行介绍。

灌装后的葡萄酒可以放在酒窖中继续瓶储陈酿,也可在完成后续的套帽、贴标、卷纸、装箱等工序后进入成品库等待销售。

15.4 几种主要葡萄酒的酿造

15.4.1 红葡萄酒

红葡萄酒酿造的原料特点是红皮品种,果肉可以是白肉,也可以是红肉。常见的酿酒葡萄品种为赤霞珠、美乐、品丽珠、西拉、黑比诺等。

红葡萄酒酿造的最大特点是皮渣和葡萄汁混合发酵。图 15-1 是简明的酿造流程。

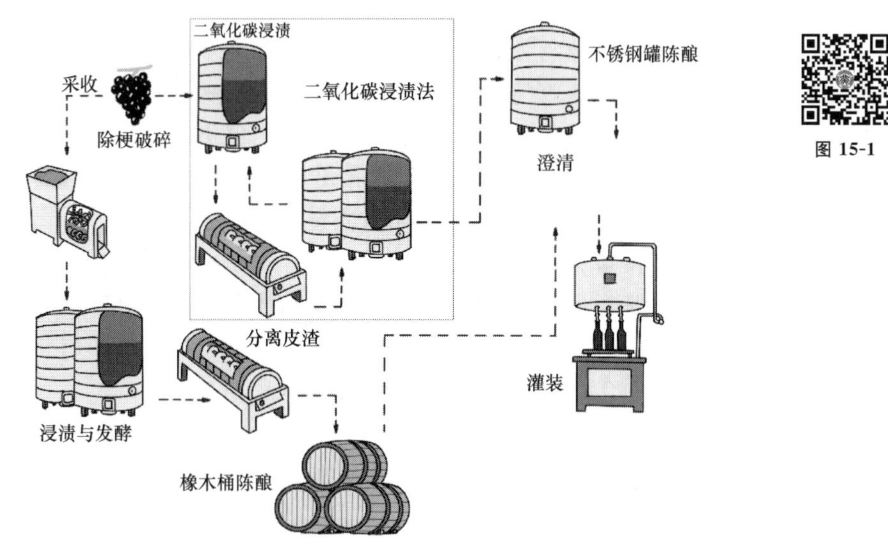

图 15-1　红葡萄酒的酿造流程(游义琳 绘)

15.4.1.1　原料的采收与运输

干红葡萄酒原料采收时候的理想状态是葡萄充分成熟，糖分含量、色素积累都达到最佳且酸度适宜。采收运输的时候注意装运的容器(木箱、塑料箱或编织筐)不宜太大，尽量减少倒箱次数，防止摩擦和挤压导致葡萄破损，因为破损的葡萄不仅会造成葡萄汁流失，还易导致葡萄汁的氧化和杂菌的生长。

15.4.1.2　葡萄的处理：分选、除梗、破碎

分选就是将如叶柄、叶、昆虫和蜗牛等非葡萄浆果杂物，以及不合格葡萄浆果如未成熟的葡萄浆果、干缩的葡萄浆果、烂果、霉果挑拣出来。分选的方式有穗选和粒选两种，穗选是原料在除梗前对整穗葡萄进行分选；粒选是在穗选的基础上，除梗后再进一步对果粒进行二次分选。一般在振动分选台上进行。

分选后进入除梗破碎机，将分选好的葡萄粒压碎，让果汁流出来与浆果固体部分接触，溶解色素、单宁和芳香物质。根据要求对葡萄的破碎程度和比例进行控制，但要避免将种子和果梗破碎。若不小心将种子和果梗也破碎了，种子和果梗内的油脂、糖苷类物质、粗糙的单宁及其他一些物质进入发酵液，会给葡萄酒带来苦味，损失色素和酒精，影响品质，所以一般要除去果梗，让果浆与果梗分离。通过集汁槽及果浆泵将破碎后的果浆收集输送到发酵罐。

15.4.1.3　添加二氧化硫、果胶酶与成分调整

发酵罐内的入罐容量不要超过 80%，以 70%～80%为宜，边装罐边加入二氧化硫，装罐完成进行第一次倒灌或打循环，使二氧化硫与发酵基质混合均匀。添加的二氧化硫的量与原料状况有关，一般浆果清洁、无病害与破裂果，含酸量高的原料所压榨的发酵液，添加 40～80 毫克/升，含酸量低的添加 50～100 毫克/升；如果葡萄原料的健康状态不够理想，可添加 120～180 毫克/升。

添加的二氧化硫有液体和固体两种，液体是用市售的浓度为 5%～6%的亚硫酸试剂按上述用量范围添加到发酵液中；添加固体的方法是将偏重亚硫酸钾配成浓度为 10%的溶液(其中二氧化硫的含量约为 5%)，然后按用量要求添加到发酵液中。

这个步骤十分重要，二氧化硫可以对发酵液进行杀菌、澄清、增酸、还原，且可抗氧化、促进色素和单宁溶出，使酒风味变好。

发酵前还需要添加果胶酶，添加的量一般控制在 20～40 毫克/升。果胶酶作用于葡萄皮，促进色素、单宁和芳香物质的浸提，并可促进果胶的水解，使发酵液黏度下降、澄清，增加出汁率。尽管二氧化硫对果胶酶的作用发挥影响较小，但仍要避免同时添加。

此过程中还要测量糖与酸的含量、pH 和相对密度，根据情况对糖、酸等成分进行调整，具体调整办法参见第十一章 11.2.3 葡萄原料质量的控制。

15.4.1.4 接种酵母

有部分的酒庄会选择使用天然酵母，大多数的酒庄会选用商业酵母（活性人工干酵母），因为其生产量大，且可保证一致性和不出错。对于一些有个性的精品酒庄，在酵母选用方面会考虑凸显自己的独特个性和特性，采用混合发酵或自然发酵。

最常用的活性人工干酵母的接种方法为：将干酵母按 1∶(10～20)的比例在 36～38℃的温水中复水活化 15～20 分钟，或在 2%～4%的葡萄汁中复水活化 30～90 分钟制成酵母乳液，即可添加到发酵液中接种发酵。

15.4.1.5 发酵过程管理

发酵开始的标志：形成“帽”，发酵基质温度上升。

在发酵过程中，我们最关注的一点是发酵温度的监控，需要每隔 4～6 小时测定一下发酵液的比重，连同温度记载在葡萄原酒发酵记录表中。事实上，发酵过程会受到温度、通风、酸度、酒精和二氧化硫含量等很多因素的影响。酿酒师需要关注所有这些影响因素。

传统的红葡萄酒发酵过程可分为主发酵（酒精发酵）和后发酵（苹果酸-乳酸发酵），即先带葡萄皮和籽进行主发酵，然后进行皮渣分离，分离皮渣后的发酵液进行后发酵。

1. 主发酵

从葡萄汁进入发酵罐开始到新酒与皮渣分离为止的整个发酵过程称为主发酵，主发酵又可细分为发酵初期、发酵中期和发酵后期。

要生产出优质红葡萄酒的前提是优质的品种并且保证其良好的成熟度。除此之外，发酵过程中的浸渍效果，确保原料中的优质单宁充分进入葡萄酒也至关重要。浸渍和酒精发酵同时进行，影响浸渍效果的因素主要有浸渍时间、酒精度和温度。对于一般的原料，应缩短浸渍时间，防止劣质单宁进入葡萄酒，比如酿造短期内消费、果香浓、单宁低的新鲜葡萄酒，浸渍时间就不宜过长。反之，生产长期陈酿的葡萄酒，应适当延长浸渍时间，使单宁可以被充分提取出来。温度是影响浸渍效果的重要因素之一，在红葡萄酒的酿造过程中，由于浸渍和发酵同时进行，温度过高，会影响酵母的活动，可能出现发酵中止，引起细菌性病害和挥发酸含量的升高；而温度过低，又会导致浸渍效果不好。长期的研究和实践证明，温度控制在 25～30℃是最好的。主发酵全部完成需要 5～8 天，完成主发酵后的酒液表现出深红色或淡红色，闻起来有酒精和酵母的味道，酒精含量一般在 9%～12%。

(1) 发酵初期。接种酵母后，发酵罐的发酵液表面开始时没有什么变化，8 小时左右后，液面会出现气泡，显示酵母开始繁殖。随着气泡越来越多，二氧化碳释放增加，表明酵母已大量繁殖。发酵初期主要是酵母繁殖。此阶段注意保持发酵室温度大于 15℃，保持发酵罐内的空气供应，促进酵母快速繁殖。

(2) 发酵中期。在酵母的作用下，糖转化为酒精，是葡萄酒酒精度形成的主要阶段。随着发酵温度的逐渐升高，大量二氧化碳释放出来，导致皮渣上浮形成一层帽盖，业内称之为酒帽。主发酵阶段酿酒师的目光会盯着温度和将酒帽压下去。

压帽是让上浮的皮渣保持在发酵液中，让那些有用的单宁、芳香物质等被充分浸提出来。常用的压帽方法有循环喷淋、压板式或人工搅拌式。循环喷淋是生产上最常用的方法，有两种方式，一种是将发酵罐底部的发酵液泵送至中间容器中，然后再由中间容器泵送至发酵罐顶部喷淋皮渣，这种方式又叫开放式倒罐；另外一种是将发酵罐底部的葡萄汁直接泵送至发酵罐顶部喷淋皮渣，是密闭式倒罐。

压帽的操作十分重要，它可促进果皮与种子中的色素、单宁及芳香物质浸提；加快热量散失，有利于控温和抑制杂菌侵染；避免二氧化碳对酵母正常发酵的影响；提供氧气避免二氧化硫还原为硫化氢。

通过循环倒池、池内安装盘管式热交换器或外循环冷却等方式来进行温度控制，将温度严格控制在 25～30℃。

(3) 发酵后期。发酵变弱，二氧化碳释放渐少，液面逐步趋于平静。发酵温度逐渐下降并接近室温，皮渣、酵母下沉，溶液开始变得澄清。

2. 皮渣与酒的分离

发酵过程检测残糖降至 2 克/升，或测定葡萄酒的比重降低到 0.993 以下，即可结束主发酵，进行皮渣分离。有时酿酒师会参考颜色、单宁是否达到预期，根据经验加上品尝来决定皮渣分离的时间。

皮渣分离时，首先将自流酒从发酵罐下部的排放口取出，满罐储藏在容器内，将温度控制在 18～20℃；剩下的皮渣取出进行压榨，从皮渣中压榨出来的酒叫压榨酒。压榨酒和自流酒很不一样，自流酒的酒精度要高、澄清度要高、颜色相对浅、干浸出物要少、香气相对复杂协调。所以，一般自流酒和压榨酒会分开处理，高档酒一般都来自自流酒。压榨酒通过下胶、过滤进行澄清处理后，也可以和自流酒混合处理。

3. 后发酵

干红葡萄酒的后发酵有两层含义，其一是将残糖继续转化为酒精，其二是进行苹果酸-乳酸发酵。苹果酸-乳酸发酵是干红葡萄酒必需的一道工序。只有在苹果酸-乳酸发酵结束并进行恰当的二氧化硫处理后，干红葡萄酒才具有生物稳定性，葡萄酒才会变得柔和圆润。

和主发酵不同的是，主发酵的媒介是酵母；而苹果酸-乳酸发酵是在乳酸菌的作用下完成的。

后发酵一般快则需要 3～5 天，有时也可达到 1 个月，后发酵的关键是隔绝空气，因为乳酸发酵需要在厌氧环境下进行。

在较为寒冷的地区，葡萄酒的总酸量尤其是苹果酸的含量较高，苹果酸-乳酸发酵是降酸的最好方式，可使总酸含量降低 1～3 克/升。苹果酸-乳酸发酵的另外一个重要作用是对葡萄酒风味的影响，乳酸菌的代谢活动改变了葡萄酒中醛类、酯类、氨基酸、其他有机酸和维生素等微量成分的含量，特别是香味物质的含量。这些物质的含量在感官阈值范围内，有利于葡萄酒风味复杂性的形成，对风味具有修饰作用，如产生令人愉快的黄油和奶酪般的香气。苹果酸在葡萄酒中的稳定性较差，很容易被微生物所利用，从而引发各种病害，进行苹果酸-乳酸发酵后的干红葡萄酒，其微生物的稳定性会大大提高。

进行苹果酸-乳酸发酵的过程中，要注意选择具有良好生长优势的乳酸菌，控制 pH 在 3.2～3.5，最好控制温度在 20～22℃，控制酒精度小于或等于 14%，控制总二氧化硫含量小于或等于 30 毫克/升、游离二氧化硫含量小于或等于 10 毫克/升。

4. 陈酿与贮存

葡萄酒既是化学溶液，又是胶体溶液，含有多种大分子胶体，包括果胶、多糖等碳水化合物，蛋白质，单宁、花色苷等多酚类物质。所以，刚刚结束发酵的葡萄酒浑浊、粗糙、不稳定，富含二氧化碳，称之为生葡萄酒。而影响葡萄酒稳定和成熟的主要是离子平衡、氧化反应、还原反应、胶体反应等，极少数情况下还有酶促反应和细菌活动。从结束后发酵进入贮藏罐开始到葡萄灌装前的陈酿和贮存的成熟过程，可持续几个月或者几年。

干红葡萄酒的陈酿和贮存一般在橡木桶(图 15-2)或不锈钢罐内进行，好的干红都会在橡木桶内进行陈酿和贮存。陈酿和贮存的环境要求温度控制在 12～15℃，湿度控制在 70%～80%，且通风良好，空气新鲜，保持卫生干净。传统的葡萄酒贮存在地窖中，随着冷却技术的发展，陈酿和贮存条件可以人工控制，所以葡萄酒的贮存向半地下、地上或露天贮存方式发展。

图 15-2

图 15-2　橡木桶陈酿(彭宜本 摄)

干红葡萄酒陈酿和贮存过程中的管理包括换桶与添桶，澄清，冷、热处理，过滤，包装、杀菌等工艺过程。

(1) 换桶与添桶。将酒从一个贮存容器转入另一个贮存容器，使酒液与酒脚分离的操作称为换桶。干红葡萄酒的第一次换桶在发酵结束后的 8～10 天进行，第二次换桶在第一次换桶后 1～2 个月进行，即当年的 11—12 月，这两次的换桶让酒与空气接触，是开放式换桶；第二次换桶后 3 个月，要进行第三次换桶，这次换桶是密闭式的，要避免与空气接触。换桶的主要目的是分离酒脚，同时也促进发酵结束，让一些过量的挥发性物质随二氧化碳散发出去。

陈酿和贮存过程中，由于温度变化、蒸发和二氧化碳排放，贮存容器会出现不满或溢出，为防止空气进入导致葡萄酒氧化和被细菌污染，需添同样的酒液或排除少量酒液，保持贮存桶中酒液体积处于满的状态，这就是添桶。第一次换桶后一个月内，每周检查并添桶一次，以后每两周进行一次。

(2) 澄清。澄清主要是通过下胶和离心处理来实现。先添加下胶材料，让下胶材料与悬浮物凝聚沉淀，再分离沉淀酒脚，让酒液变得澄清。

下胶的材料主要有明胶、单宁。先将单宁溶解在少量葡萄酒中，再添加到贮存容器中，静置 24 小时，再将用冷水浸泡了 12 小时并在 70～80℃下加热溶化的明胶加入贮存容器中，搅拌均匀，静置 2～3 周后，再去除以它们形成的不溶性明胶单宁酸盐络合物为主的酒脚。此外，还有添加蛋清、酪蛋白、皂土等方法。

离心澄清主要是通过离心机将酒中的杂质和微生物沉淀下来进行分离。这种方法效率高，且可以有效去除微生物细胞，防止葡萄酒在贮存过程中的败坏。

(3) 冷、热处理。冷处理主要是加速酒中胶体物质沉淀，促进有机酸盐的结晶沉淀，低温还可使酒溶入氧气，加速陈酿。冷处理一般进行5～6天，处理温度比葡萄酒的冰点温度高0.5～1℃，处理结束，在同样温度下进行过滤处理。热处理是在密闭容器内，将葡萄酒间接加热到67℃并保持15分钟，或70℃保持10分钟，也可以在50～52℃下处理25天。选择哪种处理条件取决于酿酒师的判断。热处理后的葡萄酒，稳定性增加，风味变得更好。需要注意的是，一般都是先热处理，再冷处理。

(4) 过滤。下胶和冷、热处理后的葡萄酒都需要过滤处理掉凝聚的杂质，不同阶段的过滤方法不一样。下胶澄清或调配后，采用硅藻土过滤机进行粗滤；冷处理后，在低温下利用硅藻土过滤机进行第二次过滤；第三次过滤是在装瓶前进行，采用纸板过滤或超滤膜过滤。

(5) 包装、杀菌。现在酒庄一般采用冷罐装，只有少量酒庄采用热罐装。

15.4.2 白葡萄酒

白葡萄酒是用白葡萄或色浅的红皮白肉葡萄酿造而成。葡萄采摘后，经分选去梗后进行破碎压榨，将果汁与葡萄浆果皮分离并澄清，然后经低温发酵、贮存、陈酿及后期加工处理，最终酿制而成。白葡萄酒的质量主要取决于原料的质量和品种特性等。一瓶好的白葡萄酒外观上表现为微黄带绿、浅黄色或金黄色，具有纯正、优雅、怡悦、和谐的果香和酒香，且具有品种和产地的典型性。如果要生产优质的白葡萄酒，要求原料具有适宜的含糖量和含酸量，成熟度要好，没有病虫害，浆果健康卫生状态好。白葡萄酒的酿造过程和工艺参见图15-3。

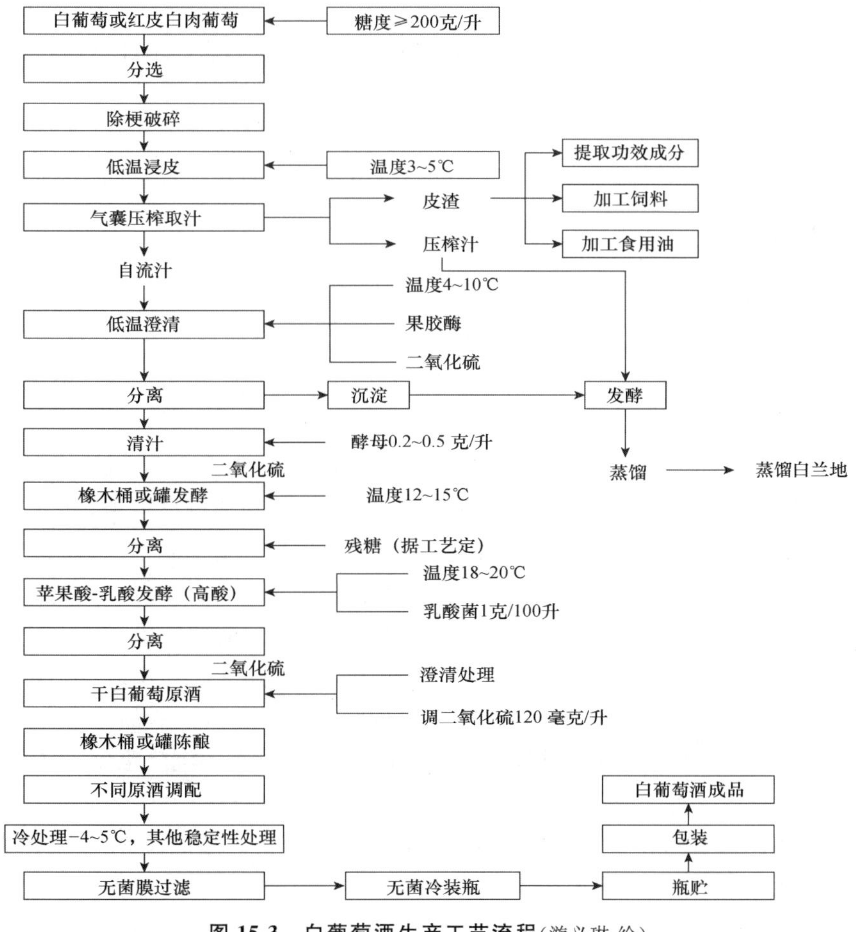

图15-3　白葡萄酒生产工艺流程(游义琳 绘)

15.4.2.1　原料的分选

好的白葡萄酒的原料一般都是人工采摘的，采摘过程中要防止污染和混杂，且尽量缩短从葡萄园到酒厂的时间。运输过程中要防止葡萄间的摩擦、挤压，以免葡萄汁溢出，造成氧化和杂菌的滋生，而最终影响葡萄酒的品质。

对符合加工要求的原料进行分选。分选一般在传送带上手工完成，传送带长度不超过5米，分选出的劣质葡萄及时运到指定地点，以免污染地面，造成杂菌污染。每日分选完毕，分选场地应彻底清洗干净。

15.4.2.2　原料的除梗破碎

除梗可以全部除梗，也可以部分除梗，一般白葡萄酒的除梗率要求达到大于或等于90%。

除梗和破碎通常都是在破碎除梗机上完成。破碎的程度可以通过调节破碎机辊轮之间的间隙来达到工艺要求，破碎需要注意的是不要压碎种子和梗。

15.4.2.3　低温浸皮

低温浸皮工艺要求葡萄品种成熟度好，无霉烂果粒，果皮中含有丰富的香味成分，如赛美蓉、琼瑶浆、长相思、雷司令等品种。浸提过程要避免野生酵母的繁殖，需要添加二氧化硫至80毫克/升左右，浸提温度尽可能低，实际工业生产中温度一般为5～10℃，时间为24～48小时。

15.4.2.4　葡萄汁的分离

发酵前将葡萄汁分离是白葡萄酒区别于红葡萄酒的重要工艺。果汁分离时应注意葡萄汁与皮渣分离速度要快，缩短葡萄汁与空气接触时间，减少葡萄汁的氧化。葡萄汁分离后，需立即进行二氧化硫处理，以防葡萄汁氧化，一般二氧化硫添加量为60～150毫克/升。葡萄汁的质量与压榨操作有关。在压榨时，尽可能压出果肉中的果汁，但不允许压出果梗及种子的汁液，出汁率通常为70%左右。

15.4.2.5　葡萄汁的澄清

为了获得高质量且风味良好的白葡萄酒，在发酵前将葡萄汁中的杂质含量尽量减少到最低，以免葡萄汁中的杂质因参与发酵而产生不良成分，给酒带来异味。澄清后的葡萄汁要求无明显的悬浮物，并允许适当带点酒脚，否则澄清过度，会造成酵母的营养物减少，影响酒精正常发酵。

(1) 低温澄清法。葡萄汁入罐时边加料边加二氧化硫，满罐后采用低温澄清。其方法操作简便，效果较好。在澄清过程中游离的二氧化硫主要起加速胶体凝聚，助沉非生物杂质的作用；且对葡萄浆果皮上的野生酵母、细菌、霉菌等微生物起到抑制杀菌作用；还可降低氧化酶活性，防止葡萄汁被氧化。低温澄清能减少果香的挥发，使酒体纯净。根据二氧化硫的最终用量和葡萄汁总量，准确计算二氧化硫使用量，一般每升葡萄汁中需有150～200毫克的二氧化硫。加入后搅拌均匀，然后温度降至8～10℃，保温48～72小时后，待葡萄汁中的悬浮物全部下沉后，利用虹吸法或打开澄清罐高位阀门来得到澄清后的果汁。澄清罐多为不锈钢罐，高度不超过3米，容积不超过30立方米，以减少颗粒的沉降距离，缩短澄清时间。

(2) 离心澄清法。离心澄清法原理是利用离心机高速旋转产生巨大的离心力，葡萄汁与杂质因密度不同而得到分离。澄清法能够在短时间内使果汁澄清，减少香气的损失；且能除去大部分野生酵母，保证酒的正常发酵；再者，其自动化程度高，既可提高质量，又能降低劳动强度。一般离心力越大，澄清效果越好。在离心前往葡萄汁中加入果胶酶、皂土、硅藻土、活性炭等助滤剂，配合使用效果更佳。

澄清剂可以有效地去除葡萄汁的杂质，同时降低葡萄汁中酚类物质的含量。果胶酶是一种常用澄清剂。果胶酶包括原果胶酶（使不溶性果胶变成可溶性果胶）、聚甲基半乳糖醛酸酶、聚半乳糖醛酸酶（澄清果汁时起主要作用的酶，可使果胶黏度下降）、果胶甲酯水解酶（使果胶中的甲酯水解成果胶）等。添加果胶酶，可以软化果肉组织中的果胶质，使之分解成半乳糖醛酸和果胶酸，葡萄汁的黏度下降，使原来存在于葡萄汁中的固形物失去依托而沉降下来，以增强澄清效果；可加快过滤速度，还可一定程度上提高出汁率；也可保持原葡萄果汁的芳香和滋味，降低果汁中总酚和总氮的含量，有利于干酒的质量。果胶酶的活性受温度、pH、防腐剂的影响。澄清葡萄汁时，果胶酶只能在常温、常压下进行酶解作用。一般情况下，24 小时处理即可，一般用量为 20～30 毫克/升。在使用前应做小型试验，找出最佳效果的使用量，以指导大型生产。在添加果胶酶时，先将果胶酶加入其体积 10 倍的 40～50℃水中搅拌均匀并活化 30 分钟，之后从发酵罐入孔将活化的果胶酶加入果浆/汁中，并使之混合均匀。果胶酶的添加时间是在葡萄汁满罐及二氧化硫含量符合工艺要求后，先将二氧化硫连续循环混合均匀后，再加入果胶酶。

在白葡萄酒的整个生产工艺过程中，添加果胶酶的时间节点如图 15-4 所示。

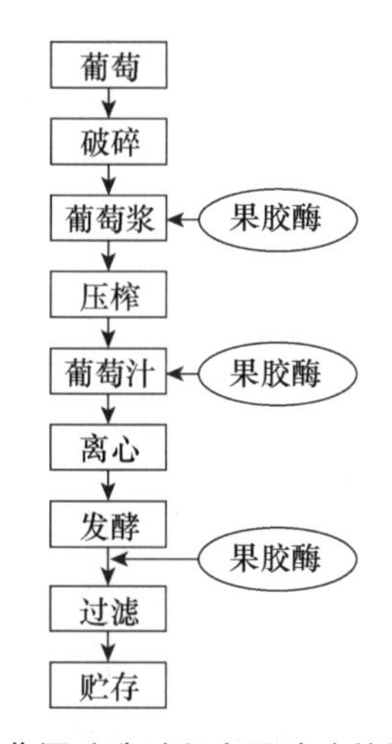

图 15-4　白葡萄酒酿造过程中果胶酶的添加（谢一丁 绘）

15.4.2.6　葡萄汁的成分调整

当葡萄汁澄清分离后温度达 15℃以上时，取汁分析含糖量、总酸含量、pH、游离二氧化硫含量等项目，并依据工艺指标进行调整。一般要求游离二氧化硫含量为 25～35 毫克/升，总二氧化硫含量在 50～100 毫克/升；含糖量需要达到 190 克/升左右，如果含糖量不足，可以通过添加蔗糖来增加含糖量，以保证后续发酵和酒精度（添加糖要注意当地的政策法规或生产标准是否许可）；总酸含量一般是 7.5～10 克/升，酸不足，添加酒石酸，酸过高，通过化学降酸剂处理。

15.4.2.7　发酵

葡萄汁经澄清后，根据具体情况决定是否进行改良处理，之后再进行发酵。

（1）发酵罐的准备。在葡萄汁输送到发酵罐之前，发酵设备必须彻底清洗，以防止罐体附着的细菌、灰尘和污垢等，使发酵受到影响，从而影响酒质。入料前再检查发酵罐门、阀门是否关闭，并打开底阀排净罐体内的杀菌液体，然后关闭底阀、侧阀门、取样阀门，打开液位阀门和入料口阀门，开始入料。

(2) 活性干酵母的添加。目前国内外多采用人工培育的优良酵母进行白葡萄酒的低温发酵。好的酵母应该具有适应低温，发酵平稳、有后劲；发酵彻底、残糖少，抗二氧化硫能力强；发酵结束后，酵母凝聚，能较快地沉入发酵容器底部，使酒易澄清。

葡萄酒活性干酵母一般是浅黄灰色圆球形或圆柱形颗粒，含有低于 9% 的水分，含有 40%～45%的蛋白质。酵母数目一般大于 1×10^{10} 菌落形成单位/克。20℃常温下，保存 1 年失活 20%，4℃下保存 1 年失活 5%～10%。低温保存，开启后最好一次性用完。当葡萄汁温度高于 15℃时，就可以接种活化的活性干酵母了。将酵母加入罐中，并使之与葡萄汁混合均匀。注意酵母液温度与罐内汁液温度相差不超过 10℃，便于酵母尽快适应和启动发酵。

干白葡萄酒主发酵工艺的关键点：

1. 低温发酵

低温发酵是酿制干白葡萄酒的关键，一般温度控制在 15～18℃。低温发酵有利于保持葡萄酒中原果香的挥发性化合物和芳香物质，使干白葡萄酒具有新鲜悦人的果香和清爽柔和的口味。如果发酵温度高，会造成酒体氧化，减少原葡萄品种的果香；低沸点芳香物质易于挥发，会降低酒的香气；酵母活力减弱，易感染杂菌或造成细菌性病害；酒体粗糙、不细腻。

目前多数葡萄酒厂采用可调节温度的不锈钢、密闭耐压发酵罐。当罐内压力增加时，发酵就会减弱，通过调节罐内顶隙压力控制发酵的速度和葡萄酒最终的糖度。

2. 工艺管理

(1) 入罐。发酵容器刷洗干净、无异味，用二氧化硫杀菌，将澄清处理、调整成分后的葡萄汁泵入发酵罐内，输入量占容量 90%左右，不可过满，以防止发酵外溢。

(2) 密闭发酵。控制温度在 18～20℃，加入酵母，水封或发酵栓进行密闭发酵。

(3) 温度控制。每天定时检测发酵温度 1～2 次，将测得的温度变化如实记录在发酵卡上并绘出曲线图。根据温度变化情况，及时调整温度介质，确保低温发酵的工艺温度要求。

(4) 工艺卫生。发酵液含有糖类物质、氨基酸等营养成分，易感染杂菌。因此，发酵过程要经常检查罐口的发酵栓，及时更换，补足水封，以保障与外界空气隔绝；同时，对室内环境、地沟、地面及时清刷，室内定时杀菌；还要注意排风，保持室内空气新鲜。

(5) 过程记录。做好原始记录。

主发酵结束后白葡萄酒的外观和理化指标如下：

(1) 外观。发酵液面只有少量二氧化碳气泡，液面较平静，发酵温度接近室温。酒体呈浅黄色、浅黄带绿色或乳白色。有悬浮的酵母浑浊，有明显的果香、酒香、二氧化碳气味和酵母味。品尝有刺舌感，酒质纯正。

(2) 理化指标。酒精度 9%～12%，或达到指定的酒精度，一般总糖含量(以葡萄糖计)不超过 4 克/升，相对密度为 1.01～1.02，挥发酸含量(以乙酸计)为 0.4 克/升以下，对于大部分佐餐葡萄酒总酸含量(以酒石酸计)一般在 5.5～8.5 克/升，白葡萄酒的最终酸度一般比较高，pH 在 3.1～3.4 比较合适。

干白葡萄酒后发酵工艺的关键点：

1. 添罐

主发酵结束后，二氧化碳排出缓慢，防止氧化，尽量减少原酒与空气的接触面积，做到每周添罐一次，添罐时以优质的同品种(或同质量)的原酒补充，或补充少量二氧化硫，安装好发酵栓或水封。

2. 温度控制

干白葡萄酒的后发酵温度需要尽量控制在低温，若温度过高，易使部分酵母自溶，不利于新酒的澄清。时刻关注和检查原酒的澄清情况及总糖、总酸、挥发酸含量的变化，做好后发酵生产过程记录。注意卫生保持干净。

15.4.2.8　白葡萄酒的贮藏和成熟

经过澄清和稳定后，白葡萄酒可以贮藏在不锈钢罐中、橡木桶中或直接装瓶。要求贮藏温度在15℃左右，隔绝葡萄酒与空气的接触，并保持合适的游离二氧化碳浓度。向罐内顶隙添加惰性气体时，若用二氧化碳会使葡萄酒有一种新鲜、刺舌的味道，为避免这一点常用氮气代替二氧化碳。

橡木桶中发酵或贮藏可以增加如霞多丽等品种的典型性。如果在橡木桶中贮存时间过长，有可能会让葡萄酒失去本身的香气，有过重的橡木香气。

原酒在贮藏过程中，酒中有胶体物质、酒石酸盐等自然沉淀，定期将桶（池）中的上层清酒泵入另一桶（池）中，除去酒脚，这一操作称倒酒，也称倒桶、换桶。倒酒的目的是：分离酒脚，去除桶底的沉淀物质，并使桶（池）中酒质混合均匀；使酒接触空气，溶解适量的氧，促进酵母最终发酵结束；由于新酒被二氧化碳饱和，倒酒可使过量的挥发性物质逸出。

葡萄酒分离转罐时要注意补加二氧化硫，使游离二氧化硫含量保持在25～30毫克/升。同时保持罐体满罐密闭贮存，添罐时要以优质的同品种（或同质量）的原酒添补，每个星期进行感官检验。

倒酒次数取决于葡萄酒的品种、内在质量和成分。贮藏初期倒酒的次数多，随着贮藏期的延长而逐渐减少，对于酒质粗糙、浸出物含量高、澄清度差的酒，倒酒次数可以多一些。

倒酒时应尽量选用贮存过同品种酒的容器。先洗净、熏硫消毒，并用二氧化碳赶走容器内空气后再进酒。同时加二氧化硫，其用量视葡萄酒酒龄、成分、氧化程度、病害倾向等因素而定。一般白葡萄酒贮藏温度为8～11℃，在橡木桶贮藏3～6个月。橡木桶越新，贮藏时间越短。瓶储时，瓶子应平放，以保持软木塞的湿度，防止软木塞过干，空气进入瓶中。白葡萄酒一般不应贮藏过长时间，装瓶后应及时饮用。对于酸度较高的葡萄酒，适当的成熟是必须的。

15.4.2.9　白葡萄酒的防氧处理

白葡萄酒中含有一些酚类化合物，如酚酸、单宁、芳香物质等。这些物质有较强的嗜氧性，在与空气接触的过程中易被氧化生成棕色聚合物，使白葡萄酒的颜色变深，酒的新鲜果香味降低，甚至产生氧化味，从而影响葡萄酒的质量和外观。因此白葡萄酒的防氧化处理极为重要。

白葡萄酒氧化现象存在于生产过程的每一道工序，如何掌握和控制氧化十分重要。形成氧化现象需要三个因素：有可以氧化的物质，如酚酸、黄酮醇、芳香物质等；与氧接触；氧化催化剂的存在，如氧化酶、铁、铜等的存在。

15.4.3　起泡葡萄酒

15.4.3.1　起泡葡萄酒的定义

干红葡萄酒、干白葡萄酒都是属于平静型葡萄酒，起泡葡萄酒是相对于它们而言的，最著名的起泡葡萄酒可能就是法国的香槟了。

起泡葡萄酒和平静型葡萄酒的区分界限是：国家标准《葡萄酒》(GB/T 15037—2006)规定，在20℃时，二氧化碳压力小于0.05兆帕的葡萄酒被称作平静型葡萄酒；大于或等于0.05兆帕的葡萄酒被称作起泡葡萄酒。高泡葡萄酒为在20℃时，二氧化碳(全部自然发酵产生)压力大于或等于0.35兆帕(对于容量小于250毫升的瓶子二氧化碳压力大于或等于0.3兆帕)的起泡葡萄酒。

最早的起泡葡萄酒于14世纪出现在法国南部地区，直到18世纪初，法国香槟省的本笃会修士唐培里侬发明了瓶内二次发酵以后，起泡葡萄酒的生产有了很大发展。此法沿用至今，称为香槟法。

香槟酒是一种含二氧化碳气体的优质葡萄酒，因起源于法国香槟地区而得名。法国酒法规定，只有在香槟地区生产的含二氧化碳的葡萄酒，才许可称为香槟酒，而其他地区生产的只能称为起泡葡萄酒。

欧盟于1987年3月16日在其822/87法令中对于下列葡萄酒给出了明确的定义。

(1) 起泡葡萄酒。起泡葡萄酒是葡萄原酒经密闭二次发酵产生二氧化碳，且在密封容器(20℃)中，其二氧化碳的气压不能低于0.35兆帕，酒精度不能低于8.5%。

(2) 加气起泡葡萄酒。加气起泡葡萄酒是由葡萄酒加工获得的酒精产品，其二氧化碳全部或部分由人工充入。在密封容器(20℃)中，其二氧化碳的气压不能低于0.3兆帕，酒精度不能低于8.5%。欧盟规定加气起泡葡萄酒的原酒必须是原产于欧盟内部的葡萄酒。

(3) 葡萄汽酒。葡萄汽酒是由总酒精度不低于9%的葡萄酒或适于生产总酒精度不低于9%的葡萄酒产品加工获得的酒精产品。酒中的二氧化碳完全由发酵形成，在20℃条件下，其二氧化碳气压不能低于0.1兆帕，亦不能高于0.25兆帕，酒精度不能低于7%，容器的最大容量为60升。

(4) 加气葡萄汽酒。加气葡萄汽酒是由葡萄酒或适于生产葡萄酒的产品加工获得的酒精产品，其中二氧化碳完全或部分由人工充入。在20℃的条件下，其二氧化碳气压不能低于0.1兆帕，亦不能高于0.25兆帕，酒精度不能低于7%，总酒精度不能低于9%，容器的最大容量为60升。

15.4.3.2 起泡葡萄原酒的酿造

起泡葡萄原酒的酿造主要包括压榨、葡萄汁改良、酒精发酵及苹果酸-乳酸发酵、原酒处理及勾兑。工艺流程为葡萄→分选→压榨取汁→葡萄汁改良→低温发酵→分离→原酒处理(下胶澄清、过滤)→调配→葡萄原酒。

在酿造起泡葡萄原酒时，若原料的含糖量过低，应对葡萄汁进行糖分调整，以保证起泡葡萄原酒的酒精度达到10%～12%。

起泡葡萄原酒发酵现多用大型不锈钢罐或加涂料的碳钢罐(容积高达100立方米)，并安装有冷却管，便于控制温度。将葡萄汁置于发酵罐中，接入5%的人工培养酵母液或0.1%活化后的活性干酵母进行酒精发酵。发酵温度一般控制在15～20℃，发酵时间为20天左右。

发酵结束后，根据含酸量的高低引导或抑制苹果酸-乳酸发酵。有些国家和地区对葡萄原酒进行苹果酸-乳酸发酵，如法国的香槟地区。如果控制良好，对含酸量较高的葡萄原酒是有利的。但是如果控制不当，它也可使产品缺乏清爽感，造成澄清困难、易于氧化等问题。有些国家如奥地利、西班牙、意大利，则避免葡萄原酒的苹果酸-乳酸发酵，采用尽早分离、过滤、离心、添加二氧化硫等方法，避免苹果酸-乳酸发酵的进行。

由于起泡葡萄酒要进行二次发酵，二氧化硫的用量受到限制，所以多数采用二氧化碳或氮气对葡萄酒进行充气贮藏以隔绝空气。酿造过程中也要尽量防止葡萄酒与空气的接触。

为了使起泡葡萄酒具有最佳质量，在二次发酵前会进行原酒的调配，包括不同品种、不同年份的葡萄酒之间的调配，调配后再进行冷处理。在正式调配之前，要进行小型调配试验，并进行品尝后决定。调配的标准一般通过品尝确定，分析指标（如 pH 和总酸含量）作为参考指标。如在法国香槟地区，要求调配后的总酸含量（硫酸计）为 4.5～5.0 克/升，pH 为 3.0～3.15，以保证起泡葡萄酒具有清爽感。

15.4.3.3 起泡葡萄酒的二次发酵（产生气泡）

起泡葡萄酒中的气泡主要是在第二次发酵中产生的。一般将二次发酵分两类：一是原酒含糖量低，必须加入足够量的糖浆，才能保证二次发酵的顺利进行，产生足够的二氧化碳；二是原酒含糖量足够高，实际上是发酵不完全的葡萄汁，无须加入糖浆，利用原酒本身的糖就能顺利进行。

二次发酵的方式同样有两种：一种是瓶内发酵法，一种是密封发酵法。起泡葡萄酒中的高档产品香槟酒即是采用瓶内发酵法。

15.4.4 冰酒

15.4.4.1 冰酒的定义

冰酒，无疑是葡萄酒家族中最高冷的存在。它是将葡萄推迟采收，当气温低于−7℃使葡萄在树枝上保持一定时间，结冰，采收，然后在结冰状态下压榨、发酵、酿制而成的葡萄酒，在生产过程中不允许外加糖源。

冰酒首先出现于 18 世纪末的德国，目前，全世界有德国、加拿大、奥地利和中国等可以生产冰酒。

加拿大是世界上冰酒产量最大的国家，其生产的冰酒要符合加拿大酒商质量联盟（vintners quality alliance，VQA）的要求。VQA 严格规定：酿造冰酒的葡萄在收获及压榨过程必在−8℃以下并保持冰冻状态，不允许任何的人工冰冻过程，并且酿造冰酒原料的可溶性固形物要求为 380～420 克/升，最低不能低于 350 克/升。

15.4.4.2 适合酿冰酒的葡萄品种

在德国，传统用于冰酒酿造的品种是雷司令。在加拿大，威代尔和品丽珠用得比较普遍。在我国东北、甘肃及山西等地区，威代尔、北冰红和山葡萄是冰酒酿造的主栽葡萄品种。酿造冰酒的葡萄，要求抗寒性强、品种晚熟、不易脱粒、在冷凉地区成熟度好、后熟过程中依然保持较强的果香和酸度。

威代尔成熟缓慢但品质稳定，果皮厚、抗寒、不易腐、易保存，且在成熟后仍能挂枝 3～4 个月，可抵抗高纬度地区严寒的侵袭。它生产出来的冰酒香气丰富细腻，果香复杂且持久，因而应用较广。

雷司令在挂枝冷冻期间，较厚的果皮可以在一定程度上保护浆果不受雨水冲刷而开裂，也能够限制腐败微生物入侵浆果，以保证收获时的较高质量。

15.4.4.3 浆果原料的冷冻

酿制冰酒的葡萄成熟之后仍挂枝数月，当气温降至−8～−7℃时，葡萄成自然冰冻状态。果粒中的水分冻结成冰晶，糖、酸、含氮化合物等干浸出物成分滞留在剩余的果汁当中，含量为 350～420 克/升。浆果中的酒石酸在低温下部分结晶而使得酸度降低，但浓缩汁又能保证足够的酸度，平衡高的含糖量。果汁浓缩、咖啡酸氧化、冷冻使得儿茶素释放，这些共同作用的结果使得葡萄汁呈现亮丽的金色。

15.4.4.4 冰酒的酿造

(1) 原料采摘。在北半球，采摘时间一般从 11 月底开始至下一年 3 月底结束，早上 5:00—8:00 进行。温度过低虽然会提高冰葡萄汁中糖的浓度，但也会造成出汁率的大幅下降，同时还会破坏葡萄中的营养成分和风味物质。最理想的采摘温度为 −10～−8℃，冰葡萄在此温度下可获得最理想的糖度和风味。

VQA 规定采摘时室外温度低于或等于 −8℃，我国葡萄技术规范援引国际标准并结合我国气候特点，将冰葡萄原料的采摘温度定在 −7℃以下。采摘后即对原料快速分选，去除霉浆果果粒、叶片等杂质。

(2) 压榨取汁。冰葡萄榨汁过程的温度通常需保持在 −8℃以下，果粒保持冷冻状态，高浓度果汁缓慢流出，冻结的冰留在皮、籽及果梗等废渣中。冰葡萄的出汁率一般为普通葡萄出汁率的 15%～20%。压榨机应尽快装足葡萄浆果，以避免葡萄汁与皮渣接触时间过长，且榨汁机下部的集汁槽内的葡萄汁应尽快泵入澄清罐，以免被氧化。压榨后的冰葡萄汁糖度不低于 320 克/升，总酸含量(以酒石酸计)为 80～120 克/升。除梗破碎操作过程中确保葡萄与葡萄汁不与铁、铜等金属接触。

(3) 澄清。根据采摘葡萄的状况调整，二氧化硫添加量为 40～60 毫克/升，压榨汁需静置 10～14 小时。静置结束后，分离上层汁液与底部杂质，整个过程温度不能高于 −5℃。分离葡萄汁装罐后，立即进行回温处理，升温至 10℃，按照 30～50 毫克/升添加果胶酶进行酶解、澄清。葡萄汁澄清至浊度低于 250 NTU 即可进行分离。澄清葡萄汁转入发酵罐进行发酵，浑浊的汁底与其他罐的汁底合并，过后单独存放及发酵。

(4) 酒精发酵与终止。接种酵母后，进行封闭式循环 15 分钟。发酵过程中，发酵罐需保持良好的通气状态。发酵汁含糖量常高于 350 克/升，为使冰酒具有丰富的香气，发酵需在低温环境 10～12℃下进行，发酵过程十分缓慢，通常会持续 2～3 个月。

发酵通常在残糖含量较高时中止。加拿大法律规定，冰酒残糖含量不得低于 125 克/升，没有上限。在发酵终止时，先将酒温调整到 4℃，添加二氧化硫进行终止发酵，保证游离二氧化硫含量在 30～40 毫克/升。贮酒时保持满罐存放，不满罐酒则充氮气防止氧化，并将温度降至 0℃。

(5) 原酒后期管理。贮藏温度不高于 4℃，要特别避免急速、频繁的温度改变而影响酒的品质。发酵原酒经 6 个月低温陈酿后，可选用皂土、明胶或壳聚糖进行下胶澄清，并调整游离二氧化硫含量至 120～160 毫克/升，经低温冷冻后过滤。

装瓶：装瓶前通常用膜过滤除菌，或者也可采用热杀菌。

瓶储：瓶贮期温度控制在 10℃，酒窖的湿度控制在 70%。瓶贮期不低于 180 天。

(6) 冰葡萄酒的理化要求。一瓶好的冰葡萄酒的酒精度，我国国家标准规定应该在 10%～15%(20°)，总糖含量大于 125 克/升，滴定酸含量(以酒石酸计)在 5.0～8.0 克/升，挥发酸含量(以乙酸计)小于 1.2 克/升，总二氧化硫含量要小于或等于 250 克/升。

15.4.5 贵腐葡萄酒

15.4.5.1 贵腐葡萄酒的定义

贵腐葡萄酒也是葡萄酒家族的名媛，是由感染了贵腐菌的葡萄所酿成的甜葡萄酒。贵腐葡萄酒起源于何时并不明确，最多的说法是源于16世纪中期的匈牙利托卡伊地区，继而在德国和法国开始生产。

世界三大顶级贵腐葡萄酒产区是匈牙利托卡伊、德国莱茵高和法国波尔多苏玳。用贵腐菌感染的葡萄酿酒在新世界国家发展较为缓慢，只在澳大利亚和美国的小范围地区有所生产，我国也有学者正在对此项课题进行研究。

15.4.5.2　适合酿贵腐葡萄酒的葡萄品种

酿制贵腐葡萄酒的原料大多数是白色晚熟品种，避免了由于花色苷氧化而带来的棕色色调，成熟时间的延迟，刚好和贵腐菌感染时间吻合。这些葡萄品种果皮往往比较厚，利于贵腐菌侵染后的采收，较厚的果皮还可以抵御裂果和果腐病。

法国主栽品种：赛美蓉，常伴以长相思和麝香葡萄进行混酿。匈牙利主栽品种：富尔民特(Furmint)、哈斯莱威路(Harslevelu)、萨格穆斯克塔伊(Sarga Muskotaly)、泽达(Zeta)等。其中，富尔民特种植面积占到整个区域种植面积的60%，哈斯莱威路占到了30%。德国主栽品种：广泛使用雷司令进行酿造，琼瑶浆(Gewurztraminer)和米勒-图高(Muller-Thurgau)等品种也用于贵腐葡萄酒的酿制。

15.4.5.3　贵腐菌的感染

残留在木质部的贵腐菌孢子越冬后，最初侵染的是开败的花朵部分、花蕊或者花瓣。早期菌丝会进入年幼的浆果内部，伴随果穗的生长而停滞，但菌丝细胞仍然保持活性。随着浆果逐渐成熟，酸度降低，果粒变得柔软，抗菌的酚类物质下降，对于菌体的抑制抵抗力减弱，此时贵腐菌的侵染复活、爆发。

随着侵染的深入，贵腐菌释放出一些水解酶如果胶酶等，可以使植物细胞间及临近的物质发生解体，进而果粒的物理结构发生变化，在干燥条件下，果粒会更加容易失水。贵腐菌的侵染还会破坏果梗的结构，阻断水分由果梗向果粒的运输。菌体在果皮上穿透的小孔，也会由于毛细作用使得部分水分蒸腾散失。

果粒失水的程度，是判断侵染发展的一个重要指标。葡萄果粒感染贵腐菌后的发展分为斑粒、全腐粒、毛粒和烧烤粒这几个阶段。在全腐粒阶段，葡萄呈棕色，果粒仍然保持完整但果皮已经没有任何保护作用，就像一块疏松的海绵，在阳光和风的作用下水分很快蒸发，果粒变瘪并进入烧烤粒阶段。

菌体的易感性和感染目标与许多因素有关。干燥天气、韧性的果皮和稀疏的果穗降低了病菌的感染。然而，雨季和潮湿却对菌体生长有利。贵腐葡萄酒产区为冷凉地区，毗邻温暖水域。傍晚或者早上升起的雾有利于真菌的生长。白天晴天，天气干燥，浆果慢慢脱水，也抑制由青霉、曲霉和毛霉引发二次感染而产生的腐烂、霉味等不良风味。

果粒的脱水、贵腐菌的新陈代谢活动是贵腐葡萄酒特殊风味形成的主要原因。贵腐菌侵染这一过程，能将葡萄浆果含糖量升高35%～45%，最高者能达到60多白利糖度；酒石酸含量下降，苹果酸、柠檬酸含量升高。

贵腐菌侵染葡萄果粒的过程中，一些能赋予葡萄酒特殊香气的萜烯类物质的损失，使得原果粒挥发性香气物质散失，尤其是麝香葡萄的香气散失。然而贵腐菌也带来明显的类似蜂蜜的香气，具有自己特有的风格。此外，受感染的葡萄还会含有1-辛烯3-醇等20余种萜烯类物质，增加葡萄浆果风味的复杂性。

此外，浆果含糖量的大幅升高，使得发酵后酒体中的乙酸和乙酸乙酯含量稍高，而贵腐菌代谢生成物也会带来相应的影响。研究发现，发酵后酒体中多元醇，特别是甘油、丁四醇、阿糖醇和甘露醇含量升高。其中，甘油含量可高达30克/升，大大增加了酒体顺滑口感，且具有类似杏、桃、梨和蜂蜜的风味。

15.4.5.4 贵腐葡萄酒的酿造

(1) 原料处理。葡萄受到感染之后，果皮受到了影响和破坏，使得果粒和果梗难于分开，且由于感染的程度不同，贵腐葡萄均为人工逐粒逐串分批采摘。在压榨前，首先要除梗，以免梗吸附大量的糖分。

(2) 发酵工艺。在贵腐葡萄酒发酵过程中，所用酵母应更加适应于高糖、低氮、低温的典型贵腐葡萄酒发酵的葡萄汁。在侵染过程中，贵腐菌显著降低了葡萄汁维生素的含量，因此常会加入少量的维生素助力发酵。其发酵的主要过程为：以最快的速度取汁，原料经除梗破碎后直接压榨，并将最后一次的压榨汁分开。压榨后立即进行二氧化硫处理，用量为40～70毫克/升。自然澄清24小时或在0℃下澄清3～4天，使葡萄汁的浊度达到500～600 NTU。在发酵液中加入100～150毫克/升硫酸铵、50毫克/升左右的维生素B_1，以促进发酵。在葡萄汁中接种酵母，并将发酵温度控制在20～24℃。

当生成的酒精度与残糖达到平衡时，即残糖的潜在酒精度（如3%）与酒精度（如13%）的尾数相等时，进行封闭式分离，并同时用200～350毫克/升的二氧化硫处理。

15.4.5.5 贵腐葡萄酒的贮藏

在橡木桶中保存12～18个月，部分需要两年时间。经过贮藏的酒，口感更加细腻，而且带有水果罐头和杏仁的香气。在贮藏过程中每周进行一次添桶，添桶时，要特别注意桶口卫生环境，以避免因酒中大量残糖引发酵母感染而带来再次发酵。

在贮藏过程中要定期进行倒桶以除掉粗糙的酒泥。第一次倒桶一般在天气刚刚变冷的时候，倒桶完毕后要对木桶进行严格的清洗。第一次倒桶后，每三个月进行一次倒桶，直到装瓶为止。

15.4.5.6 人工贵腐葡萄酒

贵腐葡萄酒的生产具有很大风险并且成本高昂。在自然条件下不适合贵腐菌侵染的地区，利用人工方法在已经收获的葡萄浆果表面喷洒贵腐菌的孢子液，然后将果粒放置在湿度90%～100%潮湿的环境下，在20～25℃下保持24～36小时，促进孢子的萌发和侵染。随后，干燥凉爽的空气吹过果粒，引发部分脱水，限制菌的发展，模拟自然侵染状态下的环境。10～14天后，经过有效感染后，浆果进行压榨发酵。在美国加州和澳大利亚的部分地区用此技术已经成功地生产出人工贵腐葡萄酒。

15.4.6 白兰地

15.4.6.1 白兰地的定义与标准

白兰地是世界六大蒸馏酒之一，已经拥有几百年的发展历史，在世界范围内被广泛生产。不同国家对白兰地的划分标准有所不同，目前，国际上公认的标准有三个，即欧盟标准、美国标准和中国标准。

白兰地是一种蒸馏酒，以水果为原料，经过发酵、蒸馏、陈酿后酿造而成的。通常所说的白兰地，是指以葡萄为原料的白兰地。以其他水果为原料酿制的白兰地，应冠以原料水果的名称，如樱桃白兰地、苹果白兰地等。

1. 欧盟标准

① 葡萄白兰地只能是由葡萄酒或加酒精终止发酵的葡萄酒蒸馏至酒精度不高于86%

或由葡萄酒馏出液蒸馏至酒精度不高于86%的高酒精度饮料；其除乙醇和甲醇以外的挥发物总量不得低于1.25克/升，其甲醇含量不得高于2.00克/升。在陈酿过程中，如果其陈酿期限不低于白兰地的规定，可以“葡萄白兰地”为名出售。

② 白兰地是由葡萄白兰地或葡萄白兰地与葡萄酒馏出液的混合物蒸馏至酒精度不高于94.8%的高酒精度饮料，其中葡萄酒馏出液的酒精度在最终产品中不得超过50%。白兰地在橡木容器中陈酿不得低于1年，在容积小于1000升的橡木桶中，至少陈酿6个月。其除甲醇和乙醇以外的挥发物总量不得低于1.25克/升，其甲醇含量不得高于2.00克/升。

2. 美国标准

① 白兰地是由发酵果浆、果汁、果酒或它们的残渣蒸馏至酒精度不高于95%的酒精产品，瓶装白兰地的酒精度不低于40%。不符合标准的各种白兰地或它们的混合物可称为白兰地，但应注明相应成分。

② 水果白兰地是由符合卫生标准且成熟的水果的发酵汁、果浆或果酒（可含有低于20%的皮渣或低于30%的酒泥或二者均有）蒸馏获得的白兰地。

用葡萄生产的水果白兰地（在橡木桶中至少2年），可称为白兰地或葡萄白兰地。时间不足2年的白兰地应注明“未成熟”。用除葡萄以外的其他单一水果酿造的白兰地应加上相应的水果名称。

③ 皮渣白兰地是由水果皮渣蒸馏获得的白兰地，名称用相应水果皮渣白兰地表述，如葡萄皮渣白兰地。

④ 中性白兰地的酒精度高于85%，它同样应加上相应水果名称。

⑤ 低于标准的白兰地包括所有由挥发酸含量（20℃，以乙酸计）高于0.2克/升的发酵汁、果浆或果酒蒸馏获得的白兰地；所有由变质或发霉的果汁、果浆、果酒、酒泥和残渣蒸馏的白兰地或那些不具备标定原料典型的口感、香气的白兰地。

3. 中国标准

我国《白兰地》（GB/T 11856—2008）规定，白兰地是以葡萄为原料，经过发酵、蒸馏、橡木桶陈酿、调配而成的酒精度不小于36%的葡萄蒸馏酒。白兰地的酒龄是白兰地原酒在橡木桶中陈酿的年龄。白兰地可分为以下4级：特级，最低酒龄为6年，定为“XO”级；优级，最低酒龄为4年，定为“VSOP”级；一级，最低酒龄为3年，定为“VO”级；二级，最低酒龄为2年，定为“三星（VS）”级。

15.4.6.2　白兰地原酒的酿造

1. 品种与原料处理

生产好的白兰地，必选好的葡萄品种及原料，不是所有的品种都适合生产白兰地。原酒应该选白色品种或浅红色品种，适合加工白兰地的葡萄品种在浆果生理成熟时，一般要求自然酒精度低，总酸含量高，收获时间一般较早，以免香气过于浓郁，不符合产品特点。葡萄品种应具有以下特点。

(1) 糖度较低。葡萄品种含糖量低，发酵成的葡萄原酒的酒精度低。用这样的原酒蒸白兰地，消耗原酒数量增多，可以把较多的葡萄浆果中的芳香物质集中到白兰地中，提高白兰地品种香的典型性。葡萄品种在充分成熟期，糖度在120～180克/升为宜，自然酒精度在7%～10%。

(2) 酸度较高。白兰地所需葡萄品种含有高的滴定酸，用这样的葡萄做成的白兰地自然酸度也高。酸的含量与蒸馏时酯的形成有密切关系，而酯的形成有利于白兰地的芳香。

葡萄品种在生理成熟时，滴定酸含量不低于 6 克/升。

（3）品种香弱。白兰地的葡萄品种，应该具有弱香或中性香，品种香不宜太突出。如玫瑰香、黑虎香等具有特殊芳香的葡萄品种不适合作为白兰地的原料。

（4）高产抗病。高产抗病也是决定栽培的重要条件。灰霉病的侵染，不仅使葡萄酒易于氧化，破坏白兰地的香气，而且会使白兰地带有怪味。白粉病的侵染会使白兰地带有真菌味。任何使葡萄酒具有不良香气和口味的因素都会使这些不良香气和口味通过蒸馏而浓缩于白兰地中，从而显著降低白兰地的质量。

2. 白兰地原酒的榨汁与发酵

按白葡萄酒工艺发酵白兰地原酒是传统、经典的做法。法国科涅克白兰地原酒是按照白葡萄酒的工艺发酵的。葡萄除梗破碎后，立即将皮渣与果汁分离，用分离的果汁发酵白兰地原酒。这是各国公认的得到高质量白兰地的传统做法。用自流汁发酵成的白兰地原酒，口味新鲜、协调，具有令人愉悦的芳香；由压榨汁酿造的白兰地原酒，含有高含量的单宁、色素及无机盐类物质，而挥发成分的含量显著低于自流汁，最终蒸馏得到的白兰地香气弱。因此，高质量的白兰地原酒不但要皮渣分离发酵，而且最好使用自流汁发酵。

白兰地原酒的发酵温度为 15～18℃，略高于一般白葡萄酒的发酵温度。与传统的白葡萄酒酿造不同，在进行酒精发酵时，白兰地原酒发酵不允许使用二氧化硫。因此，只有白兰地原酒本身的固定酸度高，才能代替二氧化硫的工艺作用，既能保证发酵过程的顺利进行，又能保证原白兰地的质量。

3. 白兰地原酒的保存与管理

白兰地原酒的酒精含量相对低，这种低酒精含量的原酒很容易受到微生物的侵染而变坏。

白兰地原酒在保存过程中，一般不进行任何稳定化处理。白兰地原酒中会有部分酒泥，发酵完成后，应该立即进行蒸馏，如果不能马上蒸馏，就应该绝氧低温（10℃）保存。待蒸馏的白兰地原酒，一定要满桶贮存，防止过度氧化。

在进行蒸馏以前，还应对白兰地原酒进行质量检测，包括感官鉴定、蒸馏鉴定和酒脚鉴定三个方面。感官鉴定的目的是发现白兰地原酒是否具有明显的缺点，以保证白兰地的质量。蒸馏鉴定的目的是检测那些在白兰地原酒中不能察觉，但可出现于白兰地中的气味。酒脚鉴定的目的是在蒸馏之前发现并去除质量低劣的酒脚。

4. 白兰地的蒸馏

白兰地的蒸馏是将酒精发酵液中存在的不同沸点的各种醇类、酯类、醛类、酸类等通过物理的方法将它们分离出来。具有水果香味的新鲜蒸馏酒意味着高质量，如果生青味重则意味着低质量。白兰地蒸馏的目的就是将白兰地原酒中的酒精和具有令人愉悦的花香、发酵香等的香气物质提出，而将不好的风味物质去掉。

蒸馏并不是简单的酒精浓缩过程，在蒸馏加热过程中会有许多化学反应发生，形成一些新的香气物质，同时酯类等物质可能会水解。在蒸馏过程中，发生显著增长的是醛和酯的含量。醛含量的增加是由于部分的酒精氧化成乙醛；酯含量的增加是由于大量中级酯的形成，中级酯是高级醇和乙酸形成的。由于戊糖脱水，而形成糠醛，被蒸入粗馏原白兰地中。除新物质的形成外，在蒸馏时还会发生物质分解。高的温度、中间氧化剂和溶解氧的存在，促成酒精氧化成乙醛和乙酸，在酯化的同时，还发生了酯的水解。

白兰地的蒸馏方式主要有壶式蒸（批次蒸）和塔式蒸（连蒸）。法国科涅克白兰地就是使用夏朗德壶式蒸器，雅文邑白兰地大多使用塔式蒸器。

5. 白兰地的橡木桶陈酿与管理

白兰地是无色透明的，必经过橡木桶的贮藏，才能获得金黄色的色泽、陈酿的芳香和醇厚的口味。白兰地在橡木桶里贮藏的时间越长，白兰地的色泽就越深，变成深金黄色，陈酿的芳香也越浓郁，白兰地的口味也就越丰满。同等质量的原白兰地，在橡木桶里陈酿的时间越长，质量越好。

在陈酿过程中，原白兰地装入桶内发生了一系列复杂的变化，使白兰地变得高雅、柔和及成熟。由蒸馏得到的原白兰地，不具有白兰地的口味指标。为了由原白兰地得到高质量的白兰地，必在橡木桶里贮藏多年。只有经过这样的长期贮藏，原白兰地才能获得白兰地的全部芳香和口味特征。原白兰地贮藏在橡木桶里，发生变化的不仅是原白兰地的成分，还有橡木成分。橡木不仅是白兰地某些成分的来源，还是化学过程的催化因素。

6. 白兰地的调配

为获得高质量的白兰地，白兰地生产中调配是必须的，也是其质量关键所在。

(1) 不同品种原白兰地的调配。不同葡萄品种的原白兰地相互调配，取长补短，提高原白兰地质量。

(2) 不同橡木桶贮藏原白兰地的调配。同一种白兰地，贮藏在新旧不同、大小不同的橡木桶内，效果是不一样的。小的橡木桶贮藏白兰地比大的效果好。新桶含有大量可溶性物质，用新桶贮藏原白兰地，橡木的可溶性物质被大量浸提，很快会达到或超过标准。老桶贮藏原白兰地的情况正相反。所以，新桶和老桶、小桶和大桶贮藏的原白兰地相互调配，有利于白兰地质量的提高。

(3) 不同酒龄原白兰地的调配。原白兰地的酒龄不同，质量和风格也不同。新酒和老酒调配，可以提高新酒的质量，使调配后的酒具有老酒的风味。

(4) 酒精度的调整。白兰地产品的酒精度一般为40%～42%，贮藏的原白兰地酒精度一般高于目标酒精度，需要加入软化水进行调整。

(5) 调糖及焦糖色。原白兰地长期在橡木桶里贮藏，会从木质中浸提一定数量的单糖，增加白兰地的醇厚感。但仅仅靠从橡木中浸提的单糖是不够的，为使白兰地的口味绵软醇和，可以往白兰地中加入一定数量的糖浆，这能显著改善白兰地的口味。原白兰地长期在橡木桶里贮藏，橡木单宁会溶解到原白兰地中，使原白兰地具有透明的金黄色。为保持白兰地颜色稳定一致，在白兰地调配时，需要调入焦糖色。一般会通过小型试验确定焦糖色的调整。

15.4.7　雪莉酒

15.4.7.1　雪莉酒的定义

雪莉酒，被莎士比亚誉为“装在瓶子里的西班牙阳光”，是一种用白葡萄酿制而成的强化葡萄酒，产自西班牙南部安达卢西亚的赫雷斯附近的特定区域。风格有干型、中等甜度及甜型，颜色也从白色到琥珀色甚至深棕色等多样。

在欧洲，雪莉是一个专用的受保护的原产地名称。在西班牙法律中，所有标识为雪莉的葡萄酒都必须产自雪莉三角洲地区，即加蒂斯省赫雷斯-德拉弗龙特拉(Jerez de la Frontera)、桑卢卡尔-德巴拉梅达(Sanlúcar de Barrameda)和波多黎各德圣玛丽亚(El Puerto de Santa María)之间的一块区域。

1894年西班牙赫雷斯产区爆发葡萄根瘤蚜灾害前，西班牙有超过100个葡萄品种用于雪莉酒的生产。但在灾后，该产区只允许栽种3个耐虫害的葡萄品种，即帕罗米诺、佩德罗-希梅内斯和亚历山大麝香葡萄。用以酿造干型雪莉酒的帕罗米诺(Palomino)，它可细分为菲诺帕罗米诺(Palomino Fino)和百思图帕罗米诺(Palomino Basto，又称 Palomino de Jerez)。前者果粒中等大小，皮薄，颜色呈黄绿色，酸度低，抗病能力强；而后者产量少，甜度和酸度偏高。使用帕罗米诺葡萄酿造的一般都是干型的雪莉酒，如菲诺(Fino)、阿蒙蒂雅多(Amontillado)、帕洛卡塔多(Palo Cortado)、曼赞尼拉(Manzanilla)、奥罗露索(Oloroso)等。用以酿造甜型雪莉酒的是佩德罗-希梅内斯(Pedro Ximenez)和亚历山大麝香葡萄(Muscat of Alexandria)。它们主要用于优质甜型雪莉酒的生产，其含糖量和酸度都很高，通常葡萄在酿造之前进行晾晒以进一步提高含糖量。亚历山大麝香葡萄源于非洲，主要种植在以沙土为主的海岸地区。

15.4.7.2 雪莉原酒的酿造

雪莉原酒几乎都是风味平淡的白葡萄酒，经过特殊的后熟过程后呈现不同类型的雪莉酒。

酿造雪莉酒的葡萄在采摘后需要在太阳下晾晒数周，让浆果失水使汁液浓缩，但作为主要品种的帕罗米诺却不经过晾晒，在理想糖度230克/升时进行采收、酿造。雪莉酒对酸的要求不如糖，不作为采收指标的重点，因为在酿造过程中可以用酒石酸进行调酸。

葡萄原料经采收后，立即进行破碎及压榨，此过程要避免单宁的溶出而使得酒体粗糙。榨汁过程需轻柔，保持总酚含量低于200毫克/升。一次压汁用于生产菲诺和曼萨尼亚，二次压汁用于奥罗露索的生产，剩余汁用于生产少量蒸馏酒或制醋。

榨汁后经几小时的自然澄清，葡萄汁的固体颗粒物含量下降至0.5%～1%。

雪莉原酒的酿造遵循白葡萄酒的常规流程，用酒石酸调节葡萄汁较高的pH，pH一般应低于3.45，发酵在不锈钢容器中进行，温度稍高，为20～27℃。为了避免影响雪莉酒的风味，原酒要求品种香气降到最低。目前，在雪莉原酒发酵过程中会使用商用酵母。但有报道指出，在有些情况下，即便使用了商用酵母进行发酵，中途也会被野生酵母所替代。

15.4.7.3 雪莉酒中的关键术语

1. 酒花

酒花(flor)是浮在酒液表面一层象牙色、褶皱的本土酵母膜，在自然气候条件下形成，优质酒花厚度可达2厘米，从而将酒液与空气中的氧气隔绝开。

酒液中含糖、酒精、甘油、乙酸等物质。初期，酒精的消耗量约为每年1%，后期甘油消耗量迅速下降。这一过程中，伴随着芳香物质及多种高级醇的生成。

酒花层中的酵母并不是单纯的只有一种类型，而是混合菌种，随着季节改变，酒花生理特性会发生改变，其主导的酵母菌株也会改变。为了让酒花生长，酒厂会控制温度和湿度，比如酒厂会在地面洒水增加湿度，通过控制酒窖窗户的开关调节温度等。

2. 叠桶陈年系统

叠桶陈年系统可以让不同年份的葡萄酒在成熟过程中持续地混合，是一种动态的调配系统，既可以保证酒体有陈年特性，又可以保证装瓶的雪莉酒风格十分稳定。

这个系统由多个装有不同年份雪莉酒的橡木桶组成，最靠近地面的一排称为地面层(solera)，地面层上面稍年轻的一排称为第一培养层(1st criadera)，再上面次年轻的一排称为第二培养层(2nd criadera)，往上依次递增(图15-5)。每年会从地面层桶中取出一定比例的酒液装瓶，然后从它上面的第一培养层中取出相同的数量补上，而来自第二培养层的酒液则会及时地填到第一培养层中，依此类推，直到最上面最新制的基酒(so bretabla)。通常，酒庄为防止整个叠桶陈年系统遭受灾难性的破坏，不同年份的桶会分置在不同的房间。

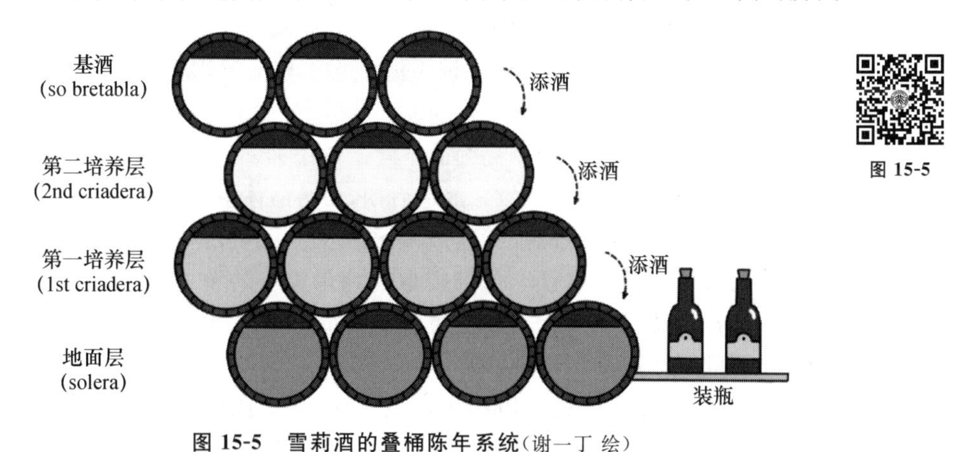

图 15-5　雪莉酒的叠桶陈年系统(谢一丁 绘)

3. 生物陈年

生物陈年(biological ageing)橡木桶中原酒酒液表层酒花形成后，将酒液与氧气隔绝，使得酒液不直接被氧化，同时酒花的代谢活动带给酒体独特的风味，这种独特的陈年方式即为雪莉酒特有的生物陈年。

4. 氧化陈年

氧化陈年(oxidative ageing)对于奥罗露索，加强后酒精度可达 18%，会阻止酒花的生长，酒在橡木桶中因为没有酒花的保护直接与氧气接触而被氧化，发展出氧化风味同时颜色加深。有时会把氧化陈年的雪莉酒放在酒窖外面，让阳光促进其氧化。

15.4.8　波特酒

15.4.8.1　波特酒的定义

波特酒是在葡萄酒发酵过程中或发酵结束后通过添加酒精使发酵中止，得到高酒精度及高糖度的葡萄酒产品。它是加强型葡萄酒的代表，有甜型、干型、半干型和白波特酒，但以甜红波特酒居多。

用于波特酒酿造的红色葡萄品种主要有多瑞加弗兰卡(Touriga Franca)、红巴罗卡(Tinta Barroca)、红阿玛瑞拉(Tinta Amarela)、穆利斯克红(Mourisco)、西拉(Syrah)、罗丽红(Tinta Roriz)等。白色葡萄品种主要有科德佳(Codega)、马尔维萨(Malvasia)、拉比加多(Rabigato)和古维欧(Gouveio)等。

1756 年，生产波特酒的杜罗河谷地区建立了原产地保护的法律制度，根据欧盟的原产地保护制度，只有产自葡萄牙波尔图(Porto)的波特酒才可以被标记为“波特(Port)”的名号。而目前，澳大利亚、南非、加拿大、印度、阿根廷和美国等国也生产波特风格的加强酒。

15.4.8.2　波特酒的分类

根据波特酒窖藏时间及颜色来划分类型：陈酿 2～3 年的为宝石红波特(Ruby Port)、年份波特(Vinetage Port)；6 年以上的为茶色波特(Tawny)、迟装瓶年份波特(Late Bottled Vintage)及白波特(White Port)。其中茶色波特又可以依据年份划分为 10 年、20 年、30 年和40年及以上类别。

15.4.8.3 波特原酒的酿造

葡萄牙杜罗河上游的气候条件差异非常大，收获葡萄时会依据葡萄的成熟度，通常从8月初到9月底，需要持续5周左右。当地法规规定葡萄原料收获时，含糖量需高于11白利糖度，潜在酒精度为12%～14%。除杜罗河上游稍平坦地区采用机械采摘外，其他地区为梯田的特殊地形，采用人工采摘。

原料采收后即进行除梗破碎，根据葡萄的不同条件添加40～150毫克/升二氧化硫。发酵前，添加酒石酸，将pH调整为3.6～3.7。酿造后期，为给酒体带来结构感，有时会添加部分葡萄梗。破碎入罐后即接种酵母。理想的原料入罐温度为20℃，发酵期间温度达到28～30℃。

波特酒质量的关键在于快速且充分的提取葡萄果皮上的单宁、色素和风味物质。葡萄汁与皮接触时间通常在2～3天，比一般葡萄酒浸渍时间短，因此浸渍过程的力度应更强烈，在发酵过程中需要频繁地进行压帽。

在酿造白波特酒时，为了避免酒体产生棕色色调，葡萄压榨出汁后便和皮分离，以确保皮渣与汁液接触最小化。葡萄汁分离静置24小时，添加果胶酶，18～20℃缓慢发酵。

粉红波特酒出现于21世纪前期，但每个商家的酿造方式都不同，颜色差别也较大。多是将红葡萄的汁榨出，尽量减少皮汁接触，葡萄汁经降温后澄清，较低温发酵。

15.4.8.4 加烈

当酒精发酵进行到中后期，到达预定糖度，酒精度在5%～7%时，分离皮渣。在分离的发酵酒液中添加酒精度为77%的白兰地，调和后酒精含量达到19%～22%时，终止酒精发酵。此时总糖含量(以葡萄糖计)为80～120克/升。

15.4.8.5 波特酒的陈酿与装瓶

在橡木桶中陈酿太久会使白波特酒产生其他色调，因此现在广泛使用水泥或者混凝土罐来进行白波特酒的贮存。调配时不论是白或红波特酒，都在不锈钢罐或者大木罐中进行。若使用橡木桶，会在使用前用佐餐酒或者年轻的红波特酒对桶进行处理，因此陈酿的酒体中几乎没有橡木味。

贮存期间定期地将酒脚除去，此操作会使酒体暴露于空气中，可以加速酒的成熟，并影响最终酒的风味。

15.4.9 马德拉酒

15.4.9.1 马德拉酒的定义

马德拉酒是出产于马德拉群岛的加强葡萄酒，以产地命名。欧盟的原产地保护制度规定，产自马德拉群岛的葡萄酒为马德拉酒。

马德拉酒有多种不同类型，主要特点是来自发酵后的独特的埃斯图法根(Estufagem)陈酿工艺带来的多变风格、独特香气及味感。

目前，用以生产马德拉酒的葡萄品种，以黑莫乐(Tinta Negra Mole)和科姆雷(Complexa)最为主要，其余还有马姆齐(Malmsey)、舍西亚尔(Sercial)、布尔(Bual)和华帝露(Verdelho)等。

15.4.9.2 马德拉原酒的酿造

马德拉原酒发酵通常在20～30吨的大型水泥发酵罐中进行，发酵温度不高于26℃，并在不同的发酵时间进行加强，形成不同风格的马德拉原酒。

甜型马德拉原酒，在酒精发酵开始后不久便进行加强，保持高的残糖含量（120 克/升）；半甜型马德拉原酒强化时，近一半的糖已发酵（约 95 克/升残糖）；半干型马德拉原酒会保留约 70 克/升的残糖含量；干型马德拉原酒，在低温条件下发酵约 4 周，残糖含量接近 25～50 克/升时进行加强。

不同风格马德拉原酒强化时均添加 96%的中性葡萄酒精，使酒精含量提高到 14%～18%。此外，酸度及 pH 调整是必需的，高酸度和 pH 小于 3.5 有助于避免残糖高时葡萄酒的甜腻口感。

15.4.9.3　马德拉酒的调配

在头两年的陈年过程中，不同年份和品种的葡萄酒通常是分开贮存的，随后会进行调配，进一步熟化后进行装瓶前的调配。

相比其他葡萄酒，马德拉酒具有更长期的陈年潜力，其感官特性具有类似坚果、干果、烤面包、红糖、蘑菇等的特征，有时开瓶几个月后，这种特性依然存在，所以马德拉酒又被称为“不死之酒”。

研究前沿与挑战

在第三部分工艺背后的科学相关内容中，目前的研究前沿和所面临的挑战主要有以下方面：

(1) 葡萄浆果和葡萄酒中的活性成分与人体健康的关系，以及活性成分的靶向作用机制是现在与未来的研究热点和前沿。

(2) 传统与创新可能是葡萄酒酿造工艺领域永远不会消逝的话题，也是刺激产业发展的源泉。旧世界的传统更多的是文化基因的保守性和对葡萄酒审美体验的思维定式，新世界的创新更多的是产业的需求推动。如何在旧世界创新，如何在新世界借鉴传统，是平衡也是挑战。

(3) 本土微生物资源的评价与挖掘，非酿酒酵母在形成本土风格和风土特色葡萄酒中的作用及其开发利用是现在与未来的研究热点和前沿。

(4) 葡萄酒本身对于健康的负面影响，如何通过工艺和原料改变这些负面的影响，生命科学的发展带来的先进技术如何应用于葡萄酒影响健康的研究，将是未来需要长期面临的课题。

(5) 葡萄皮渣的利用和提取活性成分的技术研究将会是值得关注的课题。

阅读理解与思考题

(1) 原料中的成分和葡萄酒中的成分有哪些相同或不同？

(2) 葡萄酒中哪些成分是来源于葡萄，哪些是来源于发酵过程？

(3) 干红葡萄酒和干白葡萄酒的主要工艺区别是什么？

(4) 苹果酸-乳酸发酵的核心是什么？

(5) 发酵过程中最重要的环境因子是什么？

(6) 为什么说贵腐葡萄酒是化腐朽为神奇？

(7) 陈年和陈酿的概念是什么？

（8）酿酒酵母和非酿酒酵母的区别有哪些？

（9）一个好的酿酒师应该具备的素养是什么？

（10）如何鉴定假酒？

推荐阅读

[1] 温鹏飞，陈忠军．葡萄酒工艺学[M]．北京：中国农业大学出版社，2020.

[2] 李华，王华，袁春龙，等．葡萄酒工艺学[M]．北京：科学出版社，2022.

[3] 克拉克，巴克．葡萄酒风味化学[M]．徐岩，译．北京：中国轻工业出版社，2013.

[4] 赫尔姆特·汉斯·迪特里希．葡萄酒微生物学[M]．宋尔康，译．北京：中国轻工业出版社．1989.

[5] 福杰桑．葡萄酒酿造微生物学：实验技术与规程[M]．徐岩，康文怀，译．北京：中国轻工业出版社，2010.

[6] 韦革宏，史鹏．发酵工程：第2版[M]．北京：科学出版社，2021.

参考文献

[1] Baffi M A, dos Santos Bezerra C, Arévalo-Villena M, et al. Isolation and molecular identification of wine yeasts from a Brazilian vineyard [J]. Ann. Microbiol., 2011,61(1): 75—78.

[2] Bokulich N A, Thorngate J H, Richardson P M, et al. Microbial biogeography of wine grapes is conditioned by cultivar, vintage, and climate [J]. Proc. Natl. Acad. Sci., 2014,111(1): E139—E148.

[3] Cappello M S, Zapparoli G, Logrieco A, et al. Linking wine lactic acid bacteria diversity with wine aroma and flavour [J]. Int. J. Food Microbiol., 2017,243: 16—27.

[4] Wang C X, Liu Y L. Dynamic study of yeast species and Saccharomyces cerevisiae strains during the spontaneous fermentations of Muscat blanc in Jingyang, China [J]. Food Microbiol., 2013,33(2): 172—177.

[5] Deshaies S, Garcia F, Suc L, et al. Study of the oxidative evolution of tannins during Syrah red wines ageing by tandem mass spectrometry [J]. Food Chem., 2022,385: 132538.

[6] Ferrero-del-Teso S, Arias I, Escudero A, et al. Effect of grape maturity on wine sensory and chemical features: The case of Moristel wines [J]. LWT., 2020,118: 108848.

[7] Gnoinski G B, Close D C, Schmidt S A, et al. Towards accelerated autolysis? Dynamics of phenolics, proteins, amino acids and lipids in response to novel treatments and during ageing of sparkling wine [J]. Beverages, 2021,7(3): 50.

[8] González-Arenzana L, Garijo P, Berlanas C, et al. Genetic and phenotypic intraspecific variability of non-Saccharomyces yeasts populations from La Rioja winegrowing region (Spain) [J]. J. Appl. Microbiol., 2017,122(2): 378—388.

[9] Hu L L, Liu R, Wang X H, et al. The sensory quality improvement of citrus wine through co-fermentations with selected non-Saccharomyces yeast strains and Saccharomyces cerevisiae [J]. Microorganisms, 2020,8(3): 323.

[10] Kontoudakis N, Esteruelas M, Fort F, et al. Influence of the heterogeneity of grape phenolic maturity on wine composition and quality [J]. Food Chem., 2011, 124(3): 767—774.

[11] Van Rijswijck I M H, Wolkers-Rooijackers J C M, Abee T, et al. Performance of non-conventional yeasts in co-culture with brewers' yeast for steering ethanol and aroma production [J]. Microb. Biotechnol., 2017,10(6): 1591—1602.

[12] Wimalasiri P M, Olejar K J, Harrison R, et al. Whole bunch fermentation and the use of grape stems: Effect on phenolic and volatile aroma composition of *Vitis vinifera* cv. Pinot Noir wine [J]. Aust. J. Grape Wine Res., 2022,28(3): 395—406.

[13] 李华. 现代葡萄酒工艺学[M]. 西安：陕西人民出版社,2000.

[14] 杰克逊·罗纳德. 葡萄酒科学——原理与应用：第3版[M]. 段长青,译. 北京：中国轻工业出版社,2017.

[15] 安得烈·L. 沃特豪斯,等. 葡萄酒化学[M]. 潘秋红,等译. 北京：科学出版社,2019.

[16] 中华人民共和国国家质量监督检验检疫总局. 葡萄酒：GB/T 15037—2006[S]. 北京：中国标准出版社,2006.

第四部分

品鉴背后的文化与科学

第十六章　引　　言

葡萄酒的世界包罗万象，很复杂，也很有趣。

新世界与旧世界相爱相杀，你中有我，我中有你。

原料与工艺背后的科学带给我们基础的知识，让我们了解从葡萄到葡萄酒的过程。现在，那些被精心呵护的葡萄变成了不同类型和特点的葡萄酒，优雅地呈现在我们面前，或热烈、或魅惑、或冷艳，吸引我们走进它们，进入它们的世界。

在这个美丽的世界，你会发现葡萄酒被人类赋予了许多美好词汇。玉液琼浆般的华贵，瑶池甘露般的优雅，如舌尖上的芭蕾，扣动你的心弦，如婉转的歌声，令你陶醉。每一款酒、每一个酒庄、每一个产区，都有着不同的独特风格。如何评价和欣赏这些美好的精灵，感受它百变多姿的风韵？千百年来，经过一代又一代人的努力，葡萄酒成为今天世界通用的语言、文化和情感的载体，而这些，是因为人们建立了完整的葡萄酒世界的规则和体系。这个体系包括对葡萄酒的种类和风格的定义，葡萄酒进化过程中不断完善和成型的礼仪与器物，品尝与欣赏的审美体验与科学基础等。

第十七章　葡萄酒的世界与世界的葡萄酒

17.1　葡萄酒的世界

17.1.1　旧世界与新世界

在世界葡萄酒地图里，葡萄酒的世界被划分为旧世界和新世界两大阵营。旧世界和新世界是业内使用最频繁的词汇之一，旧世界和新世界是在葡萄酒漫长的发展历程中约定俗成的。

旧世界指的是历史相对悠久的原始葡萄酒生产国，大多位于欧洲和中东地带，包括法国、西班牙、意大利、德国、葡萄牙、奥地利、希腊、黎巴嫩、以色列、克罗地亚、格鲁吉亚、罗马尼亚、匈牙利及瑞士等。而新世界则主要指相较于旧世界国家，葡萄种植历史和酿酒产业发展时间相对较短的新兴国家，包括美国、新西兰、澳大利亚、阿根廷、智利及南非等。中国作为葡萄酒新兴国家，也被归为新世界行列。

17.1.2　旧世界与新世界的区别

与旧世界产区相比，新世界产区一个最重要的特点是求新。新世界更富有创新和冒险精神，追逐着市场的变化，崇尚消费主义文化，轻松直白，热烈奔放。以市场口味为导向，消费者喜欢什么口味，就制造什么口味的酒，物美价廉，葡萄品种自由混搭酿造，突出创新。如果看到在酒瓶上的漫画和三维标签，易拉罐包装，使用螺旋盖和高分子合成塞等，那毫无疑问，你看到的是来自新世界的葡萄酒。

新世界的另一个特点是求变。从模仿旧世界的酿造工艺，到开发符合自己产地特点和风土特点的发酵技术，从精耕细作的酒庄式经营到产业化的生产模式，这些变化让越来越多的目光开始投向这些新世界的葡萄酒生产国。

新世界也向旧世界学习，通过法律法规规范自己的生产，或许没有像法国等欧洲国家那样严苛，但也有属于自己的制度。如美国葡萄酒产地制度，成功保护和规范了美国的葡萄酒生产。

毫无疑问，旧世界和新世界确实具有各自非常鲜明的特点和明显的区别，归纳起来，有以下几个方面：

（1）历史与文化的区别。旧世界国家的葡萄酒历史悠久，有些酒庄已有几百年甚至上千年的历史，最早的可追溯到古罗马帝国时期。所以旧世界最重要的特点之一是尊重传统。而新世界国家的葡萄酒历史都比较短，最长也就二三百年，最重要的特点是无拘无束、勇于创新和变革。

（2）原料生产方式的区别。在葡萄酒原料的生产上，旧世界崇尚精耕细作，对产区的品种、栽培模式、产量、灌溉等都有严格的规定和限制，追求自然、酷爱风土。而新世界更关注生产方式的现代化与规模化，亩产限量较为宽松。

(3) 酿造工艺的区别。旧世界特别注重传统工艺，遵守规则，关注年份，因此不同年份之间的葡萄酒质量差异比较大。而新世界则以工业化生产为主，尤其注重新技术的应用，通过工艺技术来减少不同年份之间葡萄酒质量的差异。

(4) 法规的区别。旧世界对于种植方式、酿造工艺、品种、产量、成熟度、葡萄酒风格等技术细节规定严格；新世界的法规对这些技术细节的规定相对宽松。旧世界产区分级严苛，等级森严；新世界的法规对产区也有区分，但对产地、技术、产品分级等的要求与限制没有旧世界那么严格。

(5) 风格特点的区别。旧世界的葡萄酒一般高酸、低酒精度，风格内敛，带有明显的矿物质风味和泥土气息，但总体风味平衡，一般人较难辨别优劣。新世界的葡萄酒则一般具有低酸、高酒精度、重酒体等特征，风格热情奔放，加上浓郁的果香，受市场欢迎。

(6) 包装与标识的区别。旧世界沿袭传统，包装与标识中规中矩，很少有华丽或怪异的包装，注重标示产地信息，酒标语言比较多样，辨认比较困难。新世界的包装则与时俱进、活泼多样，注重标识葡萄品种。如果我们看到一瓶酒的酒标信息复杂，大致可以知道是来自旧世界，通过酒标上的信息，大致可以推测一款旧世界的葡萄酒的质量和等级，而新世界酒标信息简单，多以英文标注，容易辨识，只是要想从新世界的酒标中判断或推测酒的优劣比较困难。

(7) 生产规模的区别。旧世界多为传统家族方式，生产单元和规模都较小，有的每年可能只有几百箱的产量。新世界则多以现代化公司企业的形式，葡萄种植与酒的生产规模都比较大，有的可能达到几十万升。

新旧世界的这些区别，丰富了葡萄酒世界的风格和特色。如今，新旧世界相互借鉴、逐步融合，两者之间的界限已经变得越来越模糊。新旧世界产区在各自的土地上以各自的方式共同为我们打造缤纷万千的葡萄酒世界。

17.1.3　葡萄酒的世界格局

过去很长一段时间，葡萄酒的世界格局主要是由南北半球温带地区这两个彼此分离的带状地区所构成。全球变暖、葡萄与葡萄酒科学技术的发展，以及中国等新世界葡萄酒国家的迅猛崛起，推动了葡萄酒的世界格局发生较大的变化。

尽管如此，欧洲仍然是世界葡萄酒的中心。欧洲拥有全球$\frac{2}{3}$的葡萄园，影响着全球葡萄酒生产与消费的趋势和走向，特别是西欧，占了全球葡萄酒生产与消费的$\frac{2}{3}$，仅排名前三的葡萄酒生产国——意大利、法国、西班牙的产量就超过了全球的一半。

欧洲的葡萄园主要分布在地中海沿岸的法国东部和西南部、意大利半岛、巴尔干半岛，法国北部及德国，且只有一些特殊产区，如法国香槟、夏布利和德国莱茵河流域；中欧产量不大；东欧的保加利亚、罗马尼亚、匈牙利是主要生产国。俄罗斯及乌克兰的葡萄酒主要集中在黑海沿岸。

北美洲的葡萄园主要在美国的加州、纽约州及西北部，墨西哥和加拿大也有比较零星的种植；南美洲以安第斯山两侧的智利和阿根廷为主。此外，乌拉圭和巴西也产葡萄酒。

亚洲的葡萄园中，中国是绝对的主角，日本、土耳其、黎巴嫩和印度有少量葡萄酒生产。非洲大陆的葡萄种植主要集中在南非西南部的西开普省。在大洋洲则以澳大利亚和新西兰为主，主要分布在澳大利亚东南、西澳大利亚、新西兰北岛和南岛。

17.2 世界的葡萄酒

世界上的葡萄酒有多少款呢？这可能是一个无法回答的问题，不同的国家，不同的产区，不同的葡萄园，不同的年份，不同风格的酿酒师，带来的都是不同的惊喜，缤纷万千。喜欢葡萄酒的人最大的爱好，可能就是有机会更多地品尝那些美好年份的和优秀酿酒师酿造的葡萄酒。那这个世界上有哪些葡萄酒是属于这个范畴，值得我们去了解的呢？

17.2.1 法国

提到法国而不提到葡萄酒好像是不可能的，反之亦然。把葡萄与气候、土壤、种植、酿造、人文完美地融合在一起，酿造出让人难以言喻的美酒，是法国对这个世界的贡献。法国酿造了世界上最多的顶级好酒，每一种顶级葡萄酒都是全世界酿酒师的经典教科书。法国有十大葡萄酒产区，分别是波尔多产区、勃艮第产区、香槟产区、阿尔萨斯产区、罗纳河谷产区、普罗旺斯产区、卢瓦尔河谷产区、西南产区、朗格多克-鲁西荣产区、茹拉-萨瓦产区。每个产区在葡萄种植和葡萄酒酿造方面都有自己的特色。其中著名的法国葡萄酒产区是波尔多产区、勃艮第产区和香槟产区。波尔多产区以生产浓郁型的红葡萄酒著称，勃艮第产区则以细腻优雅型的红葡萄酒和复杂经典的白葡萄酒著称，香槟产区酿造出了世界闻名、优雅浪漫的起泡葡萄酒。

1. 波尔多产区

波尔多位于法国西南部，被由南向北的吉伦德河一分为二，分别被称为波尔多左岸和右岸。波尔多共有约 1.25 万家酒庄，65 个法定产区，种植面积 10.8 万公顷，年产量 40 亿升。

(1) 左岸与右岸。波尔多左岸的优质葡萄园都位于河岸附近，左岸由北到南包括梅多克(Medoc)、格拉夫和苏玳，以赤霞珠为主。右岸离海较远，气候比左岸凉爽，著名产区有圣埃美隆、波美侯和弗龙萨克(Fronsac)，主要种植美乐和品丽珠。

波尔多的 AOC 级葡萄酒产量占法国 AOC 级葡萄酒产量的 25%，其中 87% 为红葡萄酒，11% 为干白葡萄酒，2% 为甜白葡萄酒。

(2) 混酿。因为气候，在波尔多的大部分地区，无论是黑色或白色葡萄，单独用一个品种都很难酿成均衡协调的酒，必须通过混合不同品种的特性，取长补短，方能调配出最丰富也最完美的酒来。红葡萄酒是以赤霞珠和美乐为主，混合一些品丽珠，偶尔加些马尔贝克和小味尔多。白葡萄酒的调配则是赛美蓉和长相思相互混合。

(3) 正牌与副牌。正牌是称为 Grand Vine 的酒庄酒，副牌是价格比对应的正牌便宜、被称为 Second Vine 的副牌酒。副牌酒除了采用达不到正牌酒水准的酒来调配外，也采用比较年轻的葡萄树所生产的葡萄酿造的酒，较少采用新橡木桶陈酿，果香浓郁，口感比较柔和顺口，通常较早即可饮用。

(4) 波尔多左岸名酒庄包括：

拉菲酒庄(Chateau Lafite Rothschild)。拉菲酒庄可能是中国市场上最广为流传的顶级庄，它坐落于左岸梅多克地区波亚克村。庄园整体占地 178 公顷，其中葡萄园占地 114 公顷。葡萄藤平均树龄 40 年，还有约 20 公顷的年轻藤株，主要用于酿造副牌酒。葡萄品种：赤霞珠 71%、美乐 25%、品丽珠 3%、小味儿多 1%。最伟大的年份：1921 年、1945 年、1982 年、2000 年等。

木桐酒庄(Chateau Mouton Rothschild)。1922 年菲利普男爵接手木桐酒庄，他自信木桐酒庄不输任何一家一级庄，坚持以一级庄的价格出售美酒。1973年，木桐酒庄升级为一级庄，这是1855年评级系统中唯一的一次升级。葡萄品种：赤霞珠81%、美乐15%、品丽珠3%、小味儿多1%。伟大年份：1945年、1973年、2000年、2003年等，副牌：Le Petit Mouton de Mouton Rothschild。

拉图酒庄(Chateau Latour)。1855年评级的一级庄，和拉菲酒庄一样，坐落于梅多克地区波亚克村。葡萄园占地90公顷，其中47公顷环绕城堡，取名Enclos，只供酿造正牌酒。拉图酒庄的酒质，一直被认为是5个一级庄中，最具有雄性魅力，结构最为刚强有力。葡萄品种：赤霞珠80%、美乐15%、品丽珠+小味儿多5%。年产量：20万瓶左右。最著名的酒评人罗伯特·帕克(Robert Parker, RP)给予1961年、1982年、2003年的拉图满分。副牌：Les Forts de Latour。

玛歌酒庄(Chateau Margaux)。1855年评级的一级庄，坐落于梅多克地区玛歌村。庄园拥有87公顷的红葡萄园，12公顷的白葡萄园。葡萄品种：红葡萄品种(赤霞珠75%、美乐20%、品丽珠+小味儿多5%)、白葡萄均为长相思。年产量：20万瓶左右。伟大年份：1900年、1945年、1982年、1983年、1990年(RP满分)、2000年(RP满分)等。副牌：Pavillon Rouge(红)、Pavillon Blanc(白)。

奥比昂酒庄(Chateau Haut-Brion)。1855年评级的一级庄，唯一位于格拉夫地区的一级庄，葡萄园占地45公顷左右。不仅出产伟大的波尔多干红，同时也生产优秀的干白。干红的后香强劲，尤其以皮草、烘焙为主导；干白入口丝滑细腻，既有赛美蓉的醇厚，又有长相思的清爽。葡萄品种：红葡萄品种(赤霞珠41%、美乐48%、品丽珠10%、小味儿多1%)、白葡萄品种(赛美蓉53%、长相思47%)。伟大年份：1999年、2000年、2005年、2009年等。副牌：Le Clarence de Haut-Brion(红)、La Clarté de Haut-Brion(白)。

滴金酒庄(Chateau d'Yquem)。1855年评级的超一级庄，生产全世界最伟大的贵腐甜白葡萄酒。酒庄占地133公顷，其中113公顷是葡萄园。只采用感染了贵腐真菌的葡萄来酿制，全程手工分批采摘。产量极小，1公顷葡萄园只生产1升的酒。遇到不好的年份，甚至颗粒无收。葡萄品种：赛美蓉80%、长相思20%。伟大年份：1847年、1870年、1904年、1959年、1988年、1990年等，无正牌年份：1930年、1952年、1972年等。副牌：Y(d'Yquem)(干白)。有人戏言：滴金恒久远，一瓶永流传。

(5) 波尔多右岸名酒庄包括：

欧颂酒庄(Chateau Ausone)。圣艾美隆地区A级庄。欧颂酒庄是该地区较古老的酒庄之一。庄园占地7公顷，面朝东南，土壤以黏土石灰石为主，平均树龄50年。葡萄品种：品丽珠55%、美乐45%。年产量：1.5万～1.8万瓶。伟大年份：1983年、1995年、1996年等。副牌：Chapelle d'Ausone，年产量只有4000～10000瓶。

白马酒庄(Chateau Cheval Blanc)。圣艾美隆地区A级庄。紧邻波美侯地区，酒庄占地39公顷，平均树龄40年以上。葡萄品种：品丽珠60%、美乐40%，这一比例对于圣艾美隆地区而言，属于罕见。年产量：6000箱左右。伟大年份：1900年、1921年、1947年、1953年、1961年等。副牌：Le Petit Cheval，年产量约2500箱。

帕图斯(Petrus)。波美侯地区，没有参与过任何评级，世界公认的无冕之王，酒质、酒价均入选世界前十。因为园内没有符合标准的城堡式建筑，所以不能冠以庄园，只能称之为帕图斯。葡萄园占地11.4公顷，平均树龄超过40年。葡萄品种：美乐100%。年产量：3万瓶。伟大年份：1945年、1961年、1982年、1990年、2000年、2005年等。没有副牌。

里鹏(Le Pin)。里鹏于1979年建立,距离帕图斯很近,步行可达。酒价和帕图斯接近。因为占地面积实在太小,仅1.06公顷,所以同样无法被冠以酒庄,只能称之为里鹏。产量很小,品质又高,经常供不应求,也间接导致其价格的上涨。葡萄品种：美乐90%、品丽珠10%。年产量：500箱左右(市场流通量1200瓶左右)。伟大年份：1979年(首年)、1995年、1996年、2000年。没有副牌。

2. 勃艮第产区

勃艮第葡萄种植面积2.77万公顷,法国约有400多种的AOC级产区,其中101个都在勃艮第。和波尔多按照酒庄来分级的标准不同,勃艮第依据葡萄园所在的位置和自然条件将勃艮第葡萄酒分成4个等级。

(1) 大区级产区。其出产最普通级别的葡萄酒,有两个法定产区,只要在标签上AOC的部分出现"Bourgogne"这个词,如"Bourgogne Hautes Cotes de Beaune"就属于地方性等级。表示葡萄园条件不是特别优异,生产的葡萄酒以清淡、简单为特色,价格便宜。

(2) 村庄级产区。共有46个产酒村庄被列为村庄级AOC,直接以村庄名命名,生产的规定和要求都比大区级AOC严格,在勃艮第有$\frac{1}{3}$的葡萄酒属于这个等级。

一级葡萄园(Premier Cru)：在村庄级AOC产区内,有500多个一级葡萄园属于这个等级。酒标上在村庄名之后加上"Premier Cru",也可以再加上葡萄园的名字,例如"Lose-Romance(村庄名),Premier Cru(一级葡萄园),Les Chaumet(葡萄园名称)"。

特级葡萄园(Grand Cru)：生产勃艮第顶尖的好酒,有33个特级葡萄园,顶尖名园罗曼尼·康帝(Romanee-Conti)、蒙哈榭(Montrachet)等就属于勃艮第的特级葡萄园。

(3) 金丘(Cote d'Or)。其是勃艮第的核心产区,分为南、北两部分,北部为夜丘(Cote de Nuits),南部为伯恩丘(Cote de Beaune)。其中,夜丘以生产黑比诺红葡萄酒名扬,伯恩丘则以生产霞多丽白葡萄酒名载史册,不过它的黑比诺红葡萄酒也非常出色。勃艮第价格排名前20的酒庄都来自这两个产区,里面分布着375个一级葡萄园和32个特级葡萄园。

(4) 夏布利(Chablis)。其位于勃艮第最北端,是勃艮第独一无二的顶级白葡萄酒产区,气候寒冷,只产霞多丽白葡萄酒,多数不过橡木桶。这些葡萄酒普遍带有矿物质风味,酸度较高,比较清爽,坚实而不粗糙,一般带有柑橘、梨和白花的香气。

3. 香槟产区

香槟产区位于法国巴黎东北部100千米,属寒冷的大陆性气候,葡萄种植面积3.38万公顷,因为寒冷,葡萄的成熟度不够,却保留了细致的香味和爽口的酸度,成为酿造起泡葡萄酒的最佳葡萄。尽管人们都将起泡葡萄酒称为香槟,但只有香槟产区按照传统方法生产的香槟才算香槟。香槟优雅的酸度是绝大多数产区难以复制的,香槟在起泡葡萄酒中的王者地位不可撼动。霞多丽、黑比诺和莫尼耶皮诺是这里最主要的葡萄品种,它们的种植比例分别为38%、32%和30%。香槟产区有5个最为重要的子产区：马恩河谷(Vallee de la Marne)、兰斯山(Montagne de Reims)、白丘(Cote de Blancs)、塞扎纳丘(Cote de Sezanne)和巴尔丘(Cote des Bar),它们各自有着独特的风土条件,种植的葡萄品种和出产的葡萄酒风格也各不相同。根据葡萄园的风土条件和历史沿革,香槟产区内共有17个特级葡萄园和44个一级葡萄园。

4. 阿尔萨斯产区

阿尔萨斯位于法国的东北角,与德国相邻。阿尔萨斯气候寒凉,葡萄种植面积1.55万公顷，以白葡萄酒见长，大多以单一葡萄品种酿造而成，但也有少数酒庄喜欢进行多品种调配。雷司令是种植最广泛的葡萄品种，其种植面积占到20%。这里最好的雷司令葡萄酒为干型，酒体饱满，具有中等到中等偏高的酒精度，高酸度，散发着浓郁的燧石似的矿物质风味。

阿尔萨斯主要有三个法定产区，分别是阿尔萨斯(Alsace)、阿尔萨斯特级园(Alsace Grand Cru)、阿尔萨斯克雷芒(Cremant d'Alsace)。阿尔萨斯的独特之处在于会在酒标上标注葡萄品种，如果酒标上只标注了一个品种，说明该葡萄酒100%由该葡萄品种酿制而成。如果酒标上没有品种信息，那么它就是由多个葡萄品种混酿而成。

5. 罗纳河谷产区

罗纳河谷地处法国东南部，位于里昂与普罗旺斯之间。75%的葡萄酒是红葡萄酒，种植面积8万公顷，是仅次于波尔多的第二大AOC级产区，年产量45000万瓶，占法国葡萄酒产量的14%。分为北罗纳河谷和南罗纳河谷。

北罗纳河谷：北罗纳河谷生产西拉单一品种的红葡萄酒，西拉红葡萄酒以坚实高雅而闻名全球，颜色深黑，酒体饱满，单宁结实，充满果香、花香以及香料的气息，风格独特而复杂。

南罗纳河谷：南罗纳河谷的葡萄酒产量占整个罗纳河谷总产量的95%，以红葡萄酒为主，白葡萄酒产量较小。其中最有名的产区是教皇新堡(Chateauneuf du Pape)。南罗纳河谷地区以歌海娜葡萄为主，混合其他品种酿成地中海风格的红葡萄酒，是法国南部炎热干燥气候区的典型代表，其酒精度高，酸度低，酒体刚劲厚实，并富于黑色水果味和浓重的香料气味，结构平衡。

17.2.2 意大利

意大利葡萄种植面积71.8万公顷，葡萄酒年产量约500万吨(2021年年产量502万吨，较2020年下降2%)，其中红葡萄酒约占23%。相对于其他葡萄酒生产国，意大利葡萄品种多(超过300种，而法国只有不到40种)、产区多(仅DOCG级产区就有73个)和酒庄数量大(超过40万家酒庄)。东北部产区包括威尼托(Veneto)、特伦迪诺-上阿迪杰(Trentino-Alto Adige)和弗留利-威尼斯朱利亚(Friuli-Venezia Giulia)三个行政区。西北部产区包括皮埃蒙特(Piemonte)、瓦莱达奥斯塔(Valle d'Aosta)、利古里亚(Liguria)、伦巴第(Lombardia)和艾米利亚-罗马涅(Emilia-Romagna)五个行政区。其中最著名的葡萄酒产区为皮埃蒙特。皮埃蒙特产区出产的巴罗洛(Barolo)和巴巴莱斯科(Barbaresco)葡萄酒享誉全球。中部产区包括阿布鲁佐(Abruzzo)、莫利塞(Molise)、托斯卡纳(Tuscany)、拉齐奥(Lazio)、马尔凯(Marche)和翁布里亚(Umbria)六个行政区。托斯卡纳产区是意大利最为重要的葡萄酒产区，拥有意大利半数以上的著名酒庄，同时也是DOCG级葡萄酒数量最多的产区。南部产区包括坎帕尼亚(Campagnia)、普利亚(Puglia)、巴西利卡塔(Basilicata)、卡拉布里亚(Calabria)、西西里岛(Sicilia)和撒丁岛(Sardegna)六个行政区。

1. 皮埃蒙特产区

皮埃蒙特产区是意大利高品质葡萄酒的主要产区，其DOC级和DOCG级酒的产量比重位居意大利20个大区之首，有着44个DOC级产区和16个DOCG级产区，大约有9000家葡萄酒生产企业，拥有约6万公顷葡萄园，年产量30万吨左右，30%为白葡萄酒，70%为红葡萄酒。其特色是采用单一品种葡萄酿酒，类似法国的勃艮第。最主要的红酒品种为内比奥罗，酒体饱满，酸度、酒精度较高，单宁厚重，陈年潜力可达10～15年之久。世界闻名的葡萄酒巴罗洛和巴巴莱斯科都是用内比奥罗酿造的。巴贝拉是皮埃蒙特种植面积最大的红葡萄品种，也是意大利第三大广泛种植的红葡萄品种。皮埃蒙特产区红葡萄酒总产量的一半是用巴贝拉酿造的，巴贝拉即使在充分成熟时仍然有较高的酸度，而且单宁含量较低。巴贝拉酿造的葡萄酒颜色深红，酒体轻盈，酸度高，单宁低，香味丰富多样，以红色、浆果黑色浆果及药草的香气为主，有樱桃、草莓、覆盆子、李子、黑莓和玫瑰的风味，不适合久存。巴贝拉大都不经过橡木桶陈酿，少数经过橡木桶陈酿的带有烤面包和香草风味。

2. 托斯卡纳产区

托斯卡纳产区是意大利中部著名的产区之一，是意大利拥有DOCG级酒数量第二多的大区，共有11个DOCG级葡萄酒和34个DOC级葡萄酒，托斯卡纳地区的碧安帝山迪庄园(Biondi Santi)及花思蝶(Frescobaldi)均为世界级名庄。桑娇维塞是托斯卡纳产区最主要的葡萄品种，也是意大利种植面积最大的红葡萄品种。在酿造方面，为了使桑娇维塞的结构更加丰满，托斯卡纳产区采用多项葡萄栽培与酿造技术，如增加植株种植密度，降低每株葡萄的产量，培育更好的新品系，采用更合适的砧木，降低葡萄树栽培成本，采用小橡木桶，采用更合适的葡萄品种混酿以及控制不同的发酵温度和时间长度等。DOCG级产区对于葡萄来源、调配品种比例、橡木桶陈酿和瓶储时间等均以法律形式进行规范。如经典基安帝(Chianti Classico)酿酒葡萄是必须产自经典基安帝地区葡萄园的桑娇维塞，且比例要达到80%～100%，其他红葡萄品种的比例不能超过20%；而且从葡萄的种植、树龄、产量以及最低酒精度和酸度等都有一系列的规定。托斯卡纳的经典基安帝、蒙塔希诺-布鲁奈罗(Brunello di Montalcino)和高贵蒙特布查诺(Vino Nobile di Montepulciano)合称为托斯卡纳皇冠上的三朵"金花"。三个产区均以桑娇维塞为主要品种。经典基安帝葡萄酒通常呈清澈透明的宝石红色，散发着紫罗兰香和鸢尾花香以及典型的红色水果果香，酒体平衡，层次丰富，单宁厚重，常有强劲紧实的口感，其单宁会随着陈酿时间慢慢变得柔顺可口。高贵蒙特布查诺葡萄酒是意大利口感最强劲、陈年潜力较佳的葡萄酒之一，一般酒体极为饱满，口感强劲，酸度和单宁很高，香气浓郁复杂，带有紫罗兰和红色浆果的香气，余味悠长。

3. 威尼托产区

威尼托产区因威尼斯而闻名，威尼托产区每年葡萄酒产量约70万吨，是意大利葡萄酒产量最大的产区，也是意大利最大的DOC级葡萄酒产区。其中白葡萄酒占55%，红葡萄酒占45%。

威尼托产区拥有14个DOCG级和11个DOC级产区，是全意大利DOC等级以上产量最高的产区。最重要的产区有瓦坡里切拉(Valpolicella)、巴多利诺(Bardolino)、索阿维(Soave)及普洛塞克(Prosecco)，主要处于威尼托产区西部维罗纳(Verona)城。瓦坡里切拉产区出产著名的阿玛罗尼(Amarone)干红葡萄酒、利帕索(Ripasso)干红葡萄酒。阿玛罗尼干红葡萄酒酒体丰满，风味强劲，酸度较高，充满干果气息，还带有甘草、烟草、巧克力和无花果的味道。同时，它具有极强陈年潜力，一般可陈年10年以上。巴多利诺产区则主要生产早饮型红葡萄酒，超级巴多利诺(Bardolino Superiore)是其DOCG级酒款。超级巴多利诺葡萄酒一般具有浓郁黑色水果芬芳，伴有鲜花香气，口感圆润饱满，酸度和单宁均衡。普洛塞克起泡葡萄酒是世界三大起泡葡萄酒之一。

4. 西西里岛产区

西西里岛是地中海最大的岛屿，也是意大利著名的葡萄酒主产区之一，产区内有1个

DOCG 级产区和 21 个 DOC 级产区。主要红葡萄品种以黑珍珠和马斯卡斯奈莱洛(Nerello Mascalese)最为有名。白葡萄品种则有尹卓莉亚(Inzolia)、卡塔拉托(Catarratto)等,其中卡塔拉托用于酿造西部产量最大的白葡萄酒。

17.2.3　西班牙

据 OIV 数据显示,2021 年,西班牙葡萄种植面积 96.4 万公顷,是全世界葡萄种植面积最大的国家,年产葡萄酒 353 万吨,位于法国和意大利之后,排世界第三。西班牙主要以红葡萄酒为主,也有相当出色的白葡萄酒、起泡葡萄酒卡瓦(Cava)及著名的雪莉酒。全国约有 4000 家葡萄酒企业,绝大部分的规模都较小,多为家族企业。

西班牙各地几乎都生产葡萄酒,目前按照行政区域可划分为 17 个大产区,截至 2019 年,共有 68 个 DO 级产区和 2 个 DOCa 级产区[北部的里奥哈(Rioja)和东北部的普里奥拉托(Priorat)]。比较重要的葡萄酒产区包括:北部埃布罗河谷(Ebro River Valley)的里奥哈和纳瓦拉(Navarra);北部的杜埃罗河谷(Duero Valley);西北部加利西亚(Galicia)的子产区下海湾(Rias Baixas);东北部加泰罗尼亚(Catalunya)的佩内德斯(Penedes)和普里奥拉托;中南部的卡斯蒂利亚-拉曼恰(Castilla-La Mancha);中西部的埃斯特雷马杜拉(Extremadura);南部安达卢西亚(Andalucia)的赫雷斯(Jerez)产区。其中,卡斯蒂利亚-拉曼恰是西班牙最大的葡萄酒产区,产量占西班牙全部产量的 50%。埃斯特雷马杜拉和加泰罗尼亚自治区分别位居第二、三名,三个自治区产量约占西班牙全部产量的 70%。西班牙里奥哈、安达卢西亚、加泰罗尼亚是较著名的产区。

1. 里奥哈产区

里奥哈产区是西班牙最重要的葡萄酒产区。里奥哈葡萄种植总面积为 6 万多公顷(大约是波尔多的一半),其中,90%以上是红葡萄品种。里奥哈产区年产葡萄酒近 30 万吨,其又可分为三个不同的子产区,所产的酒的风格也有所差异,分别为上里奥哈(Rioja Alta)、下里奥哈(Rioja Baja)和里奥哈阿拉维萨(Rioja Alavesa)。一般来说,上里奥哈和里奥哈阿拉维萨地区能够酿造出该产区最优质的葡萄酒。

里奥哈阿拉维萨地区生产果味浓郁的红葡萄酒,上里奥哈酒的风味比较优雅,是条件最好的产区。而下里奥哈地区种植晚熟的歌海娜,酿成的酒比较甜润,酒精度高,但比较不耐久藏。

里奥哈白葡萄酒主要由维尤拉葡萄酿造而成,年轻的白葡萄酒呈麦黄色,果香浓,有草本香气,极具品种特色。经橡木桶发酵的白葡萄酒略带金黄色,带有水果和木质混合的奶油香,口感平衡,极具特色。

里奥哈桃红葡萄酒基本由歌海娜酿造而成,几乎都产自下里奥哈,酒液呈覆盆子粉红色,并很好地呈现了品种特点,果味浓,清新怡人。

里奥哈的红葡萄酒是西班牙最负盛名的葡萄酒,主要用丹魄酿造。用其酿造的葡萄酒呈红宝石色,香气复杂,充满浓郁的黑色水果的味道,包括黑莓、桑葚、李子和黑醋栗等的风味,还带有泥土和草本植物的气味。在橡木桶中陈酿后,果香会变弱,但产生的皮革、巧克力、香草、桂皮、烤面包及烟熏等的香气,使酒的香气更为复杂并富有层次。而在橡木桶中陈酿的珍藏级葡萄酒,口感极为柔和顺滑,余味悠长。

里奥哈阿拉维萨出产的年轻红葡萄酒,采用二氧化碳浸渍法发酵,带有浓烈的烧烤、皮革和动物味。这些酒呈浓重的樱桃红色,有成熟水果的香气,适合在当年饮用。

2. 杜埃罗河谷产区

杜埃罗河谷产区以高质量的丹魄为主的顶级红葡萄酒闻名全球。根据产区法规，所有的法定产区命名的红葡萄酒最少要含有75%的丹魄，通常都经过橡木桶陈酿。最典型特征是风味浓郁集中、酒体饱满优雅。葡萄酒呈深的樱桃红色，带有非常成熟的果香、皮革及橡木味。在桶中成熟可使原本浓烈浑厚的红葡萄酒变得圆润，且更加优雅，结构雄厚强劲，层次复杂多变，余味持久。

杜埃罗河谷产区出产的桃红葡萄酒用歌海娜酿造，呈洋葱皮色，果香浓郁，极具风味，但有时酒精度偏高，酒体偏重。

3. 加泰罗尼亚产区

加泰罗尼亚产区是西班牙主要的葡萄酒产区之一，年产葡萄酒24万吨，包含佩内德斯、普里奥拉托、塞格雷海岸(Costers del Segre)等著名子产区。佩内德斯是加泰罗尼亚最大且最重要的DO产区，普里奥拉托则是西班牙仅有的两个DOCa级产区之一。另外，加泰罗尼亚产区还是西班牙著名起泡葡萄酒卡瓦的最主要产区。

加泰罗尼亚产区常常被区分为另类的西班牙葡萄酒产区，因为这里受到法国葡萄酒风格的影响比较大。其著名起泡葡萄酒卡瓦与法国香槟非常相似，采用香槟产区的传统方法酿造，但用的主要葡萄品种与香槟不同。

17.2.4 德国

德国纬度较高，整体气候偏凉，适合种植白葡萄品种。以雷司令葡萄酒为代表的德国葡萄酒，从干型到甜型都具有纯净清爽的风格。德国现有葡萄园面积10.3万公顷，2021年，德国的葡萄酒产量8亿升，其中白葡萄酒为65%，红葡萄酒为35%，$\frac{1}{4}$出口。白葡萄品种主要是雷司令和米勒-图高，红葡萄以黑比诺和丹菲特为主。德国共有13个葡萄酒产区，著名产区主要集中在莱茵河及其支流摩泽尔河地区。摩泽尔(Mosel)、莱茵高(Rheingau)、法尔兹(Pfalz)、莱茵黑森(Rheinhessen)是德国比较有名的四大葡萄酒产区。其中摩泽尔、莱茵高和法尔兹是德国最重要的雷司令葡萄酒产区，这里出产的雷司令葡萄酒在世界上享有盛誉。而莱茵黑森是德国最大的葡萄酒产区，主要生产白葡萄酒，相比较而言，更注重数量而非质量。

1. 摩泽尔产区

摩泽尔产区是德国最古老的产区，雷司令是这里绝对的王者。产区的葡萄酒产量位居德国13个产区中的第三位，但其国际知名度却领先于其他产区，是世界公认的德国著名的白葡萄酒产区之一。在此产区内，雷司令种植比重为60%，这里产的雷司令白葡萄酒大部分为干型和半甜型，充满果香和花香，有着少见的高酸、低酒精度的均衡，精巧优雅中有着强壮的酸味支撑着相当耐久的骨架。在摩泽尔产区中，尽管不同庄园所产的葡萄酒都各具独特的个性，但它们也都具有一些共同的特点：颜色浅，香气馥郁，酒体轻盈，酸味清爽怡人。

2. 莱茵高产区

莱茵高位于德国莱茵河畔。虽然它的面积仅占整个德国葡萄酒产区的3%，但在德国葡萄酒发展历史上，它做出了很多重要的创举，拥有如约翰内斯堡这样著名的酒庄。相比摩泽尔平衡、优雅的雷司令葡萄酒，莱茵高的雷司令葡萄酒更为成熟、饱满，口感比较强劲，常带有香料味。而在莱茵高区域内，山坡葡萄园生产的葡萄酒更加精细，充满果香；平原地区生产的葡萄酒会相对饱满成熟，而离岸1千米的产区则是酿造贵腐葡萄酒的黄金区域。

3. 法尔兹产区

法尔兹产区北靠莱茵黑森产区，西南毗邻法国，所占面积在德国葡萄酒产区中排第二，产量随年份有波动，但经常位于第一位，生产大量廉价葡萄酒。法尔兹产区也是继摩泽尔产区之后，德国第二大雷司令产区，生产出来的酒风味十分丰富、雅致。

4. 莱茵黑森产区

莱茵黑森产区是德国最大的葡萄酒产区，有2.6万公顷的葡萄园。莱茵黑森酿造的葡萄酒种类远远多于德国其他地区，从普通的佐餐酒到起泡葡萄酒，种类齐全。莱茵黑森产区的葡萄酒特点是口感柔和，香气四溢，酒体适中，酸味适中，易于入口。而莱茵黑森最有名的出口葡萄酒是圣母之乳(Liebfraumilch)，167个村庄中近99%在酿造圣母之乳，其属于半甜型葡萄酒，特点是酒精度低，简单顺口，带有甜味，价格相对实惠。

17.2.5 美国

美国是新世界葡萄酒生产国的代表，近些年来奋起直追，表现不俗，一跃成为世界第四大葡萄酒生产国，仅次于法国、意大利和西班牙。现葡萄种植面积39万公顷，葡萄酒年产量224多万吨。生产从日常饮用的餐酒到足以和欧洲各国媲美的高级葡萄酒。

美国分为东北产区、南部产区、中西部产区和西北产区，西北产区是美国的主产区，90%的葡萄酒来自这里，主要包括纳帕谷(Napa Valley)、索诺玛谷(Sonoma Valley)和俄罗斯河谷(Russian River Valley)，纳帕谷已经成为世界著名产区。

1. 加州产区

加州位于美国西南部、太平洋东海岸的狭长地带，四周为山脉，中央为谷地，具有夏干、冬湿的独特气候，为优质葡萄的理想产区。加州目前有超过1730平方千米的葡萄种植面积，葡萄园分布在门多西诺县(Mendocino County)和河滨县(Riverside County)南端之间的区域。全加州的酒厂总数达到1100多家。主要葡萄品种为：赤霞珠、霞多丽、美乐、黑比诺、长相思、西拉和增芳德。分为5个特色葡萄产区，分别是：北海岸(North Coast)、中央海岸(Central Coast)、南海岸(South Coast)、中央山谷(Central Valley)和塞拉丘陵(Sierra Foothills)。美国大部分知名的产地位于北海岸、中央海岸和中央山谷。

(1) 北海岸。北海岸是加州较凉爽的地区之一，包括纳帕谷、索诺玛谷、莱克县、门多西诺县。

纳帕谷是美国葡萄酒的代名词，拥有1.6万公顷葡萄园和200多家酒厂。纳帕谷的葡萄酒风格丰富多变。最南边的卡内罗斯(Carneros)过于寒冷，是纳帕谷少数以白葡萄和黑比诺闻名的地区，中段的奥克维尔(Oakville)与拉瑟福德(Rutherford)才是精华产区，那里气候炎热，昼夜温差大，出产的赤霞珠红葡萄酒不仅均衡，而且有全纳帕谷最强劲的红葡萄酒风格，有较佳的陈酿潜力，同时又有丰沛的果味及薄荷香草味。北边的圣海伦娜(St. Helena)生产的赤霞珠丰满圆润。

索诺玛谷生产美国种类和风格最多元的葡萄酒。葡萄酒产量几乎是整个纳帕谷的两倍。索诺玛谷除了有跟纳帕谷同样优质的赤霞珠红葡萄酒外，还有均衡、优雅的增芳德和黑比诺红葡萄酒，是加州优质的产区之一。

(2) 中央海岸。中央海岸产区由旧金山湾区南部一直延伸到圣芭芭拉(Santa Barbara)的圣伊内斯谷(Santa Ynez Valley)为止，南北跨越9个县。湾区内所有葡萄园都属于圣弗朗西斯科湾区AVA产区,酒厂多为小型酒庄。

蒙特利(Monterey)是中央海岸区最大的葡萄酒产地,主栽品种为霞多丽、黑比诺和西拉,生产爽口酸味的葡萄酒,拥有8个AVA产区,每个法定产区都有自己的特色。蒙特利东北面的圣贝尼托(San Benito)有6个AVA产区,中北部靠近蒙特利的哈兰山产区(Mount Harlan)最为著名。

(3) 中央山谷。中央山谷是加州最广阔的葡萄酒产区,从萨克拉门托河谷(Sacramento Valley)南部到圣华金河谷(San Joaquin Valley)。产区内多为大规模工业化葡萄园,出产的酿酒葡萄占加州总量的75%。这里的最大酒厂叫嘉露酒庄(E. &J. Gallo Winery),年产量达9亿瓶,几乎占据大半的产量。中央山谷以干燥炎热的气候为主,葡萄产量高。北边的洛蒂(Lodi)产区和克拉克斯堡(Clarksburg)产区生产优质的白诗南,增芳德、赤霞珠和西拉等品种均有很好的品质。

2. 华盛顿州产区

华盛顿州拥有超过1万公顷的葡萄园,大部分位于沙质土地上,主要分布在哥伦比亚河谷(Columbia Valley)、亚基马河谷(Yakima Valley)和沃拉沃拉河谷(Walla Walla Valley)三个产区。

哥伦比亚谷是比较著名的一个AVA产区;亚基马谷AVA产区内干燥、昼夜温差大,加上冬寒夏热的环境,这里的葡萄酒常有非常深的颜色,很高的酸度,陈年潜力大。产区内表现最好的是红葡萄酒,其中美乐红葡萄酒最出色,酒的颜色深黑且口感丰富,保有大量的成熟单宁及均衡的酸味。

3. 俄勒冈州产区

俄勒冈州位于加州以北,该州种植有约13000多公顷的葡萄园,被分成5个子产区,分别是哥伦比亚峡谷(Columbia Gorge)法定种植区、哥伦比亚河谷法定种植区、蛇河谷(Snake River Valley)法定种植区、南俄勒冈州(Southern Oregon)法定种植区和威拉米特河谷(Willamette Valley)法定种植区。俄勒冈州包含19个子AVA产区,多为精品小型酒庄,致力于生产高品质的葡萄酒。这里的气候相较于加州更凉爽,出产的黑比诺比加州的更为轻盈优雅,被认为是除勃艮之外最好的黑比诺,比勃艮第的更为柔和,顺口圆润,果香更充沛。首府波特兰(Portland)的威拉米特河谷是俄勒冈州最著名也是最重要的葡萄酒产区。

17.2.6 加拿大

加拿大以“晚摘”和冰酒闻名于世,是全球最大的冰酒生产国,严寒的气候,成就了加拿大在葡萄酒冰酒领域的王者地位。加拿大冰酒是一种独特且稀有的甜葡萄酒。只有在葡萄种植法定产区按规定酿造的冰酒才能称之为“ice wine”,酿造冰酒的主要品种为威代尔和雷司令。

加拿大产区分成4个产区:安大略省(Ontario)、英属哥伦比亚省(British Columbia)、魁北克省(Quebec)与新斯科舍(Nova Scotia)产区。其中安大略省和英属哥伦比亚省是加拿大两个较大的葡萄酒产区,出产全国98%的优质葡萄酒,且是符合加拿大葡萄酒VQA标准的产区。西岸的欧肯那根谷(Okanagan Valley)和东部的尼加拉瀑布(Niagara Falls)是加拿大的两个主要葡萄酒产地,除了驰名世界的冰酒外,各种红葡萄酒、白葡萄酒也深受世界各地人们的喜爱。

1. 安大略省产区

安大略省是加拿大最大的葡萄酒产区,也是冰酒的最大产区,葡萄酒产量占约全国总产量的75%,冰酒则占全国的90%。省内拥有6000多公顷的葡萄园,葡萄生长期的气候与世界许多著名产区的气候十分相似。在北美五大湖的调节下,该产区拥有十分温和的大陆性气候。该产区种植有60多种传统的欧洲葡萄品种,主要的白葡萄品种是威代尔、雷司令、霞多丽、琼瑶浆、长相思,主要的红葡萄品种则是黑比诺、佳美、灰比诺、品丽珠、美乐和赤霞珠。

2. 英属哥伦比亚省产区

英属哥伦比亚省位于加拿大最西部。拥有葡萄园约1047公顷。其中,红葡萄品种和白葡萄品种的种植面积相当,葡萄品种多达60种。从种植面积看,种植最多的品种是美乐和灰比诺。生产单元分为三种不同的类型:酒厂、酒庄和农场。

17.2.7　阿根廷

截至2021年,阿根廷是世界第七大葡萄酒生产国、第十大葡萄酒出口国。阿根廷现有葡萄种植面积约21.1万公顷,葡萄酒产量约125万吨,约占全球葡萄酒产量的4.8%。阿根廷的葡萄酒产区遍布全国,集中在安第斯山脉的山麓地区,主要有7个省生产葡萄酒,分为9大重要的葡萄酒产区,包括北部产区的卡塔马卡(Catamarca)、萨尔塔(Salta)、图库曼(Tucuman);库约(Cuyo)产区的拉里奥哈(La Rioja)、门多萨(Mendoza)、圣胡安(San Juan);巴塔哥尼亚(Patagonia)产区的拉潘帕(La Pampa)、内乌肯(Neuquen)、里奥内格罗(Rio Negro)。其中最重要的产区为门多萨产区和圣胡安产区,分别生产了全国60%和30%的葡萄酒。阿根廷主要的红葡萄品种为马尔贝克、赤霞珠、西拉、美乐、丹魄、桑娇维塞、黑比诺;白葡萄品种为特浓情、霞多丽、佩德罗-希梅内斯(Pedro Ximenez,酿造甜酒)、白诗南、长相思、赛美蓉。阿根廷的葡萄风味物质浓郁、多酚含量高,所酿成的葡萄酒酒体优雅、果味十足。

1. 门多萨产区

门多萨河上游是阿根廷最传统的核心产区,阿根廷90%的酒厂几乎都位于这一产区内。产区内种植相当多的马尔贝克,也有最多的老藤,赤霞珠种植的比例也相当高。路冉得库约(Lujan de Cuyo)和迈普(Maipu)两个子产区被认为是精华产区。舞苟谷的海拔更高,除了传统的马尔贝克和赛美蓉,赤霞珠和美乐的种植也相当成功。海拔达1400米的图蓬加托(Tupungato)是阿根廷最有潜力的新兴产区。

影响门多萨产区葡萄酒品质的两个重要因素,一个是来自安第斯山上的冰融水,另一个是高海拔。充足的光照,巨大的昼夜温差,可以让葡萄缓慢生长,在充分成熟的同时,还能保持良好的酸度。马尔贝克是门多萨产区标志性的葡萄品种,用其酿造的葡萄酒颜色深黑,带着浓郁的黑色水果香气和香料味,酒体厚重,单宁高,非常适合在橡木桶中陈酿以得到更复杂的香气和口感。除了马尔贝克以外,还有赤霞珠、西拉和丹魄等红葡萄品种,以及霞多丽、赛美蓉、特浓情和维欧尼等白葡萄品种。

2. 圣胡安产区

圣胡安产区位于门多萨的北部,葡萄种植面积3.2万公顷,是阿根廷第二大葡萄酒产区,是佐餐白葡萄酒及浓缩葡萄汁的生产中心之一,也是阿根廷白兰地和苦艾酒的主要原产地。另外,这里还出产一些雪莉酒风格的加强型酒和廉价的餐酒。圣胡安产区主要葡萄品种有西拉、马尔贝克、赤霞珠、伯纳达(Bonarda)、霞多丽、特浓情。

17.2.8　澳大利亚

澳大利亚是新世界的重要代表,世界第五大葡萄酒出口国,葡萄种植面积14.6万公顷,葡萄酒年产量127万吨，$\frac{2}{3}$用于出口。澳大利亚现有2700多家葡萄酒生产企业，大多数是小型的家族酒庄，其中奔富酒庄(Penfolds)、禾富酒庄(Wolf Blass)、奥兰多酒庄(Orlando Wines)、莎普酒庄(Seppeltsfield)、御兰堡酒庄(Yalumba)和彼得利蒙酒庄(Peter Lehmann)等知名酒庄所产的葡萄酒可占到全国葡萄酒总产量的一半以上，其高品质的葡萄酒在全世界有很大的影响。

澳大利亚北面大片地区属于热带，中心地区过于炎热和干燥，只有东南澳和西澳是最适合生产优质葡萄酒的产区。这些地区受海洋影响较大，特别是南澳，属于典型的地中海气候。澳大利亚最主要的葡萄品种包括西拉、赤霞珠、美乐、霞多丽、长相思、赛美蓉和雷司令等，其中以西拉和雷司令最有名。澳大利亚分为4个大产区，分别是南澳、新南威尔士、维多利亚、西澳产区。南澳产区是澳大利亚最重要的葡萄酒产区。新南威尔士产区为澳大利亚最早的葡萄种植区，澳大利亚的主要知名酒厂都集中在这里。维多利亚产区的葡萄酒则具有相当多的类型，其内陆产区以甜型的加强型葡萄酒闻名，东北部除了甜型酒外，也产酒色深浓、酒精度高、口味重的红葡萄酒。西澳产区则以位于珀斯(Perth)东北部的天鹅谷(Swan Valley)最负盛名，以出产白葡萄酒而闻名，其内的玛格利特河(Margaret River)的知名度也在不断提升。4个大产区又可分为60多个产区及100多个地理标识名称。

1. 南澳产区

南澳产区的葡萄酒产量占澳大利亚葡萄酒总产量的一半左右。南澳有16个子产区，包括河地、巴罗萨谷、迈克拉仑谷、克莱尔谷、库纳瓦拉、阿德莱德山、伊顿谷等。其中河地是澳大利亚葡萄酒产量最大的产区，葡萄酒产量占南澳地区总产量的一半，占全国总产量的$\frac{1}{4}$。不同产区风土条件差异非常大，出产的葡萄酒各不相同，却都蜚声国际。澳大利亚最著名、最昂贵的葡萄酒几乎都产自南澳，比如著名的奔富葛兰许(Penfolds Grange)、翰斯科神恩山(Henschke Hill of Grace)和克拉伦敦山星光西拉(Clarendon Hills Astralis Syrah)。

巴罗萨谷生产的西拉葡萄酒酒精度高，酒色深红，酒体醇厚，有强劲圆润的单宁，香气复杂奔放，带有覆盆子、黑莓和甘草等复杂的香气，并带有浓郁的巧克力风味。伊顿谷最为出名的是雷司令。雷司令葡萄酒通常有浓郁的酸橙香气及花香，口感馥郁，陈年后可以产生果酱和烘烤的迷人风味。伊顿谷的西拉、赤霞珠、美乐也极负盛名，其西拉葡萄酒均衡优雅，赤霞珠葡萄酒和美乐葡萄酒也具有高雅的风格。克莱尔谷出产澳大利亚最好的雷司令葡萄酒，是澳大利亚雷司令之乡。其出产的雷司令葡萄酒酸度高，新酒带有突出的柑橘类水果风味，具有陈年潜力。阿德莱德山以出产顶级长相思、霞多丽和黑比诺单一品种酒及起泡葡萄酒闻名。迈克拉仑谷的西拉红葡萄酒带有成熟浆果和巧克力的香味，单宁柔软如丝绒，耐长时间的陈酿；赤霞珠红葡萄酒则浓郁丰满，口感圆润、醇厚，果味浓郁，带有蓝莓气味等。澳大利亚最好的赤霞珠葡萄酒产于库纳瓦拉，具有强烈而经典的果香，主要以黑醋栗果香为主，还有从胡椒、樱桃、桑葚的香气到更成熟的黑醋栗和李子的香气，并拥有明显的薄荷风味，其口感极为平衡，单宁细腻，强劲坚实，非常具有陈酿潜力。

2. 新南威尔士产区

新南威尔士产区的葡萄酒产量在澳大利亚各州中位居第二，占整个澳大利亚总产量的30%。新南威尔士州有14个子产区，其中以猎人谷、满吉(Mudgee)、奥兰治南部高地(Orange Southern Highlands)以及滨海沿岸等产区较为有名。

猎人谷产区的赛美蓉白葡萄酒具有独特的气质，其酸度较高，陈年后常会出现蜂蜜、干果、火药及香料等非常迷人多变的香气，口感柔顺，是澳大利亚风味最独特的白葡萄酒。猎人谷还是最早使用橡木桶来酿造单一品种的赛美蓉贵腐甜白葡萄酒的产区。滨海沿岸产区生产世界级赛美蓉贵腐甜白葡萄酒，采用法国橡木桶陈酿，呈金黄色，带有丰富浓郁的杏仁味道，余味绵长。满吉产区气候炎热干燥，生产的红葡萄酒以浓厚粗犷为特色。

3. 维多利亚产区

维多利亚产区比较追捧欧洲的酿酒理念，酿造出的酒类似欧洲的风格。产区有600多个酿酒厂，葡萄酒的产量在澳大利亚排第三位，可分为6个葡萄酒大区：西北部、西部、中部、菲利普港(Port Phillip)区、东北部和面积较大的吉普史地(Gippsland)产区，6个大区细分为20多个子产区，包括雅拉谷(Yarra Valley)、墨累河岸(Murray Darling)等。

雅拉谷、吉朗(Geelong)、莫宁顿半岛(Mornington Peninsula)、森伯里(Sunbury)和马斯顿山区(Macedon Ranges)等南部的寒冷产区最具特色，生产清爽多酸的起泡葡萄酒、柔和精巧多果香的黑比诺红葡萄酒、均衡多酸少橡木味的霞多丽、多酸高雅的赤霞珠和西拉红葡萄酒，这些酒都有极精彩的表现。雅拉谷是澳大利亚公认的凉爽的产区之一，适合酿酒的葡萄品种多样，不仅生产品质优异的起泡酒，还以生产全澳大利亚最优秀的果味黑比诺葡萄酒和均衡优雅的霞多丽葡萄酒而闻名。

墨累河岸是维多利亚产区最大的子产区，葡萄种植面积2万公顷。霞多丽是该地区最主要的品种，其次是西拉、赤霞珠和美乐。

4. 西澳产区

西澳产区包括天鹅谷、玛格利特河、潘伯顿(Pemberton)、大南部地区(Great Southern)等子产区。天鹅谷产区是世界上著名的炎热产区之一，而玛格利特河产区属地中海气候，下游大南部地区更为凉爽，海岸地区湿度较高，有利于形成贵腐菌。

西澳产区生产的主要葡萄品种为霞多丽、赤霞珠、美乐和西拉。西澳产区最著名的葡萄酒产地当属玛格利特河产区。该产区的葡萄酒风格多样，有优雅含蓄的，也有果香充沛、强劲有力的，是澳大利亚著名的赤霞珠葡萄酒产区之一，其产的赤霞珠葡萄酒风味浓郁，拥有强劲的结构以及丰富紧致的单宁。

17.2.9　新西兰

识得新西兰，便知长相思。新西兰以白葡萄酒闻名于世，白葡萄酒产量占了全国总产量的90%，而白葡萄酒的主要品种就是长相思，占全国葡萄种植面积的80%，特别是马尔堡(Marlborough)产区出产的长相思葡萄酒，在世界上享有盛誉。作为新世界产酒国，20世纪80年代才开始有葡萄酒生产，到现在已经拥有700多家酒庄，葡萄种植面积41603公顷，年产葡萄酒27万吨左右，是新世界著名的代表性国家。

新西兰有8个主要产区，包括马尔堡、霍克斯湾(Hawke's Bay)、奥克兰(Auckland)、中奥塔哥(Central Otago)产区等。其中，马尔堡产区是新西兰最大也是最主要的葡萄酒产区，每年的葡萄酒产量占新西兰葡萄酒总产量的80%。另外，新西兰葡萄酒95%以上用螺旋盖封瓶，所以市场上见到的螺旋盖葡萄酒很有可能是来自新西兰。

马尔堡产区是新西兰的葡萄酒中心，这里日照长，光照充足，昼夜温差大，气候凉爽干燥，葡萄生长期长，成熟缓慢。马尔堡出产的长相思干白葡萄酒清新诱人，酸味清爽，带着新鲜浓郁的百香果及青草香气，可能是世界上最容易辨识的白葡萄酒。

17.3　中国的葡萄酒

17.3.1　概况

2021 年 7 月，宁夏国家葡萄及葡萄酒产业开放发展综合试验区正式挂牌成立，这是中国第一个单一作物的国家级试验区，标志中国葡萄酒目前在国内农业经济中的重要地位。截至 2021 年底，中国葡萄栽培面积 78.3 万公顷，已跃居世界第 3 位；酿酒葡萄总面积约 6.67×10^8 平方米，约占全国葡萄总面积的 8%；葡萄酒产量 59 万吨（图 17-1），居世界第 11 位，消费量居第 7 位（图 17-2）。中国已经成为世界葡萄酒生产和消费大国。

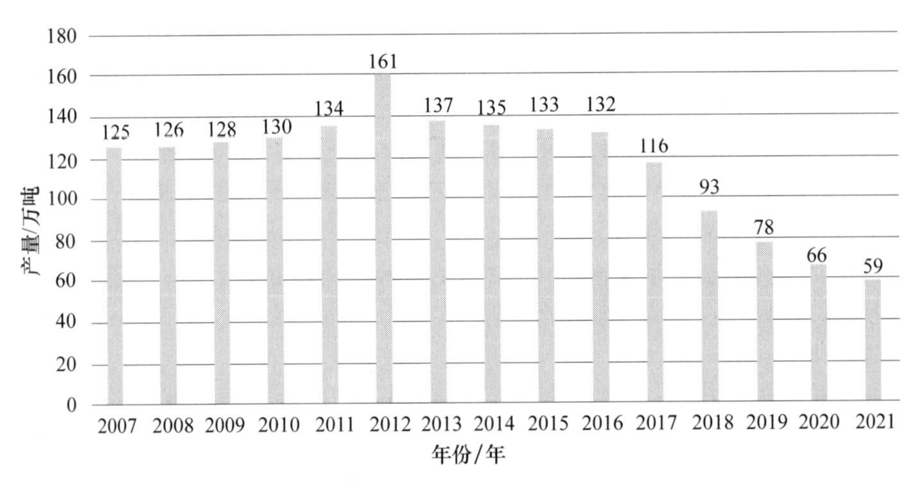

图 17-1　2007—2021 年中国葡萄酒生产情况（OIV，2022）

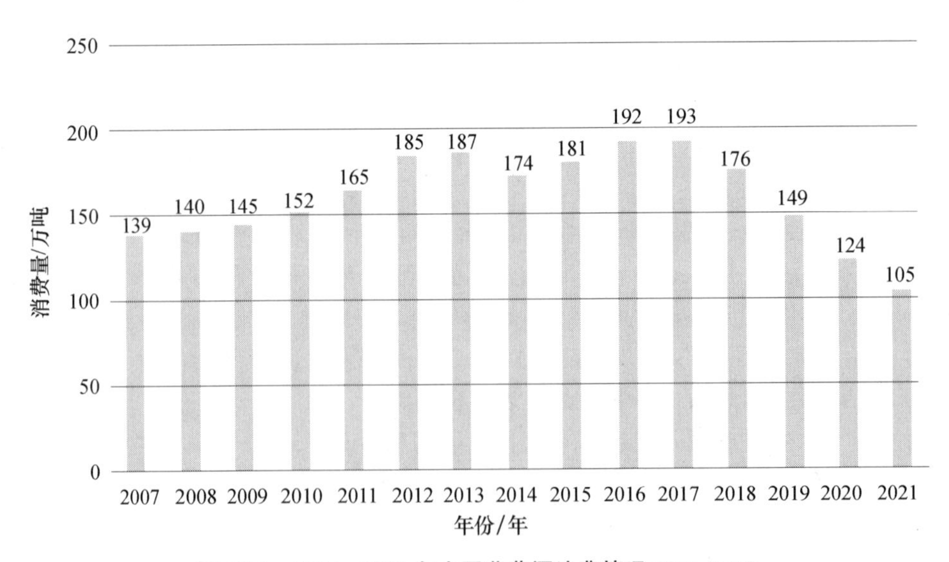

图 17-2　2007—2021 年中国葡萄酒消费情况（OIV，2022）

中国的酿酒葡萄以红葡萄品种为主，约占 80%；白葡萄品种约占 20%。赤霞珠栽培面积已超过 2.67×10^8 平方米，是中国第一主栽品种，其次是蛇龙珠、美乐、霞多丽、贵人香、雷司令、玫瑰香、品丽珠、西拉、黑比诺、马瑟兰、公酿一号、双优、威代尔、北冰红、白玉霓等。

我国葡萄酒产区主要分布于山东、新疆、宁夏、河北、甘肃、吉林等地，占全国总产量的80%以上；葡萄酒生产企业近千家，规模以上葡萄酒企业约有200余家。

17.3.2　中国葡萄酒产区

我们说某个地区是葡萄酒产区，一般需要具备如下几点：

(1) 适宜酿酒葡萄种植的生态条件。一个产区的形成，风土条件，特别是气候条件最为重要。同一个产区应处于一个大气候区内，气候相似或接近，无环境污染风险。

(2) 稳定的主栽葡萄品种或品种群。具有优良品质、表现稳定的品种或当地的特色品种。

(3) 一定规模的种植面积和适宜的种植模式。具有体现品种和产区特点的面积和规模，如总体至少在 6.67×10^6 平方米以上。种植模式能充分表现原料品种的质量与产量潜力，并有效降低葡萄生产成本。

(4) 形成的酿造工艺质量标准体系能够充分发挥当地原料质量潜力并形成相应的葡萄酒类型、工艺规范、产品标准等，具有相应的产区管理制度，如中长期发展规划、产区管理法规等。

(5) 有代表性的企业及葡萄酒品牌。有一定数量、健康发展的生产企业，例如5～10家。有一定数量的国内外知名企业及品牌。

(6) 一定的葡萄或葡萄酒生产历史和葡萄酒文化传承。

(7) 按照生态区划分、行政区命名，尊重传统名称和国家地理标志保护产品认证。

按照上述原则，我国目前已形成11个主要的各具特色的葡萄酒产区：新疆产区、甘肃产区、宁夏-内蒙古产区、陕西-山西产区、京津（北京、天津）产区、河北（昌黎、怀涿）产区、山东（胶东半岛、鲁西南）产区、东北产区、黄河故道产区、西南产区、其他产区等。

1. 新疆产区

新疆种植葡萄的历史已经超过7000年，是中国生产酿酒葡萄最多的地区，是中国最大的葡萄酒生产基地。产区主要包括北疆天山北麓（石河子、玛纳斯、昌吉），南疆焉耆、和硕盆地，东部的吐鲁番、哈密以及西部的伊犁河谷。新疆具有得天独厚的光热资源，有效积温高，昼夜温差大，日照充足，降雨稀少，并有天山雪水灌溉，是生产优质葡萄酒和特色葡萄酒的产区。

天山北麓生产的干红葡萄酒色深，有黑色浆果香气、果脯香气、辛香，香气浓郁，单宁强劲，酒体厚重。干白葡萄酒则是带有热带水果、桃的香气，口味圆润、柔顺，味短。主要企业有张裕巴保男爵酒庄、中信国安葡萄酒业、纳兰河谷酒庄、新疆唐庭霞露酒庄等。

新疆南疆产区生产的干红葡萄酒具有黑色浆果、香草、李子的香气及少许辛香，单宁质感中等偏强，口感紧实。干白葡萄酒有热带水果香气以及柑橘、橙子等水果的香气，口味柔顺。主要企业有乡都酒业、天塞酒庄、芳香庄园、国菲酒庄等。

伊犁产区生产的干红葡萄酒有黑色和红色浆果的香气，单宁细腻、紧致，酒体饱满，有活力。干白葡萄酒则带有苹果、梨等白色水果的香气，口味爽口、柔和细腻。主要企业有新疆伊珠葡萄酒股份有限公司、新疆丝路葡萄庄园酒业。

东疆产区生产的干红葡萄酒，主要以赤霞珠葡萄酒为主，具有黑色浆果、果脯、焦糖等的香气，单宁粗糙，具灼烧感。干白葡萄酒主要以霞多丽葡萄酒为主，具有糖浆、蜜瓜等的香气，口味圆润，味短。主要企业有新疆楼兰酒庄、新疆新雅葡萄酒业。

2. 甘肃产区

甘肃葡萄酒主要集中在河西走廊，东起武威，西到嘉峪关，包括武威、张掖、嘉峪关、酒泉等。主要的红葡萄品种包括赤霞珠、黑比诺、美乐、品丽珠等；主要的白葡萄品种有霞多丽、雷司令等。生产的红葡萄酒具有黑色和红色浆果的香气，单宁细致，酒体中等。白葡萄酒具有桃子和柑橘的香气，清新柔顺，酸度适中。主要企业有莫高葡萄酒业、紫轩酒业、国风葡萄酒业、祁连葡萄酒业、敦煌市葡萄酒业等。

3. 宁夏-内蒙古产区

宁夏葡萄种植已有1000多年的历史。宁夏酿酒葡萄种植区域包括银川、青铜峡、红寺堡、石嘴山、农垦系统等子产区。《世界葡萄酒地图(第七版)》收录了宁夏贺兰山东麓葡萄酒产区和山东、河北产区。

宁夏产区处于贺兰山南段，红葡萄品种主要有赤霞珠、美乐、马瑟兰等；白葡萄品种主要有霞多丽。生产的葡萄酒特别是干红葡萄酒品质优良，媲美同纬度的法国产区。目前该产区已形成具有特色的酒庄产业集群，据统计，现有211家酒庄。2013年，《贺兰山东麓葡萄酒酒庄列级暂行管理办法》发布实施，宁夏列级酒庄评定由此开始，每2年评定一次，实行逐级评定晋升制度，晋升到一级酒庄后，酒庄每10年参加一次评定。截至2021年，一级酒庄目前尚没有酒庄入选，共评选出9家二级酒庄，15家三级酒庄，18家四级酒庄，15家五级酒庄。至此，宁夏贺兰山东麓葡萄酒产区共有列级酒庄57家。志辉源石酒庄、贺兰晴雪酒庄、巴格斯酒庄、宁夏农垦玉泉国际酒庄、贺东庄园、留世酒庄、利思酒庄、立兰酒庄、迦南美地酒庄9个酒庄为二级酒庄。

内蒙古主要的葡萄种植区集中于内蒙古西南部贺兰山北麓的乌海地区，这里种植葡萄的历史有200多年。主要企业有汉森酒业、沙恩·金沙臻堡酒庄、吉奥尼酒庄等。

4. 陕西-山西产区

陕西产区主要是指渭北旱塬及秦巴山区的泾阳、铜川、丹凤等地。1700多年前，陕西(还可能包括河南)民间已经有栽种葡萄和酿酒记录，300多年前，葡萄栽培在陕西已较普遍，户县栽培的葡萄品种就有龙须、马乳等。而近代陕西的葡萄酒则始于1911年10月，南阳客商华国文和意大利传教士安森曼在陕西省丹凤县建立美丽酿造公司，以丹凤县盛产的龙眼葡萄为原料，采用意大利工艺酿造葡萄酒。20世纪80年代，陕西丹凤县发展了数千亩的北醇葡萄，同时从法国引进了15个优良品种，建立了约1.33×10^5平方米品种实验基地，引进法国和阿根廷先进的发酵设备。20世纪80年代中后期，丹凤葡萄酒的产量曾排名全国葡萄酒行业的前列。

山西葡萄产区主要集中于太原盆地，黄土高原的边缘地区，包括晋中的太谷县、临汾的乡宁县以及运城的夏县。

陕西产区适宜酿造干红、干白葡萄酒，不同年份间葡萄酒的质量差异比较大。红葡萄酒具有黑醋栗、樱桃、覆盆子等红色浆果的香气，以及香料、蘑菇、松脂的气味，酒体醇厚、协调。白葡萄酒具有苹果、柠檬、蜂蜜等的香气，口感爽顺、适口。主要企业有张裕瑞那城堡酒庄、丹凤安森曼酒庄、丹凤葡萄酒厂、铜川凯维葡萄酒酿造公司等。

山西产区的葡萄大部分种植在山坡梯田上，红葡萄品种主要有赤霞珠、品丽珠、美乐；白葡萄品种主要有霞多丽、雷司令。红葡萄酒具有黑醋栗、樱桃、覆盆子等红色浆果的香气，同时具有香料、烟熏、蘑菇、松脂的气味，酒体醇厚、协调。白葡萄酒具有苹果、柠檬、蜂蜜等的香气，口感爽顺、适口。主要企业有怡园酒庄、戎子酒庄、格瑞特葡萄酒公司。

5. 京津产区

北京酿酒葡萄主要在西南部的房山、东北部的密云、西北部的延庆等地。天津蓟州区的赤霞珠和汉沽的玫瑰香均有典型风格。

北京产区用于酿造干红葡萄酒的品种主要有赤霞珠、美乐、西拉、马瑟兰、小味儿多、北醇、北红、北玫；主要酿造干白葡萄酒的品种有霞多丽、长相思、白玉霓、小芒森。红葡萄酒具有红色水果、胡椒、香草等的香气，口味协调，酒体中等。白葡萄酒具有柠檬、青苹果等绿色水果的香气，口味清新、爽口。主要企业有张裕爱斐堡国际酒庄、北京龙徽酿酒有限公司、丰收葡萄酒有限公司、北京波龙堡葡萄酒业、北京龙熙堡酒庄、紫雾酒庄等。

天津产区生产的红葡萄酒具有红色水果、胡椒等的香气，口味协调、柔顺。白葡萄酒具有柠檬、青苹果等绿色水果的香气，口味清新、爽口。其中，玫瑰香葡萄酒果香浓郁，具典型的麝香风格。主要企业有王朝葡萄酿酒有限公司、天津施格兰有限公司、大唐开元葡萄酿酒有限公司等。

6. 河北产区

河北葡萄酒生产历史悠久，主要包括怀涿盆地（宣化、涿鹿、怀来）和秦皇岛昌黎、卢龙，主要的红葡萄品种有赤霞珠、美乐、品丽珠、马瑟兰、西拉等国际化品种；白葡萄品种有霞多丽、贵人香、小芒森等。

昌黎、卢龙、抚宁为主的秦皇岛产区以酿造干红与干白葡萄酒为主。干红葡萄酒具有红色浆果、松柏、青草的香气。干白葡萄酒具有绿色水果的香气，柔顺、爽口。主要企业有华夏长城酒庄、茅台葡萄酒公司、朗格斯酒庄等。

怀涿盆地产区生产的红葡萄酒具有成熟的果香、黑色李子香气，单宁细腻，口感柔润、均衡。白葡萄酒具有淡雅花香、蜂蜜香气、矿物质气息和水果香气，口味清新。主要企业有长城桑干酒庄、中法庄园、紫晶庄园葡萄酒有限公司、瑞云酒庄、迦南酒业有限公司、贵族酒庄、马丁酒庄、容辰庄园等。

7. 山东产区

山东产区包括胶东半岛、鲁西南产区。胶东半岛为丘陵区，包括烟台、威海、青岛，三面环海。鲁西南包括济宁、菏泽、枣庄三市，其西部为平原，地势平坦，东部多低山丘陵，近年来也有少量酿酒葡萄栽培。

胶东半岛产区红葡萄品种占75%，主要是赤霞珠、蛇龙珠、美乐、品丽珠，其他品种也有少量栽培，比如西拉、烟73、烟74、紫大夫、小味儿多、马瑟兰、桑娇维塞、宝石、维欧尼、公酿1号、北醇。白葡萄品种占25%，主要是贵人香和霞多丽，此外还有雷司令、小芒森等。出产的红葡萄浆果中酚类物质含量偏低，结构感中等或弱，适合酿造果香型、新鲜型中等酒体葡萄酒，所酿造的红葡萄酒有红色水果（如红樱桃）、胡椒、青椒等的香气，酒体柔顺，结构中等，单宁细腻，易饮。白葡萄浆果生长期较长，风味物质含量丰富，适合酿造干白葡萄酒，所酿造的干白葡萄酒具有苹果、柠檬、椴树花、蜂蜜等的香气，口感优雅、活泼，酸爽适口。主要企业有张裕酿酒公司、威龙葡萄酒公司、长城酒庄、瀑拉谷酒庄、青岛华东葡萄酒庄园、拉菲罗斯柴尔德家族的瓏岱酒庄、尊崇生物动力法的龙亭酒庄等。

鲁西、鲁中产区土壤类型以潮土为主，这一产区的葡萄酒生产处于探索期，尚不成气候。

8. 东北产区

东北产区是中国极具特色的产区之一，其生产山葡萄酒的历史可以追溯到1936年日本人兴建的吉林长白山葡萄酒厂及1938年建成的吉林通化葡萄酒厂。东北产区包括吉林、辽宁、黑龙江三省，指北纬45°以南的长白山麓和东北平原。该地区主要酿造以山葡萄为主的甜红葡萄酒。最主要的有通化和桓仁两个产区。

通化产区生产的山葡萄酒颜色深，具有野生植物、山参等的香气，单宁厚重，酸度高，爽口。北冰红冰葡萄酒呈深宝石红色，具浓郁悦人的蜂蜜和杏仁的复合香气，果香突出、优雅，酒体平衡丰满，具冰葡萄酒独特风格。主要企业有通化葡萄酒公司、通天酒业、长白山酒业集团等。

桓仁产区生产的威代尔冰葡萄酒具有浓郁的杏果、菠萝、蜂蜜及热带水果的复合香气，口味甜润，酸爽协调，余味悠长，风格典型独特。主要企业有张裕黄金冰谷酒庄、五女山米兰酒业、龙域酒业、梅卡庄园、三合酒业、辽宁桓龙湖葡萄酒业等。东北其他产区的主要企业还有辽宁朝阳亚洲红葡萄酒有限公司、黑龙江芬河帝堡国际酒庄等。

9. 黄河故道产区

黄河故道是指1855年黄河在今河南兰考境内决口改道东流后，其原来南流的一段主河道(俗称明清故道)流经的区域。黄河故道产区包括河南民权、安徽萧县、江苏连云港等地。这个产区是中国最早的传统产区，生产的葡萄酒香气弱，口味淡，特点不典型。如今，这一产区的葡萄酒企业多数已停产，产区已逐渐萎缩。主要企业以民权九鼎葡萄酒有限公司、兰考路易葡萄酿酒有限公司等为代表。

10. 西南产区

西南产区是指中国川、滇、藏交界的横断山脉地区，包括藏东南、滇西北、川西南，主要分布在云南德钦、弥勒，四川的金川、小金、西昌、攀枝花等地。它是我国纬度最低、海拔最高、气候最多样化、土壤最红、葡萄酸度最高、红葡萄颜色最深、欧美杂种酿酒葡萄(玫瑰蜜)种植最多的一个特殊产区，该地区葡萄酒具有独特的产地特色。

西南产区生产的红葡萄酒呈宝石红色，果香浓郁，口感醇厚圆润，风格独特。白葡萄酒则具有浅禾秆黄色，清新优雅的果香，细腻圆润的口感，个性十足。其中特产玫瑰蜜红葡萄酒具花蜜香、植物香、麝香等，入口柔顺。水晶白葡萄酒具糖果类香气，口味顺畅。主要企业有酩悦轩尼诗集团的敖云酒庄、云南红酒庄、香格里拉酒业、太阳魂酒业、攀枝花攀西阳光酒业有限公司、康美诗葡萄酒厂、九寨沟天然葡萄酒业等。

11. 其他产区

其他产区主要指广西及湖南部分地区。

广西罗成地区是中国野生毛葡萄之乡，自古就有用毛葡萄自酿红葡萄酒的习惯，湖南分布有野生刺葡萄。这些产区目前主要是利用野生资源，尚处于酿酒试验阶段，尚不能说是真实意义上的产区。

第十八章　风格类别与法律法规

18.1　葡萄酒的定义

市面上那些受欢迎的酒如“RIO”是不是葡萄酒？这是初学者经常在课堂上会问的一个问题。在这里，需要先给葡萄酒下一个准确的定义。

世界上95%的葡萄酒生产国都加入并遵循一个总部设在巴黎的组织所给出的定义和标准。这个组织是1924年11月29日成立的国际葡萄与葡萄酒组织，简称OIV。OIV是发起国的法文缩写，全称为Organisation Internationale de la Vigne et du vin，英文为International Vine and Wine Organization，也译作International Organization of Vine and Wine。

OIV是国际葡萄酒业的权威机构，被称为葡萄酒界国际标准提供者，世界贸易组织在葡萄酒方面的标准也是采用OIV的标准。目前法国、意大利、美国等49个主要葡萄酒生产国是它的成员国。我国烟台和宁夏是该组织的观察员，但中国目前还未正式加入该组织。

根据OIV 2006年给出的定义：葡萄酒只能是破碎或未破碎的新鲜葡萄浆果或葡萄汁经完全或部分酒精发酵后获得的饮料，其酒精度不能低于8.5%。但是根据气候、土壤条件、葡萄品种和一些葡萄酒产区特殊的质量因素或传统，在一些特定的地区，葡萄酒的最低总酒精度可降低到7.0%。

由于我国尚未加入该组织，我国关于葡萄酒的定义为：葡萄酒是以新鲜葡萄或葡萄汁为原料，经全部或部分发酵酿制而成的，含有一定酒精度的发酵酒。

OIV和中国国家标准[《葡萄酒》(GB 15037—2006)]给出的葡萄酒的定义，可以概括为：含有一定酒精度，酒精来自也只能来自新鲜葡萄或葡萄汁发酵。

18.2　葡萄酒的分类

葡萄酒的分类方法有很多，包括以原产地命名分类，以酿造方式分类，依照含糖量、年份或品种分类等。不同国家和产区的分类方式有所不同，有些地区的分类方式依赖于官方授予的命名保护，而有些则依赖于种植者、合作组织等。

18.2.1　中国关于葡萄酒的分类

1. 按色泽分类

(1) 白葡萄酒。酒体颜色近似无色，或微带黄绿色、浅黄色、禾秆黄色、金黄色的葡萄酒都称之为白葡萄酒。

(2) 红葡萄酒。酒体颜色紫红色、深红色、宝石红色、红色、红色中微带棕色、棕红色等。

(3) 桃红葡萄酒。酒体呈现为桃红色、淡玫瑰红色、浅红色等。

2. 按含糖量分类

（1）干葡萄酒。含糖量（以葡萄糖计）小于或等于4.0克/升的葡萄酒，或者当总糖与总酸（以酒石酸计）的差值小于或等于2.0克/升时，含糖量最高为9.0克/升的葡萄酒。

（2）半干葡萄酒。含糖量大于干葡萄酒，最高为12.0克/升的葡萄酒，或者当总糖与总酸（以酒石酸计）的差值小于或等于2.0克/升时，含糖量最高为18.0克/升的葡萄酒。

（3）半甜葡萄酒。含糖量大于半干葡萄酒，最高为45.0克/升的葡萄酒。

（4）甜葡萄酒。含糖量大于45.0克/升的葡萄酒。

3. 按二氧化碳含量分类

（1）平静葡萄酒。在20℃时，二氧化碳压力小于0.05兆帕的葡萄酒。

（2）起泡葡萄酒。在20℃时，二氧化碳压力大于或等于0.05兆帕的葡萄酒。需要注意的是，香槟是起泡葡萄酒的一种，只有在法国香槟地区以传统方式酿造的起泡葡萄酒才能称作香槟。气泡是瓶中二次发酵产生的，即装瓶前添加葡萄汁、糖以及酵母等混合液，瓶陈半年左右的时间。在此期间，酵母将酒中糖分慢慢转化成酒精和碳酸，由此产生气泡。其他地区生产的同类型产品通常有其各自的名称，如西班牙的卡瓦、意大利的普罗赛克。起泡葡萄酒又可细分为：

① 低泡葡萄酒。在20℃时，二氧化碳（全部自然发酵产生）压力在0.05～0.34兆帕的葡萄酒。

② 高泡葡萄酒。在20℃时，二氧化碳（全部自然发酵产生）压力大于或等于0.35兆帕（对于瓶容量小于250毫升的瓶子，二氧化碳压力大于或等于0.3兆帕）的葡萄酒。根据含糖量，高泡葡萄酒又被细分为5种：天然高泡葡萄酒，酒中含糖量小于或等于12.0克/升（允许差为3.0克/升）的高泡葡萄酒；绝干高泡葡萄酒，酒中含糖量小于或等于12.1～17.0克/升（允许差为3.0克/升）的高泡葡萄酒；干高泡葡萄酒，酒中含糖量小于或等于17.1～32.0克/升（允许差为3.0克/升）的高泡葡萄酒；半干高泡葡萄酒，酒中含糖量小于或等于32.1克/升～50.0克/升的高泡葡萄酒；甜高泡葡萄酒，酒中含糖量大于50.0克/升的高泡葡萄酒。

4. 按酿造方法分类

（1）天然葡萄酒。以葡萄为原料发酵而成，不添加糖分、酒精及香料。

（2）特种葡萄酒。根据OIV的规定，特种葡萄酒是用新鲜葡萄或葡萄汁在采摘或酿造工艺中使用特定方法酿制而成的葡萄酒。特种葡萄酒包括以下几种：

① 利口葡萄酒。由葡萄生成总酒精度为12%以上的葡萄酒，向其中加入葡萄白兰地、食用酒精或葡萄酒精、葡萄汁、浓缩葡萄汁、含焦糖葡萄汁、白砂糖等，使其终产品酒精度为15.0%～22.0%。利口葡萄酒又分为高度葡萄酒和浓甜葡萄酒两大类：高度葡萄酒，在自然总酒精度不低于12%的新鲜葡萄、葡萄汁或葡萄酒中加入酒精后获得的产品，由发酵产生的酒精度不得低于4%；浓甜葡萄酒，在自然总酒精度不低于12%的新鲜葡萄、葡萄汁或葡萄酒中加入酒精和浓缩葡萄汁，或葡萄汁糖浆，或新鲜过熟葡萄汁，或它们的混合物后获得的产品，发酵产生的酒精度不得低于4%。

② 自然甜型葡萄酒。用潜在酒精度不低于14.5%的新鲜葡萄或葡萄汁，在发酵结束前加入酒精停止发酵，保持一定的糖分，酒精度为15%～16%，含糖量为70～125克/升的葡萄酒。以法国南部生产的具有金黄色甜麝香味的自然甜型葡萄酒最为有名。

③ 葡萄汽酒。酒中所含二氧化碳部分或全部是人工添加的，具有起泡葡萄酒类似的特性。

④ 冰酒。将葡萄推迟采收，当气温低于－7℃使葡萄在树枝上保持一定时间，结冰，采

收，在结冰状态下压榨、发酵、酿制而成的葡萄酒（在生产过程中不允许外加糖源）。冰酒乃酒中极品，主要产于加拿大、德国、中国。

⑤ 贵腐葡萄酒。在葡萄的成熟后期，葡萄浆果感染了贵腐菌，使浆果的成分发生了明显的变化，用这种葡萄酿制而成的葡萄酒。世界三大顶级贵腐葡萄酒产自匈牙利的托卡伊、德国的莱茵高和法国的波尔多苏玳。

⑥ 产膜葡萄酒。葡萄汁经过全部酒精发酵，在酒的自由表面产生一层典型的酵母膜后，可加入葡萄白兰地、葡萄酒精或食用酒精，所含酒精度大于或等于15.0%的葡萄酒。此类酒以西班牙雪莉酒最为有名。

⑦ 加香葡萄酒。以葡萄酒为基酒，经浸泡芳香植物或加入芳香植物的浸出液（或馏出液）而制成的葡萄酒。

⑧ 低醇葡萄酒。采用新鲜葡萄或葡萄汁经全部或部分发酵，采用特种工艺加工而成的、酒精度为1.0%～7.0%的葡萄酒。

⑨ 脱醇葡萄酒。采用新鲜葡萄或葡萄汁经全部或部分发酵，采用特种工艺加工而成的、酒精度为0.5%～1.0%的葡萄酒。

⑩ 山葡萄酒。采用新鲜山葡萄（包括毛葡萄、刺葡萄、秋葡萄等野生葡萄）或山葡萄汁经全部或部分发酵酿制而成的葡萄酒。

5. 其他

此外，中国国家标准还对年份葡萄酒、品种葡萄酒和产地葡萄酒进行了定义：

（1）年份葡萄酒。标注的年份指葡萄采摘的年份，其中年份葡萄酒所占比例不低于酒含量的80%。

（2）品种葡萄酒。所标注的葡萄品种酿制的酒所占比例不低于酒含量的75%。

（3）产地葡萄酒。用所标注的产地葡萄酿制的酒所占比例不低于酒含量的80%。

在以上中国国家标准对于葡萄酒的分类和要求中，除了我们强调的葡萄或葡萄汁发酵以外，所有产品中都不许添加合成着色剂、甜味剂、香精、增稠剂。

18.2.2　葡萄酒的传统分类

事实上，目前世界上还没有一个被普遍接受的葡萄酒分类系统。这里介绍的传统分类法，主要以葡萄酒的风格特征为基础，是按照葡萄酒中所含酒精的浓度划分为佐餐葡萄酒和强化葡萄酒两种。

1. 佐餐葡萄酒

酒精度为9%～14%，都属于佐餐葡萄酒一类。根据酒中的二氧化碳含量，佐餐葡萄酒又被分为静止型和起泡型两种。

（1）静止型佐餐葡萄酒

大部分葡萄酒都被划分为静止型佐餐葡萄酒。静止型佐餐葡萄酒按颜色分为白葡萄酒和红葡萄酒。这种分类法不仅得到大家的长期认可，同时还反映出这些葡萄酒的风味特征、用途和酿造方式。

白葡萄酒的典型特征是酸度，这是因为人们通常在进餐的时候才饮用它，酸度正好与食物蛋白质结合，从而起到平衡和协调食物风味的作用。大多数白葡萄酒都不需要经过橡木桶陈酿，但个别品种经过橡木桶陈酿后能产生更好的香气。一些回味甜的葡萄酒可以单独饮用，也可以搭配餐后甜点或者代替甜点；大多数贵腐（晚采）酒和冰酒属于这一类。

现代红葡萄酒几乎都是干型的,这种几乎没有甜味的口感与其作为食品饮料的角色也是相符的。使干红产生苦涩味的物质能与食物蛋白质结合,起到其他物质无法替代的平衡作用。有时候,经过良好陈酿的红葡萄酒会在餐后进行专门品鉴,这些酒的单宁已经变得非常细致柔顺,因此不需要食物蛋白质的平衡就可以产生更柔顺的口感。一些陈酿好酒独有的复杂而细致的花香能弥补某些菜肴风味的不足。

红葡萄酒之间一个较普遍的差异主要取决于它想要占据的消费市场。如果想要酒在其还相当年轻的时候被饮用,这样的葡萄酒就要酿成酒体轻、果味浓郁型的;如果想要让酒陈酿之后饮用更好,那就得忍痛割爱,舍弃部分水果香,在酿造后产生非常厚重的单宁。

(2) 起泡型佐餐葡萄酒

起泡型佐餐葡萄酒(简称起泡酒)通常按照生产方式分为三种:传统法(香槟法)、转移法和罐内二次发酵法(也称 Charmat 法),它们均需使用酵母来产生二氧化碳从而形成泡腾的效果。这种按生产方式的分类法能反映不同起泡葡萄酒感官特征的差异。如使用传统法和转移法酿造出的起泡葡萄酒一般都是干型或半干型,着重强调气泡和香气的细腻程度,限制了品种香的呈现,常具有类似烤面包的香气。但起泡葡萄酒间的差异主要取决于发酵时间的长短和葡萄品种,而并非是生产方式。大多数罐内二次发酵法产生的都是芳香型起泡甜葡萄酒,也可以生产出香气细腻的干型起泡葡萄酒。加气起泡葡萄酒(气泡来源于高压充入的二氧化碳)的风格可能会更广泛,有像葡萄牙青酒(气泡产生于苹果酸-乳酸发酵过程)这样的干型白起泡葡萄酒,也有类似于意大利莱布鲁斯科(Lambrusco)的甜型红起泡葡萄酒,还有大部分起泡桃红葡萄酒和果香浓郁的清爽型起泡葡萄酒。

2. 强化葡萄酒(餐后酒和开胃酒)

大多数强化葡萄酒是被当作开胃酒或餐后酒来饮用的,但某些佐餐酒也有类似的用途。如起泡葡萄酒也经常用作开胃酒,而贵腐酒则是较好的餐后酒。

这个种类的典型特点是消费量很少,而且开瓶后不会在短时间内被完全消费掉。它具有的高酒精度可以限制微生物的生长,独特的风味和抗氧化能力使之开瓶后几个星期都能保持原有的品质。当然也有例外,菲诺雪莉(Fino Sherries)和年份波特(Vintage Ports)在装瓶后几个月或是开瓶后几个小时就会丧失其原有特性。

强化葡萄酒的风格多种多样。略带苦味的在餐前作为开胃酒,能增强食欲,促进消化液的分泌,比较典型的是菲诺雪莉和干型味美思,后者具有草本植物和香料的风味。通常来说,强化葡萄酒都有甜味,最典型的当属欧洛罗索雪莉、波特酒、马德拉(Madeira)和玛莎拉酒(Marsala),这些一般都在餐后饮用,或者用来代替餐后甜点。

18.3 法律法规

18.3.1 欧盟葡萄酒的法规

欧盟成员国将近占据世界产酒国的$\frac{2}{3}$,欧盟葡萄酒法规详细规定了各成员国的葡萄酒最大产量、酿造方式、分级和贴标方式、潜在产量、从非欧盟国家的进口规则以及执行机构的职责等。自 2009 年 8 月 1 日起,欧盟明确区别了受地区保护的餐酒和优质法定产区葡萄酒的分级制度。

18.3.2　法国葡萄酒的法规和分级

法国是葡萄酒的圣地,法国的葡萄酒法规作为范本用于整个欧盟葡萄酒法律的制定。

法国葡萄酒分为 3 级(图 18-1):

(1) 法国餐酒(Vin de France,VDF)。VDF 为三级分级中最低一级,该级别可选用法国境内的葡萄酿制并允许在酒标上标明葡萄品种及年份,但不允许出现该产区。

(2) 地区餐酒(Indication Geographique Protegee,IGP)。IGP 为特定地区所生产的葡萄酒,表现出该地区特色。IGP 取代了原有的地区餐酒(VDP)。

(3) 法定产区酒(Appellation d'Origine Protegee,AOP)。AOP 为最高级别,规定酒庄只能采用原产地采购的葡萄,遵循原产地标准的生产工艺,在原产地生产和酿造,产量符合标准,同时在原产地装瓶。

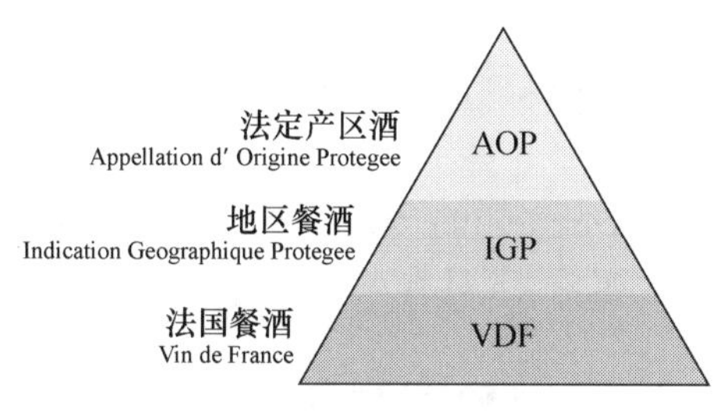

图 18-1

图 18-1　法国葡萄酒的分级(谢一丁 绘)

18.3.3　意大利葡萄酒的法规和分级

意大利政府制定了一系列法律条款,被称为原产地控制法,于 1963 年颁布,1967 年开始执行。

意大利葡萄酒分为 4 级(图 18-2):

(1) 普通餐酒(Vino da Tavola,VDT)。VDT 为最低等级,表明产于意大利境内。酒标上注明葡萄酒的颜色以及生产商的名字,而葡萄种类、产地和年份都不允许出现在酒标上。

(2) 地区餐酒(Indicazione Geografica Tipica,IGT)。IGT 为特定地区的特定葡萄品种酿造的葡萄酒。

(3) 法定产区葡萄酒(Denominazione di Origine Controllata, DOC)。DOC 如同法国的 AOP,对产地、品种、栽培方式、产量、陈酿时间等有着严格的控制。要想成为 DOC,在认定为 IGT 后至少 5 年才可以申请。截至 2021 年,意大利约有 333 个法定产区。

(4) 优质法定产区葡萄酒(Denominazione di Origine Controllata e Garantita,DOCG)。DOCG 是意大利葡萄酒的最高等级,截至 2021 年,意大利已有 75 个优质法定产区。

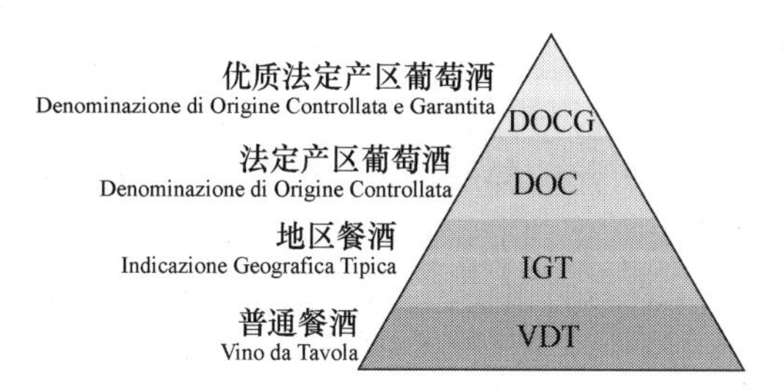

图 18-2

图 18-2　意大利葡萄酒的分级(谢一丁 绘)

18.3.4 西班牙葡萄酒的法规和分级

西班牙执行的葡萄酒法规是1972年农业部修订的Denominacion de Origen(DO)评价体系。

西班牙葡萄酒分为5级(图18-3):

(1) 日常餐酒(Vino de Mesa,VdM)。VdM为最低一级葡萄酒,来自未经分类的葡萄园或选用法律规定外的葡萄混合酿制。

(2) 地区餐酒(Vino de la Tierra,VT或VDLT)。VT葡萄酒品质高于VdM级别,类似于法国的IGP级别。

(3) 优良地区葡萄酒(Vinos de Calidad con Indicacion Geografica,VCIG或VC)。VC是VT级别经过至少5年后,审核升级成为DO级别的过渡期。

(4) 法定产区葡萄酒(Denominacion de Origen,DO)。DO类似于法国的AOP级别,是指定产区,官方指定葡萄品种,产量受到严格限制,葡萄栽种方法、酿造工艺和陈酿时间等受到严格管制和规定的葡萄酒。

(5) 优质法定产区葡萄酒(Denominacion de Origen Calificada,DOC或DOCa)。DOC相当于意大利DOCG级别。在西班牙,只有里奥哈、普里奥拉托才有DOC级别的葡萄酒。

图18-3

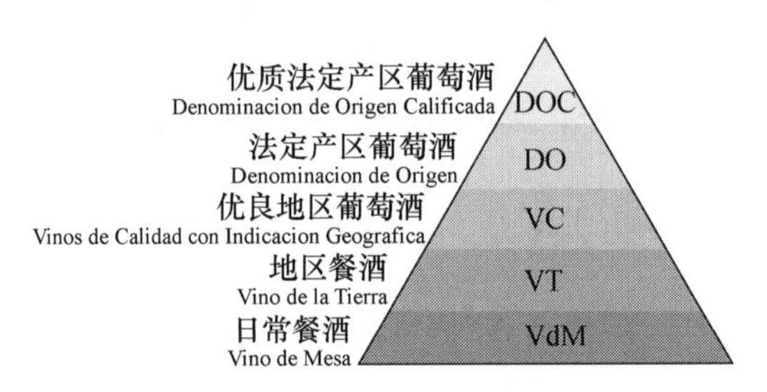

图18-3 西班牙葡萄酒的分级(谢一丁 绘)

18.3.5 德国葡萄酒的法规和分级

德国依据葡萄成熟度来设定葡萄酒的级别。

德国葡萄酒分为3级(图18-4):

(1) 餐酒。分为德国餐酒(Deutscher Wein)和地区餐酒(Landwein),其中Tafelwein只在国内消费,不出口。

(2) 高级葡萄酒(Qualitatswein bestimmter Anbaugebiete, QbA)。QbA来自特定的法定产区,使用允许的葡萄品种酿造,可加糖。

(3) 优质高级葡萄酒(Qualitatswein mit Pradikat,QmP)。QmP完全禁止加糖。QmP按成熟度由低到高依序排列为:

Kabinett,清新淡雅,绝佳的开胃酒。

Spatlese,选用比Kabinett更熟的葡萄。常能窖藏达10年以上。

Auslese,在Spatlese基础上,穗选非常成熟的葡萄,去除了没有熟透的葡萄。

Beerenauslese(BA),手工逐粒精选长出贵腐菌的葡萄,葡萄糖分含量非常高,酿造昂贵优质的甜酒。

Eiswein,选用成熟度已经达到Beerenauslese程度的葡萄酿造的冰酒。

Trockenbeerenauslese(TBA)，由被贵腐菌感染的几近干萎的葡萄酿成，极稀有、极浓甜、极昂贵。

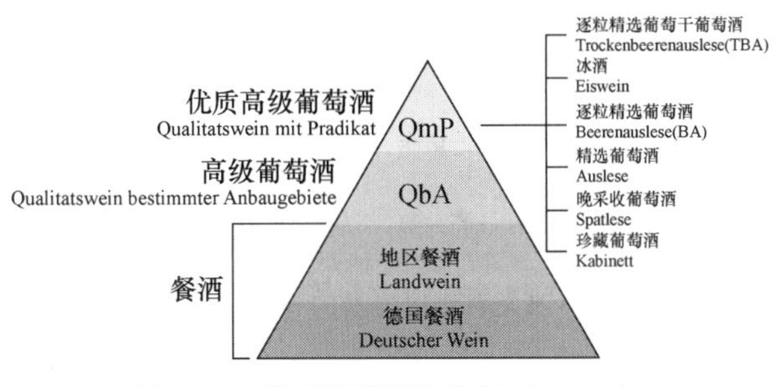

图 18-4

图 18-4　德国葡萄酒的分级(谢一丁 绘)

18.3.6　加拿大葡萄酒的法规

加拿大顶级生产商联合创建了葡萄酿造者质量联盟(Vintner Quality Alliance，VQA)，该联盟颁布的许多规则类似于法国的法定产区制度，如明确界定产区的范围，允许酿造的葡萄品种、葡萄园以及葡萄酿造的技术等。VQA成员生产商在通过联盟管理者的评估后，允许在酒瓶上使用VQA的标签。

18.3.7　美国葡萄酒的法规和分级

美国施行葡萄酒产地(American Viticultural Areas，AVA)制度。美国葡萄酒产地制度是1983年起由美国酒类、烟草和武器管理局开始实施的。不同于法国的法定产区制度，美国葡萄酒产地制度是对葡萄原产地的保证，它对葡萄品种、种植、酿造等没有具体限制。

美国每个州关于葡萄酒的法律规定有一定差异，如在俄勒冈州，如果酒标上标出品种的名字，那么这个品种的含量要求至少在95%以上，华盛顿州和加州则至少需要85%，其他大部分的州只需要75%即可。另外，所有美国葡萄酒酒标还规定必须包含卫生局关于酒精危害的警告，并且标出可能存在的亚硫酸盐的成分。

18.3.8　澳大利亚葡萄酒的法规和分级

澳大利亚葡萄酒既没有欧洲的法定产区控制体系，也没有美国的葡萄酒产地制度。

澳大利亚采用兰顿分级(Langton′s classification)，这个分级是1991年民间建立的葡萄酒分级体系。兰顿分级是一项针对酒款的分级(图18-5)，分三个层次，由高到低依次为：至尊级(21款)、卓越级(52款)和优秀级(65款)。另外，澳大利亚特别对年份、品种和产地做了规定：

(1) 年份。澳大利亚葡萄酒法规规定，酒标上标注的年份，该年份的葡萄应至少占到85%。

(2) 品种。若标示单一葡萄品种，则至少85%的原料采用该葡萄品种。此外，葡萄品种的名称需要按照占比顺序标明，如赤霞珠和美乐混酿，赤霞珠的比例多于美乐时，标注时需要将赤霞珠放在美乐前面。

(3) 产地(geographical indication，GI)。酒标上如果标明了某个产区，该葡萄酒必须有85%以上的葡萄是来自该产区。标明多个产区的，酒标上需要按照所占比例由多到少标注。

图 18-5

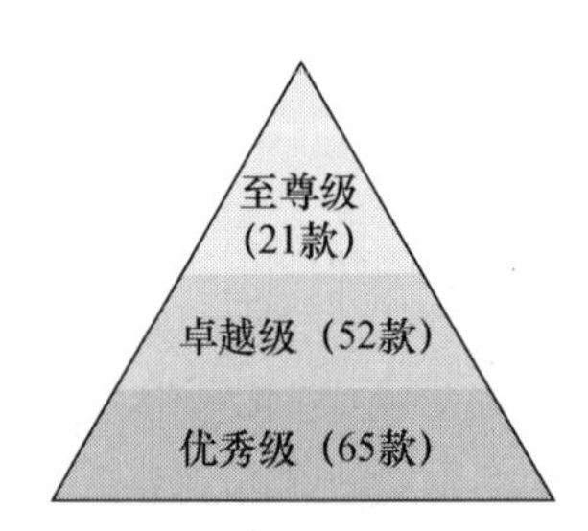

图 18-5 澳大利亚葡萄酒的分级(谢一丁 绘)

18.3.9 智利葡萄酒的法规和分级

1995 年,智利建立了葡萄酒产区的范围,同时规范了葡萄酒酒标的使用。

(1) 年份。如果酒标上标明了年份,则至少 75%的葡萄采收于该年份。

(2) 品种。如果酒标上标明了葡萄品种,则至少 75%为该品种。

(3) 产地。如果酒标上标明了产区、子产区或者大区,则至少 75%的葡萄来源于该产区。

18.3.10 南非葡萄酒的法规和分级

南非 1973 年开始实行产地分级制度,产区被分成 4 个等级:区域、地区、村庄和葡萄园。该法规由南非葡萄酒行业信息系统(South African Wine Industry Information and Systems, SAWIS)强制实施。该法规规定:

(1) 年份。混酿葡萄酒,必须标注参与混酿的葡萄配比。

(2) 品种。如果酒标标明了葡萄品种,则必须有 75%的葡萄来自该品种。

(3) 产地。如果酒标标明了某个产区,如地区、子产区或者大区,则 75%的葡萄必须是来自该产区。

18.3.11 中国葡萄酒的法规和分级

1. 中国葡萄酒的法规

中国葡萄酒的法规主要执行国家强制性标准。中国经历了两次升级,第一次是 2003 年国家废止的《半汁葡萄酒》行业标准,第二次是 2008 年 1 月 1 日实施的《葡萄酒》(GB 15037—2006)。

为实现葡萄酒行业在新形势下持续、健康、快速的发展,该标准自 2017 年 3 月 23 日起,转为推荐性标准,不再强制执行,编号修改为 GB/T 15037—2006。

2. 中国葡萄酒的分级

中国国家标准中,将葡萄酒分为优、优良、合格、不合格和劣质品 5 个等级,但这个分级的要求在资料性附录中,不属于强制性条款。因为不属于强制性标准,所以中国目前的分级并不严谨、科学,尚未形成有代表性或为业内广泛认可的分级体系。国内目前正在积极探索有利于中国葡萄酒行业健康发展的新的分级体系。

地理产区命名的优点在一定程度上与葡萄酒质量相匹配,一瓶来自法国波尔多的葡萄酒会带给你信心。产区命名保证了葡萄酒的来源地区,以及由该地区所使用的酿酒品种和酿造工艺。然而作为地理标志，产区命名的识别对于大多数消费者来说可能还存在障碍。因为并不是每一个消费者的地理知识都学习得很好或能够像葡萄酒专业人士那样清楚每一个村庄或地块的所在。

另外一个挑战是，风土的理念已经传播到了世界各地，大量研究试图探索不同产区葡萄酒之间是否存在感官差异。毫无疑问，风土的概念具有显著的市场推广价值，虽然葡萄品种种植已经国际化、全球化，风土仍可以暗示该地块有着其他地方不可复制的独特性。

有些新兴的产区如新西兰、加拿大等新世界的葡萄酒产区，葡萄酒产区经常与一种容易区分的葡萄酒风格绑定在一起，如新西兰的长相思、加拿大的冰酒。通常品种来源往往比产区能更好地表明葡萄酒的风味特征。

中国葡萄酒的重要性日益凸显，是以地理为葡萄酒分类方式还是以品种或产品风格来分类分级，确实值得我们好好研究。

第十九章　酒器与礼仪

19.1　橡木桶：葡萄酒的化妆师

一瓶优质的葡萄酒就像一件精美的艺术品。在橡木桶中陈酿过的葡萄酒，除去葡萄本身所具有的特点、品种香气和酒香之外，它还会赋予葡萄酒一种香草、可可、咖啡、或兼而有之的怡人香气，使之变得高雅平衡，就像葡萄酒的化妆师一样，让葡萄酒焕然一新，变得更美。如今，橡木桶不仅仅作为储酒器具被人们所使用，在很多人看来，它已超越了其本身的意义，被视为一种艺术，一种文化。

19.1.1　葡萄酒容器的发展简史

当人类最早发现葡萄酒后，他们面对的第一个问题可能就是拿什么来运输和盛装这些美酒。可以想象，在葡萄酒出现之前，生产水平和人类的认知能力有限的情况下，人们需要盛放或运输液体，最有可能想到的是将猎获的动物皮制成各种实用的工具，可能包含制成容器。

陶土罐或泥罐是出现在我们视野里最早的葡萄酒容器，在格鲁吉亚共和国境内的8000多年前的新石器时代村庄遗址上，考古人员发现了一些陶器的碎片，对碎片上的化学物质进行分析，发现了酒石酸。酒石酸是葡萄和其他水果(如香蕉或酸角)中的特征物质，酿酒过程中会以结晶析出，附着在容器上。因此，酒石酸是判别葡萄酒存在的重要考古证据(锦葵素及其分解产物，如丁香酸，也常被用于鉴定葡萄/葡萄酒)。这些碎片很可能就是那个时候酿酒的容器。后来，人们进一步在古埃及图坦卡蒙的金字塔中和庞贝古城的酒吧遗址中发现了装葡萄酒的双耳细颈酒罐。

用橡木桶盛装葡萄酒，是公元5世纪末的古罗马帝国时代才发生的事。在此之前，酿酒师们曾尝试了几乎所有的当地材料，包括樱桃木、桑木、红木、板栗木、白蜡木、甚至松木，历经千百遍的试验，最后终于找到了橡木这个材料。从此，橡木桶进入葡萄酒世界，成为葡萄酒的化妆师。

17世纪中后期，玻璃技术的发展，出现了可以抵抗6个大气压的玻璃，人们开始使用这种玻璃制作葡萄酒瓶，这可能是一个革命性事件，为起泡葡萄酒的出现奠定了基础。

直到今天，橡木桶和玻璃瓶一直是葡萄酒世界两种重要的容器。现代新材料的发展，产生了不锈钢罐、塑料桶、陶罐、集装箱液袋等，成为葡萄酒盛放和运输的新容器。橡木桶之于葡萄酒的意义是在储存和风味贡献方面，这是别的容器无法替代的。

19.1.2　橡木桶的制作

橡木桶的制作是一门艺术，直到如今，会手工制作橡木桶的人都会受到葡萄酒爱好者的尊重(图19-1)。

(1) 原木选择。通常用于制作橡木桶的橡树年龄在100～150年，大橡树的直径在1.5

米以上，高 30～35 米。只有百年以上的橡木才能够达到制作高级橡木桶的要求。做橡木桶的板材选自橡树 6～15 米的最佳部位，6 米以下和 15 米以上的橡木只能做其他用途。

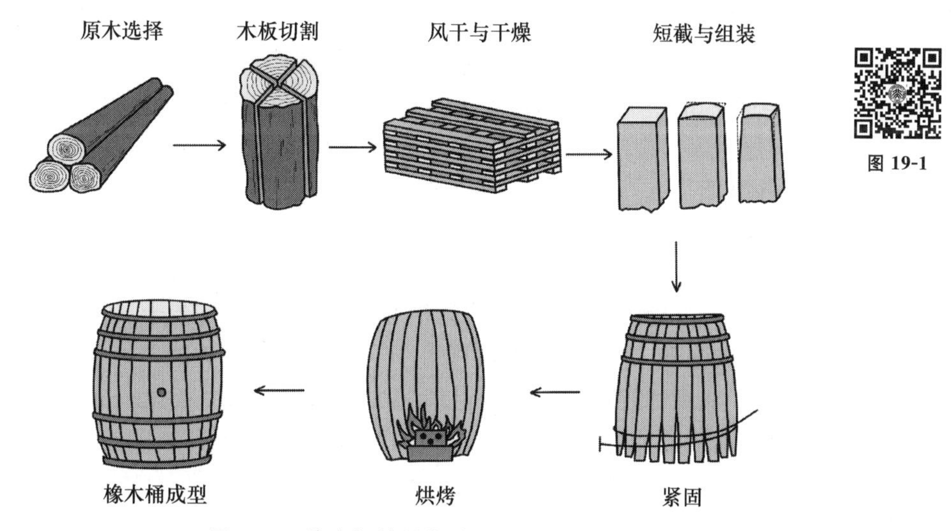

图 19-1 橡木桶的制作过程(游义琳 绘)

当然，这也不是绝对的，要看树木的年龄和高度。截取橡木板材时需要去除年轮较粗、材质疏松的外层和中心单宁过重的部位。此外，带有瘤结及木纹不直的部分不用，最后获得的板材可能只有原木的 20%左右。橡木如此价值不菲，那些下脚料自然不会被当作柴火烧掉，而是会被制成橡木粉、溶液式橡木提取物、橡木片、橡木块、橡木板等继续为酿酒师所用。

(2) 木板切割。首先将原木按木桶的长度切割分段，然后竖起用压力机劈成 4、6 或 8 等份(根据树干的粗细而定)，不可用电锯切割，电锯切割时产生的热量会破坏木质的纤维和成分。去除树皮、疏松的外层及内芯过硬的部位，再切割成板材。板材的长度和厚度视所制作的橡木桶容量而定。

(3) 风干与干燥。将板材重叠摆放成垛，放在露天环境下进行风干。有些制造商会将橡木板材放进淡水池内浸泡 1～2 周，以此来改变板材中酚类化合物的结构和含量。板材在露天环境下需要风干 18～36 个月，其间需要进行周期性淋水冲洗。此外，每隔 12 个月进行一次翻转，以此来改善板材的物理化学特性，并除去粗糙的单宁。

(4) 短截与组装。按计划做的桶的长度短截木条并用工艺箍将木条的一端固定，组装成一个裙子状的圆桶。一个桶的板材一般是 28～32 块。

(5) 紧固与烘烤。进行内层烘烤，随后用水雾喷洒桶的内外壁，提高木板的柔韧性。烘烤的火焰来自橡木碎片，烘烤除了可提高板材的韧性外，还可析出和改善香味分子。

(6) 橡木桶成型。木桶烘烤结束后，安装桶底，将木条下端用铁箍套上，木桶的雏形就出来了。然后再通过挤压将各板材间的缝隙拼紧，中间用铁箍套牢，之后进行自然冷却处理。

(7) 安装桶盖。打注酒孔，去掉工艺箍，将桶盖装上，再加上新箍，木桶制作成型。

(8) 检测。木桶拼装完成后，还要用高压蒸汽经出酒孔进行加压测试渗漏情况。

(9) 抛光。将桶身抛光，然后再进行最终检查，确保木桶不会渗漏。

(10) 包装。用透明塑料包装，避免划伤或磨损。

19.1.3 橡木桶的类型与酿酒师的选择

不同的橡木桶会赋予葡萄酒不一样的香气，因为橡木桶的类型不同、烘焙程度的不同都能造就完全不一样的葡萄酒。这也就是为什么大多数优质的葡萄酒都需要经过多种橡木桶陈年。葡萄酒从橡木桶中汲取的物质种类与含量，以及葡萄酒的氧化程度直接影响葡萄酒的感官品质，而这很大程度上都取决于所选择的橡木桶的种类。因此，酿酒师在酿酒之前首先要做的第一件事就是选择合适的橡木桶。选择的标准主要包括三个方面：

1. 确定橡木的种类

世界上橡木的种类约为 250 种。由于结构和成分的不同，每一种橡木赋予葡萄酒的风味是不一样的。目前最为常用、最为流行的树种主要有三个，即产于法国、奥地利、捷克、斯洛文尼亚、波兰等欧洲国家的卢浮橡和夏橡以及主产于美国的美洲白栎。

欧洲的橡木一般香气较优雅细致，易与葡萄酒的果香和酒香融为一体，而美洲白栎的香气较浓烈，较易游离于葡萄酒的果香和酒香之上。如果酿酒师喜欢酿造橡木味浓重单一的葡萄酒，一般多选用美洲白栎；如果想酿造橡木香、果香、酒香协调优雅的葡萄酒则要选择欧洲橡木。

2. 确定桶型

选择橡木桶型号时主要需要考虑两个因素：一是操作的方便性；二是表面积。多数情况下，人们通常会选用 225 升波尔多型的橡木捅。这种橡木桶不仅有合适的表面积容积比，而且移动操作和清洗等都很方便。但不同国家和产区的选择有较大的差别。

法国：波尔多 225 升，勃艮第 228 升，夏布利 132 升，科涅克 350 升，香槟区 205 升。德国：大桶、老桶的容量各异，摩泽尔 1000 升，莱茵高 1200 升。西班牙：里奥哈 225 升。意大利：小木桶 50～225 升，也有立式大木桶。美国：法国进口之前 190 升美国木桶，目前美国桶和法国桶均有。澳大利亚和新西兰：300 升，也有 450～500 升的橡木桶。中国：225 升、300 升、500 升小橡木桶；2000 升、3000 升、5000 升大橡木桶；白兰地采用 300 升、350 升及不同容量的大橡木桶。

3. 烘烤程度

不同橡木桶可提取的有效成分是不一样的，这主要取决于橡木桶制作中烘烤的工艺。即使橡木种类、型号一致，如果烘烤程度不同，陈酿出来的同种葡萄酒的风味也会有较大差异。

烘烤：伴随橡木化学成分调整，胞壁聚合物（纤维素、半纤维素和木质素）的熔点不同，产生内酯、香草醛、没食子酸等。轻度烘烤：5 分钟，表面温度 120～180℃，纤维素结构仍然完整。中度烘烤：10 分钟，表面温度 200℃，表面成分由于熔解而消失。重度烘烤：15 分钟，表面温度 230℃，细胞结构相当凌乱，表面多孔，具有微小的裂缝。

19.2 酒瓶：葡萄酒的避风港

葡萄酒的器型经历了很大的变化，最早的玻璃瓶是圆形的，底部凹陷，瓶身像一个大洋葱，有一个逐渐变细的长颈。经过 1000 多年的演变，目前的葡萄酒瓶型主要有波尔多瓶、勃艮第瓶、霍克瓶、德国扁圆瓶、意大利基安蒂瓶、陶罐、智利/南法瓶、匈牙利托卡伊瓶、香槟瓶、冰酒瓶等。不同的瓶型可传递一些葡萄酒的身份信息，比如产区、品种和酒种等，也正是如此，葡萄酒圈里常能听到“葡萄酒的瓶子会说话”，在葡萄酒界也常可以“以瓶窥酒”。三大葡萄酒瓶主要指波尔多瓶、勃艮第瓶和霍克瓶。

19.2.1　波尔多瓶

波尔多瓶又叫高肩瓶，规格多为750毫升，因为波尔多的葡萄酒多用这种瓶，所以称之为波尔多瓶，主要特点是柱状的瓶身，高高的瓶肩，柱状的瓶身有利于葡萄酒横放，便于瓶储陈年，高肩则可以在倒酒时减少酒瓶中沉淀物流出。一般赤霞珠、美乐和长相思葡萄酒采用波尔多瓶，一些适合陈年的葡萄酒也会用波尔多瓶。颜色上，波尔多瓶一般分为装干红的暗绿色、装干白的淡绿色和装甜白的无色透明三种。

19.2.2　勃艮第瓶

勃艮第瓶的出现要早于波尔多瓶，俗称勃艮第瓶为“斜肩瓶”，瓶身和瓶肩线条流畅，肩部较波尔多瓶也稍宽些，瓶身较矮且圆，瓶肚逐渐变细、有弧度，瓶体厚重结实。后来波尔多瓶为了区别于勃艮第瓶，在勃艮第溜肩瓶型的基础上加以改进，变成端肩瓶型。勃艮第瓶一般都呈绿色，装红葡萄酒和白葡萄酒都行。

19.2.3　霍克瓶

德国霍克瓶又高又细，呈棕色，它的一种变体为绿色的摩泽尔瓶，德国的传统规则是莱茵葡萄酒装入棕色瓶，而摩泽尔酒则装入绿色瓶。

19.2.4　香槟瓶

香槟瓶与其他葡萄酒瓶相比更大、更坚实。它可算是葡萄酒瓶界的硬汉，其瓶身是依据香槟的特性和风格专门设计的，瓶壁厚实、斜肩、瓶底凹陷，标准规定每个香槟瓶需要能承受至少20个大气压。此外，其瓶塞是一个7层闭合式设计，一旦塞入瓶颈中便可将酒瓶严密封实。不管是新世界还是旧世界的起泡葡萄酒都采用这种酒瓶来盛装。

19.2.5　冰酒瓶

冰酒瓶都为细长型，与其他酒瓶明显不同。由于冰酒被称为液体黄金，1千克普通葡萄可能就能酿出750毫升的葡萄酒，但冰酒却是10千克葡萄才酿出375毫升，为了凸显珍贵和稀少，设计为细长型，平添高贵冷艳的感觉。在其他条件一致的情况下，冰酒价格一般都比同样容量大小的其他葡萄酒的价格高出不少，为了让消费者有种物有所值、不会特别贵的感觉，瓶身设计成跟市面上其他葡萄酒瓶的瓶身高度一致，但瘦身为细长型，所以冰酒没有750毫升装的，酒瓶多为500毫升、375毫升、200毫升及50毫升规格。

19.3　瓶塞：葡萄酒的守护神

装瓶后的葡萄酒，有的会进入瓶储，有的会被运输出口，有的会被葡萄酒爱好者购买后饮用或保存，无论哪种情况，葡萄酒从进入玻璃瓶到摆上餐桌被打开，会经历几个月、几年甚至几十年的时间，一个好的瓶塞对于葡萄酒在瓶内完成这些过程具有决定性的意义。这就要求塞子与瓶口严密配合，不能发生漏酒现象。此外，很重要的一点是，对于离饮用时间距离较长的葡萄酒，要求塞子具有微量的透氧率，使葡萄酒能够呼吸、活化和陈酿。所以，我们称瓶塞是葡萄酒的守护神，守护有生命的葡萄酒出现在品尝者面前的时候，尽显它的完美和风格。

据记载，公元前 5 世纪的时候，古希腊人首先采用橡木来塞住葡萄酒壶，在他们的带动之下，古罗马人也开始使用橡木作为瓶塞，并用火漆封口。然而，橡木塞在那个年代并没有形成主流，那时最常见的是用火漆和石膏对葡萄酒壶或酒罐进行封口，并在葡萄酒表层滴上橄榄油以减少酒与氧气的接触。伴随着玻璃瓶成为葡萄酒的容器和人们找到能把软木塞取出来的工具——开瓶器，软木塞凭借着自身的优异特性，千百年来一直被所有新旧世界的国家应用，被认为是葡萄酒入瓶后最完美的守护神。

19.3.1 软木塞

制作软木塞的材料，主要是欧洲栓皮栎（*Quercus suber* L.），英文叫 cork oak，主要生长在地中海沿岸的葡萄牙和西班牙。其厚实、高度木栓化的树皮具有非常好的弹性、密封性、隔热性、隔音性、电绝缘性和耐摩擦性，且无毒、无味、比重小、手感柔软、不易着火等，木栓细胞特别发达，采剥后能迅速分生出木栓层而保证树木营养物质及水分的输送，树皮剥离不会对树木的生长产生任何影响，是软木塞最好的制作原料，俗称软黄金。这种树生长比较缓慢，树龄达到 45 年的时候，树皮生长足够厚，才完全达到软木塞的厚度，这个时候的树皮用来制作软木塞最为理想，有些生产商在树龄达到 25 年的时候，就开始采收树皮制作软木塞，但质量会受到影响。

1. 制作工艺

软木采剥：一般在 5～8 月采剥，此时的地中海地区晴朗干燥、炎热高温，栓皮栎做好了被采剥的准备。采剥都是经验丰富的工人手工采剥，这是世代传承的手艺。初次采剥于 25 岁，重采约 34 岁，正式采剥 43～45 岁（一生 15～18 次）。

晾晒：采好的树皮。在阳光下暴晒 3～4 周，自然环境下放置半年，让树皮的物理化学性质趋向稳定。

蒸煮消毒：将经过晾晒的树皮运进工厂的厂房，在厂房内进行蒸煮消毒。

分选切割：人工分选优质树皮，按照厚度和材质划分等级，根据软木塞长度需要，将质量好的树皮切割成待加工的条状。

冲压：用机械、也有的采用人工，冲压制取软木塞。

洗涤、烘干加工：冲压获得的软木塞，通过机械流水线进行洗涤和烘干。

电子分拣：通过电子分拣，选取合格的软木塞。

后加工：在软木塞上印刷标识和进行表面处理，然后进行一系列的消毒，封存于塑料袋中，等待与美酒的约会。

2. 软木塞的种类

天然软木塞：按照上述工艺，由栓皮栎树皮冲削而成，是软木塞中的贵族，属于质量最好的种类，主要用于不含气的葡萄酒和储藏期较长的葡萄酒的密封。2,4,6-三氯苯甲醚（TCA）含量低的天然软木塞价格高，外观差的天然软木塞价格低。

复合塞（1+1）：由密度非常高的聚合软木制成中间段主体，然后在两端各粘连一片天然软木片制成的瓶塞。通常“1+1”，也有“0+1”和“2+2”，原则是进入瓶内接触酒的部分是天然软木片。复合塞的特点是耐受性强，化学结构稳定，比天然软木塞差点，但比其他类型的好，适用于2～3年内饮用的葡萄酒。

聚合塞：将无法做成天然软木的树皮材料制成软木颗粒，用食品级黏合剂黏合颗粒，在一定的温度和压力下，挤压成板状或棒状后，加工制成的瓶塞。其特点是经济实惠，但密封性差，透氧率不好控制，美国、澳大利亚、新西兰等国家已经淘汰聚合塞。

超微塞：采用特殊工艺打造，由特定大小的颗粒模压制成的技术瓶塞，特点是去除了产生瓶塞味的TCA。这种瓶塞具有和天然瓶塞一样的优点，而且结构稳定。另外有一种超微塞的升级版叫DIAM，与超微塞不同的是DIAM的软木颗粒是粉末状，并添加有一定量的膨胀小球，具有和天然瓶塞一样的特点，只是外观缺少点灵气和高贵。

起泡酒塞：专用于起泡葡萄酒的一种软木塞，由聚合软木颗粒制成，特点是瓶塞的直径大于一般的软木塞（还有的制成蘑菇状的香槟塞），增大的直径是为了满足起泡葡萄酒中高内压的条件。

加顶塞：一种顶大体小的软木塞，形状可为圆柱形或圆锥形，材料为天然软木或聚合软木。顶的材料与塞身的材料可以一样也可以不一样，一般用于白兰地，也有的用于加强酒。

19.3.2　高分子塞

高分子塞是由聚乙烯材料经处理后制成的仿软木塞。高分子塞显然不用担心TCA的污染，高度一致，不用担心软木塞会出现断裂、掉渣、含水率变化、异味问题等，适用葡萄酒的各种储藏或存放方式。

19.3.3　螺旋盖

螺旋盖的材料为铝，内衬圆形合成材料密封，具有精密性和安全性。据统计，越来越多的酒厂选择螺旋盖，尤其是澳大利亚，99.5%的白葡萄酒和89%的红葡萄酒都采用螺旋盖。

19.4　酒标：葡萄酒的身份证

酒标是一瓶酒的身份证，没有酒标的葡萄酒，就像没有身份的人一样。揭开一瓶葡萄酒的神秘面纱首先要了解它的酒标，酒标除了是葡萄酒的身份证外，它还蕴藏着丰富的文化内涵，能读懂酒标对于正确认识、品鉴和收藏葡萄酒都非常重要。

19.4.1　酒标的起源及演变

酒标的起源可追溯到公元前3000年以前，当时人们在装酒容器的封泥上做标记，以区分酒的质量。此后，古希腊人在装酒双耳瓶的泥坯上刻写文字，再烧成陶器。古罗马人在装酒容器上拴上张羊皮纸，上面记载内装物品的名称、容量、时间和酿造人等。此方法延续使用了上千年，逐渐发展成了用标签贴在酒瓶上作为标志。由于玻璃的广泛使用及印刷术的发展，贴在酒瓶上的标签演变成了酒标。

现代意义的酒标出现在17世纪后，早期酒标功能单一，样式简单，多是寥寥文字，顶多用些花体或变体的字母，装饰个家族徽章。即使是现在，一个酒庄或酒厂的某款酒，除了年份数字的变化，其酒标图案每年多是不变的。骄傲的法国人更是认为自己的葡萄酒世界第一，没有必要花精力在酒标上。

在法国波尔多地区，直到20世纪初，酒庄主人才开始设计属于自己酒庄的酒标。在此之前，酒庄的葡萄酒都是成桶卖给酒商，由酒商培养、装瓶并销售。1924年，木桐酒庄为纪念首次灌装成品葡萄酒，酒庄主人菲利普·德·罗斯柴尔德男爵特意请著名招贴画家让·卡吕(Jean Carlu)为该年的葡萄酒设计了一幅全新的标签，开创了葡萄酒标签艺术化设计的先河。

19.4.2 酒标的组成要素

在法语中，葡萄酒的酒标被称为"etiquete"，意为许可证。酒标上面标示了有关这瓶酒的重要信息，酒标标注的内容，各国的规定不同，在有关法律法规的章节中也有谈及，概括起来，最基本的项目包括：品种、采收年份、生产单位、产品代码、酒精度、容量、装瓶单位与地址，有的国家还要求标注等级、产地、政府鉴定码等。

我国国家标准规定，葡萄酒的酒标必须标注：酒名称、配料清单、酒精度、原果汁含量、制造者、经销者的名称和地址、日期、贮藏说明、净含量、产品标准号、警示语、生产许可证等。单一原料的葡萄酒可不标注原料和辅料，但添加防腐剂的葡萄酒要标注具体名称。所有进口的葡萄酒都要加中文背标，还需要标明进口商和生产商的名称与地址。

1. 葡萄品种

新世界论品种，旧世界论风格。新世界则注重突出葡萄品种，帮助消费者了解酒款风格特征，多会使用单一葡萄酿造葡萄酒，对于混酿葡萄酒，酒标上则会列出所混的酿酒品种，一般不注明具体混酿比例。旧世界的葡萄酒会使用该地区的法定葡萄品种进行混酿，消费者可通过产区大致推断出品种信息，所以旧世界的酒标少有品种标示。

2. 年份

酒标上的年份指的是葡萄采摘的年份，而非葡萄酒装瓶或上市的年份。且国际葡萄酒法规规定，酿造该酒的葡萄必须85%以上采摘自该年才能写上酒标。年份对于葡萄酒而言十分重要，每个年份的气候条件不一样，而使葡萄原料的质量特征不一样，酿造的葡萄酒的品质和风格也会有所差异。没有标注年份的葡萄酒意味着，这款酒是由两个甚至多个年份的葡萄酒调配而成。对于起泡葡萄酒来说，通常没有年份的居多，对于静态葡萄酒来说，有年份的居多。

3. 产区

产区是指葡萄原料的来源地，产区代表着葡萄产地的气候、地势和土壤等情况，也就是常说的风土，所以往往更是代表着不可复制、独一无二。新世界葡萄酒往往会明确标出产区、子产区等，而一般不会有等级出现，旧世界也通常会列出产区信息。此外，多数旧世界有严格法律规定和制度，会将葡萄酒进行分级，并在酒标上标明等级等信息，如法国以AOC、意大利以DOC形式标明。香槟的原产地就是以Champagne字样出现。一般而言，产区信息越详细，范围越小，葡萄酒的品质相对越有保障。有的产区和酒庄还会标出葡萄园，其中最具代表性的要数法国勃艮第。

4. 生产商/酒庄名

生产商可能是一座精品酒庄，也可能是大型葡萄酒生产公司，通常标注在酒标比较中心的位置，前后常常伴随着winery、estate、vineyard、cellars或chateau字样。酿酒厂相当于一瓶葡萄酒的缔造者，著名的酿酒厂通常是品质的保证。

5. 葡萄酒类型

酒标上还常标注葡萄酒的种类，除了常见的白葡萄酒(White/Blanc/Bianco/Blanco)、红葡萄酒(Red/Rouge/Rosso/Tinto)、桃红葡萄酒(Rose/Rosa)和甜型葡萄酒(Sweet/Doux/

Dolce/Dulce)等，还有一些特殊类型的葡萄酒会被标示，如博若莱新酒、香槟、巴罗洛、普罗塞克(Prosecco)、卡瓦等，这些特殊的信息都表明了葡萄酒的类型和特征。

6. 其他信息

根据各国法律要求标注的其他基本信息，包括酒精度、容量、生产国家、灌装信息等。

以法国波尔多五大一级庄之一的玛歌酒庄(Château Margaux)为例来认识酒标(图 19-2)。

图 19-2

1—Mis en Bouteille au Château：酒庄装瓶；2—Château Margaux：酒庄名称，玛歌酒庄，既是生产商，也是葡萄酒的品牌；3—Grand Vin：顶级葡萄酒，代表葡萄酒的类型；4—玛歌酒庄的城堡图案，代表酒庄商标；5—1996：葡萄采摘年份；6—Premier Grand Cru Classé：一级庄，代表酒庄的等级；7—Margaux：产区；8—Appellation Margaux Controlee：AOC 级产区；9—S. C. A. Chateau Margaux Proprietaire A Margaux-France：生产商信息；10—12.5%vol. 和 75 cl：酒精度为 12.5%和容量为 750 毫升。

图 19-2　法国波尔多玛歌酒庄的酒标

(来源：https://baijiahao.baidu.com/s?id=1741571432406196047&wfr=spider&for=pc)

19.5　常识与礼仪：葡萄酒之美

大多数葡萄酒都是在餐桌上饮用的，葡萄酒的日常消费饮用才是王道。在商务活动、政务活动及社交活动中，选用葡萄酒佐餐是越来越流行，了解饮用葡萄酒的常识和礼仪，会让你在这些重要活动中得体而优雅，带给自己自信的同时，也带给别人舒适和美好。除了环境和服务之外，下面这些常识与礼仪非常重要。

19.5.1　酒杯

如果选一句为葡萄酒代言的古诗词，“葡萄美酒夜光杯”毫无疑问会获得绝大多数人的认可，美酒与精致绝伦的玉杯构成的意向画面，成就了一曲千古绝唱。这也说明，一种美酒需要相称的酒杯，才能画龙点睛，赏心悦目。葡萄酒与杯的搭配，不只在于外在的观感，实有科学的道理。不同造型、弧度的酒杯对于酒液的香气与口感所造成的差异与影响之大，每每令人十分惊异。虽然酒杯不会改变酒的本质，但是酒杯的形状却可以决定酒的流向、气味、品质及强度，进而影响酒的香气、味道、平衡性及余韵。奥地利的 Riedel 酒杯被誉为葡萄酒杯中的名牌，其研究人员一直致力于酒杯形状与尺寸对葡萄酒的香气与味道影响的研究。他们认为葡萄酒的香气由于密度的不同，在酒杯内的位置也不同，最上层的是挥发性较强或密度较小的酒香、花香与果香，中层则是辛香与植物的香气，最底层是橡木香和酒香。不同的酒杯形状能够让香气处于酒杯内不同的位置。总体来讲，我们在葡萄酒杯的选择上可从以下几个原则考虑（当然若是收藏酒杯的爱好者大可不必局限于以下几点，可以根据自己的喜好来选择）：

（1）酒杯的材质，应选择玻璃或水晶，杯身要无色透明。不要选择有雕花或有其他颜色的酒杯，以免使我们对葡萄酒的颜色和色泽产生错误的判断。

（2）酒杯的杯体最好是郁金香形或缩口的酒杯。这种杯可将酒的香气集中于杯口的附近，便于闻香。

（3）选择杯柄长的可方便我们握杯，既可避免手温影响杯中的酒温，又方便转动或轻荡酒杯，使酒散发出酒香。当然，饮用白兰地选择矮脚大肚杯，为的是以手掌握杯，以手温温热酒液，使白兰地挥发出酒香。

（4）杯壁的厚薄在与嘴唇接触时，会给人以不同的感觉，品酒时应该选用轻薄透明的酒杯。

1. 标准品尝杯

标准品尝杯主要用于葡萄酒的专业品尝，这个标准杯由法国标准化协会（AFNOR）制定。目前国际上采用的是NFV09-110号杯，其形状和大小见图19-3。标准品尝杯由无色透明的含铅为9%左右的结晶玻璃制成，不能有任何印痕和气泡，杯口必须平滑、一致，且为圆边；其应能承受0～100℃的温度变化，容量为210～225毫升。

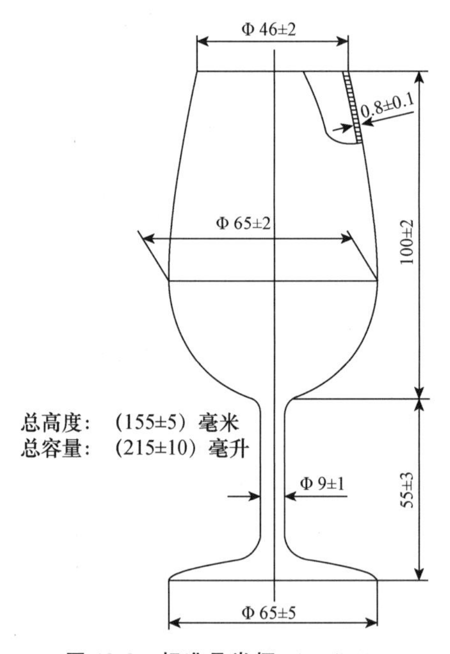

图19-3 标准品尝杯（游义琳 绘）

我们经常使用的酒杯不必像标准品尝杯那样讲究，虽然日常使用和标准品评都要求杯子能展现酒的颜色、光泽，但在嗅觉品尝这方面要求没那么高，因为餐桌上食物较多，气味混杂，觥筹交错之下难免会影响嗅觉的灵敏度，再者用餐时如果选用标准品尝杯饮酒，其较窄的杯口会限制我们每次的摄取量，令人感觉费劲。虽不推崇大家开怀畅饮，但也不推崇仍如品酒般小口啜饮。每次应以饮取适中的酒为宜。

2. 白葡萄酒杯

白葡萄酒杯要求设计简单、无装饰，为无色透明玻璃杯或水晶杯，以展现葡萄酒的真实色彩，避免对葡萄酒的色泽和颜色产生错误的判断。

郁金香形高脚杯，选择郁金香形的理由：杯身容量大使葡萄酒可以自由呼吸，杯口略收窄使酒液晃动时不会溅出来且香味可以集中到杯口。选择高脚的理由：持杯时，可以用拇指、食指和中指捏住杯柄，手不会碰到杯身，避免手的热量影响葡萄酒的最佳饮用温度。

杯壁要求轻薄，喝同一种葡萄酒时，如果选用两种不同轻重厚薄的酒杯，品尝者会明显感觉到轻薄的这杯更好。

与红葡萄酒杯相比，白葡萄酒杯的杯口要窄一些，这是因为对大多数白葡萄酒而言，更关注它的水果和花的清香，且它们比较容易挥发。

白葡萄酒杯比红葡萄酒杯要小一号，因为白葡萄酒饮用时温度要低，白葡萄酒一旦从冷藏的酒瓶中倒入酒杯，其温度会迅速上升。为了保持低温，每次倒入杯中的酒要少，斟酒次数要多。

白葡萄酒杯的容量比红葡萄酒杯的稍微小一些(一般酒杯容量为 10～18 盎司，1 盎司≈28.35 克)，倒入杯中的酒量占杯容量的 1/4～1/3，倒入量太少则香气浓度小，太多则不易于晃动酒液，同样不会得到挥发浓度大的香味成分。

若品尝较为年轻、香气简单的白葡萄酒较为适合选用图 19-4 中 A 型的酒杯；品尝陈酿过的香气复杂的白葡萄酒较为适合选用图 19-4 中 B 型的酒杯。

图 19-4

图 19-4　不同杯型(游义琳 绘)

3. 红葡萄酒杯

同白葡萄酒杯一样，红葡萄酒杯一样需要选用设计简单、无装饰、无色透明玻璃或水晶材质的郁金香形高脚杯，杯壁要求轻薄。红葡萄酒杯的容量至少为 12 盎司(一般酒杯容量为 10～18 盎司)，倒入杯中的酒量占杯容量的 1/4～1/3(图 19-5)。

图 19-5　倒酒量(游义琳 绘)

品尝较为年轻的红葡萄酒适合选用图 19-4 中 C 型的酒杯，因为这种酒含有一些特殊的香味和单宁；品尝陈酿过的红葡萄酒较为适合选用图 19-4 中 D 型的酒杯，因为这种酒含有复杂的陈酿香气，需要与空气有足够的接触才能很好地散发出来。

4. 起泡葡萄酒杯

起泡葡萄酒杯选用设计简单、无装饰、无色透明玻璃或水晶材质、纤细的郁金香形酒杯，杯壁要求轻薄。瘦而细的杯身减少了酒和空气的接触，使气泡蕴积，酒味醇浓。现在较为时尚的香槟杯是一种细长的笛形玻璃杯，它可以让酒中美丽气泡的上升过程更长，从杯体下部升腾至杯顶的线条更长，让人充分欣赏和遐想。香槟杯应有 6.5 盎司或者更大的容积(一般为 8～10 盎司)，倒入杯中的酒量占杯容量的 1/2～2/3，比红葡萄酒和白葡萄酒的量要稍多，以方便观赏美丽的金黄色泽和气泡。

品尝干型起泡葡萄酒较为适合选用图 19-4 中 E 型的香槟杯；品尝甜型香槟酒较为适合选用图 19-4 中 F 型的香槟杯。

5. 白兰地酒杯

狭口大肚酒杯，可放在两手间搓动，再用手暖杯以促进白兰地香气的挥发。

19.5.2 开瓶

在有侍酒服务的餐厅，选好酒后，待专业侍酒师从酒窖或酒柜等中取出葡萄酒，呈送并将标签面向客人展示，等待客人点头确认后，再进行开瓶服务。根据不同的封口形式，选用不同的开瓶方式。开瓶后，用餐巾擦拭瓶口，防止酒瓶塞渣或其他杂质进入酒中。倒少量酒在杯中，请客人试酒，获得客人的确认后，依照客人或指定人的品尝顺序倒酒。

开瓶器的种类和功能多样，最常用的叫海马刀(图 19-6)。这款开瓶器主要有三部分：带锯齿的小刀，用来割开瓶封上的金属箔，5 圈螺旋螺丝钻和辅助开瓶的支点。海马刀使用方便，轻便便捷。

图 19-6 海马刀开瓶器(游义琳 摄)

1. 开启软木塞

(1) 将酒瓶擦干净，再用开瓶器上的小刀沿防漏圈(瓶口突出的圆圈状部分)下方轻划一圈，切除瓶封。

(2) 去除瓶封后，用餐巾或干布将瓶口擦拭干净，将开瓶器的螺丝钻尖垂直插入软木塞中心位置，按顺时针方向慢慢将开瓶器旋转钻入软木塞的 2/3 或 3/4 深。

(3) 以支架顶住瓶口，拉起开瓶器的另一端，将软木塞慢慢地往上拔。

(4) 感觉软木塞快要被拔出时停下，改用手握住软木塞，轻轻晃动或转动，轻轻地拔出软木塞。

2. 起泡葡萄酒盖

香槟和起泡葡萄酒不需要开瓶器，但因为瓶内有一定的气压，需要在开瓶的时候注意安全。起泡葡萄酒的开瓶方式如下：

(1) 左手握住瓶颈下方，将瓶口对外倾斜 15°，右手揭去瓶口的铅封，将铁丝网套锁口的铁丝慢慢打开。

(2) 在软木塞上面盖一层餐巾纸，用手将软木塞紧紧地压住，然后用另一只手撑住瓶底，慢慢转动瓶身。酒瓶放低一点更稳。

(3) 当感觉软木塞快要被挤出瓶口时，稍微斜推一下软木塞，腾出一条缝隙，使瓶中的二氧化碳一点一点释放出来，然后静静地将软木塞拔起，响声轻柔为宜。

3. 特殊情况

开瓶时不小心将软木塞弄烂/断的情况，可以使用专用的侍者型开瓶器，将酒瓶倾斜 45°，用侍者型开瓶器慢慢将烂掉的软木塞拔出。对于脆弱的软木塞，包括一些年份久的老酒，不能将开瓶器直接插入中心位置，需要使用那种 Ah-So 的开瓶器(图 19-7)，由把手和两只铁片组成。将两只铁片插入软木塞和酒瓶边缘的缝隙中，慢慢自右向左旋转并向上拔出软木塞。

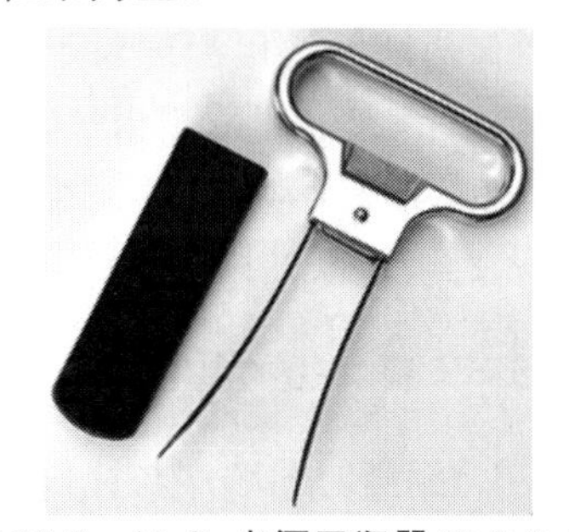

图 19-7 Ah-So 老酒开瓶器(游义琳 摄)

19.5.3 醒酒

醒酒的目的，一是通过醒酒器，移除葡萄酒中的沉淀物；二是让葡萄酒与空气充分接触。唤醒葡萄酒，让单宁充分氧化，散去表面可能的杂味和异味，释放出葡萄酒的花香、果香，发展出更微妙的风味，柔顺葡萄酒粗糙、辛辣和带苦味的口感，使葡萄酒变得复杂、醇厚、更有活力。

对于那些酒体比较饱满的红酒或老酒，可以使用醒酒器来扩大葡萄酒与空气接触的面积，加速单宁软化，释放锁住的香气，醒酒器有不同的款式，可根据需要选择(图 19-8)。

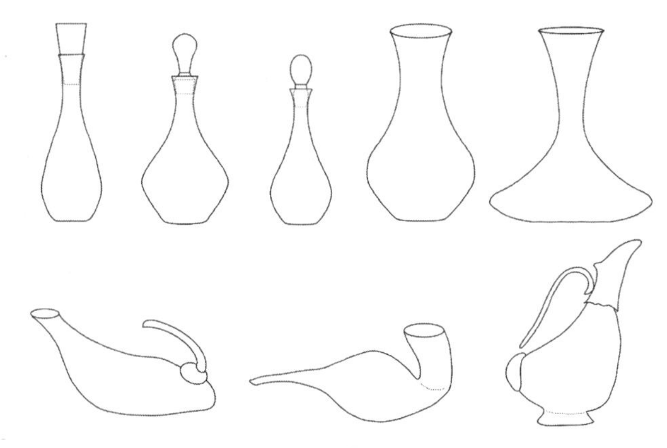

图 19-8 醒酒器(游义琳 绘)

大部分的白葡萄酒不需要醒酒，桃红葡萄酒、香槟及起泡葡萄酒都不需要醒酒。

对于决定醒酒的葡萄酒，在挑选好醒酒器后，不要摇晃或者转动葡萄酒，切开瓶封后先用湿布擦拭瓶口，再用餐巾擦干，倾倒葡萄酒要慢，将瓶中的沉淀留在瓶中，不要让沉淀进入醒酒器。

一般而言，甜白葡萄酒和贵腐葡萄酒不需要用醒酒器醒酒，开瓶静放一个小时即可。较老的酒换瓶去除沉淀后，半小时之内即可饮用。处于陈年期的酒需要在醒酒器中醒酒一小时，较年轻的红葡萄酒在醒酒器中醒酒两小时，有些年轻强劲的酒款，可能需要的时间更长。总之，年轻、多单宁、高酒精度的红葡萄酒需要的醒酒时间长，酒龄长但酒体较轻的酒醒酒时间可以稍短。

19.5.4　饮用温度

葡萄酒的饮用温度对于葡萄酒的香气和风味影响很大，质量越低的葡萄酒，饮用温度越低越好，起泡葡萄酒当然需要冷凉点饮用最佳。各类葡萄酒的最佳饮用温度：浓郁的红葡萄酒：16～18℃；淡雅的红葡萄酒：11～13℃；玫瑰红葡萄酒：8～10℃；浓郁的白葡萄酒：10～12℃；清淡的白葡萄酒：8～10℃；甜白酒：6～8℃；起泡葡萄酒：6～8℃。

19.5.5　餐桌上的礼仪

1. 倒酒时的顺序与礼仪

(1) 在餐桌上，酒杯要放在客人的右边，所以倒酒也应站在客人右侧斟酒。

(2) 倒酒前，主人要当着客人面先试酒，自己先喝一小口，感觉不错，才为客人倒酒。

(3) 倒酒的时候，用餐巾裹着酒瓶，隔开手与酒瓶，避免手温导致酒温升高，也给客人一种仪式感。

(4) 倒葡萄酒时，酒瓶口距离酒杯约 5 厘米高，避免与杯沿的接触，一般倒葡萄杯身的 1/3 即可。这样便于摇杯散发酒香，倒太满摇杯时酒可能会洒出。

(5) 续酒：酒杯差不多空了再为客人续酒，让客人充分体验和欣赏每一次倒出来的葡萄酒在杯中接触空气慢慢氧化释放香味的完整过程。

2. 饮用顺序与礼仪

(1) 一般先饮用起泡葡萄酒，随后是白葡萄酒，再是红葡萄酒，最后为甜葡萄酒。

(2) 要在嘉宾入座之前，先给他们倒上一杯起泡葡萄酒。倒起泡葡萄酒的量为半杯多一点。

(3) 起泡葡萄酒饮用后依次是酒体轻盈的白葡萄酒、丰满浓郁的白葡萄酒、桃红葡萄酒、酒体轻盈的红葡萄酒、高单宁的红葡萄酒，最后才是甜葡萄酒。概括起来就是：先白后红，先干后甜，先清淡后浓郁，先新酒后老酒，先低度后高度。

(4) 根据地方礼仪按照一定方向倒酒，一般年长者和女士优先。

(5) 再添杯时征求客人意见。如果看到旁边客人的酒杯空了，不要马上起身斟酒，先礼貌地询问下客人是否还需要。

(6) 最后一杯准则：如果酒瓶最后只剩下一杯酒，而你又很想喝，可以问，"谁愿意与我分享最后一杯酒呢?"一般懂得社交礼仪的客人都会让你独自享用的。此时，你不仅可以享用美酒，也不失绅士之态。

3. 手持酒杯的注意事项

葡萄酒杯一般都是无色透明的高脚玻璃杯，喝冰桶保温的白葡萄酒或起泡葡萄酒时，为了获得最佳的体验，避免手掌的温度影响葡萄酒的风味，拿酒杯的姿势应该保持手持高脚杯杯柄或杯托，尽量避免握住杯身。当然，牢牢握住杯柄可能对于未经训练的人来说有时候不太容易，在比较高级的社交场合，握住杯身的情况也非常常见，如果做不到手握杯柄或杯托，那就尽可能避免用掌心握住杯身吧。

4. 敬酒时的礼仪

(1) 敬酒时应该将杯子举起到略低于视线，并注视对方，表示尊敬。

(2) 碰杯时略微倾斜，以交叉方式用杯肚轻轻与对方碰一下杯，让酒杯发出悦耳的声音，注意避免杯口相触。葡萄酒之美就在于它让我们的五官可以得到美的体验，眼睛可以欣赏它的迷人色泽，鼻子可以闻到它的芬芳，嘴巴可以享受它的醇美味道，耳朵可以听到碰杯时高脚杯发出的悦耳声音。

(3) 如果对方是长者或贵客，可以按中国的礼仪稍稍压低点杯沿或倾斜的杯身，既表示了敬意，又避免了杯口相互接触。

(4) 干杯时，不应该像喝中国白酒那样豪爽地一饮而尽，而应该讲究文雅和舒适，但是至少要喝一口酒以示敬意。

19.5.6　小常识

1. 换瓶塞

软木塞和葡萄酒一样，都是有生命的。一般15年以上的酒龄有必要换塞，到了20年，软木塞老化的风险较高，因为这么久的时间，软木塞长期受到酒液的浸泡，会变得潮湿、松弛、腐朽，软木塞与瓶壁之间出现缝隙，密封能力降低，可能出现漏酒，加快葡萄酒的氧化，进而弱化葡萄酒的品质。

珍贵的老酒换塞的时候，先小心地取出脆弱的软木塞，抽取15毫升酒液留作品鉴，然后给瓶内打入惰性气体防止氧化。品鉴后，未通过评估的不进行填瓶(充酒液)，只更换无酒庄信息的新软木塞。通过评估的葡萄酒，添加同一年份的不同酒款充填缺失掉的酒液，如没有同一年份的，就用相近年份的同一酒款添加，再度充入惰性气体，封上新的软木塞。其中，软木塞上所标示的新年份指的是换塞当年的年份，并非葡萄酒生产年份及装瓶年份。封上箔帽，同时在背标加注换塞的专家签名和换塞日期证明。在拍卖市场，酒庄出具的换塞记录是最有价值的出处证明文件。

瓶塞出现霉斑，老酒的酒瓶塞上如果出现霉斑，这并不一定说明酒有问题，有可能是因为这款酒长期窖藏在潮湿的环境里。密封完好的情况下，即使瓶塞出现霉斑，酒液本身一般不会出现质量问题。

2. 酒渍处理

聚会或就餐时不小心将葡萄酒洒在饰品、衣服、地毯等上，快速处理的方法是：

(1) 如果干白葡萄酒洒落在衣服、饰品等上，用纸巾把酒液迅速擦干净，污点就会消失，若用湿布沾肥皂液擦拭，还可去除酒味，擦洗后再清洗。

(2) 如果是红葡萄酒，则取决于面料的种类和红葡萄酒的色泽，色泽越深、单宁越多的红葡萄酒，越不容易去除污点。

(3) 用干白葡萄酒来清理红葡萄酒印迹。在污染处轻轻地抹上干白葡萄酒，再用一块布仔细擦洗；或者将弄脏的衣服浸入干白葡萄酒(大约倒一碗的量)中，然后在冷水中清洗至干净。

(4) 去污剂来清洗。如果被污染的面料是不褪色的，而且可以清洗，则使用去污剂清洗。也可使用酒精与柠檬酸配成的溶液来清洗，10%酒精+0.5%的柠檬酸溶液浸泡数小时，然后用清水漂洗。

(5) 红葡萄酒如果洒落到地毯上，可以撒一些盐来吸出地毯中的酒液。

3. 已开瓶葡萄酒的保存

葡萄酒和氧气相爱相杀。葡萄酒需要少量的氧气才能充分呼吸，挥发出层次复杂的香气，这就是要醒酒的原因。但如果氧气接触过多，香味就会变化，甚至变得酸腐。葡萄酒开瓶后，如果喝不完，用软木塞或专用橡皮塞把瓶口盖上，减少与氧气的接触，但放久了，它依然会变坏。

（1）红葡萄酒。红葡萄酒的单宁含量比白葡萄酒高，单宁可以防止葡萄酒氧化，所以红葡萄酒一般可以保存得比白葡萄酒久一些。酒体饱满的红葡萄酒开瓶后一般可以保存7天左右，酒体轻盈的保存时间稍短。

（2）白葡萄酒。开瓶后的白葡萄酒一般能保存3天左右。酒体饱满的白葡萄酒比酒体轻盈的可以保存得时间长一点。经过橡木桶的酒比未经过的酒可放置的时间更久一点，因为经过橡木桶发酵或成熟的白葡萄酒的酒体一般比较饱满，带有层次复杂的橡木香气。

（3）起泡葡萄酒。开瓶后需用专业的瓶塞，否则应该在开瓶后的四五个小时之内喝掉，实在喝不完，最多再保存一天。

（4）加强型葡萄酒（如波特酒、马德拉酒等）。可以存放很长时间，这是因为加强型葡萄酒在酿造的过程中早已经过氧化，如马德拉酒会将葡萄酒加热到60℃，刻意将其暴露在空气中加速氧化来产生特别的风味。

越老的葡萄酒，开瓶后就越需要尽快喝掉。酒精度高的葡萄酒一般比酒精度低的保存得更久一点。瓶内剩余的葡萄酒越多，里面的氧气就越少，就可以保存得更久一些。

开瓶后的酒未喝完的话，可采取倒入375毫升酒瓶存放；可用真空抽出酒瓶中的空气；也可直接塞上塞子，但需用塞子的另一头塞入密封，直接放入冰箱中冷藏。此外，未喝完的酒还可以作为烹饪美食的极好调料。

第二十章 葡萄酒的品尝与审美体验

当我们有了前面那些葡萄酒有关的常识和基础科学知识的储备后，就可以去鉴赏和体验美酒，让自己成为葡萄酒的真正知音。

鉴赏与体验无疑是学习葡萄酒的乐趣之一。当一瓶葡萄美酒摆放在你面前，如何修炼自己成为那个懂葡萄酒的人，并且将你对于这瓶酒的审美体验分享给他人，需要我们了解如何品尝和描述，具备鉴赏背后的很多知识。

20.1 葡萄酒鉴赏的程序

客观科学地鉴赏一款葡萄酒，对其做出专业的评价，需要遵循公认的通用办法，目前常用的鉴赏程序如下：

1. 第一步：看外观

① 将装有酒样的杯子倾斜 30°～45°，在光线充足的白色背景下观察酒液。

② 分别记录下你观察到的葡萄酒的如下信息：澄清度（是否有浑浊）、颜色（暗淡还是鲜亮、颜色的强度深浅）、黏性、起泡性（对起泡葡萄酒需要）。

2. 第二步：闻香

① 在摇杯之前，先闻酒杯中的香气，把每个样品放在鼻前闻一下气味。

② 感受并记录下你闻到的香气的特征和强度。

③ 摇转酒杯，让葡萄酒中的香气物质完全释放出来。

④ 先在杯口闻摇杯后的香气接着再往深处闻杯里的香气。

⑤ 感受并记录下你闻到的香气的特征和强度。

⑥ 以上述方法对其他样品进行闻香。

3. 第三步：品尝

（1）品味道和口腔的感觉

① 喝一小口（6～10 毫升）在口腔内。

② 让葡萄酒在口腔内流动，使其接触到舌头、上颚以及口腔里所有的表面。

③ 记录感受到的不同的味道（甜味、酸味、苦味），以及分别是什么时候感受到的、感觉持续的时间、感觉和强度是如何变化的。

④ 集中注意力体会以下几种触觉（口腔触感）：收敛感、刺痛感、酒体厚重感、温度以及热感。

⑤ 记录下这些感觉以及它们互相结合所给予的综合感受。

（2）品气味

① 记录下在温度较高的口腔内葡萄酒的气味。

② 吸气使空气穿过口中的葡萄酒从而促使酒中的香气物质释放，感受释放出的香气。

③ 集中注意力体会这些香气的特征、变化以及持续时间的长短。记录并体会在口腔内

和酒杯中感受到的香气的不同之处。

(3) 回味

① 让上述步骤中穿过葡萄酒吸入的气体在肺腔中停留 15～30 秒。

② 将酒咽下(或者将其吐到吐酒桶中)。

③ 将经过口腔温热后的酒的气味通过鼻腔呼出。

④ 以这种方式感受到的任何香气被定义为酒的回味,它通常只能在最好和最芳香的葡萄酒中才可以体会得到。从专业上讲香气分为果香(来自葡萄本身)和酒香(来自发酵过程、加工处理过程以及陈酿过程),描述性的术语都可以将其涵盖其中。

4. 第四步:感受余味

① 集中注意力体会逗留在口腔内的嗅觉和味觉双重感受。

② 与之前记录的感受相比较。

③ 记录下它们的特征和持续时间。

5. 第五步:重复品鉴

① 从第二步闻香的③开始,重新评价所有酒样带来的芳香以及味道的感受。如此重复几次,每次重复间隔半小时以上。

② 感受每个酒样的持续性和它的发展变化(在风味和强度上的变化)。

③ 最后,对葡萄酒的愉悦感、平衡感、微妙感、高雅感、强劲性、复杂性以及难忘程度做一个全面的综合评价。

按照以上的专业程序去积累经验,你就会成为一个知道如何鉴赏葡萄酒的人,更进一步,就能对葡萄酒今后是否有陈年或储存潜力做出评估和判断。那样的话,恭喜你,你具备了专业的鉴赏能力。

20.2　葡萄酒鉴赏过程的审美体验

了解和明白葡萄酒的鉴赏过程以及过程体验的内涵与外延,并能够用专业的术语分享出来,完成从不懂到懂的重要过程。

1. 视觉体验

葡萄酒的视觉审美无疑是最先被体验的。视觉体验包括外观、颜色、黏性、起泡性、酒泪等。

(1) 外观。正常的葡萄酒的酒体应该是清澈透明的,即使是陈年的葡萄酒,沉淀物也很少。

(2) 颜色。主要是感受葡萄酒的色调和深度。色调是指颜色明暗或者色彩基调,深度是指颜色的强度。这两个特征带给我们葡萄酒在葡萄品种和成熟度、皮渣浸渍时间、桶储时间以及酒龄方面的信息。同一个白葡萄品种,充分成熟的比成熟度不够的酿出的酒的颜色更深。提高葡萄的成熟度可以增强葡萄的潜在颜色深度,进而增强白葡萄酒和红葡萄酒的颜色深度,而这种潜在的颜色加深的程度依赖于发酵前或发酵期间皮渣浸渍持续的时间长短。在橡木桶中,后熟有利于因酒龄而发生的颜色变化,也对酒体颜色强度进行了初步强化。随着酒龄的增加,白葡萄酒的金黄色色调会逐渐加深,红葡萄酒的颜色会变浅。

颜色深度的最佳测量方法是从酒杯的顶部向下看。紫红色到淡紫色的色调是红葡萄酒年轻的标志，砖色通常是老化的第一个指标。

与颜色相关的评价中最困难的任务其实是如何恰到好处地表达出这些审美体验和印象。目前还没有形成对葡萄酒颜色评价的公认术语。描述红葡萄酒颜色的术语主要有紫色、紫红色、红色、宝石红色、砖红色和黄褐色；描述白葡萄酒颜色的术语主要有麦秆黄色、黄绿色、黄色、金色和琥珀色。将这些色调术语与描述颜色深度的修饰语相结合，如淡的、浅的、中等的和深的，就可以形成一组较为适当的表达术语，可用于分享鉴赏的审美体验。

(3) 黏性。黏性是指葡萄酒对于流动的抵抗性。影响黏性的因素主要是糖度、甘油含量以及酒精度。人能感觉到的明显黏性差异只能是餐后甜型葡萄酒和高酒精度葡萄酒。在多数葡萄酒中黏性差异比较小。

(4) 起泡性。我们这里所指的起泡性观察，主要是对起泡葡萄酒而言，气泡的大小、数量和持续时间是其非常重要的品质特征。静止型佐餐酒中沿着酒杯的侧面和底部偶尔会看到气泡，偶尔也会在嘴里引起轻微的刺痛。这可能是早期装瓶时酒中残存的、发酵过程中产生的过多的二氧化碳未能释放的结果，也可能是瓶中苹果酸-乳酸发酵产生的轻微气泡。

(5) 酒泪。酒泪也被称为酒腿，是摇杯后葡萄酒沿杯壁流下所形成的酒膜(图 20-1)。酒精度越高，酒泪越明显，酒泪可以当作葡萄酒酒精度的粗略指标。在审美体验中，酒泪能产生视觉享受和一些刺激的感觉，同时，酒泪也有利于香味化合物的释放，增强葡萄酒的香味体验。

图 20-1

图 20-1　葡萄酒摇杯后的酒泪(唐平 摄)

2. 嗅觉体验

嗅觉对葡萄酒气味的体验，涉及定性、定量和时间三个因素。定性是指葡萄酒独特的感官特征，以某些特定物体(如玫瑰、苹果、松露)、类别(如花、水果、蔬菜)、个人经验(如谷场、干草地、商店)或情感和审美上的感知(如优雅、微妙、精致、复杂、芬芳)等相关的术语来表示。定量是指体验知觉的强度，包括对某个特定气味品质的定量或对总体气味感受的定量。时间则是指在重复品尝的过程中，香气在酒杯和口中的品质与强度的变化情况。

摇杯对于嗅觉体验特别重要。摇杯之前，要先在杯口上方嗅闻葡萄酒的香味，这个动作也被称为静止闻香，是让你体验葡萄酒中最易挥发的那些芳香物质。其次，将鼻子深深地探入酒杯肚内，体验与之前在杯口闻到的香味的微妙差别。

摇杯需要经验，没有经验的人可以慢慢在水平面上旋转酒杯底部来慢慢训练自己，让肩带动手臂旋转酒杯，而不转动手腕，拿着杯柄能很好地控制摇杯程度，然后逐步加强摇杯的剧烈程度。在熟练了这个动作之后，可以尝试用手腕旋转酒杯，慢慢地让酒杯离开水平面。也有炫酷一点的方式是把杯底边缘放在拇指和弯曲食指之间，或者是握住杯柄和杯底来旋转酒杯。芳香物质一般在葡萄酒与空气的交界面释放，所以摇杯后葡萄酒在杯壁上形成的酒泪，会增强芳香物质的挥发释放。而标准的郁金香形ISO酒杯的弧形侧面，有助于葡萄酒顶部空间中聚集的挥发物释放，也有利于进行剧烈摇杯。

通过嗅觉体验，可以识别品种、风格、工艺、年份和产区属性。但想要达到这个能力，就需要多次的尝试，积累丰富的经验，有时甚至需要点直觉。

葡萄酒香气图谱(图20-2)和不良气味图谱(图20-3)是人们总结的用来描述嗅觉感知的通用葡萄酒术语。只是要掌握这一套术语，需要经过专业的培训，市面上卖的“酒鼻子”就是训练对应标准气味的道具。大多数人准确使用最详细的高级用语是困难的(如紫罗兰、黑加仑、松露)，但使用中级术语(如花、浆果、植物)却是一般人都可以做到的。需要说明的是，其实“酒鼻子”也好，通用的术语也好，并不能精准地描述葡萄酒芳香物质的特征，只是给出了一些葡萄酒更具特色的风味特征。大多数人都会感觉自己不能在品尝葡萄酒时准确使用这些术语来描述其特征，认为自己可能天生就欣赏不了葡萄酒。但嗅觉体验的美妙要远远大于这些术语的描述本身。慢慢体会葡萄酒的果香、生产风格、陈酿香和其他特征的感官差异，而不是纠结如何用语言来表达这些特征。好比我们不会用准确的语言来描述朋友的面部特征，但我们却永远可以立即认出他们。在记录嗅觉时，好与不好的感觉都要记录。

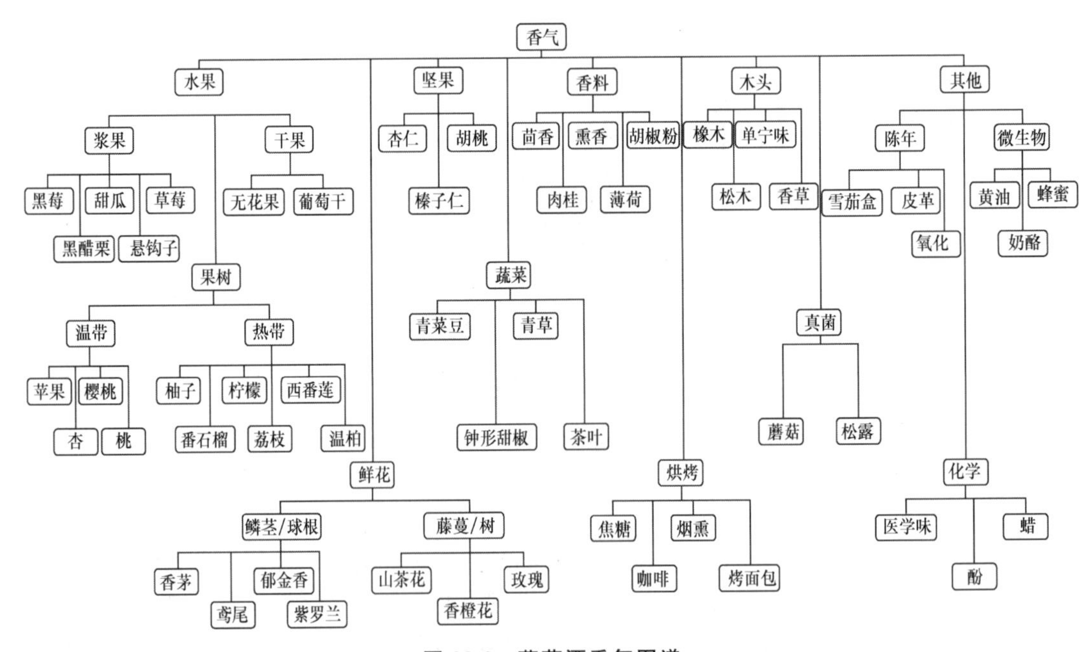

图20-2 葡萄酒香气图谱

(来源：杰克逊·罗纳德，2022)

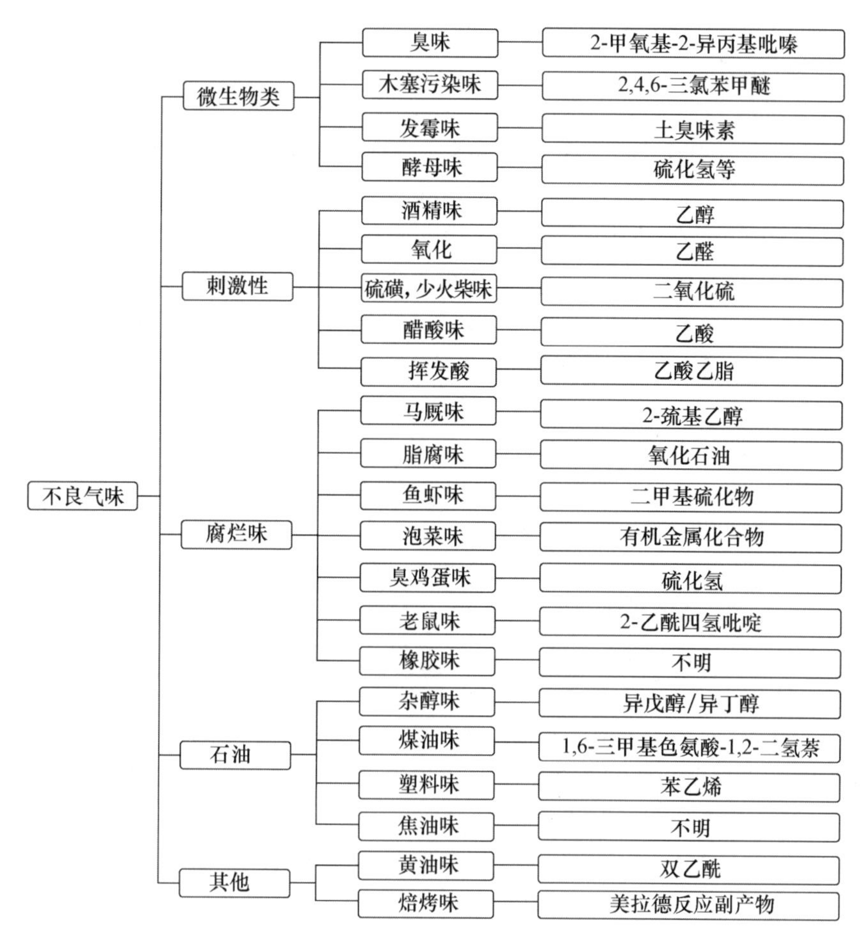

图 20-3　葡萄酒不良气味图谱

（来源：杰克逊・罗纳德，2022）

3. 味觉体验

味觉体验主要是葡萄酒在口中的味道与口感。一般而言，葡萄酒最重要的 4 种口感是甜、酸、单宁和酒精度。甜用舌头来感知，但要注意不要受到嗅觉的干扰；酸依靠唾液分泌情况来判断，唾液分泌越多越持久，说明酒的酸度越高；而单宁是依靠舌头、两腮、牙龈、上颚的收敛感判断，收敛感越高，则单宁越多；酒精度是依靠喉咙和食道的灼热感位置来判断的，灼热感越靠近胃部，说明酒精度越高。

味觉体验中，主要关注 4 个因素：味觉形式的品质、强度、持续时间特性和空间分布。品质是指某个味觉形式的不同呈现（如收敛性的不同呈现）；强度是指对它们相对强度的感受；时间特性是指当样本在口中时每个味觉形式的品质和强度是如何变化的；空间分布是指感受每个味觉形式的部位（舌头、面颊、腭或咽喉）。时间特性和空间分布对于区分每个味觉形式非常有用。

开始品尝时，先啜饮 6～10 毫升的样品。主动搅动（咀嚼）或吸漱口中的葡萄酒，使葡萄酒充分接触口腔表面，葡萄酒在口腔中停留至少 15 秒，去充分感受葡萄酒带给我们的甜味、酸味、涩味等味觉上的感受和平衡性。

一般葡萄酒呈现的口感主要有干燥感、粉状感、粗糙感、干涩感或天鹅绒般的质感，其他口感还包括来自酒精的灼热感以及二氧化碳的刺痛感，这两者和其他触觉感受散布在整个口腔里，没有特定位置。

单独的某种味觉在品鉴中无疑具有重要的评价意义，但整合所有味觉给出的整体感知其实更重要，这就是我们经常听到的平衡感和酒体的和谐感。

含着酒吸气是通过下颚收紧，嘴唇微微地拉开，慢慢地吸入空气并穿过葡萄酒，或者先把嘴唇撅起，然后吸入空气并穿过葡萄酒。用这两种方法来增加葡萄酒与空气的接触（类似于在酒杯中摇动葡萄酒）以及雾化一些葡萄酒来促进挥发。进入后鼻腔的葡萄酒香气与正鼻腔感受到的香气在品质上是有差异的，通过口腔到达鼻黏膜的芳香物质浓度比通过鼻子到达鼻黏膜的要低得多。入口品尝结束，可以用一个延长的向口内吸气的方式完成味觉体验。

4. 余味

余味指的是嘴里缓慢消失的那种味道和感受。构成余味的物质可能来自分布在口腔和喉咙上的葡萄酒薄膜，以及附着在喉咙黏液层上和鼻腔通道上的化合物，在唾液和/或黏液中持续存在并随后从唾液和/或黏液中散发出来。余味短暂但挥之不去，妙不可言。细腻的余味被认为是所有优质葡萄酒所必不可少的。大多数佐餐葡萄酒余味都较短，但加强型葡萄酒具有更浓郁的风味，通常余味更长。

5. 品质评价

葡萄酒的魅力就在于它的复杂性，特别是香味物质的复杂性，当需要给出葡萄酒品质的评价意见时，我们经常用到的多是来自艺术评论的词汇，而不是自然科学的词汇。

平衡（和谐）：这是品质评价里通常最先给出的评论词。所谓平衡（和谐）是指葡萄酒带给品鉴者的视觉、嗅觉和味觉所有感官之间的平衡，不特别突出某一种感受。如果酒中的个别特征过强，就会给人一种平衡将被打破的感觉。

难忘程度：如果总体感受十分出色，平衡感强，鉴赏体验变得令人难忘，而“难忘程度”的描述就是对一款优秀葡萄酒的典型特征的褒扬。

不同凡响和令人惊喜：某一款酒具有独特性，我们会评价它不同凡响、令人惊喜。与难忘相比，独特性可能稍逊一筹，没那么令人惊叹，但作为品质评价的一部分，这种评价对气味记忆和气味发展变化尤其重要。

鉴赏葡萄酒并给出全面的评价确实不容易，但随着经验的增加，这个过程会变成自然而然的习惯，你可能只需要多花点时间在描述和评价香气持续的时间以及在这段时间里葡萄酒的感官变化就可以了，发展变化属性和香气持续时间才是葡萄酒最重要的品质属性。

第二十一章　美酒与美食

美酒天生就是为美食而存在的，美食和美酒的搭配是一门艺术，也是成为懂葡萄酒的人的必修功课。如何来修习这门功课，选择什么类型的葡萄酒以及如何搭配食物才叫完美，怎样才能不辜负美酒和食物，是一系列复杂的问题。在含酒精的饮料中，葡萄酒历经 8000 年的岁月浸润，早已被赋予各种文化内涵，而食物和葡萄酒之间存在着相互作用，加上感官的复杂性、个体感受的差异性，使得美食与美酒的搭配显得困难。但了解美食与美酒之间的某些基本原则，对于完美体味美食与美酒是有帮助的，其实很多人都觉得，美食与美酒就好像婚姻一样，和谐才是最好的境界。

21.1　美酒搭配美食的历史演变

最早的葡萄酒应该是没有美食相伴的，在没有美食相伴的岁月里，葡萄酒本身就兼具食物的功能。先民为追求饱腹感，在长期的生存实践中，发现了葡萄酒。在新石器时代的苏美尔人驯化葡萄和开始人工酿制葡萄酒的漫长日子里，葡萄酒作为一种含酒精的饮料，在带给人们愉悦的同时，也提供了热量和能量，葡萄酒本身具备食物的功能。这种将葡萄酒作为食物的现象，一直延续到拜占庭帝国时代。

在葡萄酒作为食物的年代，葡萄酒的另外一个重要功能是作为宗教活动的祭祀用品。从两河流域文明时代开始一直到今天，葡萄酒在宗教活动中的地位和作用一直未变。

而食物与葡萄酒建立联系，是随着农耕文明的进步逐步发生发展和演变的。葡萄酒与食物的关系早在第一个世界葡萄酒文化中心的两河流域文明时代后期就已经确立。在两河流域和尼罗河流域，不同形态的文明上演着不同的饮食与葡萄酒文化。在皇宫和贵族的宴席上，葡萄酒始终扮演着重要的角色。据史料记载，在古埃及，法老每天进餐 5 次，每次都会食用 4 款葡萄酒和二三十道美味佳肴，葡萄酒和食物在法老的餐桌上演绎着饕餮盛宴。

到了古希腊时代，古希腊的属地西西里岛上已出现了高度发达的烹饪文化，已经很讲究烹饪的方法，煎、炸、烤、焖、煮、熏、炙等烹调方法都出现了，食物和葡萄酒之间的关系首次作为一种习俗和文化形态被固定下来。这种习俗和文化形态就是，享用美食和美酒是两件既独立又关联的事，吃饭的时候不饮酒，吃完正餐后再举办酒会。无论是私人宴会还是国宴，都是如此，先享用美食，再开启古希腊人称之为会饮（symposion）的美酒活动，这种先吃后饮的文化，培育了古希腊的灿烂文明。

在古希腊人理解的美食与美酒的关系中，美食只能算是配角，美酒才是主角。会饮通常在日落后举办，先是正餐，正餐后洗手和分发常春藤花环，向葡萄酒里加水的仪式表示会饮开始。人们一边豪饮着葡萄美酒，一边探讨问题和激荡思想。在《荷马史诗》中经常有关于贵族会饮的描写，古希腊哲学家柏拉图的名著《会饮篇》中，对苏格拉底参加会饮做了详细的描述和介绍。而现代英语中“学术讨论会”的单词 symposium 就来源于希腊文 symposion。古希腊人这种饭后饮酒的活动，不仅是娱乐，还是人们进行学术交流的重要场所和形式，他们会一边饮酒一边讨论问题。当人们乘兴而来，尽兴而归的时候，会一起高唱当时最流行的劝酒歌来结束会饮：和我一起饮酒吧，和我一起奏乐吧，和我一起相爱吧，和我一起戴上王冠吧；我痴迷时你同我一起痴迷，我清醒时你和我一道清醒。

到了古罗马时代，特别是公元前121年出现的第一个葡萄酒年之后，古罗马人已经完全抛弃了古希腊人加水饮酒的习惯，也完全抛弃了古希腊人吃饭不喝酒的会饮习俗，将享用美食和美酒变成一件事，他们边吃饭边喝酒，他们用甜酒开胃，在美酒和美食带来的感觉弥漫身心的时候，他们就着这样的感觉，欣赏戏剧、舞蹈和音乐。古罗马人将美食与美酒的这种结合以及一整套的礼仪与程序固定下来，开启了现代葡萄酒饮食文化的大门。

在黑暗而漫长的中世纪，东罗马人继续享受着葡萄酒与美食带来的美妙，但随着中世纪的结束，东罗马只剩下了美食。西罗马则迎来了欧洲中心时代。

将美食与美酒的关系升华为亲密关系的是文艺复兴时期的意大利。那时的意大利餐食已经逐渐演变为一系列单独的菜式，这些菜式被与品酒关联起来。工业革命促进中产阶级的崛起，使人们有了更多的休闲时间，也为城市群体提供了可支配收入，此外交通的改善为品尝多种葡萄酒提供了可能和便捷。在那时的贵族宴会上，出现各种名菜、点心和餐桌上公用的餐刀。到16世纪，俄罗斯已经有了对菜肴利用的文献记载，并提出要铺桌布注意卫生和清洁；法国的王后雇用意大利的烹调大师，在法国贵族中传播烹饪技术，还发展出用餐的规矩，如不可用手抓食物、舔手，需要用桌布擦手等，后来用羊皮纸写好菜单，放在每一位宾客的座位前，开启了西餐菜谱。而世界上著名的油画《最后的晚餐》中，达·芬奇描绘了餐桌上的面包、牛肉、冷盘、餐刀、玻璃杯和葡萄酒，这个文艺复兴时期的场景已经具备了现代西餐的雏形。18—19世纪，西餐发展到了一个新的阶段，欧洲社会开始出现西餐厅，供餐形式是每人一份，餐桌上形成了餐具摆放比较严格的方法和规矩，一直沿用至今。20世纪是西餐发展的鼎盛时期，西餐开启个性化和多样化的时代。在短短三个多世纪的时间里，西餐随着法国改良托斯卡纳菜肴而逐渐发展起来，成为风靡世界的文化现象。

法国在葡萄酒品质上的进步，让葡萄酒与食物的搭配成为时尚，也带来了为适应美酒的烹饪技术的进步。在过去几百年时间里，人们对营养的研究，也成为引起人们对食物与葡萄酒搭配关注的因素之一。在欧洲的富裕家庭，经常聘请医生为他们提供恢复健康的饮食建议，而饮食建议的基础是营养科学研究的深入与进步。渐渐地，在美食行业，加了很多香料的菜肴消失了，每道菜中的甜味减弱或改为甜点了，天然葡萄酒取代了几乎普遍使用的加香料及其他东西的葡萄酒。在餐前品尝起泡葡萄酒为人们所广泛接受，后来被庆祝活动所取代。科学的发展也带来了葡萄酒的稳定性和总体质量的进步。美食与美酒的合理搭配，便成为今天全世界葡萄酒爱好者和美食爱好者竞相追求的境界。

21.2　美酒与美食的搭配

21.2.1　食物配合酒还是酒配合食物

食物配合酒还是酒配合食物？食物成就了酒的美好还是酒成就了食物的风味？这是美酒与美食关系中一个有意思的话题。

在西餐中，美食和美酒都是主角，相互陪衬，既需要食物来配合酒，也需要考虑酒来适应食物；而在中餐中，食物一般是主角，需要挑选合适的酒来配合。至于具体如何以菜选酒和以酒选菜，有一些基础的知识是必须具备的。如以菜选酒，我们就需要关注葡萄酒的风格、酿造品种、地域特征、品尝者的喜好，以求达到与食物的和谐。对大多数人来说，可能价格才是选择葡萄酒的决定性因素，可是价格有时不见得能很好地反映酒的质量或风味。相比较而言，旧世界的葡萄酒特别是法国的葡萄酒可能比较贵(不是绝对)，感觉上更微妙，大多数人心里可能会觉得法国的酒更适合与食物搭配，并能突出食物的特色，而那些新世界的葡萄酒则过于注重水果香气，不适合搭配食物。其实，新旧世界的葡萄酒的风格已经越来越明显，但界限却越来越模糊，无论是新世界还是旧世界的葡萄酒，搭配得当都能带来感觉上的细微差别，带给我们味蕾上的惊喜。

聚会的目的和场合会影响菜配酒的选择，一般优质(成熟)葡萄酒，搭配重要的社交场合；尊贵的客人享受最好的葡萄酒；陈年的优质葡萄酒留在餐后单独饮用，干型佐餐酒则与食物搭配，尤其是红葡萄酒。

美食与美酒的搭配作用是要用葡萄酒来突出食物的中心风味，用食物来提高葡萄酒的鉴赏体验和调节葡萄酒的口感。在这个原则下，美食与美酒的搭配和排列几乎是无穷无尽的，就像食谱中各种配料的组合一样，可能唯一的限制是我们的想象力、偏好和欲望，而这种千变万化的组合所带来的令人愉悦的感觉是不可预见和不可设计的，这也是美食与美酒搭配的魅力所在。

21.2.2　美酒与美食之间的相互影响

美食中调味料带来最丰富的风味变化，也是对葡萄酒风味影响最大的一个因素。这些调味料包括酱油、醋、生姜、大蒜、辣椒、咖喱混合物、豆豉、番茄酱、泰国调味汁、朝鲜泡菜、草药混合物或特殊香料，以及通常带有橄榄油、黄油、奶油或酸甜调味料的酱油。某些地区的调味料的风味强度带给菜肴特别的特征。辣椒、咖喱、酱油等调味料产生的变化提供了丰富多样的感官细微差别。某些调味品中的活性成分对三叉神经(疼痛)受体有麻木、脱敏的作用，如辣椒中的辣椒素、黑胡椒中的胡椒碱、丁香中的丁香酚、芥末和辣根中的异硫氰酸酯、薄荷中的薄荷醇等对葡萄酒的感官体验会产生影响，但它们是如何影响的，目前还不明确。辣椒素的直接影响可能是适度降低了对甜味、苦味和鲜味等的敏感性。味觉和风味受到的抑制，到底是可感受到的风味物质减少了，还是灼烧感引起的感官紊乱，尚无定论。因此，把辛辣食物和葡萄酒搭配在一起会产生的问题可能只发生在那些平时不吃辣的人身上。对于那些不习惯辛辣香料的人来说，最好给他们选择一款简单的白葡萄酒，通过白葡萄酒的低温减少烧灼感。

人们对味觉的反应是根深蒂固的，甜味、香味、咸味本来就很受欢迎，而酸味、苦味、灼热感和涩味本能地不受欢迎。葡萄酒的酒精增强了菜肴的辣度，甜点的甜味明显增强了干型葡萄酒的酸味。西餐中的法国香槟配鱼子酱是经典的组合，香槟通过激活口腔中三叉神经受体，或通过去除钠离子(对二氧化碳的冲刷作用)可以抑制鱼子酱的咸味。许多白葡萄酒略带酸味，而红葡萄酒则带有明显的单宁。在白葡萄酒中，酒石酸和食物蛋白质之间的反应使葡萄酒的味道更加醇厚。此外，白葡萄酒的凉爽感可以减弱辛辣食物的热感。在红葡萄酒中，当单宁与食物蛋白质发生反应，可以减少其激活苦味受体而引起涩味。食物可以抑制许多佐餐葡萄酒中含有的酸、苦和涩的成分。因此，往往是食物可以增强对葡萄酒的感官享受，而不是减弱这种感觉。葡萄酒的酸味会使口腔清新，而适度的苦味和涩味则会使淡而无味的食物更有风味。

经过长期的探索和搭配实践，人们总结出葡萄酒影响美食的影响因子主要有以下几点：

（1）酸。酸是葡萄酒的灵魂，酸度是影响美食与葡萄酒和谐的最重要影响因子。浓郁、厚重、油腻、脂肪高的菜肴，如果搭配上酸度复杂的酒，会带给你对菜肴的复杂感受和肥而不腻的效果，同时还可以清洁味蕾。

（2）单宁。单宁是葡萄酒的骨架，单宁含量高的葡萄酒对于烧、烤、熏的食物和苦味菜是佳配，可以很好地展示葡萄酒的品格。一款单宁丰富的赤霞珠陈酿葡萄酒配上和牛牛排，没有比这更美味的享受了。

（3）酒精度。酒精度对于口感和食材的影响是综合的，酒精度越高，酒体感觉越饱满。一般不会用低酒精度的葡萄酒来搭配好的牛排，也不会用高酒精度的酒来搭配新鲜风味的鱼类。

（4）橡木桶。橡木桶陈酿赋予葡萄酒品质和独特的风味，如果这种独特的风味比较轻微，对食物的搭配就比较轻松和灵活，适配不同风格的美食。如果陈酿时间长，橡木桶带来的风味浓郁，可能选择烤制、熏制、焦糖化制作的美食更好。

（5）咸度。有些葡萄酒如雪莉酒带有咸味，这类葡萄酒是海鲜的绝配，可以明显增加生鲜、海鲜的鲜味，大闸蟹是非常不错的搭配选择。

（6）甜度。半干型（微甜）、半甜型（中等甜度）和贵腐酒（高甜度）有不同的甜度，葡萄酒的甜可以中和辣味和咸味。所以川菜、湘菜适配半甜型葡萄酒，而甜酒和甜品搭配时，酒的甜度要高于食物的甜度，不然酒会显得更酸了。

同样，食物对葡萄酒也有如下的主要影响因子：

（1）脂肪。对于脂肪含量高的食物，需要更高的酸度，配上中等酒体但酸度很高的葡萄酒，能够完美诠释美食与美酒的和谐。脂肪含量低的食物则需要口感清冽的葡萄酒搭配。

（2）咸味。比较咸的食物往往需要酸度比较低的葡萄酒来缓解咸味的影响，中和食物中的咸味。而德国雷司令干白就是比较好的一款适配酒。

（3）酸味。酸味蔬菜、水果或菜肴可以选配同样酸味的葡萄酒，长相思干白就是最常用的适配酒。

（4）辣味。要中和食物的辣味，一个最好的办法就是选用含有残余糖分的葡萄酒。甜度适中的德国葡萄酒（珍藏、晚采和精选级葡萄酒）与辣味菜最相配，可以相互激发出奇妙的滋味。

（5）苦味。缓解苦味并激发不一般的感受的原则就是选用低单宁含量的葡萄酒。

（6）甜味。和葡萄酒的影响因子一致，选用的葡萄酒的甜度要高于甜点的甜度即可。

21.2.3 美酒与美食搭配的基本原则

美酒配美食有各种各样的观点，食物有自己的菜系，葡萄酒也有自己的品系，如何让两者和谐相处，相得益彰，是美酒与美食搭配的核心。一般而言，美食与美酒的搭配，遵循互补和平衡两条基本的原则，一杯清爽的干型雷司令白葡萄酒，与鲜虾会比较相配，因为雷司令能带出鲜虾鲜美的风味，而且清爽的酸度也能清理口腔，起到很好的开胃效果，雷司令的花香和果香味与鲜虾的鲜味在口腔会带来很多的回味，这是一种平衡的效果。但是，如果碰到川菜和湘菜偏辣的味道，一款起泡葡萄酒、半干型或半甜型的葡萄酒则可以减少辣味，这是一种很好的互补效果。掌握下面这些基本的原则，有助于体味和感受美酒与美食令人难忘的和谐。

（1）颜色原则。颜色原则是指最流行的说法“白酒配白肉，红酒配红肉”。这里的红肉是指牛羊肉、猪肉和某些野味，白肉是指禽类和海鲜类(鱼、虾、贝类等)，鸭肉因为肉质硬，有时会被划入红肉行列。红葡萄酒的灵魂是单宁，单宁可以降低红肉类食物的油腻感，软化肉纤维，红酒配红肉可以感觉到食物的肉质更好。陈年的香槟是红肉中野味的佳配。而白葡萄酒的灵魂是酸，酸可以去除腥味、增加鲜味，和海鲜类、新鲜的禽类配合，不会淡化食物本身的鲜味，但如果错误地选配红葡萄酒，红葡萄酒中的单宁会强化食物的腥味，所以白肉一般选择白葡萄酒或酒体轻盈的桃红葡萄酒。

(2) 味觉原则。味觉原则的核心是味道匹配，如酸配酸、甜配甜、苦配苦、咸配咸、清淡配清淡、浓烈配浓烈。有酸味的食物，要配更酸一点的葡萄酒；有甜味的食物，要配更甜的葡萄酒；有苦味的食物要配经过橡木桶陈酿、酒体丰满、略带苦味的葡萄酒；带辣味的食物，要配果味浓郁的红葡萄酒或者甜酒，因为甜味可以缓解辣味。高单宁的红葡萄酒会加重咸味，所以咸味菜肴一般配单宁柔和、酸度清爽的葡萄酒。

(3) 香味原则。葡萄酒的香气类型与食物的香气类型相匹配，果香配果香，浓香配浓香。鲜嫩的食物，选配清香、爽口、柔和的葡萄酒，口味越重越浓的食物，选配香气浓郁、结构感强的葡萄酒。

(4) 顺序原则。西餐一般分餐前、餐中和餐后三个阶段，葡萄酒也需要有对应的餐前酒、佐餐酒和餐后酒，什么阶段喝什么酒。总体上的顺序原则是：先酸后甜、先白后红；先干后甜、先轻后老、先清淡后浓郁。餐前酒也叫开胃酒，可以提高食欲，营造气氛，多选用起泡葡萄酒和酸度适度的白葡萄酒；佐餐酒是正餐期间喝的酒，按照美食与美酒搭配的规律选择；餐后酒是甜酒，促进消化和消除饱胀感。

(5) 其他原则。其他原则主要是丰富性适当原则和烹饪原则。丰富性适当原则是指美食与美酒的搭配量要合适，如果菜肴简单，可选配一款简单的葡萄酒，若菜肴丰富，可以考虑选配不同的美酒来搭配。烹饪原则是指西餐在制作时，经常会用葡萄酒来烹饪，选用与饮用相同的葡萄酒来烹饪会更好，要是加了料酒，也尽量选择与料酒相一致或接近的葡萄酒。

21.3　葡萄酒与西餐

西餐是西方餐饮的总称，主要指西欧国家的餐饮，也包括东欧各国、地中海沿岸国家和一些拉丁美洲国家的餐饮，可分为法式、英式、意式、俄式、美式等多种不同的风格。在西餐中，法餐最为有名，其特点是食材广泛，蜗牛、鹅肝、牛排是法式大餐中最耀眼的主角，此外还有奶酪、水果和各种蔬菜等。法餐加工考究，烹饪技艺高超，味道浓淡相宜，菜品繁多，调味品也繁多，葡萄酒作为调味品时，通常扮演除腥和增香的角色，特别是在烹制野味和腌制食物时。

无论哪种风格的西餐，大体上都是按照前菜、汤、副菜、蔬菜、主菜、甜品、饮品这样的顺序来完成的。每一道菜的风味千差万别，需要依据前面我们谈到的搭配原则，既要考虑酒配菜，也要考虑菜配酒来确定菜单和酒单。

(1) 前菜。前菜是开胃小菜，有冷盘和热盘的区别，但多数都是冷盘。法餐中最常见的是鹅肝酱、鱼子酱、焗蜗牛、熏鱼等，口味以咸和酸为主。前菜要喝餐前酒，是西餐中最重要的一个步骤，目的主要是为了提振食欲和营造气氛，边喝边交流。配前菜的餐前酒选择清新爽口、香味明显的葡萄酒，起泡葡萄酒、冰镇后的干白都是佳配，特别是香槟，其被赋予了具有庆祝性质的特点，在比较重要的场合，主人致祝酒词欢迎来宾后干杯，不仅可以刺激食欲，为接下来的环节做准备，还可以渲染气氛，达到宾主其乐融融的社交目的。

(2) 汤。汤的种类有奶油汤、蔬菜汤、清汤和冷汤等，比较常见的有牛尾清汤、奶油蘑菇汤、海鲜汤、美式蛤蜊汤、意式蔬菜汤、俄式罗宋汤、法式葱头汤等，口味以酸味或微酸为主。这个环节无须配酒，主要为刺激肠胃，提振食欲而准备。

(3) 副菜。副菜要选择口味清淡的水产品，以鱼、虾、贝类为主，会使用各种调味料，蛋类、面包类也属于副菜，如火腿煎蛋等。副菜的配酒宜选用酒精度较低、口味清淡的白葡萄酒或桃红葡萄酒。

(4) 蔬菜。西餐中的蔬菜有一个特别的名字叫沙拉，都是生食。沙拉可以在主菜之前，也可以在主菜之后，沙拉一般常用的有生菜、番茄、黄瓜、芦笋等。蔬菜如果是熟的，大多数情况下，是作为主菜的点缀被摆放在主菜肉类的旁边，如花椰菜和菠菜等。若有需要，蔬菜可搭配比副菜酒精略高一点的葡萄酒，如半干型葡萄酒，也可和副菜的酒一致。

(5) 主菜。主菜是西餐的精华，主要为肉类、禽类等，烹饪方式不同，菜式多种多样。若属于白肉(最常用的是鸡肉)，就选白葡萄酒，若是牛羊肉，就选红葡萄酒。主菜可以是一道，也可以是几道，根据不同的主菜的特点，选择不同的葡萄酒相配。

(6) 甜品。当甜品出现，表示西餐接近尾声，甜品一般是西式点心，有冷热之分。热点心常见的是布丁、煎饼一类；冷点心主要是冰激凌、蛋挞、奶酪等。搭配甜点的酒叫餐后酒，餐后酒是西餐美食与美酒的最后和谐。按照搭配原则，餐后酒选择甜酒，甜度依据点心的甜度而定。

(7) 饮品。西餐一般都备有饮品，大多是咖啡或茶。

21.4 葡萄酒与中餐

中餐最核心的两大特点和优势是多样性与养身性，其本质就是享受和长寿，而葡萄酒最重要的两大特点也是多样性与健康性。如何将中餐的丰富性和葡萄酒的复杂性结合起来，实现中餐和葡萄酒的完美搭配，完成中餐和葡萄酒协同增效的作用，是业内目前热门的话题之一。中餐与葡萄酒搭配在国内发展的时间不算长，但基本的搭配原则和西餐是一致的，值得特别介绍的两点经验如下：

(1) 主菜原则。中国菜系繁多，总体上讲，粤菜有点鲜、有点淡，风味比较纯净；东北菜以咸为主，几乎没有什么辣味，风味香浓；川菜的特色是有复杂性、多层次的感觉。所以中餐与葡萄酒搭配时，要遵循主菜原则，考虑菜系的风味，用一个菜系的主味特色来搭配葡萄酒。有点偏咸、偏酸的菜系有个特点，即在口腔里都能提高一款酒的饱满度，让酒的口感更顺口、柔和。中国菜系里最适合搭配葡萄酒的菜系是山西菜，因为山西菜有点酸、有点咸，没那么多辣和甜。对于兼具酸和甜的菜系，酒的搭配要选单宁柔和的葡萄酒，半干的雷司令、比较爽口的长相思等微甜的、爽口的干白葡萄酒或干红葡萄酒。麻辣风味的菜系则需要选配稍微有点甜、酒精度偏低的白葡萄酒或者桃红葡萄酒，帮助降低麻的口感。

(2) 当地酒配当地菜原则。对于千变万化的中餐和菜系，在实在不知道怎么搭配葡萄酒的时候，业内人给出了一个万能选项——当地菜配当地酒。就好比日料配清酒、老重庆火锅配酸梅酒、西班牙火腿配里奥哈等。千百年来当地人的选择，即使不算绝配，也应该不会太差，若应用到中国年轻的葡萄酒产区生产的美酒和当地的中餐菜系的选配上，应该也有不一样的惊喜。

按照上面的两条中餐选配经验，结合西餐与葡萄酒的搭配原则，我们来看看中国四大主要菜系的搭配：

（1）川菜与葡萄酒的搭配。川菜是我国四大菜系之一，拥有众多的粉丝，川菜的特点就是麻辣，麻来自花椒、麻椒，辣来自辣椒，此外还要用到胡椒、豆瓣酱等调味品。川菜的配酒要尽量选择甜型或者半干型葡萄酒，因为甜味可以减轻一部分的辣味；也可以选用层次复杂、单宁丰满的葡萄酒来搭配，如西拉葡萄酒；还可以选择果香浓郁的葡萄酒以消减辣味对葡萄酒果香的弱化；对于川菜中油性大的菜肴则选酸度较高的葡萄酒化解。传统的川菜名菜麻婆豆腐、椒麻兔丁可选择果香浓郁的干白葡萄酒搭配；干煸豆角适配半干型或者甜型葡萄酒，如长相思甜白葡萄酒；泡椒凤爪可选择酒体适中的半干型或者甜型西拉葡萄酒来搭配；鱼香肉丝可与略甜且果香浓郁的新西兰长相思相配。

（2）粤菜与葡萄酒的搭配。粤菜包含潮州菜、客家菜和广州菜三大菜式，以野味和水产为主，用料广泛。粤菜名菜有烤乳猪或者蜜汁叉烧肉，烤乳猪中的丰富油脂和葡萄酒中的单宁最搭，单宁的涩感和油脂中和后满口清爽，赤霞珠、美乐、西拉、黑比诺等酿造的红葡萄酒最为相宜。如果是海鲜食材，如蚝蛤、鲜虾球、蟹、乳香海鲈球、烧鳕鱼等，可选配一些酒体轻盈的白葡萄酒，可搭配起泡葡萄酒、粉红葡萄酒和清爽型、芬芳型干白；而佛跳墙、蚝皇极品鲍等，则需要配上丰厚浓郁的干白、成熟的黑比诺干红或波尔多至少十年以上的老酒。需要注意的是，粤菜上菜的顺序与西餐的顺序正好相反，汤是最后才上，鸡、牛肝菌、松茸菌、淮山、杞子等煲制而成的功夫一品汤是一道味道鲜美的饮品，配葡萄酒反而可惜了。

（3）鲁菜与葡萄酒的搭配。鲁菜是历史最悠久、技法最丰富、难度最大、最见功力的菜系，讲究原料质地优良，以盐提鲜，以汤壮鲜，调味讲求咸鲜纯正，突出本味。主菜味道以咸鲜为主的鲁菜，应选择半干型或半甜型葡萄酒来搭配，如菜的油性大，则选酸度相对较高的白葡萄酒。九转大肠是济南的传统名菜，在鲁菜中口碑排名第一，酸甜香辣咸五味俱全，可以搭配酒体厚重饱满、芳香浓郁的红葡萄酒，让葡萄酒的酸甜味与九转大肠的酸甜味融合在一起，适量的单宁也可以让这道菜的口感更好，如西拉酿造的红葡萄酒就是不错的选择，其拥有浓郁的黑色水果和辛香料的风味，可以和菜肴浓郁丰富的口感相匹配，单宁可以解油腻，让菜肴的口感更佳。葱烧海参尽管是属于海鲜，但因为加入了浓稠的汤汁，还有一丝丝的甜味，用单宁柔和的红葡萄酒或桃红葡萄酒可能比白葡萄酒更合适，这样可以很好地衬托海参的鲜美，而不至于因为白葡萄酒的清爽抢了海参的风头。糖醋鲤鱼也是济南的传统名菜，济南北临黄河，黄河鲤鱼不仅肥嫩鲜美、肉质细嫩，而且金鳞赤尾、形态可爱，是鲁菜明星。这道菜的口感以酸甜香醇、肥美细嫩为主，口感不会很厚重也不会很清淡，可以搭配半干或半甜型、酒体中等的桃红葡萄酒，其单宁没有红葡萄酒那么重，也不像白葡萄酒几乎没有单宁，和肥嫩鲜美的鱼肉不会相互冲撞，也不会出现一方压过一方的情况。油爆双脆也是传统名菜，这道菜最大的特色是香鲜脆嫩，口感也不重，可以选配酒体轻盈或中等、果香浓郁、单宁柔顺的红葡萄酒。糟熘鱼片是南方和北方食客都喜欢的鲁菜，这道菜要求鱼片洁白鲜嫩，芡汁呈浅金黄色、不稠不稀恰到好处，口味甜中带咸、咸中带鲜、糟香味浓郁，总体口感清淡而丰富，甜、咸、鲜、香、嫩具备了，可以选配细腻优雅的白葡萄酒，如未经过橡木桶陈酿的霞多丽白葡萄酒，其口感柔和，果味清新怡人，风格优雅，与糟熘鱼片搭配时互不冲撞。

（4）淮扬菜与葡萄酒的搭配。淮扬菜以扬州菜与淮安菜为主体，南京菜、苏州菜、杭州菜多出自淮扬菜，是它的分支。淮扬菜融合了淮安、扬州、镇江和泰州等地的风味，遵循“醉蟹不看灯、风鸡不过灯、刀鱼不过清明、鲟鱼不过端午”的准则，选用最新鲜食材烹调，令人随时都能感受到淮扬菜的美妙。淮扬菜的原料以竹笋、芦笋及河鲜等淡水产品为主，以炖、焖、煮、煨见长，讲究刀工，注重火功，擅长制汤，强调食物的本味，清淡适口，素有“慢工出细活的文人菜”“东南第一佳味，天下之至美”的美誉。淮扬菜菜品精致，滋味清鲜平和，融合了南方菜的鲜、脆、嫩与北方菜咸、色、浓的特色，形成了自己咸中带甜的风味。葡萄酒的搭配要突出和保护淮扬菜本身的风味特点。如清炖蟹粉狮子头是扬州的传统名菜，以三分瘦七分白的小五花肉为主要原料，配以鲜美的蟹肉、菜心、料酒、蟹黄、葱粒、生粉、姜汁等调拌成肉丸后入砂锅清炖约两小时。整道菜肉汤清澈见底，狮子头口感松软、肥而不腻、入口即化，蟹肉鲜香，青菜酥烂爽口，食后唇齿留香。能够搭配这样美食的葡萄酒，只应是具备新鲜馥郁的果香、口感绵柔、单宁细腻、清爽型的干白葡萄酒或是风格精致的干红葡萄酒。大煮干丝又称鸡汤煮干丝，也是扬州名菜，原料主要为淮扬方干，刀工精细，多种佐料的鲜香味经过烹调，复合到豆腐干丝里，香味浓郁，吃起来味鲜爽口，特别适合搭配果香清新、酸度爽脆且矿物味十足的夏布利干白葡萄酒，葡萄酒中的丰富风味也能与菜中的高汤相得益彰，柔和的余味自然纯粹，让顺滑的干丝绽放更深层次的味道。水晶肴肉又称水晶肴蹄或镇江肴肉，是淮扬菜系中的镇江传统名菜，以猪蹄为原料，经硝水、盐腌制后，配以葱、姜、黄酒等多种佐料，用文火焖煮到酥烂，再经冷冻凝结而成。其肉红皮白，肉冻晶莹剔透，故有水晶之美称。水晶肴肉口感软滑、细腻，常以姜丝和香醋佐食以中和些许油腻感。搭配葡萄酒时，可选择果香浓郁且风格精致的干红葡萄酒，葡萄酒馥郁的香气能够衬托出肉冻的浓厚香味，咸香肥嫩的猪肉能够突出干红葡萄酒的圆润结构，彼此辉映却不会“争风吃醋”，此外，葡萄酒精致的单宁、馥郁的芳香和恰当的酸度能起到中和猪肉的腥味和腻味的作用。松鼠鳜鱼是传统的淮扬菜，以料酒和盐腌制鳜鱼，后将其裹上面衣入锅炸至金黄色，再淋上酸甜酱汁，外层酥脆鲜香，内部肉质鲜嫩，酸甜可口。选择酸度较高的长相思和雷司令等葡萄品种酿制而成的白葡萄酒最为适宜，葡萄酒柔顺的口感、爽脆的酸度和馥郁的芳香能很好地平衡鱼肉的口感与味道，激发和调动鳜鱼的鲜味。

在中餐与葡萄酒的搭配中，我们除了要考虑上述的不同菜系的主要风味特点外，也要考虑个人的口味喜好，每个人对不同口味的平衡感觉是不一样的，选择适合个人口味的搭配也很重要。

无论如何，不同菜系与不同风格葡萄酒搭配时，通用的经验仍然是：以菜为主，以酒配菜，口味偏甜，酒也要偏甜，酒不掩盖菜的风味；口味偏酸，酒也要偏酸，但不能太酸，太酸会破坏菜的鲜和引起味蕾短时间的失灵。红葡萄酒配菜要注意颜色深、口感涩的新红葡萄酒不要配带甜味的菜，单宁和甜味是冤家，会生出苦味；新红葡萄酒配川菜要小心，它的单宁会感觉越喝越辣。红葡萄酒一般不配海鲜，清蒸鱼禁配红葡萄酒，酒会掩盖海鲜的鲜，单宁让鲜嫩的肉质变得粗糙，让腥味更腥，甚至出现金属异味。最后要记住芥末、腐乳和姜醋汁是葡萄酒的克星，这些调料会让任何葡萄酒都变得无味。

中餐与葡萄酒的搭配，只要遵循美食与美酒搭配的基本原理，在前人总结的这些经验的基础上大胆尝试，一定会和中国葡萄酒一样，“当惊世界殊”。因为中餐实在太丰富了，可以与葡萄酒搭配的组合也实在太多了，假以时日，中餐的美与葡萄酒的美一定会交相辉映，成为媲美西方葡萄酒文化的中国葡萄酒文化的重要组成部分。

第二十二章　天使与魔鬼

自从葡萄酒进入人类的生活之后，葡萄酒是天使还是魔鬼一直是一个被广泛争论的问题，直到今天，我们还在纠结它的天使本性与魔鬼特点。我们已经知道过量酒精摄入对人生理和精神健康有毁灭性的影响，会导致肝硬化，增加高血压和中风的风险，促进乳腺和消化道问题的发生，孕妇饮酒可能导致胎儿酒精综合征。我们也知道适度饮用葡萄酒对人体具有显著的益处，它可以减少 2 型糖尿病的可能性，抗高血压，并能够降低部分癌症和一些其他疾病的发病率。这些流行病学的相互关系已经得到了相关体内研究的支持，它们提供了这些相关性的分子解释。在确认因果关系中，尚有一些需要研究的热点等待科学家的解读，如葡萄酒吸收的动力学、代谢、疑似活性组分以及与肠道微生物的关系等。

22.1　法国悖论

著名的法国悖论的论点是法国人的日常饮食中含有大量的饱和脂肪酸，不利于心肌健康，但是法国人患心血管疾病的概率却非常的低。美国农业部 2002 年的统计结果显示，法国人每天比美国人多吃 32 克的脂肪，4 倍的黄油，60％的奶酪和 3 倍的猪肉。神奇的是，比较两国因冠心病导致的死亡率，法国仅有 0.083％，而美国则高达 0.23％，近乎是法国的 3 倍。而且法国人比美国人瘦，即使法国人的肥胖及超重比例不断增加，也只有美国人的一半左右。研究指出，法国人日常饮用的葡萄酒中的一些成分起到了保护心脏的作用。

大数据结果显示，酗酒的人比不喝酒的人得心血管疾病和死于心脏病的概率大大增加；但是适度饮酒的不仅比酗酒的人低，比完全不喝酒的人也要低，不仅葡萄酒，白酒、啤酒也都有类似的结论，而葡萄酒尤其是红葡萄酒的效果最为明显。

图 22-1 数据展示了著名的葡萄酒产区，如法国的波尔多、西班牙的里奥哈、意大利的托斯卡纳，以及以高度白酒为主的俄罗斯的寿命情况；此外，在这些优质且古老的葡萄酒产区，葡萄酒已经融入当地居民生活中，已成为他们的饮食习惯和文化的一部分，来自这些产区的居民的人均寿命，不论是男性还是女性，均高于本国的男性、女性的人均寿命。

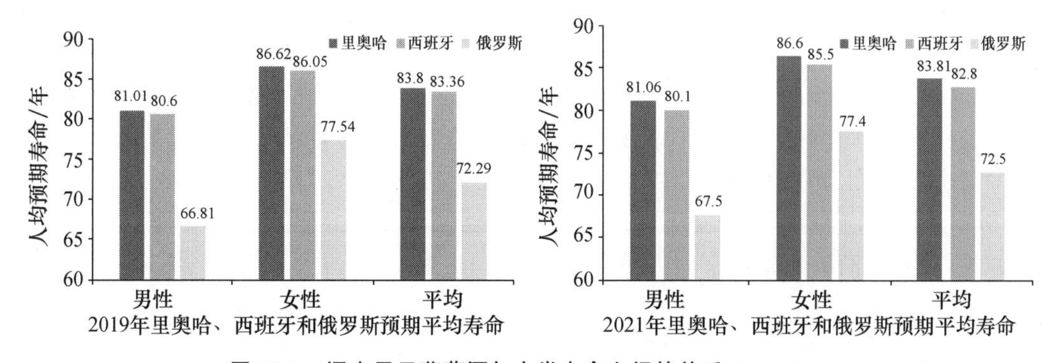

图 22-1　调查显示葡萄酒与人类寿命之间的关系（游义琳 绘）

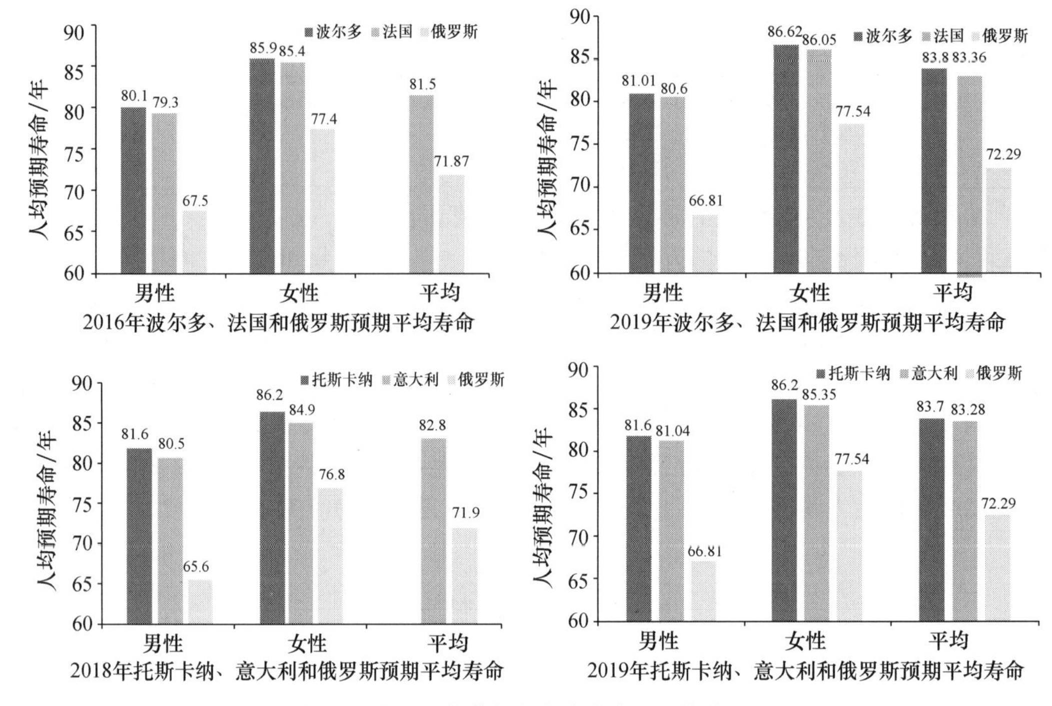

图 22-1(续) 调查显示葡萄酒与人类寿命之间的关系(游义琳 绘)

22.2 葡萄酒的营养成分及作用

葡萄酒的营养成分主要是水、醇、糖、酸、多酚类物质、芳香物质等。

22.2.1 醇

除了水外,醇类物质是葡萄酒中含量最高的成分。乙醇无疑是葡萄酒中含量最多的醇类,含量在 8%～14%。此外,还有甲醇、高级醇和多元醇。甲醇属于不好的醇,我们喝酒后头疼很多时候就是甲醇在作祟,甲醇在干白、桃红中限定低于 250 毫克/升,在干红中低于 400 毫克/升。多于两个碳原子的醇叫作高级醇,也称杂醇油,由酵母代谢产生,是构成葡萄酒香气的重要组成成分。葡萄酒中的高级醇主要有正丁醇、正丙醇、异丁醇、异戊醇、苯乙醇等,这些高级醇在低浓度时,能使葡萄酒酒体丰满、香气协调;高浓度时,使葡萄酒风味不协调、出现高级醇味,饮后易口干头痛。此外,葡萄酒中还会出现其他杂醇,如由正己醇和己烯醇组成的化合物具有青草气味,是未成熟葡萄酿造的葡萄酒的特征香气。1-辛烯-3-醇具有蘑菇的味道,它的出现是由于葡萄受到贵腐菌侵染。萜醇类物质是麝香葡萄的主要香气物质。多元醇是指在碳链或环分子上有多个羟基的醇类,葡萄酒中的多元醇主要有甘油、2,3-丁二醇等,对葡萄酒的口感带来积极的影响。

22.2.2 糖

葡萄酒中的糖有三类,单糖、双糖和多糖。单糖包括葡萄糖、果糖、甘露糖、鼠李糖、阿拉伯糖和木糖等,来自葡萄浆果、糖苷的水解和发酵。双糖主要是海藻糖,来自酵母自溶。多糖主要是果胶、果胶酸、糖苷、糖脂、糖蛋白、蛋白聚糖等，来自葡萄浆果、酵母、贵腐菌等，这些多糖存在会影响葡萄酒的稳定性，所以通常需要用果胶酶、葡聚糖酶和过滤处理去除葡萄酒中的这些多糖。

22.2.3　酸

葡萄酒中的酸主要包括来自葡萄原料的酸，如酒石酸、苹果酸、柠檬酸，属于非挥发酸；还有来自发酵过程酵母代谢的琥珀酸、乳酸和乙酸等。葡萄酒中的挥发酸包括甲酸、乙酸和丙酸。其中乙酸含量最高达 90%，一般不超过 0.6 克/升，当大于或等于 0.7 克/升时，就开始对酒质产生不良影响；当达到 1.2 克/升时，就会有明显乙酸味，失去葡萄酒的典型性，所以发酵过程中需要严格控制挥发酸的含量。

22.2.4　多酚类物质

葡萄酒中的多酚类物质主要包括黄酮醇类、黄烷醇类、黄烷-3-醇、原花青素、花色苷类、酚酸类和芪类等。红葡萄酒中多酚含量一般为 1.2～3.0 克/升(白葡萄酒约为其 1/10)，其中黄烷-3-醇类和原花青素(缩合单宁)占 50%以上。它们除赋予葡萄酒独特的颜色、口感和风味外，还具有杀菌、抗氧化、消炎的作用，是防止心血管疾病的主要成分。多酚类物质的来源主要是葡萄浆果，其次也有来自酵母代谢和橡木桶的贡献。葡萄酒中多酚含量的多少，除了葡萄品种的差异外，气候条件和栽培模式是最大的影响因素，此外，酿造工艺也会对葡萄酒中最终的多酚含量产生重要的影响。因此，人们可以通过适当的逆境胁迫(如适当增强光照强度)促使葡萄原料中某些有用的多酚类物质产生，同时通过适当改进酿造工艺，如适当延长皮渣浸渍的时间，也能起到一定的增加葡萄酒中多酚含量的效果。

22.2.5　芳香物质

目前已知的葡萄酒内芳香物质大约有 1300 余种，芳香物质是构成葡萄酒复杂多样风格的重要成分。按照来源芳香物质主要有三大类：第一类为果香(品种香)，来自葡萄品种，主要是萜烯类化合物、甲氧基吡嗪、硫醇类化合物、C_{13}-降异戊二烯及其衍生物等，主要赋予葡萄酒花香、果香、植物与矿物风味，对葡萄酒的品种典型性和产地特性起着决定性作用。葡萄酒中最常见的 C_{13}-降异戊二烯衍生物是 β-大马酮，有复杂的花香、热带水果香和煮苹果香气；甲氧基吡嗪使欧亚种葡萄拥有典型的青椒味等植物类风味，尤其是赤霞珠和长相思，在未成熟的葡萄中含量也较高。第二类是发酵香，来自发酵过程，主要为乙醇、高级醇、酯类与酸，赋予葡萄酒酒香、醇香和一些水果香等风味，以及带来灼烧等口感。第三类为陈酿香，来自陈酿过程，主要为高级醇、乙酯、脂肪酸等。

22.2.6　其他成分

葡萄酒内的成分还有氨基酸、多肽、蛋白质、生物胺、氨基甲酸乙酯等含氮化合物，维生素 C、维生素 B_2、维生素 B_{12} 等维生素，以及钾、钙和镁等矿质元素。

22.3　酒精在人体内的代谢

我们喝进去的葡萄酒，酒精在消化道的黏膜处开始被吸收，由口腔进入胃，途经十二指肠空肠、回肠、大肠。其在十二指肠空肠处吸收最快,胃吸收较快,其次是大肠。酒精经过肠道吸收后进入肝脏,肝脏将90%~95%的酒精代谢掉,速率大约为15毫升/小时。代谢过程主要依赖于两种酶,分别是乙醇脱氢酶(alcohol dehydrogenase,ADH)和乙醛脱氢酶(acetaldehyde dehydrogenase,ALDH)。乙醇脱氢酶,大量存在于人和动物肝脏、植物及微生物细胞之中,作为生物体内主要短链醇代谢的关键酶,它在很多生理过程中起着重要作用。它是一种含锌金属酶,具有广泛的底物特异性。细胞质内的乙醇脱氢酶将酒精氧化为乙醛,已知的7个乙醇脱氢酶基因中,3个在肝脏中起作用,其他的在胃上皮组织或其他组织中起作用。

只有当血液中酒精浓度很高时,人体才会启动第二个酒精代谢途径,这个代谢途径叫微粒体乙醇氧化系统(microsomal ethanol oxidizing system,MEOS)。该代谢体系中转化酒精为乙醛的酶是肝细胞色素P450 2E1酶,利用分子氧而不是NAD^+,氧化效率最高约有20%。

研究证明乙醇代谢产生的乙醛在体内积累对于机体的损伤更严重,因此需要尽快被代谢,此过程主要由乙醛脱氢酶来完成。乙醛脱氢酶是醛脱氢酶的一种,负责催化乙醛氧化为乙酸的反应。乙醛在线粒体的乙醛脱氢酶的作用下,转化为乙酸。乙酸被转化为乙酰辅酶A,进入三羧酸循环,最后被代谢为二氧化碳和水排出体外。

主要代谢途径中的乙醇脱氢酶主要存在于胃黏膜和肝脏内,胃黏膜中的乙醇脱氢酶易受雌激素的影响,在口服摄入同等剂量酒精的情况下,女性比男性血液中酒精的浓度要高。而乙醛脱氢酶主要存在于肝脏内。乙醛脱氢酶2(ALDH2)基因除编码乙醛脱氢酶外,还编码硝酸酯酶,其与酒精代谢和硝酸甘油代谢密切相关,不同乙醛脱氢酶2基因型人群对酒精和硝酸甘油的代谢存在非常大的反应差异。

喝酒后脸变红是缺乏乙醛脱氢酶导致的,原因是乙醛脱氢酶2基因中第504位点的单个核苷酸被替换,导致该酶487位中的谷氨酸(Glu)被赖氨酸(Lys)取代,常以乙醛脱氢酶2(Lys 487)来表达。研究显示,世界上大约有8%的人口(约5.4亿人,以东亚人为主)由于乙醛脱氢酶2基因突变,导致缺乏乙醛脱氢酶。乙醛脱氢酶缺乏的危害比较明显,建议大家,尤其是喝酒脸红的人应该去检测一下这个基因是否突变。乙醛脱氢酶2基因突变还与增加食道癌、口咽癌、胃癌、冠心病、心肌梗死等的风险相关。因此,明确乙醛脱氢酶基因型之后,对于降低酗酒发生、提高舌下硝酸甘油的效用率、抵抗缺血都有一定帮助。

22.4 葡萄酒魔鬼的一面

22.4.1 酒精对生理的影响

(1) 细胞毒性。酒精具有不受调控穿过细胞膜的能力,容易产生细胞毒性。酒精氧化为乙醛的速度大大快于乙醛氧化为乙酸的速度,导致乙醛在血液或其他体液中积累,这被认为是饮酒过量导致酒精产生毒性的重要原因。如果酒精摄入速率低(少或时间长),乙醛代谢足够快,就能限制它的积累和从肝脏中的释放。在乙醛比较高的浓度时,乙醛会快速消耗储存在肝脏中的谷胱甘肽,后者是一种重要的细胞抗氧化剂。这与微粒体乙醇氧化路径的激活相一致,从而产生有毒的游离氧自由基。在缺乏充足的谷胱甘肽的情况下,游离氧自由基积累并破坏线粒体的功能。

(2) 抑制大脑的高级功能。饮酒后首要的生理作用之一就是抑制大脑的高级功能,降低社交能力，导致失态。也有的引起困倦，睡前饮用少量葡萄酒(90～180 毫升)可以起到助眠的效果，这可能是因为酒精促进抑制剂 γ-氨基丁酸(γ-aminobutyric acid，GABA)的扩散，同时抑制兴奋性谷氨酸受体的作用，而 γ-氨基丁酸和谷氨酸参与大约 80%的大脑神经线路。

(3) 利尿作用。饮酒后会感觉尿液产生增加了，出现了利尿作用。这是由于饮酒减少了激素分泌，主要是抗利尿激素。但酒精如何作为下丘脑-垂体-肾上腺系统的重要调节因子，调控如促肾上腺皮质激素和肾上腺固醇这些激素的释放，人们尚知之甚少。

(4) 暂时性虚弱。酒精的另一项多重影响是将肝糖原转化为糖，导致短期内血糖升高，进而引起葡萄糖通过尿液损失，以及胰腺所释放的胰岛素升高。这两者带来血糖含量的下降，如果严重会导致低血糖，过量酒精摄入会导致暂时性虚弱。

除了过度饮酒带来的上述生理反应外，葡萄酒的魔鬼的一面还表现在以下几个方面。

22.4.2　酒精与食管癌

对于有脸红症的人来说，乙醛脱氢酶缺乏，可能带来组胺释放、支气管收缩、哮喘、提高食管癌等癌症的发病率。

22.4.3　酒精及乙醛损伤 DNA

在最新研究中，研究人员利用基因工程小鼠进行试验，为酒精代谢物造成细胞(尤其是能分化为各种组织的干细胞)DNA 损伤提供了强有力的证据。研究人员首先通过基因工程敲除了小鼠的乙醛脱氢酶 2 基因，使其无法产生乙醛脱氢酶。随后，研究人员进一步敲除了小鼠的范可尼贫血互补群 D2(FANCD2)基因。范可尼贫血互补群 D2 基因编码的范可尼贫血互补群 D2 蛋白是第二道乙醛屏障的重要组成部分，能够修复受损的 DNA。研究发现，5.8 克/千克体重的酒精剂量腹腔注射处理小鼠(相当于 60 千克体重的成年人饮用 62 克的茅台酒)，显著增加了乙醛脱氢酶 2 和范可尼贫血互补群 D2 基因突变小鼠的染色体同源重组的概率。同样剂量的酒精腹腔注射小鼠 30 天，乙醛脱氢酶 2 和范可尼贫血互补群 D2 基因突变的小鼠完全丧失造血能力。这些小鼠的干细胞基因组测序结果也表明，细胞内 DNA 的不稳定性猛增，严重扰乱并使得细胞完全丧失功能。

22.4.4　酒精及乙酸促进大脑组蛋白乙酰化

在神经元细胞核内，DNA 长链缠绕在组蛋白上，共同组成紧密的染色质。加入一种化学基团到神经元基因组的特定位点上(该过程被称作乙酰化)打开紧密缠绕的 DNA，从而能够读取参与记忆形成的基因，这就使得它们编码的蛋白可以表达。

在神经元中，组蛋白的乙酰化依赖于代谢物乙酰辅酶 A，它是由染色质结合的乙酰辅酶 A 合成酶 2(ACSS2)从乙酸盐中产生的。

肝脏中酒精的分解会导致血液中乙酸盐水平的迅速增加，即酒精成为体内乙酸盐的主要来源。因此，神经元中的组蛋白乙酰化可能受到源自酒精的乙酸盐的影响，酒精从而对大脑中基因表达和行为产生潜在影响。

研究人员采用同位素标记的酒精和先进的质谱技术来追踪酒精及其分解产物在身体和大脑中的去向，发现酒精代谢会快速地影响海马体——大脑的学习和记忆中心中的组蛋白乙酰化，这种影响是通过乙酰辅酶 A 合成酶 2 将源自酒精的乙酰基直接沉积到组蛋白上实现的。酒精会直接(通过直接引入酒精衍生的乙酸)和间接(通过其他代谢途径)引起大脑中组蛋白的乙酰化,从而影响大脑中的神经表观遗传调控。

22.4.5 酒精引起的生育障碍

酒精及其代谢产物乙酸促进大脑组蛋白乙酰化,酒精代谢后形成的乙酰基被整合到在子宫内发育的胎儿的脑细胞中。在神经发育早期,酒精产生的乙酸沉积在胎儿前脑和中脑区域中的组蛋白上,这可能是胎儿酒精综合征(fetal alcohol syndrome,FAS)的新解释。

胎儿酒精综合征涉及一系列的症状,包括抑制生长、轻微的智力以及细微的面部畸形等,在嗜酒母亲的孩子中最为显著。美国范德堡大学医学中心对5353名女性怀孕期间饮酒的时间、数量和类型,以及这些因素与怀孕20周前流产风险的关系进行分析,发现女性在怀孕前后5～10周内每周饮酒,流产的风险就会增加8%。而且此风险是累积性的,与每周饮酒次数、类型或是否过量饮酒无关,哪怕每次只是少量饮酒,也会增加自然流产风险。因此,备孕期女性应该严格禁酒,降低不良妊娠风险。此外,研究表明,酒精摄入会对男性的生殖健康产生不良影响,尤其是精子的质量,进而影响生育。

22.4.6 头痛与宿醉

有时候我们喝葡萄酒会头疼,特别是喝红葡萄酒,这可能是由葡萄酒中含有的某些酚类物质引起,红葡萄酒中的酚类物质含量平均在1200毫克/升,而白葡萄酒通常在200毫克/升。喝红葡萄酒头痛可能会在饮用葡萄酒后几分钟内形成,并且经常是与剂量有关的,会在大约2小时内达到第一次峰值,然后减弱,但是在大约8小时后以更强烈的形式复发。这种头痛似乎与E型前列腺素的释放有关,它是一种与血管膨胀有关的重要化合物。

宿醉以发抖、心悸、心动过速、发汗、食欲降低、焦虑、恶心、呕吐和失忆为特点。当头痛伴随着宿醉,这种头痛是整体性的,更多地出现在宿醉前期,并且产生心悸等,通常发生在停止饮酒几小时后,此时血液中酒精浓度开始下降并且其他的宿醉症状已经形成。这种头痛的时间很少超过12小时。宿醉的原因可能与酒精及其初级降解产物甲醇(代谢副产物甲醛和甲酸)和多种同族物有关。它们中没有一种被充分认定为主要诱因。

乙醛的积累也被认为是引发宿醉的一个主要激活因子。乙醛能破坏膜的功能(部分通过肝细胞色素P450氧化酶的作用)和大脑神经递质的作用。一些所谓的解酒药都是基于抵消乙醛的作用原理来设计的。甲醇可能会加重酒精和乙醛的作用。

对于宿醉目前还没有普遍有效的治疗方法。就餐时适度和适量饮用葡萄酒可能是目前最可靠的预防方法。

22.5 葡萄酒天使的一面

西方有句谚语:“每天喝一杯葡萄酒的人,能活得更老。”医学之父希波克拉底说:“葡萄酒作为饮料最有价值,作为药物最为可口,作为食品最令人快乐。”《本草纲目》中记载:葡萄酒有“暖腰肾、驻颜色、耐寒”。葡萄酒是唯一有着积极社会期望的酒精饮料。

葡萄酒展现天使属性有两个最基本的前提:适度和适量。在魔鬼的属性里,酒精及其代谢产物乙醛、乙酸可能对多种器官产生严重的、逐渐恶化的和长期的损害,并导致酒精依赖。但掌握适度和适量的饮用原则,对大多数人而言,会看见葡萄酒天使的一面。

22.5.1 抑制自身免疫疾病

酒精对先天免疫和适应性免疫有双重影响,适量饮酒具有免疫调节作用,抑制自身免疫疾病的发生;酒精及其代谢物乙酸盐在抑制自身免疫的早期阶段可有效降低关节炎模型的疾病表型,从而有效减轻或预防关节炎的发生发展。来自 *PNAS* 上发表的一项研究发现,在实验性自身免疫性脑脊髓炎(experimental autoimmune encephakmyelitis,EAE)小鼠模型中,适量酒精摄入可以性别特异性方式改善雄鼠(而非雌鼠)的神经炎症,并改变小鼠的肠道菌群组成,包括一些关键的与免疫调节相关的细菌。

22.5.2 抵抗心脑血管疾病和延缓衰老

除著名的法国悖论外,另一项对挪威 115592 位 40～44 岁人群随访 16 年的研究发现,饮酒者比非饮酒者患心脑血管疾病的风险要低 61%,且相较于烈酒及啤酒,葡萄酒能降低 22%～27%的发病风险。另外一项来自意大利急性心肌梗死生存试验和预防的研究结果表明,在确诊心脏病的患者中,与非饮酒者相比,适度饮酒与较低的心脑血管发病率和总死亡率有关。

另有来自西班牙纳瓦拉大学的学者就“地中海饮酒模式(Mediterranean alcohol-drinking pattern,MADP),即适量摄入酒精,一星期内较为平均地摄入酒精,低烈酒摄入,更多饮用葡萄酒,提升红葡萄酒消费量,以及避免酗酒”对于研究对象的健康影响进行评估,发现地中海饮酒模式对于降低心脑血管疾病发病率有积极的影响,可使死亡率下降高达 45%。

我国学者研究发现,存在于葡萄籽和葡萄酒中的原花青素 C1 能够高效且安全地清除衰老细胞。采用原花青素 C1 单独处理衰老小鼠时,其健康中位寿命延长了 64.2%。

人群试验的结果表明,适量摄入红葡萄酒及其多酚后,它们通过降低血浆脂质水平、低密度脂蛋白过氧化,降低血栓、纤维蛋白原水平和胶原诱导的血小板聚集,进而降低心脑血管疾病发病率和延缓衰老。给志愿者分别一次性摄入适量的红葡萄酒(300 毫升)、白葡萄酒、啤酒和葡萄汁,研究发现摄入红葡萄酒可以显著降低志愿者血清中的低密度脂蛋白氧化速率,而其他三组没有此效果。同样一项研究给志愿者分别摄入红葡萄酒(375 毫升)、白葡萄酒(375 毫升)、白葡萄酒(375 毫升)+1 克红葡萄酒多酚、1 克红葡萄酒多酚的胶囊、与红葡萄酒和白葡萄酒等含量的酒精(40 克),持续 6 周。结果表明,摄入红葡萄酒组及红葡萄酒多酚组的志愿者的血清脂质氧化速率、低密度脂蛋白共轭二烯形成率、低密度脂蛋白过氧化物形成率等显著降低,而在摄入白葡萄酒和单独的酒精志愿者组中未发现该效果,说明红葡萄酒中发挥降低低密度脂蛋白氧化速率和抗氧化等效果的是其中的多酚类物质。

研究表明,心脏病发作或中风导致的主要伤害是氧气缺乏和细胞死亡。因此,血小板聚集的抑制因子可以降低心血管疾病的发生频率也就不足为奇了。葡萄酒中的许多多酚类物质,如白藜芦醇、儿茶素、表儿茶素和槲皮素等,对血小板的聚集也具有抑制作用。同时还发现,一些多酚类物质的联合作用要优于单独一种化合物,它们可增强内皮组织细胞一氧化氮的合成和释放。一氧化氮能够通过放松血管平滑肌诱导血管舒张,并抑制血小板对血管内皮层的附着。此外,酚类物质成分可以直接与低密度脂蛋白结合,降低它们的氧化速率,间接减少巨噬细胞介导的低密度脂蛋白的氧化,也会保护对氧磷酶的作用,进一步保护低密度脂蛋白免于氧化。此外,红葡萄酒多酚类物质会抑制平滑肌细胞向动脉壁内膜的移动。

22.5.3 抗氧化作用

葡萄酒多酚类物质不仅在葡萄酒陈酿和储存中是重要的抗氧化剂，而且在人体内也是抗氧化剂。葡萄酒中的明星活性成分无疑是白藜芦醇，它是一种重要的植物次生代谢产物，用于抵抗外伤、细菌、感染、紫外等外界逆境，主要存在于葡萄、花生、桑葚等果实中。1992年在商业葡萄酒中首次发现白藜芦醇的存在，后续大量的细胞模型和动物模型试验结果表明白藜芦醇有益于人类健康，包括消炎、抗氧化、保护心脑血管、抗肥胖、抗糖尿病、抗衰老、抗癌等。1997年，美国芝加哥大学的研究团队在权威期刊 *Science* 上首次报道白藜芦醇作为抗氧化剂、抗突变剂和抗炎剂，能够抑制小鼠乳腺细胞和皮肤癌症病变，并阻止恶性肿瘤的扩散。白藜芦醇比膳食中的抗氧化剂如维生素E和抗坏血酸具有更强的抗氧化作用。此外，白藜芦醇可以激活神经细胞分化，突触可塑性发展（与学习能力发展密切相关），以及神经元存活的蛋白质。

白藜芦醇还被证实可以显著延长酿酒酵母、线虫、果蝇和小鼠等不同物种的寿命。大量的动物试验表明白藜芦醇可增加肥胖小鼠胰岛素敏感性、减少肝脏脂肪沉积，进而达到减轻小鼠体重和改善小鼠糖尿病症状的效果。一项对BMI在28～36千克/米^{2}的健康肥胖男性志愿者进行30天膳食补充白藜芦醇（150毫克/天）的试验发现，白藜芦醇可以显著减少肥胖患者腹部皮下脂肪细胞的大小。

此外，存在于葡萄酒中的其他多酚类物质，如酚酸、黄酮醇、花色苷等也被大量研究证实具有抗氧化、抗癌和抵抗肥胖及其相关代谢疾病的效果。芦丁和槲皮素具有抑制氧化偶氮甲烷诱导的小鼠结肠癌形成的效果，可以直接淬灭游离自由基，或提高内源抗氧化剂的水平，进而达到抗氧化的效果。

22.5.4 促进消化

葡萄酒对食物消化具有一些直接和间接的促进作用。葡萄酒中的多酚类物质和酒精能够促进唾液的分泌；琥珀酸可以促进胃液的释放，通过延长酸水解促进消化；酒精可以刺激小肠中胆汁的分泌，酸类和芳香类物质也可以诱导类似的作用。

尽管酒精通常有益消化，但红葡萄酒含有的部分多酚类物质也可能会影响消化，主要是单宁和酚酸会干扰到消化酶的功能。葡萄酒中含有的部分物质也会降低小肠对铁和铜的吸收。

葡萄酒对消化的促进作用不仅表现在生理层面，还体现在文化层面和心理层面，用餐时优雅的环境与葡萄酒赋予的文化内涵，导致了进食速度的减慢，可能诱导饱腹感和调节食物的摄取量。

22.5.5 调节肠道菌群

研究表明葡萄酒多酚通过改善肠道微生态，而促进人类健康。膳食多酚在进入人体消化道后，只有约5%可以直接被人体吸收，其余大部分都需要在大肠经肠道微生物代谢后才具有生物活性，尤其是红酒中含量丰富的原花青素必须经过肠道微生物降解后才可以被人体吸收或具有生物活性。一篇发表在 *Science* 上的研究成果表明，肠道微生物可以在体内将红酒中的类黄酮降解为去氨基酪氨酸并减少流感病毒对肺部的损伤，肠道微生物对槲皮素的代谢产物3,4-二羟基苯乙酸可以在体外培养条件下上调人腺瘤细胞GSTT2基因的表达，并降低炎症基因 COX-2 的表达，表明多酚的肠道微生物代谢产物可以提高细胞的解毒能力并降低细胞的炎症反应水平。与此同时，多酚与肠道微生物的作用是相互的，在肠道微生物代谢多酚的同时多酚也对肠道微生物的生长及代谢产生影响，即多酚作为益生元发挥调节肠道微生物的效果。正常人体内的肠道微生物主要有拟杆菌门、厚壁菌门、放线菌门、变形菌门和疣微菌门，在肥胖的人中厚壁菌门：拟杆菌门的数值比体重正常的人要高，而通过补充膳食多酚可以在一定程度上逆转这种趋势。阿克曼菌属（*Akkermansia*）属于疣微菌门，通过用阿克曼菌灌胃等处理肥胖小鼠可以在一定程度上减轻其代谢综合征情况，如增重、血糖升高和胰岛素抵抗等，许多研究表明水果包括葡萄中的膳食多酚可以增加肠道中阿克曼菌属的比例。此外，多酚还可以增加肠道中有益菌如乳杆菌（*Lactobacillus*）和双歧杆菌（*Bifidobacterium*）的比例，并抑制有害菌如金黄色葡萄球菌（*S. aureus*）和机会致病菌大肠杆菌（*E. Coli*）的生长。伦敦国王学院的科学家在 *Gastroenterology* 报道，适量摄入红葡萄酒的人群肠道微生物多样性更丰富，尤其是考拉杆菌属、巴恩斯氏菌、普雷沃氏菌科 NK3B31 等水平较高，而现有的其他研究已证明这三株菌在肥胖患者体内较少，而在 BMI 低的人群中相对较高。该研究同时发现同样摄入啤酒、苹果酒、白葡萄酒和烈酒等其他酒精饮料的志愿者组中未发现上述结果。葡萄酒中的多酚不仅可以直接改变肠道微生物的组成，还可以通过影响肠道微生物的代谢来产生益处，如白藜芦醇可以抑制肠道微生物产生氧化三甲胺从而降低动脉粥样硬化的发生概率；栗木鞣花素等与肠道微生物直接作用而具有抗肿瘤活性，不仅可以改变肿瘤免疫微环境，还能改善抗 PD-1 抗体治疗的效果，进而达到抗肿瘤的效果。葡萄酒中的活性成分对于肠道微生物的影响已被证实并日益受到关注，其有关的调节机制正逐步被科学家揭示。

研究前沿与挑战

（1）智慧农业的发展和技术应用带来葡萄酒世界地图拓展的同时，产品同质化问题对于世界葡萄酒的影响或评价是一个值得关注的问题。

（2）中国的原产地保护或小产区保护以及特色风土资源，如何在世界葡萄酒行业里既独树一帜，又融入发展，健全法律法规和保护与认证机制是一个挑战。

（3）现代化的生活需要简洁快速地知道葡萄酒的好坏，如何平衡电子评价的冰冷与个体评价的审美体验是一个挑战。

（4）葡萄酒与美食的搭配一直是以西餐为原则的，中国作为未来葡萄酒世界不可忽视的存在和绝对的消费主战场，中餐与葡萄酒的搭配如何科学化、标准化进而发展为如同西餐一样被大众广为接受的程度，还有很多问题需要进一步探究。

（5）葡萄酒中的营养物质与健康的关系，一直都会是研究的最前沿。所面临的挑战是要从现象到本质，从本质到指导产业化。

阅读理解与思考题

（1）旧世界与新世界的区别？

（2）新世界的新与旧世界的旧对于行业发展的影响哪个更大？

（3）是什么让法国波尔多和勃艮第具有最多的世界级酒庄？

(4) 中国葡萄酒产区具有最大的多样性，欧洲的分级系统与中国目前的国家标准有哪些地方需要进行改进？

(5) 村庄级或酒庄级产区认定适合中国吗？

(6) 尊、壶、爵、角、觥、觚、彝、卣、罍、瓿、杯、卮、缶、豆、斝、盉等是中国自古以来就有的酒器系列，为什么葡萄酒没有选用中国的酒器？

(7) 如何理解葡萄酒与健康中国的关系？

(8) 白藜芦醇具有哪些神奇的作用？

(9) 葡萄酒中的单宁主要来自哪里？

(10) 品尝葡萄酒的时候，要注意什么？

推荐阅读

[1] 李记明. 葡萄酒技术全书[M]. 北京：中国轻工业出版社，2021.

[2] 中国酒庄旅游联盟编委会，著. 杨强，段长青，主编. 中国酒庄旅游地图[M]. 北京/西安：世界图书出版公司，2018.

[3] 杰克逊·罗纳德. 葡萄酒的品尝：第3版[M]. 游义琳，译. 北京：中国农业大学出版社，2022.

参考文献

[1] Ayuda M I, Esteban E, Martín-Retortillo M, et al. The blue water footprint of the Spanish wine industry: 1935—2015 [J]. Water, 2020,12(7): 1872.

[2] Baur J A, Pearson K J, Price N L, et al. Resveratrol improves health and survival of mice on a high-calorie diet [J]. Nature, 2006,444(7117): 337—342.

[3] Bisson L F, Waterhouse A L, Ebeler S E, et al. The present and future of the international wine industry [J]. Nature, 2002,418(6898): 696—699.

[4] Cameleyre M, Lytra G, Schütte L, et al. Oak wood volatiles impact on red wine fruity aroma perception in various matrices [J]. J. Agric. Food Chem., 2020,68(47): 13319—13330.

[5] Campo R, Reinoso-Carvalho F, Rosato P. Wine experiences: A review from a multisensory perspective [J]. Appl. Sci., 2021,11(10): 4488.

[6] Corder R, Douthwaite J A, Lees D M, et al. Endothelin-1 synthesis reduced by red wine - red wines confer extra benefit when it comes to preventing coronary heart [J]. Nature, 2001,414(6866): 863—864.

[7] Crook A A, Zamora-Olivares D, Bhinderwala F, et al. Combination of two analytical techniques improves wine classification by vineyard, region, and vintage [J]. Food Chem., 2021,354: 129531.

[8] Garaycoechea J I, Crossan G P, Langevin F, et al. Alcohol and endogenous aldehydes damage chromosomes and mutate stem cells [J]. Nature, 2018,553(7687): 171—177.

[9] Haseeb S, Alexander B, Baranchuk A. Wine and cardiovascular health: A comprehensive review [J]. Circulation, 2017,136(15): 1434—1448.

[10] Hwang C L, Muchira J, Hibner B A, et al. Alcohol consumption: A new risk factor for arterial stiffness? [J]. Cardiovasc. Toxicol., 2022,22(3): 236—245.

[11] Jang M S, Cai E N, Udeani G O, et al. Cancer chemopreventive activity of resveratrol, a natural product derived from grapes [J]. Science, 1997,275(5297): 218—220.

[12] Lagouge M, Argmann C, Gerhart-Hines Z, et al. Resveratrol improves mitochondrial function and protects against metabolic disease by activating SIRT1 and PGC-1alpha [J]. Cell, 2006,127(6): 1109—1122.

[13] Le Roy C I, Wells P M, Si J, et al. Red wine consumption associated with increased gut microbiota α-diversity in 3 independent cohorts [J]. Gastroenterology, 2020,158(1): 270—277.

[14] Liberale L, Bonaventura A, Montecucco F, et al. Impact of red wine consumption on cardiovascular health [J]. Curr. Med. Chem., 2019,26(19): 3542—3566.

[15] Park S J, Ahmad F, Philp A, et al. Resveratrol ameliorates aging-related metabolic phenotypes by inhibiting cAMP phosphodiesterases [J]. Cell, 2012,148(3): 421—433.

[16] Rehm J, Mathers C, Popova S, et al. Global burden of disease and injury and economic cost attributable to alcohol use and alcohol-use disorders [J]. Lancet, 2009, 373(9682): 2223—2233.

[17] Rössel J, Schenk P, Eppler D. The emergence of authentic products: The transformation of wine journalism in Germany, 1947—2008 [J]. J. Consum. Cult., 2018,18(3): 453—473.

[18] Steed A L, Christophi G P, Kaiko G E, et al. The microbial metabolite desaminotyrosine protects from influenza through type I interferon [J]. Science, 2017, 357(6350): 498—502.

[19] Tverdal A, Magnus P, Selmer R, et al. Consumption of alcohol and cardiovascular disease mortality: A 16 year follow-up of 115, 592 Norwegian men and women aged 40—44 years [J]. Eur. J. Epidemiol., 2017,32(9): 775—783.

[20] Wang D M, Cao L M, Zhou M, et al. Alcohol intake, beverage type, and lung function: A multicohort study of Chinese adults [J]. Ann. NY Acad. Sci., 2022,1511(1): 164—172.

[21] Wood J G, Rogina B, Lavu S, et al. Sirtuin activators mimic caloric restriction and delay ageing in metazoans [J]. Nature, 2004,430(7000): 686—689.

[22] You Y L, Yuan X X, Liu X M, et al. Cyanidin-3-glucoside increases whole body energy metabolism by upregulating brown adipose tissue mitochondrial function [J]. Mol. Nutr. Food Res., 2017, 61(11): 1700261.

[23] Messaoudene M, Pidgeon R, Richard C, et al. A natural polyphenol exerts antitumor activity and circumvents anti-PD-1 resistance through effects on the gut microbiota [J]. Cancer Discov., 2022,12(4): 1070—1087.

[24] Xu Q X, Fu Q, Li Z, et al. The flavonoid procyanidin C1 has senotherapeutic activity and increases lifespan in mice [J]. Nat. Metab., 2021,3(12): 1706—1726.

第五部分

风土背后的文化与科学

第二十三章　引　　言

terroir 是一个原生的法语词汇，是葡萄酒世界的专有名词，而葡萄酒帝国法国是这个单词所包含的内涵和外延的创始者。这个单词在法语中的本意是田地、土地，特指适于种植葡萄的土地，而法国勃艮第则是葡萄酒风土概念的创始者，风土一词过去一直是旧世界范围内的主题词，经过欧洲中心时代长期的发展，风土已经成为一种葡萄与葡萄酒文化现象。

2015 年 7 月，勃艮第葡萄园风土被列为世界文化遗产，对这个世界文化遗产的介绍，可以大致感受到葡萄酒风土的范畴。该文化遗产包括两个部分：一个是博纳镇和与之相关的葡萄园、酒厂和村庄，它们因地理位置、日照状况等具体的自然状况不同而有不同特点，葡萄品种和种植方式也随之不同，以各自出产的葡萄酒来区分，它们共同体现了生产体系的商业层面；另一个是第戎市的历史中心，它代表了促使气候划分体制形成的政治管理层面。风土文化遗产涵盖了勃艮第的历史、文化、商业、气候、种植、工艺等与葡萄酒有关的诸多因素，代表了自中世纪前期发展起来的葡萄酒帝国、葡萄种植业和葡萄酒产业的缩影和典范。

在英文中，直接将 terroir 这个法语单词作为外来词使用，在《牛津葡萄酒指南》（*The Oxford Companion to Wine*）中，这个词被定义为葡萄种植地所有自然环境的总和。

在法国大学的葡萄酒专业课程设置里，有一个模块化的课程就叫“terroir”，内容包括法国原产地命名制度、行业协会结构职责、地质学、气候学、法国历史文化、葡萄生产基础等。法国现代大学对风土的定义是：葡萄酒的风土指在一个特定的空间范围形成的共识，是自然环境和生物之间的相互作用，应用这种共识和对这种相互作用的理解所实施的所有葡萄栽培的措施，这些使得最后的产品可以明显地体现出这个特定空间的特点。

勃艮第葡萄园风土世界文化遗产联合会名誉主席奥贝尔·德维兰（Aubert de Villaine）则对于风土提出了自己独特的见解，他说：“只有风土葡萄酒才有灵魂，这个灵魂透过葡萄酒传递，这就是我品尝一款葡萄酒所要寻找的；如果风土的灵魂融入葡萄酒，我认为它就是一款伟大的酒。这里的‘伟大’并不是指酒的名气，只要它能够准确地表达它的风土，一款小产区的葡萄酒也可以是伟大的酒。美酒佳酿和普通酒的区别，就在于它是否能表达风土，即有没有灵魂。风土是葡萄酒的灵魂。”

德维兰的见解代表了推崇葡萄酒风土文化的主流。风土文化也从旧世界逐渐发展到新世界。随着勃艮第葡萄园风土在 2015 年进入世界文化遗产的行列，风土文化也以前所未有的热度席卷整个葡萄酒世界。

在风土概念和风土文化的引导下，葡萄酒新旧世界都涌现出很多代表本产区特色的顶级葡萄酒酒庄，无不以其独特的美酒诠释着不一样的风土文化。风土背后的文化与科学，成为这些世界顶级酒庄和顶级葡萄酒成功的重要原因。

第二十四章　风水与风土

清代小说《儿女英雄传》第十四回中写道："又问了问褚一官走了几省，说了些那省的风土人情，论了些那省的山川形胜。"这可能是汉语成语"风土人情"的出处，是一个地方特有的自然环境、风俗、礼节、习惯的总称。而中文的风土是指风俗、气候、土地、民情的总称，《后汉书·列传·循吏列传》中提道："民居深山，滨溪谷，习其风土，不出田租。"《晋书·阮籍传》中提道："籍平生曾游东平，乐其风土。"

兴起于春秋战国时期的中国风水文化，是中国传统文化的一部分，而兴起于中世纪的以法国为代表的旧世界的风土文化，是葡萄酒文化的一部分，风水概念比风土概念早了1000多年。风水的核心是生气，风水的本质是种植和培育风水林，依据人类生存法则趋利避害、发现自然、利用自然，包含了建筑学、地质学、环境学、水文学等相关领域的知识，风水的背后是自然科学，风水的最终目的和本质是要选择一个能"藏风聚气"，使天、地、人三才合一的风水宝地。风土和风水一样，都披着神秘而玄妙的面纱，背后隐藏着文化与科学。风水与风土都追求天、地、人三才合一的不同层次与境界，正如清朝皇帝弘历所言："风水胡乃太相逕，造物节宣有妙意。"

24.1　地块与风土：勃艮第传奇

好的风土成就好的酒庄和葡萄酒，如同好的风水成就伟大的城市。而体现风土之好的，无疑是葡萄酒和葡萄园的价格，就如同体现好风水的一定会反映在当地的房地产价格上一样。首都北京可能是中国乃至世界房价奇高的风水宝地之一。而勃艮第则是法国乃至世界葡萄酒价格和葡萄园土地价格奇高的宝地之一，是产区风土文化的一个传奇。

勃艮第的名字来源于勃艮第公爵，如同"罗马不是一天建成的"，葡萄酒帝国成为欧洲中心时代的核心经历了漫长的历史阶段，勃艮第成为顶级的葡萄酒产地也是岁月的成就。早在中世纪时期，来自勃艮第的西多会修士，他们的信念就是：只有最好的土地才能酿造出最完美的葡萄酒，这种信念成为法国葡萄酒风土文化的根。

勃艮第被划分为五大子产区，从北至南分别为夏布利(Chablis)、夜丘(Cote de Nuits)、伯恩丘(Cote de Beaune)、夏隆内丘(Cote Chalonnaise)和马贡(Maconnais)。其中伯恩丘和夜丘合称为金丘(Cote d'Or)，是勃艮第葡萄酒的经典产地，盛产顶级黑比诺和霞多丽葡萄酒。勃艮第的众多葡萄园被分成4个等级：特级、一级、村庄级和大区级(图24-1)。其中，特级园是风土条件最优异的葡萄园，数量很少，整个勃艮第地区仅有33个特级园，分布于夏布利和金丘，其中金丘有32个特级园，特级园红葡萄酒主要产于夜丘，特级园白葡萄酒则主要产于伯恩丘。这些葡萄园大都位于面向南部或东南方向的缓缓山坡上，可以有效地利用太阳的光热，再加上与众不同的土质和典型的大陆性气候，使得每一块土地都有不同的特点和小气候的复杂性与多样性。严格的原产地命名制度以及永远追求优雅、芬芳和对土地的忠诚态度，造就了勃艮第葡萄品种和葡萄酒的多元个性。勃艮第风土的魅力体现出的丰富的变化感，被酿酒师酿入葡萄酒中，从而成就了勃艮第葡萄酒的灵魂。

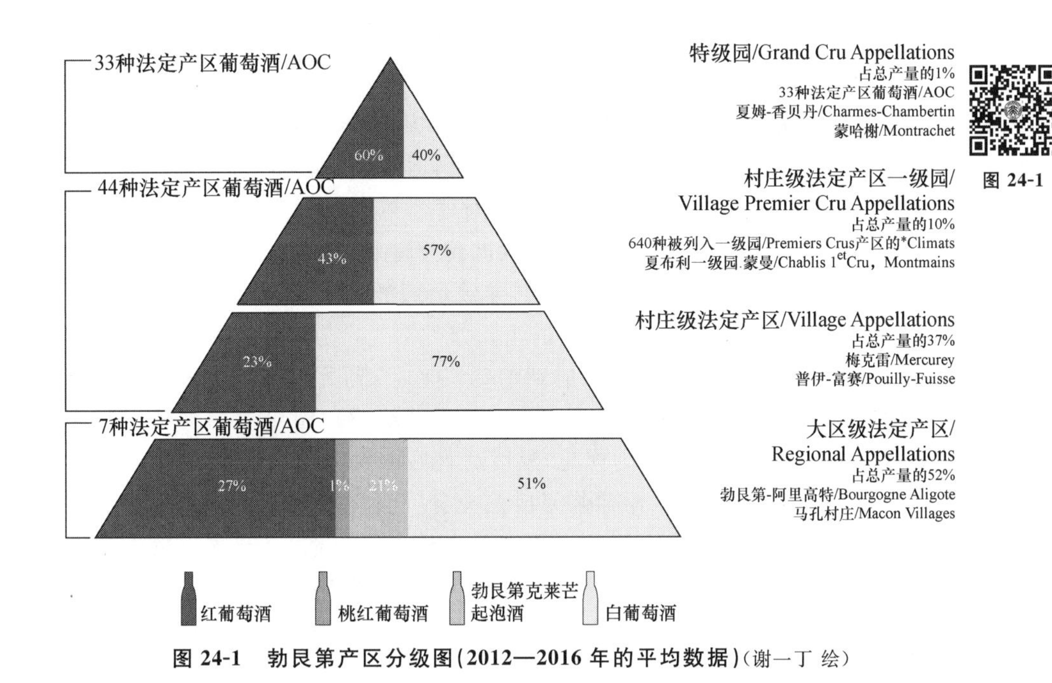

图 24-1 勃艮第产区分级图(2012—2016 年的平均数据)(谢一丁 绘)

1990 年是勃艮第葡萄酒最出色的年份之一,"葡萄酒皇帝"罗伯特·帕克曾给 1990 年的夜丘打出 93 分的高分(整个 20 世纪 90 年代的最高分数)。而夜丘的罗曼尼康帝酒庄,是勃艮第排名第一的顶级酒庄,出产号称"百万富翁买得起,亿万富翁才喝得到"的充满了神秘感且气质优雅的传奇葡萄酒。1990 年份的罗曼尼康帝葡萄酒卖出了 100 万元的高价,而同样年份的一般勃艮第大区葡萄酒仅售 100 元左右。这就是勃艮第,这就是风土文化的魅力。在国际权威比价网站 wine-searcher 统计的世界十大最贵葡萄酒中,有 6 款来自勃艮第的特级园(罗曼尼-康帝酒庄罗曼尼康帝特级园 Domaine de la Romanee-Conti Romanee-Conti Grand Cru;乐桦酒庄慕西尼特级园 Domaine Leroy Musigny Grand Cru;卢米酒庄慕西尼特级园 Domaine Georges & Christophe Roumier Musigny Grand Cru;乐桦酒庄香贝丹特级园 Domaine Leroy Chambertin Grand Cru;乐桦酒庄里奇堡特级园 Domaine Leroy Richebourg Grand Cru;乐桦奥维那酒庄玛兹-香贝丹特级园 Leroy Domaine d'Auvenay Mazis-Chambertin Grand Cru),且都是黑比诺酿制。

顶级葡萄酒卖出的神奇价格,是勃艮第风土的体现,而勃艮第的土地价格,近十几年一直在节节攀升,这从另一个层面展现了勃艮第的风土景象。

在通常情况下,勃艮第特级园的土地价格依次高于一级园、村庄级葡萄园、普通大区级葡萄园。据法国农用土地管理机构调查数据显示,勃艮第金丘产区的特级园土地价格从 2008 年的 700 万英镑/公顷左右一路飙升到 2018 年的 1400 万英镑/公顷左右,成为全法国乃至全世界均价最高的葡萄园。这种势头至今还在发展,2020 年金丘特级园的平均价格为 5145 万元人民币/公顷,比 2019 年增长了 4%,比 2015 年涨了 141%,前提还是市面上有可以待售的特级园。

都是勃艮第出产的葡萄酒,为什么价格却有着天壤之别呢?不同的葡萄园土地价格的区别又在哪里?答案是:在风土,在风水。

我们先看"天"。勃艮第的红葡萄酒产区主要为夜丘、伯恩丘、夏隆内丘、马贡,而白葡萄酒产区主要为夏布利。由于马贡和夏隆内丘靠近南部，天气较为炎热，黑比诺和霞多丽生长较好，但酿出的葡萄酒平衡感稍差点，酒体稍缺细腻感。而夜丘和伯恩丘，天气较为冷凉，非常适合黑比诺和霞多丽的生长，酿出的葡萄酒平衡细腻，陈年潜力更好。由于这种气候的差异，夜丘和伯恩丘的葡萄酒比同级别的夏隆内丘和马贡的葡萄酒品质高，卖价也贵。

再看"地"。勃艮第葡萄园的地理位置不同，对葡萄浆果的成熟度影响较大，导致酿出的葡萄酒的品质也有较大不同。多数勃艮第葡萄园位于斜坡上，斜坡顶端的葡萄园由于海拔位置高，温度相对较低，葡萄得不到充分成熟，导致葡萄酒品质相对一般。同时土壤多为棕土，石灰质含量较少，黑比诺和霞多丽需要的生长条件不是十分理想。位于斜坡底部的葡萄园，光照不如顶部和中部，也不能均匀照射到葡萄浆果上，葡萄成熟度参差不齐。同时底部葡萄园容易积累降雨，排水性不如中部和顶部，因此底部葡萄园出产的葡萄酒品质又逊一筹。只有斜坡中部的葡萄园光照均匀充足，温度适宜且排水速度快，不会造成根系腐烂和吸取过多水分稀释葡萄浆果的风味，葡萄浆果成熟充分。且斜坡中部的土壤多为石灰质黏棕土，石灰质含量丰富，特别适合黑比诺和霞多丽的生长。所以，勃艮第最好的葡萄园都位于斜坡的中部，如勃艮第常见的33个特级园全部都位于斜坡的中部。

最后看"人"。人的因素主要体现在三个方面。其一是栽培管理，特级园一般都不大，如罗曼尼康帝园(图24-2)面积仅1.8公顷，葡萄酒年产量仅为3000瓶左右，其他特级园也仅为几千瓶，因此持有者对葡萄园的管理会更加精细化，对风土的研究也会更加深入，这样产出的葡萄酒的品质会更加优异；大名鼎鼎的伏旧园(图24-2)总面积为50.59公顷，就有80余个持有者，平均每个持有者拥有0.6公顷，最少的仅拥有几行葡萄藤。他们通常采用有机种植或自然动力种植法，人工控制产量，使葡萄浆果的营养和风味更加集中，从而提高葡萄的品质，增进葡萄酒的品质。其二是酿造工艺，顶级名庄除了在葡萄园对葡萄进行筛选外，还会在酒庄进行第二次、第三次筛选，保证每颗葡萄都是处于完美品质。筛选层数越多，葡萄品质越好，葡萄酒品质也会越高，价格也会越贵。压榨采用气囊压榨，防止葡萄酒过多氧化，发酵采用冷浸渍发酵，以便最大程度地保留葡萄酒的香气。其三是酿酒师，毫无疑问，酿酒师对葡萄酒的价格有很大的影响，好的酿酒师都是风土学家，如勃艮第酿酒之神亨利·贾叶(Henri Jayer)就将风土研究到了极致，他买下克罗·帕宏图(Cros Parantoux)一级园后，发现这块土壤中有太多的石灰岩，于是用炸药炸出一个个洞，连续炸了400次，才使得这片葡萄园成为一级园。最重要的是，亨利·贾叶酿造的一级园葡萄酒比其他酿酒师酿造的特级园葡萄酒的价格还要高。克罗·帕宏图一级园葡萄酒国际均价为43239元，远超很多特级园葡萄酒。李奇堡特级园葡萄酒更是号称法国最贵的葡萄酒，国际均价近10万元。

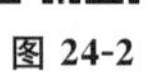
图24-2

图24-2　罗曼尼康帝园和伏旧园

(来源：https://www.xiaohongshu.com/explore/5c5a96db000000001c028119?_at=1554088448368；https://www.putaojiu.com/regions/ClosdeVougeot%C2%A0_291097.html)

勃艮第天、地、人三才合一的综合因素，以及自中世纪以来漫长的历史和文化的浸润，造就了这块葡萄酒世界最好的风水宝地，成就了勃艮第葡萄园地价和顶级葡萄酒天价的神话。正如1976年巴黎审判后，美国葡萄酒抢尽了法国葡萄酒的风头，但骄傲的法国人还是轻蔑地说：他们（美国人）可以偷走我们的葡萄，可以偷走我们的技术，但是他们无法偷走我们的风土。

24.2　年份与风土：伟大年份与艰难年份

在葡萄酒的世界，人们总是喜欢用“伟大”这个词，如伟大的年份、伟大的一款酒。伟大的一款酒总是与伟大的年份相关联。而成就这些被葡萄酒爱好者称之为“伟大”的，无论是年份还是酒，都是风土，是风土中的气候，也是天、地、人三才合一的最高境界。

而最能体现风土的魔法施之于伟大的年份的，莫过于目前世界上最贵的五款酒了。

1. 状元：1992年的啸鹰（Screaming Eagle）

在2000年的一场拍卖会上，一瓶来自美国纳帕谷的啸鹰牌葡萄酒，最后落锤定音的竞价为50万美元，折合人民币300多万元，以有史以来最高的天价夺得世界上最贵葡萄酒的桂冠。这瓶酒，是啸鹰酒庄1992年的年份酒。1992年，成为啸鹰酒庄当之无愧的伟大年份。

1986年才在加州纳帕谷橡树村创立的啸鹰酒庄，借用了第二次世界大战中著名的美国空降101师的别名啸鹰来作为酒庄的名字，啸鹰是美国老幼皆知的第二次世界大战荣耀的象征，代表奋勇征战、高空翱翔，酒庄的啸鹰牌葡萄酒酒标就是一只翱翔在葡萄园上空的雄鹰。酒庄一开始拥有23.1公顷的葡萄园，土壤以岩土为主，气候温和，冬暖夏凉，灌溉条件好，即使是酷热的夏天，葡萄也不会遭受干旱，是葡萄的理想生产之地。葡萄园中，在约1公顷风土最好的地方生产的葡萄品质最好。1992年，酒庄选用最好的风土之地生产的葡萄开始酿造啸鹰牌葡萄酒。最为重要的是，酒庄只在葡萄充分成熟和品质表现优异的年份才生产啸鹰牌葡萄酒，绝不将就生产，如2000年的葡萄未达到酒庄自己的酿造标准就没有生产，2000年也就成为啸鹰酒庄最艰难的年份。

这种将年份表现置于最高标准的做法，成就了啸鹰的威名。由于啸鹰牌葡萄酒产量少（年产只有500～850箱）、品质佳，获得了罗伯特·帕克的青睐，给出了99分的高分，从而使其一瓶难求。在拍卖市场上，啸鹰牌葡萄酒的拍卖价都超过1000美元/瓶，是美国昂贵的葡萄酒之一，也成为美国顶级酒中的领衔之鹰，毫无意外地获得了葡萄酒世界的认可和全球性的成功。1992年，啸鹰牌葡萄酒的第一个年份酒一共只生产了175箱。其中一瓶在2000年的华丽出场，更是让伟大的年份和风土的魅力展现出伟大的价值。

2. 榜眼：1947年的白马庄园（Chateau Cheval Blanc）

位居亚军的是白马庄园的一瓶葡萄酒，这瓶1947年份的葡萄酒被人们称为20世纪最完美的红酒，曾在佳士得葡萄酒拍卖会上创下了30万美元的纪录，仅次于啸鹰酒庄的1992年份赤霞珠葡萄酒，是世界第二贵的葡萄酒。

白马庄园历史悠久，是法国波尔多著名的特级园之一，坐落于圣爱美隆法定产区。在过去近50年的时间里，一直高居圣爱美隆产区分级制度的榜首，是波尔多八大名庄中最有特点的酒庄。它的葡萄园主要种植品丽珠和美乐，平均树龄都在45年，土壤为碎石、砂石及黏土，下面是含铁质极高的岩层，这样的风土，给品丽珠和美乐展现它们的最佳状态提供了可能，酿出的酒成熟、强烈而浓郁。白马庄园几乎用等量的品丽珠和美乐酿造，很少有名庄用这么高比例的品丽珠，但正是如此，白马庄园的葡萄酒具有深宝石的红色。在伟大的年份，白马庄园葡萄酒最迷人的是新酒和老酒都同样诱人，年轻时有一股甜甜的、吸引人的韵味，酒力很弱；经过10年、20年的陈年后，又散发出很强、多层次、既柔又密的个性。罗伯特·帕克评价伟大年份的白马庄园葡萄酒既具有放纵般奇特的个性，又具有不可思议的深度和醇厚性，其矿物质、薄荷醇、奇异香料、烟草和充分成熟的黑色水果风味势不可挡，性感且味美。

白马庄园伟大的年份，除了1947年、1948年、1949年三款连续的年份酒外，1998年、1999年、2000年再现了三部曲的辉煌。

3. 探花：1907年的白雪香槟(Piper-Heidsieck)

这些传世佳酿，不仅是葡萄酒天、地、人的和谐，还有历史与文化的加持。排名第三的白雪香槟酒之所以留名于世，就是因为它所承载的历史与文化的价值。

白雪香槟是世界三大香槟品牌之一，白雪香槟酒庄位于素有“王者之城”美誉的法国历史文化重镇兰斯(Reims)，传说自11世纪起，每一任法国国王都必须到这个“加冕之都”受冕登基。自1785年诞生，一直到今天，它像一款奢侈品一样，一直是时尚界和明星最爱的产品，总是出现在颁奖典礼、电影首映会和时装秀上，最著名的一款是白雪黑钻香槟(Cuvee Rare)。白雪香槟由香槟产区生产的黑比诺和霞多丽酿制而成，除了泡沫细腻之外还蕴含着丰富的果香，无论搭配海鲜还是肉类，都能将口感平衡到位，令人爱不释手、回味无穷。

为白雪香槟赢得季军荣耀的这一瓶1907年份的酒，不仅是世界上最贵的香槟，还是世界上最有故事的葡萄酒。它有一个凝重的名字，叫沉默之船，它的背后，是一段珍贵的历史记忆。

1998年，芬兰湾发现一艘沉船的遗骸，2000瓶1907年份的白雪香槟因此重现于世。这些酒原本是1916年送往沙皇尼古拉二世统治下的俄罗斯，供沙皇和皇室成员饮用，但中途被德国潜艇击沉，这些香槟也随着沉船一起沉没海底，直到1998年被打捞上来。后来这些酒出现在各大拍卖会上，其中一瓶在莫斯科丽兹卡尔顿酒店被高价拍卖，以27.5万美元的价格成交，成为世界上最贵的香槟。

1907年是不是白雪香槟传统意义上的伟大年份其实已不重要，这2000瓶香槟经过战争的洗礼，是这段历史的见证者，它的价值又岂是金钱可以衡量的。

4. 第四名：1787年的玛歌酒庄(Chateau Margaux)

排名第四的是玛歌酒庄1787年的干红葡萄酒(22万美元)。玛歌酒庄是世界上顶级的酒庄之一，建园于1590年，位于波尔多左岸。18世纪最出名的酒评家，当时的美国驻法大使托马斯·杰斐逊(Thomas Jefferson)评价玛歌酒庄1784年的年份酒是这样说的：整个波尔多再也找不出比这更好的酒了。1787年，他又评价玛歌酒庄为法国的四大名庄，其余三个分别是拉菲、拉图和奥比昂。托马斯·杰斐逊的眼力真是不同凡响，因为在1855年奠定法国葡萄酒帝国基础的评级中，此四大酒庄全进入了列级名庄中的一级酒庄。

而一瓶1787年份的玛歌酒庄顶级葡萄酒，被一个叫威廉·苏克林的人所购买，但却意外被人打破了，保险公司最后为其支付了22万美元的赔偿费。

从托马斯·杰斐逊对玛歌酒庄1787年的评价和这瓶未曾被品鉴的1787年年份酒的价格，可以推断1787年无疑是玛歌酒庄伟大的年份之一。

事实上，作为葡萄酒帝国风土文化的杰出代表之一的玛歌酒庄，在欧洲中心时代的历史长河中，有着不少伟大的年份。罗伯特·帕克评价1990年的玛歌酒是力量与优雅相结合的完美典范；1996年的年份酒体现了玛歌酒庄的精髓和典范；2000年的年份酒是玛歌酒庄最高水平的代表；2003年的年份酒，兼具1990年和1996年的特点，是一款绝世佳酿。

5. 第五名：1787年的拉菲酒庄(Chateau Lafite Rothschild)

拉菲的大名可谓是享誉全球，在中国人心中是最有名的法国顶级酒庄，每一瓶拉菲酒都融入了拉菲葡萄园的风土，都有着风土的灵魂。拉菲酒庄一瓶1787年份的干红葡萄酒曾是美国前总统托马斯·杰斐逊的私人红酒，这瓶酒的酒瓶上刻着他的名字，在1985年伦敦佳士得拍卖会上，以15万美元的价格被马尔科姆·福布斯(Malcolm Forbes)收入囊中。

拉菲的名字"Lafite"源于中世纪法国南部方言"la hite"，其意为小山丘，坐落在波尔多波亚克区菩依乐村北边的一个碎石山丘上。1354年拉菲酒庄创建，到1675年，拉菲酒庄迎来了它划时代的主人——当时葡萄酒世界的一号人物希刚公爵(J. D. Segur)，希刚当时还拥有拉图酒庄(Chateau Latour)、木桐酒庄(Chateau Mouton)和凯龙世家酒庄(Chateau Calon-Segur)三家名庄，在希刚公爵的领导下，拉菲酒庄开始了它的传奇。那个时期的法国，葡萄酒的中心其实在勃艮第，但法王路易十五的情人、影响了法兰西乃至世界审美和时尚的蓬帕杜夫人对拉菲情有独钟，拉菲因此成为凡尔赛宫的国酒。1868年，拉菲酒庄迎来了它历史上第二个最重要的庄主——詹姆斯·罗斯柴尔德爵士(Baron James Rothschild)，他以440万法郎的天价从希刚家族购入拉菲酒庄，直到今天，拉菲酒庄一直为罗斯柴尔德家族所有，一直高傲地站在世界葡萄酒王国的王冠上。

拉菲酒的品质与个性无与伦比，而成就其不同凡响、世界顶级优秀品质的是拉菲酒庄的土壤及小气候条件。拉菲酒庄的葡萄园日照充足，第三纪白垩土形成的砾石地质，提供了极为优越的葡萄生长环境。拉菲酒庄葡萄园约100公顷，每公顷种植8500棵葡萄，其中赤霞珠占70%左右，美乐占25%左右，其余为品丽珠(3%)和小味儿多(2%)等，平均树龄都在40年以上，采用传统的栽培方法，基本不使用化学药物和肥料，精耕细作，让葡萄完全成熟后采摘。采摘时，熟练的工人会对葡萄进行树上的第一次筛选，不成熟和不好的浆果不采。采摘后送进压榨前由更高级的技术工人再次进行二次精选，确保被压榨的每粒葡萄都达到高标准的质量要求。每个地块出产的经过挑选的葡萄都会立刻进入酿酒桶独立发酵以便在第一时间保留土地的风土特征。酿酒师依靠自己的品鉴能力来决定收获、发酵和陈酿的时间。所有的酒都必须在橡木桶中发酵，分离皮渣，获得自流酒，剩余的果渣加压压榨出葡萄酒，称为压榨酒(第二次压榨酒)。进行苹果酸-乳酸二次发酵，随后将葡萄酒分批装入酒桶中。酒桶全部来自葡萄园自己的制桶厂。每一个酒桶的酒都要进行几次尝酒以挑选出顶级品质的佳酿。次年3月第一次滗酒，此时会进行混合。陈年18～24个月，陈年期间还要进行一系列的滗酒以分离酒与酒渣。6月份，由拉菲酒庄自己装瓶。

在严苛的工艺条件下，每2～3棵葡萄树才能生产1瓶750毫升的葡萄酒。除了对原料的精益求精，拉菲酒庄还以舍得花重金聘请世界顶级酿酒大师而闻名，酿出的拉菲酒个性温婉，内向优雅，丰盈平衡，复杂精致，回味持久，与同处于菩依乐村的两大名庄拉图和木桐生产的酒的刚强个性不同，拉菲酒花香、果香突出，芳醇柔顺。因此，拉菲酒因其在凡尔赛宫不可动摇的国酒地位和其傲然于世的品质而被称为葡萄酒之王。

排名第五委实有点委屈拉菲，因为拉菲的伟大年份实在太多了。作为拉菲伟大年份代表的1982年的葡萄酒，早已超出葡萄酒的影响，成为一种身份和地位的象征。其他伟大的年份，如果从1787年算起，那就数不胜数了，仅就近几十年而言，就有2003年、2002年、2001年、2000年、1999年、1998年、1997年、1996年、1995年、1990年、1988年、1986年、1983年和1982年，其中被罗伯特·帕克评为100分的拉菲的伟大年份有1982年、1986年、1996

年、2000年、2003年。

24.3 品种与风土：国王的舞蹈

一名来自非洲的青年，开着出租车，说着地道的四川话在成都的街头拉客，当你看到这个景象，心里油然而生的感慨一定是：真是一方水土养一方人啊！青年还是那个青年，只因为到了四川，一开口就带了浓浓的川味。而在葡萄酒的世界，也到处呈现着这种现象，同样的一种酿酒葡萄品种，到了不同的产区，因为不一样的风土，最后它的浆果和产品，便呈现出这个产区的特点和风土特色。

赤霞珠是酿造红葡萄酒的品种之王，它在葡萄酒世界不同地方王者之舞的舞姿不同，完美验证了一方水土酿一款酒的葡萄酒风土文化。

波尔多地区是非常典型的海洋性气候，秋季温暖漫长，为出生于此地的赤霞珠提供了充分成熟的理想环境。传统上波尔多分为左岸、右岸和两海之间，左岸地区位于吉伦特河(Gironde)及加隆河(Garonne)左岸往西直到大西洋沿岸，深受暖流影响，所以这里是波尔多气候最温和的地方，以平坦的砂质土壤为主，由北到南包括梅多克(Medoc)产区、上梅多克(Haut-Medoc)产区和格拉夫(Graves)产区。赤霞珠在波尔多的表现，尤其是在左岸的表现，为它赢得了红酒品种之王的封号。这个荣誉，除了赤霞珠本身受到家乡风土的厚爱之外，最重要的是，葡萄酒帝国著名的酒庄如拉菲、拉图、奥比昂、玛歌和木桐，无一例外都在左岸，这些酒庄是构成葡萄酒帝国的王牌精英，而这些酒庄几乎全部是以赤霞珠品种为主。在这些名庄的带领下，波尔多左岸其他众多的酒庄，都以赤霞珠为主生产葡萄酒。他们用赤霞珠征服了波尔多，征服了法国，也征服了世界，而赤霞珠也通过这些酒庄，成为世界公认的红酒品种之王。

封王后的赤霞珠，先是在旧世界拓展版图，占领可以占领的产区。随着大航海时代的到来，赤霞珠乘着哥伦布的帆船，开始了征服新世界的航程。

当它们占领美洲大陆后，在加州的索诺玛县和纳帕谷找到了最好的舞台。在这片热土上，赤霞珠带着它形影不离的舞伴美乐、品丽珠或小味儿多等，舞出了赤霞珠封王以来最精彩的片段，夺得了世界上最贵葡萄酒冠军。与波尔多生产的葡萄酒相比，纳帕谷的赤霞珠比例高，口感醇厚柔顺，新酒的单宁没有波尔多的那么涩口。纳帕谷的气候条件优越，夏秋季无雨，光照时间长，白天气温高，有利于葡萄成熟，夜晚和清晨受太平洋气流影响温度低，有利于葡萄保持酸度，因此葡萄成熟度好，果香丰富，单宁成熟。纳帕谷产的葡萄酒中赤霞珠一般会占到85%～88%，再混合10%～12%的美乐和1%～2%的品丽珠，具有典型的黑醋栗、黑莓、黑樱桃或李子的果香，还有杉木、烟熏和香料的香气，浓郁集中，层次丰富，新酒醇厚柔顺，单宁的强劲一般在中后段才感觉出来，显示酒的陈年潜力。

而在智利，赤霞珠在圣迭戈附近的麦坡谷(Maipo Valley)和麦坡谷南面的拉佩尔谷(Rapel Valley)找到了最好的地方，和美乐牵手起舞，舞出了更多的青椒和黑醋栗叶的味道。

赤霞珠在澳大利亚拥有广大的领地，其中有两大产区的赤霞珠非常有名。第一个是南澳大利亚的库拉瓦拉产区，该产区出产的赤霞珠葡萄酒一直为世人所称道，散发着黑醋栗、薄荷和雪松的芳香，口感极为均衡，单宁细密。第二个是玛格利特河产区，该产区最重要的葡萄品种是赤霞珠，用它酿出的葡萄酒稠密浓厚，拥有强劲的结构以及丰富紧致的单宁。

如今这个红酒品种之王的舞步踏遍世界，在新西兰、南非、中国等国家的一些产区也都有上好的表现。而国王永远的舞伴美乐，是赤霞珠的老乡，也出生在波尔多，在红酒品种界的地位是一人之下、万人之上，排名第二，国王几乎所有的惊艳表现都有它的陪伴（混酿），是名副其实的御用舞伴；而品丽珠，作为国王的母亲，经常陪伴在它的身边，在国王重要的华丽表演中，与儿子共舞，在舞蹈中加入华美的步伐，提高酒的果香和色泽；小味儿多本身也是善舞之辈，它的独舞如拉丁舞一般热情奔放，所酿之酒颜色深如西拉，香气浓郁，单宁丰富，口感辛辣，遇到国王后，甘愿跟随国王巡礼世界，成为国王的小舞伴。

赤霞珠、美乐、品丽珠和小味儿多，构成强大的王之舞团，在国王赤霞珠的带领下，在世界各地表演着双人舞、三人舞或四人舞。每到一地，他们会根据当地的风土和习俗进行一些舞蹈上的微小变化，或在双人舞中增加国王的表演，或在三人、四人舞中让某一个舞伴有更多的惊艳时光，或邀请当地的美人参与舞蹈，让每一次的演出都带有当地的风土，使每一次的演出都获得非凡的成功。

不仅仅是赤霞珠，像西拉、霞多丽等很多闻名于世的品种都可以在本土表现优异，也可以在不同的产区表现不同的特色，展现同样优异的品质。

24.4　酒种与风土：冰雪奇缘

作为大自然的杰作，冰酒需要特别的风土，它们对居住地的风土条件要求严苛，尤其是地理及气候条件，需具备四个条件：第一个条件是纬度高，一般要求在北纬 41 度左右，雷司令甚至要求表层土壤构造最好以板岩为主；第二个条件是春、夏、秋三季的气温要足够温暖，可以让葡萄浆果吃好喝足营养好，达到充分成熟；第三个条件是适宜的环境湿度，浆果要经历成熟锤炼，成熟后的葡萄浆果需要在葡萄藤上进行 2～3 个月的自然风干脱水，这段时间它们还需要保湿，所以要求适宜的环境湿度来保障自然脱水风干锤炼过程中不要霉烂或过度干硬；第四个条件则类似一个仪式，这个仪式是一个天气过程，成熟锤炼 2 个多月后，等待大自然赐予一个至少持续 12 小时－8℃的天气过程。这四个条件是冰葡萄对“原生家庭”的严格要求。具备这四个条件的产区，目前世界上只有德国、法国、加拿大、奥地利和中国的个别地方。这些天选之地，大多数并不是每年都具备这四个条件，有的间隔 3～4 年才有一次这样的机会被眷顾。加之 10 千克左右的冰葡萄才能够压榨生产一瓶 375 毫升的冰酒，导致全世界每年只有不超过 2000 吨的产量，非常珍稀。

不同的风土条件，赋予了冰酒不一样的风格。德国是冰酒的故乡，冰酒最早是在德国出现的。大西洋气候的德国，一般在 9 月份采收葡萄，做冰酒的葡萄则要等到冬季 12 月或 1 月气温降到－12～－7℃时才采摘。圣诞节前后，被召集来摘葡萄的人都穿着厚厚的冬衣，摸着黑，拿着手电筒，冒着严寒在凌晨 4～5 点进入葡萄园，将结冰的葡萄一颗颗细心摘下，并一定要在太阳升起前采完，如此辛苦的采摘需要经过几天的努力才能完成。秋天以后的任何天气采摘都会对冰酒产生影响，所以能不能喝到德国的冰酒，主要看老天爷是不是赏脸。一位葡萄园主的一番话概括了冰酒生产过程的艰辛和在市场上的珍贵：“所有的葡萄园主人每年总像期待爱情一般祈盼着霜冻降临深秋的果园，能够品尝到真正冰酒的人就像能够得到真正爱情的人一样稀少。”

在德国，冰酒并不是每个年份都能生产，而在加拿大安大略湖周围的地区，几乎年年都具有生产冰酒的自然条件。冰酒从德国引进加拿大后，加拿大生产的这款冰酒，很快在世界评选中力压德国，为加拿大赢得无上的荣耀。加拿大的冰白葡萄酒颜色呈金黄色或深琥珀色，澄澈清亮，冰红葡萄酒颜色呈淡红宝石色，干净清澈，口感厚重，香气浓郁，爽口润滑，甜而不腻。在奥地利，冰酒和德国的冰酒一样有一个冷艳的名字"Eiswein"。和法国、加拿大一样，奥地利也具备种植冰葡萄的四大条件且无比优越，几乎年年都可以生产。奥地利人不会用经过贵腐菌感染的葡萄来酿造冰酒，在 11 月份的时候，他们会把贵腐菌感染的葡萄先采摘下来，去制作贵腐酒，而那些没被感染的继续留在藤上，等待温度降到一定水平时再进行采收。奥地利的冰酒和德国的冰酒相比，也带有同样高的酸度，而且其新鲜度和甜度都比较平衡，但奥地利的酒体更丰满，风味更浓郁。奥地利的冰酒宛如维也纳的音乐，很容易进入欣赏者的内心最深处，称得上是舌尖上的华尔兹。

大自然也无私赐予了中国这样一块风水宝地。在辽宁桓龙湖畔有一块被称为黄金冰谷的地带，相比德国、法国、加拿大、奥地利四大冰酒产区来说，它拥有更为罕见的冰葡萄生长所需的各种理想因素：北纬 41 度、海拔 380 米，依山傍水而形成了独特的小气候区域，使冬季寒冷但不干燥，每个冬季都能达到 −8℃并持续 24 小时以上的自然低温。这里已经发展成拥有约 3.33×10^6 平方米冰葡萄的种植规模，一跃成为全球最大的冰葡萄种植基地和生产基地，每年 1000 吨的产能使全球冰酒总产量增加了一倍。

独特而严苛的产区风土条件要求，养成了冰酒的不同风格，而这些不同风格特点的养成，也有风土对于品种适应与选择的贡献。

孕育德国冰酒的是雷司令，雷司令被称为"冰酒之母"，德国的顶级冰酒几乎全部是用雷司令酿造的。最早提到雷司令且经过证实的文件是一份德国莱茵高艾伯巴赫地区修道院 1392 年 3 月 13 日的酒窖清单，第一次以现在的拼写方式"Reisling"出现则是在 1577 年由希罗努姆斯·伯克撰写的德文版植物学书籍中："雷司令生长于摩泽尔河、莱茵河畔，以及沃姆泽地区。"酿酒专家肯恩·赫尔姆(Ken Helm)评价雷司令说："这是一种最娇生惯养，最难以栽培的品种。一点点的失误都会影响葡萄酒的整体质量。"在德国的冰酒产区，雷司令的成熟十分缓慢，一般从 10 月中旬到 11 月底才开始成熟，漫长的成熟期造就了雷司令在香味方面的突出表现。此外，酒精含量较低的特点也使得雷司令冰酒在酒杯中呈现悦人的光泽和丰富的香味，从桃子、干果、异域水果的香味到蜂蜜的甜香，富于变化，丰富多样。更特别的是它独一无二的果酸和浸膏的结合，时而浓厚，时而清新，可以将各种甜度一一呈现，从来没有一款冰白葡萄酒能像雷司令冰酒那样，让人们在品尝单一葡萄品种酿造的葡萄酒时，经历这么多层次的味觉享受。

和雷司令相比，威代尔要年轻得多。在 20 世纪 30 年代，威代尔由欧亚品种白玉霓与金拉咏，与美国沙地葡萄(*Vitis rupestris*)种间杂交而来，以培育它的法国葡萄栽培学家让-路易·威代尔(Jean-Louis Vidal)的名字命名。育成威代尔的最初目的是为了获得一种适合法国夏朗德地区气候特性，并用于酿造优质干邑的葡萄品种；育种家选择了白玉霓(法国生产干邑的最重要葡萄品种)作为亲本也体现了这一初衷。威代尔由于呈现出浓郁的果香而不适合酿造干邑，干邑品种一般要求葡萄原料的品种香尽量不要太突出。因此，威代尔在其故乡法国栽培较少，因其天然的高酸和杰出的抗寒能力，在加拿大和中国等著名产区的风土条件下，比雷司令的表现更胜一筹。

威代尔在法国出生 10 年后，约 20 世纪 40 年代后期，它被酿酒学家阿德玛·肖奈克(Adhemar de Chaunac)带到了加拿大。威代尔在其第二故乡加拿大成熟缓慢但稳定，果皮厚、不易腐烂、易保存，较易繁殖，果汁丰富，在成熟后能挂枝三四个月，可抵抗高纬度地区严寒的侵袭，非常适应严寒气候。但是它酸度相对较低，酿成的冰酒要更加甜腻些，生产出来的冰酒香气丰富细腻，有复合果香，留香持久，是加拿大主要的冰葡萄品种。如果说德国雷司令酿制的冰酒是传统的、优雅的，那威代尔酿制的冰酒则是充满活力的，更加热烈和年轻的。它有时就像诗人一样充满想象与浪漫，像诗歌的韵律一样悠扬流淌，因而被世界公认为“冰酒世界的女王”。

中国的冰酒也是由威代尔酿制的。中国冰酒的灵魂在辽宁桓仁，桓仁的优异风土生产的威代尔含糖量高、酸度适中，酿制的冰酒金黄剔透，香醇可口，酸甜协调，回味无穷，桓仁威代尔已成为中国冰酒的代名词。

很多人还不知道冰酒的世界格局已经发生了巨大的变化，中国现在已成为冰酒的产销大国，辽宁桓仁已成为冰酒价格体系重要的参考依据和风向标。中国作为新兴的冰酒生产国已经成为世界冰酒的产销中心。

我们前面所说的冰酒，更多的是指冰白葡萄酒，但在冰酒的世界里，也有一小部分是冰红葡萄酒。冰红葡萄酒是用红色葡萄酿制的，由于红葡萄品种的颗粒比白葡萄大，重量也比白葡萄重，进入成熟锤炼和等待采收前的仪式时，葡萄枝梗往往支撑不住红葡萄的重量，一阵风吹过便掉落满地，使得酿制冰红葡萄酒比较困难。在葡萄学家们的努力下，逐步解决了栽培上的技术难题，使得一些红葡萄品种也可酿造冰红葡萄酒。

第二十五章　品质与风土

25.1　风味与风土：装进酒瓶里的风土

美酒的世界是风土的世界，风土最后会以风味呈现，在每一瓶葡萄酒里，都装载着产区的风土，装载着葡萄园的风土，展现着不一样的、独特的风味。

大西洋温暖的海风吹拂着波尔多的葡萄，墨绿色的葡萄叶一边倾听着酒农哼着小曲，一边欣赏着酒农把装在牛角里已经发酵的牛粪用水稀释，把它们喷洒在自己的周围；安第斯山峰上千年积雪融化的小溪水，流淌到山下，滋润着阿根廷门多萨地区的土壤；加拿大安大略湖凛冽的寒风吹凉了枯枝上的威代尔；新西兰的北岛上，到处飘扬着葡萄花的芳香；匈牙利托卡伊火山岩上的葡萄树已经果实累累。酿酒师把这些都装进了酒瓶，让我们再从酒瓶里看到、尝到、闻到和听到它们。

那些大神级的葡萄酒酒评家、高级的侍酒师、专业的资深人士，可以从美酒的风味中，凭借风味的风土信息，品出这瓶酒的产区、品种、年份、酒庄、地块、甚至酿酒工艺和酿酒师的差别。

图 25-1 是 2022 年 7 月 1 日举办的一个专业的葡萄酒品鉴活动中的酒单，从这个酒单中，可以看出如何在葡萄酒的风味中，去展现风土的精髓——天、地、人（即气候、土壤与工艺），展现同一个地方不同的年份、土壤和工艺的细微差别。

阿尔萨斯特级园雷司令，德国作陪

2022.Jul.1@聚点

Flight 1：年份与花岗岩

1. Binner, Schlossberg Riesling, Alsace Grand Cru, 2018
   风化成沙质的花岗岩，陡坡，13.6-7.1-2.5
2. Binner, Wineck-Schlossberg Riesling, Alsace Grand Cru, 2017
3. Binner, Wineck-Schlossberg Riesling, Alsace Grand Cru, 2016
   多花岗岩石块，陡坡，14-5.5-1.3(2017)，13.3-6.4-2.8 (2016)
4. Wagner Stempel, Siefersheim Porphyr Riesling Trocken, VDP. aus Ersten Lagen, Rheinhessen, 2018
   斑岩（斑状花岗岩）石块遍布沙质壤土，也有贝克石灰岩，陡坡，13-7.4-2.3

Flight 2：年份与酒泥

5. Geischikt, Kaefferkopf Riesling, Alsace Grand Cru, 2016
   石灰岩和花岗岩，两年酒泥，凉爽年份，13.3-7.4-0.3
6. K.F.Groebe, Kirchspiel Riesling, VDP.GG, Rheinhessen, 2018
   石灰岩混杂黄土、壤土，数月的酒泥，大热年

Flight 3：砂岩，自然 or 传统？

7. Julien Meyer, Muenchberg Riesling, Alsace Grand Cru, 2018
   砂岩，缓坡，阿尔萨斯的自然派代表
8. Bassermann-Jordan, Hohenmorgen Riesling VDP.GG, Pfalz, 2018
   砂质壤土，混杂砂岩，缓坡，法尔兹的传统大家，13-7.3-2.3

Flight 4：下一个 Keller？下一个 Clos St-Hune？

9. Albert Boxler, Sommerberg “Dudenstein” Riesling, Alsace Grand Cru, 2019
   花岗岩和石灰岩的混合，土层较厚，Dudenstein 子地块位于斜坡中段，14-？-？
10. Georg Breuer, Nonnenberg Riesling Trocken, Rheingau, 2019
    黄土与壤土，混杂大量千枚岩，土层较厚，12-8.1-5.4

Flight 5：橙酒

11. Geischikt, Wineck-Schlossberg Riesling, Alsace Grand Cru, 2018
    多花岗岩石块，陡坡，30 天浸皮，14-6-3
12. Dr. H. Thanisch, Riesling Orange, Mosel, 2015
    板岩，果实来自 Graben、Badstube 和 Lay 三个的陡坡特级园，7 周浸皮，12-6.4-0.3

加餐:古法起泡

13. Geschikt, Bulles de Grand Terroir W.S., Vin de France (Alsace), 2017

图 25-1　风土品鉴实例（吴坦 提供）

从风味去甄别细微的风土差别，来判断葡萄酒的特点和优劣，对于普通的葡萄酒爱好者来说可能有点困难，但掌握一些基础的知识和常识，对于我们大体上了解风土与它所呈现的风味之间的关系是需要的。

被装进酒瓶的风味，首先呈现的可感知的物质可能是酒精。而酒精来自葡萄里的果糖和葡萄糖，如果一瓶干红或干白葡萄酒的酒精度高，或许可以作为这瓶酒比较好的一个粗略标准。因为酒精度高，表示这瓶酒是来自葡萄可以充分成熟的产区，热量充沛，生产期长，如美国加州、澳大利亚、我国新疆等的产区。对于不同的葡萄酒，人们所设定的主要风味不仅是酒精所呈现的风味，还需要考虑对糖度的控制，而对糖度的控制有促进和限制两种。每到采收季节，测糖是每个酒庄都会进行的主要工作之一，人们依据一个简单的公式，即 1 摩尔的糖反应产生 2 摩尔的酒精(生产上可能接近 1.8 摩尔)，来估算需要的糖度。对于干红或干白葡萄酒来说，酒精度越高可能表示原料的糖指标越高，酒也应该越好。我们可以感知的酒精度带来的风味是有差别的，一般葡萄酒中的酒精度达到 4.2%时，感觉到的是甜味；而苦味才是葡萄酒的主要风味特点，酒精度到了 10%我们感觉到的就是苦味了；辛辣味也是葡萄酒中酒精的风味特点，这个需要酒精度达到 21%，主要出现在蒸馏葡萄酒等高度酒里。

酸是葡萄酒风味的基石，没有酸的葡萄酒是无趣的。我们时常听到评价葡萄酒时所说的平衡感，酸就在其中发挥着重要的作用，用酸来平衡和调节其他物质带来的综合口感。酸的种类和含量，直接决定了冰酒、香槟、干白、贵腐等的风味。被装进葡萄酒瓶来自葡萄浆果的酸主要是 6 种有机酸：酒石酸、苹果酸、乙酸、柠檬酸、琥珀酸和乳酸。而来自浆果的酸取决于风土条件，其中酒石酸是在最初的浆果细胞分裂时形成的，并在整个浆果成熟中保持稳定，每个浆果的酒石酸浓度通常比较恒定，浆果中的酒石酸会进入葡萄酒中且不易被微生物代谢(长时间内，酒石酸会与钙离子等形成酒石酸盐沉淀，含量降低；但在发酵的短时间相对稳定)，是最后贡献葡萄酒酸味的来自风土的主要有机酸，这也是酒石酸会成为葡萄酒考古证据的原因。苹果酸在葡萄转色前含量最高，在浆果成熟过程中会被代谢，而苹果酸在温暖地区的气候条件下，与成熟度呈负相关关系，成熟度越高，苹果酸越低；苹果酸在发酵中会被代谢转化为乳酸(苹果酸-乳酸发酵)，所以酒中最后贡献酸味的苹果酸和乳酸(代谢和来自浆果的)是一种反比关系，苹果酸多，乳酸就少，反之亦然。柠檬酸、琥珀酸含量相对较少，我们所感知的来自风土的葡萄酒中的酸味主要是酒石酸和苹果酸贡献的。能表现葡萄酒酸度的是可滴定酸(TA)而不是 pH，葡萄酒的酸度通常以酒石酸计，如白葡萄酒的典型 pH 为 3.0～3.4，以酒石酸计的 TA 为 6～9 克/升，而红葡萄酒的 pH 为 3.3～3.7，以酒石酸计的 TA 为 5～8 克/升。

单宁则是另外一个重要的被装进酒瓶的风土之物。单宁可以说是葡萄酒风味的主导者，我们会经常听到评价一款葡萄酒强劲、有力、饱满、柔和、紧致、厚重、轻盈等，这些从葡萄酒风味中品出的感觉，其实主要是来自单宁。

葡萄酒中的单宁主要分为两类，一类是来自风土的浆果里所含的单宁，叫缩合单宁，缩合单宁主要是由黄烷-3-醇的单体缩合而成；还有一类是来自橡木桶的单宁，叫水解单宁。装进瓶子里的单宁主要来自葡萄果皮和种子的缩合单宁，红葡萄品种比白葡萄品种含量高，这就是强劲有力经常用来评价干红葡萄酒而不是干白葡萄酒的原因。影响葡萄浆果中单宁含量的风土因素包括遗传(葡萄品种)、地点(特别是气候、土壤、坡向、海拔和光照)和树势(树龄、生长势)、果穗和浆果粒，即便是同一地点上株内和株间存在很大区别，就是同一个枝条上的不同果穗和同一果穗的不同部位的果粒之间也存在较大的差异。

正因为单宁主导着葡萄酒风味的感官影响，所以酿酒师总是通过控制装进瓶子里的单宁的量来实现风味的不同，控制的办法主要是利用葡萄酒的浸渍和澄清工艺。

我们还会听到矿物香、燧石味、泥土味、烟熏味、牡蛎壳味和咸鲜味等有关矿物质的风味描述。葡萄酒里的这些矿物质味道是来自土壤里的那些矿质元素吗？

土壤中的矿质元素钾、氮、磷、铁、锌等是植物生长发育所必需的元素，葡萄酒里的这些矿质元素的含量在1.5～4克/升，它们被葡萄根系从土壤中吸收后，通过葡萄浆果装进瓶子里，可能赋予葡萄酒一些风味。土壤类型(图25-2)不同，矿物质成分也不同，矿质元素还可以通过影响土壤排水、葡萄树生长的环境温度、土壤中生长的微生物菌落及矿质元素缺乏等来改变植物基因的表达，从而导致葡萄中风味化合物或其前体物质发生变化，进而直接影响葡萄酒最后的风味，产区特征和葡萄园品质可能与感知到的矿物质有关。所以有些人认为矿物质风味是葡萄树根系吸收的矿质元素的真实味道。事实上，就像我们知道葡萄酒中不含烟草、樱桃或巧克力一样，矿物质的酒评词汇仅是帮助我们描述酒款的风味和香气类型，并不代表葡萄酒中实际包含的成分。品酒师们口中的描述矿物质的酒评词，可能并不是指来自葡萄酒里的矿质元素的味道。

更多的人认为矿物质风味是风土、气候和矿物质之间更为广泛、松散的作用产生。

如果能从酒液中捕捉到类似雨水落在干燥的土壤或混凝土上时产生的气息等特征，那么我们大可以判断这款酒表现出了矿物质特征。矿物质风味通常出现在酸度脆爽的白葡萄酒中，特别是在余味中隐约可感。红葡萄酒中也可以感受到这种风味，但是出现的频率较低。闻起来像矿物质的葡萄酒往往是白葡萄酒，这种矿物质特征的来源，很可能是酵母在发酵过程中产生的挥发性硫化合物。在一些勃艮第的白葡萄酒中，经典的火柴棍和打火石的味道非常有特色和吸引力。

图25-2

图25-2　葡萄园中主要的土壤类型

(从左到右依次为：黏土、岩石、石灰岩、沙土；来源：https://www.wine-world.com/mrjd/20201031123532000)

2016年，帕斯卡尔·德努林(Pascale Deneulin)教授对2000名法国和瑞士的葡萄酒专业人士进行了调查，结果表明这些品酒师对矿物质的感知和硫化物之间有很强的联系，近50%的品酒师将燧石味作为他们与矿物质的主要联系。目前，更为流行的观点认为，葡萄酒中所展现出来的矿物质特性和其他风味一样，是酒中酸和酚类成分相互作用的结果。比较典型的有矿物质风味的酒如由香槟产区白垩土土壤上的霞多丽酿造而成的香槟，其带有迷人的矿物质特征，具体表现为白垩土和咸鲜的风味。而夏布利的霞多丽白葡萄酒表现出浓郁的咸鲜气息和牡蛎壳风味，夏布利白葡萄酒的这种特征与当地独特的启莫里阶(Kimmeridgian)土有很大的关系，这种土壤主要由石灰岩和泥灰岩构成，同香槟产区的白垩土一样，富含海洋生物化石。卢瓦尔河右岸出产的长相思所拥有的矿物质风味同样令人印象深刻，有典型的烟熏和燧石风味，是风土赋予葡萄酒的印记。德国摩泽尔产区内的葡萄园大多为板岩土壤，包括蓝板岩和红板岩两种类型，这些板岩土壤较为贫瘠，拥有良好的排水和储热能力，富含微生物(酵母与细菌)。由这种土壤孕育的雷司令酿制的白葡萄酒常带有板岩等独特的矿物质风味。除了白葡萄酒，有些红葡萄酒也表现出矿物质特征，如意大利托斯卡纳的布鲁奈罗(Brunello di Montalcino)葡萄酒，用100%的桑娇维塞酿造的葡萄酒中就时常展现出些许泥土的风味。

25.2　香气与风土：风起于青萍之末

闻到风土的气息，是对一瓶葡萄酒最大的肯定。香气是构成葡萄酒风味和质量的一个重要部分。最新数据显示，葡萄酒有1300多种香气物质，按性质分属不同的化学门类：醇、酯、有机酸、挥发性酚、芳香酮等，含量从每升几纳克到每升几百毫克不等，具有不同的化学性质。按来源分为三类：第一类香气主要是来源于葡萄，称为品种香或果香；第二类香气来源于发酵工艺过程，称为发酵香；第三类香气来源于陈酿过程，称为陈酿香。每一类香气对葡萄酒风味的贡献都不一样，它们的存在，赋予了葡萄酒复杂而独特的风味。这些香气成分的存在与否、含量、比例、平衡关系及发展潜力构成了不同特色和风格的葡萄酒。

没有一条河是一样的，也没有一款葡萄酒的风味是完全相同的，这就是葡萄酒的美妙所在，而这美妙有很多时候是来自多种香气汇聚在一起所展现的不同魅力。

野生种葡萄普遍具有青草、烟熏、肥皂、焦糖及酸涩等风味特征，而我们熟知的红葡萄之王赤霞珠则含有更多的苯乙醇和3-甲基-1-丁醇。大量的研究已经证实，品种间的香气物质在种类和数量上都存在差异，不同葡萄品种所携带的浆果的香气有很大的差异。就算同是赤霞珠，在同一个葡萄园，成熟度好的赤霞珠酿造的葡萄酒具有明显的黑樱桃和黑加仑等黑色水果的香气，不成熟的赤霞珠会表现出青草或青苹果的味道。所以，葡萄酒的一类香气，首先取决于葡萄的品种本身，其次才取决于风土或管理措施等。

来自遗传由基因决定的天然秉性，最后能够在葡萄酒中完美呈现其实很不容易，就像风起于青萍之末，看不见的微生物、一种微量元素都可能影响这些秉性的呈现，主要的影响因素包括土壤、气候、微生物等风土因素和使用橡木桶等酿造工艺过程。

土壤是风土概念最重要的构成因素，早在古罗马帝国时代，著名学者老普林尼犀利的眼光已经瞄准了影响葡萄酒品质的要素之一——土壤。他在其流传后世影响深远的巨著《自然史》第17卷中写道："即使是在坎帕尼亚(Campania)发现的黑土也不见得就是适合所有地方葡萄藤的土壤，当然也包括很多作家都称赞的红土。人们更喜欢庞贝亚・阿尔巴(Pompeia Alba)境内的白垩土。"现代科学技术已经证明，表层土壤类型会影响葡萄的种植和成熟，同样的品种，同样的气候，不同的土壤种出来的葡萄会表现出完全不一样的风味。就好像同村子的一对双胞胎，分别寄养在一个商人之家和一个武术世家，他们长大后的气质和风格一定会有明显的差别。在波尔多的砾质土壤和黏土栽培的赤霞珠，酿出的葡萄酒，黏土上的会比砾质土上的味道更酸，单宁更厚实，但是会减少细致的特性。一般葡萄浆果内的物质按照先形成酸，再形成糖，再形成色素，最后形成香味的路线进行。土壤中的各种矿质元素、水分等都是掌控每一个进程的重要因素，每一个环节、每一个因素都会对浆果的品质产生影响。

气候是影响葡萄酒香气风味的另一个主要因素，葡萄只有在适合的气候条件下，才能充分展现品种的特点和香气。成熟太晚，葡萄糖分不足，酸度过高；成熟太早，糖分过多而酸不足，香气严重缺失。勃艮第、里奥哈、托斯卡纳、纳帕谷和贺兰山东麓等著名的产区，从大陆性气候到海洋性气候，差异很大，但都能够出产好葡萄酒，它们都有一个共同的特点，就是葡萄品种与当地气候的完美契合，让葡萄的成熟在适当的时候完成，既不会太早，也不会太晚。

土壤微生物的功劳是将有机物分解为可被植物利用的矿物质，矿物质是葡萄生长发育所必需的营养元素。保护和促进土壤微生物的活性，就是保障葡萄的健康成长，就是确保香气的生成和积累。这些微生物受到水、食物和氧气供应的影响，那些松散的未压实的土壤中氧气充沛，是它们喜欢的微环境。来自葡萄根系的分泌物对于促进土壤微生物的生长很重要，但如果肥料、水分等不能很容易满足葡萄的根系营养需求，形成栽培上称之为逆境胁迫的状态，葡萄的根系就更有可能产生这些分泌物质，从而促进土壤微生物与葡萄根系之间更好地相互作用。现代农业都推崇有机农业和生态农业，很大程度上是因为它们促进了土壤微生物的发展。值得一提的是，当年为了打赢针对葡萄根瘤蚜的战争而发明的波尔多液，一直被允许作为有机葡萄栽培的杀菌剂，它的主要成分硫酸铜能够最大程度地降低微生物的活性，不仅可以杀死真菌，还可以杀死大量细菌和放线菌。但也有研究证明，波尔多液的喷施年限和剂量的增加，会影响葡萄果肉、种子、新叶、果皮和树皮中的铜含量，同时也会对葡萄园的生态环境产生积累性污染，所以在实际生产中应该严格限制波尔多液的用量和使用次数。

微生物对于原料阶段香气的影响是沿着葡萄浆果成熟的路线间接产生的，对于葡萄香气更为直接的影响，则是在发酵过程中。在发酵过程中，酵母将含氮化合物、含碳化合物和含硫化合物转化成葡萄酒的风味和香气物质，其中各种酵母的代谢产物是影响葡萄酒感官特征的关键，而不同酵母发酵产生的香气物质，种类差异较小但含量差异较大，这直接导致了葡萄酒风格的明显不同。这就是除了来自品种的一类香气之外的重要的二类香气，也叫发酵香。这类香气与工艺、橡木桶陈年或酒泥陈酿等有关。苹果酸-乳酸发酵能带来黄油、奶酪这种香甜的味道；而在酒泥陈酿的过程中，酵母自溶则会带来面包、饼干等风味。酵母除了带来二类香气之外，对于来自品种的一类香气也具有非常重要的影响。接种不同的酵母菌株，会产生不同种类的发酵香气成分。现有研究表明，在同样的生产设备和工艺技术的情况下，使用本土酿酒酵母得到的葡萄酒产品具有更浓郁的产品本身的水果香气。

科学家对新西兰六大葡萄产区的酿酒酵母进行试验，有意思的是，发现酿酒酵母菌群之间存在遗传差异，决定葡萄酒独特风味的化合物中，有时大约会有一半来自酵母的发酵过程，大部分果香来自酵母代谢，而不是葡萄。一些葡萄酒生产厂家在发酵中添加酵母，但葡萄发酵过程更多依赖于附着在葡萄上的天然微生物。很多优质葡萄酒是通过自然发酵而成的，因此也称“自然酒”，天然微生物的存在使葡萄酒更具风土特异性。

橡木桶是葡萄酒的香味倍增器，进入橡木桶陈酿的葡萄酒，会产生第三类香气，叫陈酿香。当葡萄酒长时间在橡木桶中陈酿时，橡木本身的单宁和香气物质会融入葡萄酒中，参与葡萄酒的香气与味感的平衡，橡木桶通透性带来的控制性氧化作用，使葡萄酒柔和，圆润，结构感增强，色素稳定性增加。长时间的陈酿，会给葡萄酒增加太妃糖、咖啡或焦糖等的香气，不同的橡木桶进入葡萄酒的成分是不一样的，与橡木桶烘烤的工艺有关，烘烤程度不一样，即使是同样产地的同一种橡木，陈酿出来的酒的风味也会有很大的差异。轻度和中度烘烤的橡木桶，会带给葡萄酒鲜面包一样的焦香和更怡人的香气；而重度烘烤则带来浓烈的咖啡豆一样的香气。对于红葡萄酒，橡木桶除了提供本身的单宁外，还通过具有透气性的桶壁渗入适量的氧气柔化葡萄酒，带给葡萄酒辛香料、咖啡、黑巧克力、烟熏的气味。对于白葡萄酒，橡木桶则带来橡木、烟熏、烧烤的香气，也可能出现烤吐司、香草或香辛料的风味。在葡萄酒陈酿过程中，葡萄酒的香气会向更浓郁复杂的方向转化，品种香则会逐渐弱化。葡萄酒香气的丰富和变化是葡萄酒最吸引人的地方。在闻葡萄酒的香气时，通常我们会用到复杂度这个词汇，具备这三类香气的酒，都具有较复杂的香气，但并非所有酒都具备，比如一些年轻的酒通常只带有一类品种香。

25.3　酿酒师与风土：浪成于微澜之间

无论你看见或看不见，风土就在那里。但这些先天的风土，需要通过后天的管理和酿造实践表达出来。世界顶级的酿酒师，是那些能够原汁原味地将风土表达为风味的践行者。

和香气的呈现一样，一款伟大的葡萄酒的完美风味的呈现，需要酿酒师细心去感受和把控从原料到工艺的每一个与风土呈现有关的细节所带来的微澜。这些不仅包括土壤结构与组成、季节与天气、品种与文化等大的方面如何去适应风土的特点，还需要仔细琢磨如何一点一滴地通过栽培技术和管理手段将风土体现在葡萄浆果上，再通过酿酒师的手，将这些已经收纳在浆果里的风土在发酵罐里、在橡木桶里、在酒窖的瓶子里完美锁定。

在原料背后的文化与科学中，我们一直强调好的葡萄酒是种出来的，道理也就在此。我们必须从天、地、人的风土要素出发，一步一步地通过最后的浆果去获得风土的精髓。从葡萄园的选择到品种的配备，从春天的萌发到夏天的修剪，从栽培方式到叶幕微气候，所有的初心都是忠实于风土条件。有时候我们一点小的改变，就会引起最后风味的变化。如检疫这样一个小的且必要的措施，可能改变一个产区或一块葡萄园的真菌菌群，这个已经被科学家用宏基因组技术和群体遗传学技术予以证实，而微生物群落的改变，会带来葡萄酒风味的改变。

当秋天来临，饱满鲜红的浆果挂在藤蔓上，酿酒师每天都会欣喜地去葡萄园转悠，取样测量浆果的甜度、酸度和香味。当酿酒师感受到这块地的风土都已经最大可能地被浆果吸收，他要考虑的是如何小心地将这些浆果采摘下来运回酒庄，显然，人工与机械采摘、穗选与粒选这些来自酿酒师的选择，对于风土的表达至关重要。

我们有时会想，一款伟大的葡萄酒，除了原料之外，难道不是酿酒师选择了设备、酵母、发酵工艺、各种参数以及决定是否陈酿？的确是酿酒师选择了这些，但某种意义上，也是风土选择了这些。一名优秀的酿酒师，他所做的所有选择，不应该是为了表现个人的风格，而是应该依据已经汇聚在浆果里的风土，用心地去尽可能释放和发掘风土的特点，他的原则和措施都是围绕着风土的展现进行。风味成为风土的体现，风土被酿酒师酿入葡萄酒中，这酒就有了不一样的灵魂。风土成就了伟大葡萄酒的风味，也成就了酿酒师。

第二十六章　从玄妙到科学

风土是真实的，它融化在葡萄酒的风格里，跳动在品鉴者的舌尖上；风土又是神秘的，如同中国的风水一样，几千年来，一直披着一层神秘的面纱。风土的神秘，表现在风土最后呈现的风味和特点是天、地、人诸多影响因素的综合结果，任何一个因素的变化，都可能带来不一样的口感，这是风土的玄妙之处，也是葡萄酒令人着迷的地方。直到今天，人们对风土的认知依然在发展和丰富，尝试从不同风格的葡萄酒中，利用科学的手段去发现和求证、了解和解剖不同风土的奥秘，以便忠实地去表达风土。

当风土的起源地勃艮第人把夜丘和伯恩丘分成1247个像马赛克一般的风土地块（图26-1），划分为大区级园、村庄级园、一级园和特级园的时候，他们是世界上唯一可以自豪地说天上只有一种风土，但地上却有1247片风土地块的葡萄酒产区。几千年大陆性气候、海洋性气候和地中海气候的不同影响，同样的土质、特别的光照和特别的水文，每个地块却有着独特的微气候，每一块土地生产的葡萄酒都是独一无二。这样的风土，自然是玄妙的，是勃艮第人和勃艮第这片土地与葡萄之间的伟大相遇。历经几千年艰难的考验、探索和相互了解，最终使这块土地成为全世界风土的发源地以及所有风土葡萄园种植的原型，从这一点来说，以勃艮第为代表的风土文化又是科学的，是人类探索自然和拓展认知的必然。

图 26-1

图 26-1　世界遗产：勃艮第风土

（Joyce Delimata 绘；来源：https://www.sohu.com/a/378684901_107987）

人们对于风土的追求从未停止，在保护环境和生态平衡的呼声日益高涨的今天，越来越多的酒庄开始反思工业化的酿酒，转而采用有机法或生物动力法来管理葡萄园。在风土已经取得广泛的文化认同和成为趋势的情况下，生物动力法作为一种玄妙且流行的理论，正为很多观念前沿的酒庄和酿酒人所验证，并被认为是未来葡萄酒行业发展的必由之路和全球趋势。

生物动力法认为宇宙中所有的事物，包括月亮、行星和恒星等天体在内，都是相互联系、相互影响的。因此，生物动力法将整个葡萄园中的土壤、葡萄以及园中所有其他动植物视为一个完整的体系，认为土壤是植物生命的根本，通过有机物来保持土壤的生命力。如果葡萄不好或生病，是这个体系出现了不平衡，而引起不平衡的根本原因则在土地，通过激发土地的能量，使整个生态体系恢复平衡的状态。最主要的举措就是使用生物动力制剂来激发土地的能量。这样的制剂有 9 种，编号为 500～508，最常用的是 500 和 501 制剂，分别将牛粪或石英粉放入牛角(图 26-2)，埋入土里进行大约 6 个月的发酵(500 制剂在秋冬时期埋入，501 制剂在春夏时期埋入)；使用时取非常少的量用水稀释，并剧烈搅拌一小时将它们激活，顺时针和逆时针交替搅拌；这个过程需要在清晨进行，称为 dynamiser。此外，生物动力法还参考占星术编制了著名的生物动力法日历(图 26-3)，并用其指导每一步的操作，甚至有一套生物动力法喝酒日历，分为花日、果日、根日、叶日。花日、果日生物动力法酿造的葡萄酒是更加开放的，香气更偏向花类或者果类，根日、叶日生物动力法酿造的葡萄酒是更加封闭的，是偏向根类或者叶类的香气，香气表现得非常沉闷，不容易散发出来，简言之，就是花日、果日宜喝酒，叶日、根日不宜喝酒。

图 26-2

图 26-2　生物动力法使用的牛角

(来源：https://www.sohu.com/a/123666718_266318)

图 26-3

图 26-3　生物动力法日历(谢一丁 绘)

在阿尔萨斯，一些研究人员经过 4 年对生物动力法的观察，发现确实有不一样的效果，生物动力法让葡萄酒有更多陈年的潜力，会让葡萄酒的余味更长，还让葡萄酒有更多的矿物感和平衡感，酸度更强。宝玛酒庄实行生物动力法后，酒庄的酒被评价越来越好。因此，越来越多的酒农开始选择生物动力法，一些著名的酒庄笃行着这个理念，大家熟知的许多名庄都是生物动力法葡萄酒认证 Biodyvin 的认证成员，如勃艮第的罗曼尼康帝酒庄、乐桦酒庄、勒弗莱酒庄(Domaine Leflaive)和波尔多列级庄庞特卡奈(Chateau Pontet-Canet)等。而要得到这个认证，必须已经拥有或正在进行有机认证。在生物动力法之前，有机种植一直是忠于风土的一种做法，我们知道有机种植的特点是不使用任何化学肥料，尤其不能使用除草剂，但在有机种植中，铜和硫是允许使用的。而生物动力法在有机种植法的基础上，标准更严苛，比如生物动力法虽然也允许使用波尔多液对抗霜霉病，但限制标准更严格，每年每公顷葡萄园仅可使用 3 千克的铜，是有机种植法标准的一半(表 26-1)。

表 26-1 普通酒、有机酒、生物动力法和自然酒在法规上的不同

		普通酒	有机酒	生物动力法	自然酒
种植	杀虫剂	√	×	×	×
	除草剂	√	×	×	×
	波尔多液(霜霉病)	30 千克/(公顷·年)	6 千克/(公顷·年)	3 千克/(公顷·年)	尽可能少或不用
	石硫合剂(白粉病)	√	√	√	尽可能少或不用
	人工采收	可机械采收	√	√	√
酿造	酵母/乳酸菌	可使用人工培育	有机认证	原生酵母	原生酵母
	离心	√	√	×	×
	加糖	√	有机认证	生物动力认证/有机认证	×
	调酸	√	√	可以减酸	×
	加单宁	√	√	×	×
	加橡木块	√	√	×	×
	澄清	√	√	√	×
	酒石酸稳定	√	√	√	×
	总二氧化硫最大量(干红)	150 毫克/升	100 毫克/升	70 毫克/升	30 毫克/升
	总二氧化硫最大量(干白)	200 毫克/升	150 毫克/升	90 毫克/升	40 毫克/升

事实上，生物动力法和中国的中医可能有很多相似之处。生物动力法的土壤-葡萄的系统观、整体观和平衡观，与中医的辨证施治如出一辙。依据月历/阴历来进行耕种似乎也不难理解，毕竟中国的二十四节气已经被联合国教科文组织列为非物质文化遗产，古老的东西方哲学有时是相通的。

生物动力法也和中医科学一样，在充满玄妙、仪式感或神秘感的背后，蕴藏着科学。据报道，500 制剂的本质是增强土壤中的微生物活性，重建土壤的微生物群，它是作为益生菌而不是肥料使用的。有了良好的菌根群落，葡萄藤无须添加肥料就可以轻松从土壤中获取所需要的养分。同时制剂也刺激根的生长，使根系扎得更深。

而 501(石英粉)制剂可以加强光照效果和光吸收，促进葡萄藤的纵向生长且提高植物抗病能力。所以，多雨和阳光不充足的年份，酒农会选择喷洒 501 制剂。也有酒庄会选择橘子皮、柠檬皮压榨的汁液喷洒在葡萄藤上以增强植物的免疫力，帮助体系达到自然平衡的状态，生物动力制剂也像中药一样起到自然疗法和调理的作用。

生物动力法创立至今，其身上的神秘光环和玄妙正逐渐消散，取而代之的是科学。

美国卡耐基研究所著名矿物学家罗伯特·哈森（Robert M. Hazen）于 2022 年 7 月在 *American Mineralogist* 上，系统总结了矿物质、水、植物、微生物所构成的系统之间的相互作用和演化。他提到水在地球矿物质多样性中起着主导作用，而生物活动在 50%已知矿物质的形成中起着直接或间接的作用，$\frac{1}{3}$的已知矿物质完全是由生物活动形成的。无论是跨越地球历史的这样宏观的研究，还是氮在葡萄浆果中的运输这样微观的研究，葡萄作为这个平衡系统中的一分子，矿物质、水、微生物和气候环境伴随着它的生命周期，在这个周期中，它的生长发育又反过来对土壤、矿物质以及其他生物造成影响。这种相互的影响、平衡和演化，在人们孜孜以求的探寻中，逐渐被了解和认知。在很多产区，人们系统地分析测试了土壤中矿质元素的含量和成分，与这些产区生产的葡萄酒中的矿质元素的含量和成分进行比较，发现每一个产区都不一样，甚至同一产区内都存在差别。据此建立的矿质元素指纹图谱，来作为风土的代言；也有的以微生物种类为指标，建立微生物代言的风土指纹图谱。

风土是科学的，但依旧是玄妙的。人们曾通过各种科学技术人为模拟风土条件来实现按需生产那些本来是“靠天吃饭”的稀世佳酿，如冰酒的低温处理条件、筛选贵腐酒的主要微生物等，可惜直到目前，尚未取得真正的成功，人们无法重构出大自然馈赠的独特而伟大的风土条件。

可能对于风土，我们应该是土地的翻译官，而不是掌控者，如果想要酿出一款愉悦身心的佳酿，风土比人的作用更大。风土在经历了从玄妙到科学的过程后，被现代科学重新定义。人们常说让人的生命有分量的，是他的梦想，而让葡萄酒有分量的，一定是它的风土。

第二十七章　中国的风土

21世纪的中国一跃成为葡萄酒新世界乃至整个新旧世界一个强大的不可忽视的存在。2015年12月，首届“风土复兴国际葡萄酒文化研讨会”在上海举办，中国第一次向葡萄酒世界宣称，中国的葡萄酒有风土，风土的理念已经开始在中国生根，且已成为中国葡萄酒界的共识和追求。

27.1　“橘生淮北则为枳”

源自法国的风靡世界的葡萄酒风土之所以这么容易且快速就为中国葡萄酒界无条件地接受并成为中国葡萄酒赶超世界的强劲动力，原因非常简单，中国对于风土的认知和应用，其实要远远早于西方世界对于葡萄酒的风土和文化的积累。成书于战国末期、记载春秋时期(公元前770—前476年)齐国政治家晏婴事迹的历史典籍《晏子使楚》中记载：“婴闻之：橘生淮南则为橘，生于淮北则为枳，叶徒相似，其实味不同。所以然者何？水土异也。”这里非常形象而贴切地说出了植物与风土的关系，以至于有了后来我们耳熟能详的成语“橘生淮北则为枳”。但要说明一点的是，古人用橘和枳这个例子来表达风土的差异，严格上讲是不科学的，因为橘和枳分属于芸香科不同的属，橘属于芸香科柑橘属，枳是芸香科枳属，北方地区确实不适合种植橘子，而枳在南北方都可以生长，但橘子就是橘子，枳就是枳，不会因为种在淮北就互换了植物学地位，想来古人只是为了强调风土的理念而误用例子吧。而与晏婴同时期的西方，葡萄酒还处于古罗马中心时代，离认识和推广风土理念与文化的欧洲中心时代还有近千年的时间。

27.2　“东方风来满眼春”

经过几千年风土文化熏陶的中国人，当西方的葡萄酒风土概念传入中国后，很快就得到了中国人的共鸣和接纳，并消化吸收了西方葡萄酒风土和文化的精髓。2013年，我国首个葡萄酒产区地方性法规《宁夏贺兰山东麓葡萄酒产区保护条例》颁布，这标志着宁夏贺兰山东麓葡萄酒产区成为国内第一个依靠法律发展的葡萄酒产区。2016年，宁夏进一步出台全国首个葡萄酒列级酒庄评定管理办法《宁夏贺兰山东麓葡萄酒产区列级酒庄评定管理办法》。该制度充分结合了宁夏贺兰山东麓葡萄酒产区的实际情况，借鉴了法国列级酒庄的做法和经验，但条件更为苛刻，控制性、引导性更强。评定管理办法将列级酒庄分为五级，一级为最高级别。从五级酒庄开始，每2年评定一次，逐级评定晋升，晋升到一级酒庄后，每10年评定一次。这个等级划分标准很大程度上借鉴了法国波尔多地区，但具体评分标准方面更加细致严格。参加列级酒庄评定的酒庄必须满足一系列条件，如：酒庄的葡萄种植与酒庄为一体化经营；葡萄酒的发酵、陈酿、灌装和装瓶过程均需在酒庄内完成；酒庄的主体建筑具有特色和鲜明的地域特点；酒庄需带有旅游休闲功能；所有酿酒所用的葡萄均源自酒庄自有的葡萄园，葡萄树龄在5年及以上等。截至2021年9月，宁夏贺兰山东麓列级酒庄共有

57 家。这是全国最大的葡萄产区在风土观念下拓展产业化所迈出的实质性的一大步，对市场、酒庄、产区发展的引导，对整体产品质量的提升，对引进或培育葡萄苗木、发展其他葡萄品种、改良葡萄酒的酿造技艺等方面都有重要的指导意义。

除了法律法规的保障层面稳步推进之外，重新科学地认识和了解中国的葡萄风土，去认识中国千差万别的气候区域，不同地区的葡萄酒的个性，不同风土所包含的地块、土壤、微气候等因素，是中国风土赶超葡萄酒帝国所必须要做的工作。中国政府和科学家闻风而动，在2007 年农业部启动了现代农业产业技术体系，包含葡萄在内的 50 余个主要农产品被作为产业化的单元，葡萄产业技术体系结合国家"十一五""十二五""十三五"和"十四五"的规划，在科技部、国家基金委和不同渠道来源的资金的支持下，在中国农业大学和西北农林科技大学的带领下，短短十几年时间内，对我国的葡萄酒风土有关的问题开展了大量针对性的研究。

风土是与一定的地理区域紧密相关的，这片区域可以是一个或一组地块，也可以是一条河谷、一面山坡，还可以是数百平方千米的平原。只要其自然条件中某些基本因素相对一致，且这些因素能与葡萄或葡萄酒的某些品质特征及风格相对应，并能在葡萄产品中明显表达出来，就能构成风土的基本要素。当我们谈论某一风土时，一定是针对某一明确的地理区域而言的，这也就是为什么我们常可听到"这一片风土不错"的原因，所以小产区是风土的关键载体。众所周知，北纬 38°～44°，是一条世界葡萄酒黄金线，世界无数葡萄园坐落其间。新疆、甘肃、宁夏及东北部分地区的葡萄酒产区均位于其附近，其沿线气候、降水量、光照强度、昼夜温差等条件适合种植优质酿酒葡萄，业界称之为葡萄酒风土产区。中国农业大学在黄金线的新疆玛纳斯小产区，花费 7 年时间全面研究种植品种的引进、树形改良、叶幕调控及光合效能、库源关系、风味物质变化规律、设备与工艺匹配性及葡萄酒陈酿技术等，以科学的方式和翔实的数据诠释了玛纳斯和天山北麓的风土。2016 年中国农业大学首次发布了《新疆天山北麓玛纳斯产区赤霞珠葡萄酒风格的发掘与固化》风土研究数据报告，这是对中国小产区风土全面认识和研究的一个典型案例。

葡萄酒行业常说没有微生物就没有风土，微生物无疑是成就葡萄酒不同风味的重要因素之一，而微生物中的酵母则是风味的动力芯片。中国农业大学的黄卫东团队和西北农林科技大学的刘延琳团队都注意到我国葡萄酒一直依赖单一、进口的葡萄酒酵母的问题。作为葡萄酒行业的领军人物，他们明白要发展中国的葡萄酒产业，要让中国的葡萄酒有风土的灵魂，就必须有自己的微生物资源、有自己的酵母。从 21 世纪初开始，他们分别独自对本土酵母资源进行了深入的研究，跑遍全国的不同产区、葡萄园，在土壤里、葡萄树上、不同成熟期的浆果和叶片上、不同的酒庄和车间收集采样，对本土酿酒酵母和非酿酒酵母资源进行收集、挖掘、鉴定、优选，建立了中国酿酒酵母和非酿酒酵母资源库。而非酿酒酵母，曾被认为是葡萄酒发酵的有害微生物，随着深入研究，发现部分非酿酒酵母可以通过不同的代谢通路改变葡萄酒中酒精、甘油、挥发性香气物质、甘露糖蛋白、多糖、花色苷等的含量，从而影响葡萄酒的颜色、香气和口感。对于酿酒酵母，通过对菌株抗逆性与酿酒特性、菌株发酵特性、小容器酿酒试验、中试到产业化生产的研究，已经开发出适合我国的优质酵母菌株。意大利政府 2007 年启动本土酿酒酵母的筛选研究计划 DM28991，欧盟则在 2010 年才启动本土特色酵母推进葡萄酒差异化、典型性的研究项目 INNOYEAST，通过研究开发欧洲本地特色的酿酒酵母来生产高品质葡萄酒，继而提高欧洲葡萄酒行业的整体竞争力。在微生物风土研究这一点上，中国科学家开展了与世界同步的研究，为我国葡萄酒走向世界奠定了基础。

风土构成因素的复杂性及风土的不可重复性，风土在葡萄产品上尤其是在葡萄酒上明显地表现出品质及风格上的差异，使葡萄产品具有了风土特征，而这种特征是唯一的，相当于葡萄产品的“指纹”。借助于现代科学的发展，近年来，这种指纹图谱技术对于中国认识自己的风土发挥了很大的作用。指纹图谱分为生物指纹图谱和化学指纹图谱两大类：生物指纹图谱包括蛋白质指纹图谱、DNA 指纹图谱等；化学指纹图谱包括光谱指纹图谱、色谱指纹图谱等。

生物指纹图谱能够鉴别生物个体或群体之间的差异。DNA 指纹图谱是目前风土研究中最具吸引力的生物鉴定技术。生物体内存在一些高变异性的 DNA 序列，它们能在本类群或个体中稳定遗传，从而在生物体内表现出稳定的、可遗传的差异。通过不同的分子标记技术构建图谱，在 DNA 水平上对葡萄属植物的品种间遗传多样性、亲缘关系和品种鉴定等方面进行研究，有效识别品种的亲本和后代，进而重新构建品种的亲缘关系系谱，为遗传改良提供依据。利用这一技术，对很多有名的欧亚种酿酒葡萄进行了身份甄别，对国家果树种质郑州葡萄资源圃的 16 个中国野生种葡萄及 65 个近缘植物进行了研究，显示“毛葡萄 1099”属于桑叶葡萄，“燕山葡萄 0947”是一个种间杂种，混进了美洲葡萄的血缘等。利用生物指纹图谱建立葡萄的分子身份证及数据库管理系统，是近几年在风土研究领域开展的热点工作。分子身份证是在 DNA 指纹图谱的基础上提出的概念，即每个种质都拥有一个属于自己的字符串形式的代码，赋予种质本身作为识别品种的一个标准。有科学家利用保存在国家葡萄品种资源圃内的 80 份葡萄种质材料，通过分子标记技术，成功构建了一个小型的葡萄种质资源分子身份证系统。

化学指纹图谱是运用色谱、光谱等现代分析技术，以图形、图像和数据的方式，对物质的特性和有效成分进行表征并加以描述，从而全面反映植物对象所含化学成分的种类与数量，进而达到识别真伪、辨认优劣和质量判定等目的。光谱技术用来分析葡萄酒的酒精度、pH、糖类和酸类物质等。色谱指纹图谱技术在葡萄酒研究领域应用更多，以高效液相色谱（high performance liquid chromatography，HPLC）、气相色谱（gas chromatography，GC）、气相色谱-质谱联用（gas chromatography-mass spectrometry，GC-MS）、液相色谱-质谱联用（high performance liquid chromatography-mass spectrometry，HPLC-MS）等为主。通常一款高品质葡萄酒几乎都会被冠上产地酒、品种酒和年份酒等这些与风土标识有关的标签，彰显其较高的商业价值。葡萄酒酿造品种由于其遗传特性，在化学成分上表现出较大的差异，如不同葡萄品种的多酚物质含量会有一定的差异，所以多酚物质的含量和比例能直接反应葡萄酒的品种。如赤霞珠的锦葵素乙酰葡萄糖苷相对含量达到 30.35%，显著高于其他品种。可以据此构建花色苷指纹图谱，显示各品种葡萄酒之间花色苷种类和含量的差别，这种单体酚指纹图谱，可以很好地区分不同品种的葡萄酒。利用葡萄酒陈酿过程中花青素和聚合色素的变化规律，采用高效液相色谱指纹图谱方法，可分析鉴定红葡萄酒酒龄。因为较年轻的红葡萄酒中存在大量的游离花青素，使葡萄酒酒体呈紫红色，随着陈酿时间的延长，尤其是陈酿一年后，游离花青素迅速减少，聚合形成更加稳定的色素形态，酒体会由亮紫色转向砖红色，而老龄葡萄酒苦涩味减轻、砖红色褪去。酒体中的酚类物质、香气物质的含量和比例与生产地域密切相关，也就是说，来自不同地域的同一品种葡萄酒，其特性会明显不同。

除了这些基于来自微生物、原料和工艺过程的数据所构建的指纹图谱之外，还有一个重要的展示不同风土和区分土壤特点的图谱——矿质元素指纹图谱。有学者对来自东北、贺兰山东麓、黄土高原、新疆及西南高山 5 个产区的共 205 款原产地葡萄酒样品进行测定，测定包括碱金属锂、铷、铯和碱土金属铍、镁、锶、钡在内的共 28 种矿质元素。其中镁、铝、铜、锰、锶、铷元素在5个产区的葡萄酒中的含量较高，不同产地间均存在显著性的元素含量差异，其中差异贡献率较大的有6种元素，包括锂、铷、锶、镁、钛、镉。这是矿质元素指纹技术结合化学计量学分析方法来判别中国葡萄酒风土的众多研究案例之一。

风土是无形的，是一种潜质，它虽与地理区域紧密相关，但并不是一个具体的地块或一片地理区域，也不意味着是该区域里各种气候因素、土壤因素，以及任一或其组合在葡萄品种的自然堆积，而是在适宜的地理区域内，气候、土壤与葡萄品种的完美结合，以及最佳的葡萄栽培和葡萄酒酿造技术的采用，并在最终产品——葡萄及葡萄酒中明显体现出来的品质与风格。风土也不是一成不变的，在人类有意识地干预葡萄之前，原始风土的形成已经历了数万年甚至更长时间，随着人类对风土知识的积累和生产技能的提高，特别是近现代科学技术的飞速发展，风土的形成不断加速，并且其潜质也有了极大的提升。因此可以说，风土的形成是需要一个过程的，需要加以"培育"的。这一特性为新的葡萄风土区域的开辟提供了可能。新世界葡萄风土的形成将旧世界所花费的数千年时间压缩至几百年甚至更短，如果将人的因素和其他相关因素调整至最佳，葡萄风土的形成甚至可在数十年完成。所以，当风土的理念如风般吹过东方，短短十几年的时间，中国关于葡萄酒风土的研究得到了很多关注，有些研究甚至走在了世界的前列，结合我们几千年深厚的风土文化，让中国的葡萄酒风土为世界所了解，让世人对中国葡萄酒充满信心。

27.3　马瑟兰的中国味道

马瑟兰出生在1961年法国南部马赛附近一个叫Marseillan的小镇，它的名字也因此而得，由法国国家农业研究院培育，它的父亲叫歌海娜(Grenache)，皮薄、色浅、高产、低酸、低单宁；它的母亲是大名鼎鼎的赤霞珠，皮厚、色深、高酸、高单宁、风味足。马瑟兰出生后，人们都评价它继承了父母亲的优点，单宁细致、耐热强。马瑟兰蓝黑色、产量高、晚熟、果粒小、果皮厚、糖度高、酸度高、酚类物质多。2002年第一次用马瑟兰酿出的酒颜色深，果香浓郁，具薄荷、荔枝、青椒香气，酒体轻盈，单宁细致，口感柔和。尽管如此，在它的故乡，马瑟兰却一直不怎么受待见。可能是古老的葡萄酒帝国已经习惯了传统葡萄酒的味道，这个年轻的马瑟兰挑战的不仅是他们保守的味道，还有他们恪守传统的心理。所以，马瑟兰在法国对于当地的葡萄酒产业而言，如同鸡肋。

中国引领了马瑟兰的复兴与全球性的成功。2001年，马瑟兰与其他15个来自法国的葡萄品种一起被种植在中法示范葡萄园中，这是一个由中法两国政府在河北怀来地区合作展开的项目。从那里，马瑟兰的星星之火逐渐成燎原之势，除了最寒冷的产区(目前还没有马瑟兰冰酒)，它几乎已遍布中国各个葡萄酒产区，包括山东半岛、宁夏、陕西、山西、新疆、甘肃和云南等。从最初的2.75公顷，只有一个酒庄种植，到现在有80～100个酒庄种植，且都有不俗的表现，赢得了中国风土的垂青，迅速发展到将近267公顷。目前全国主要产区和各大酒庄基本都种植了马瑟兰，并用马瑟兰酿出了具有当地风土特点的马瑟兰单品种酒，中国成为继法国之后，世界上种植马瑟兰最多的地方，中国成了马瑟兰的第二故乡。

可能因为法国古老的大牌品种实在太多，能够讲述好法国大地味道的还轮不上马瑟兰，所以在马瑟兰的起源地法国南部的埃罗省，这个应该契合马瑟兰的炎热气候产区，用马瑟兰酿制的葡萄酒没有如期望的那样促进当地葡萄酒行业的前进。到了中国的马瑟兰，命运却大不相同，马瑟兰好像天生就是为中国而生的一样。在中国，它酿出的葡萄酒十分具有风土特色，换句话说，就是宁夏的马瑟兰酒和山东的马瑟兰酒不同，和中国其他产区的酒也不相同，不同产区的马瑟兰均品质优秀且各具特色，马瑟兰成了最能表达中国风土的品种。

由于山东的气候更为凉爽潮湿，山东半岛的马瑟兰葡萄酒往往比其他产区的酒颜色更浅，酒体也更轻，展现出马瑟兰品种漂亮和精致的一面。宁夏夏季气温很高，马瑟兰成熟充分，葡萄酒酒精含量较高，这里的马瑟兰能展现出这一品种在中国国内颜色最深、最饱满的一面。河北怀来酿造出的马瑟兰葡萄酒酒体较丰满、结构合理，突出的特点是果味更突出，风格介于宁夏和山东之间。新疆的马瑟兰同样令人振奋，饱满和优雅平衡。马瑟兰如今是当之无愧的中国风土的代言葡萄品种，是目前最懂中国大地味道的葡萄品种。

27.4 “八千里路云和月”

我国经度范围为73°33′E～135°05′E，纬度范围为3°51′N～53°33′N；东西跨经度60多度，距离约5200千米；南北跨纬度近50度，距离约5500千米，幅员辽阔，具有多样的土壤和气候。这就决定了中国风土类型的多样性，为中国葡萄酒具有不同的风土灵魂奠定了基础。

从中国大风土的特点来看，中国具有纬度差异大、经度差异大、海拔差异大的特点和6种不同的气候类型。

纬度南北差异大，带来温度差异大，不同的温度又影响了土壤母质的分化，造成了土壤的地带性差异；从南到北，土壤由红变暗，由酸变碱。经度的差异大，导致东起黑龙江，西至新疆，降雨量差异明显；依次出现湿润的森林、半湿润的森林草原、半干旱的草原土、干旱的荒漠；由于土壤中的有机质减少，土壤由黑变白，由细变粗。海拔差异大则带来热量递减，降水在一定高度内递增并在超出该高程后降低，引起植被等成土因素随高度发生有规律的变化，土壤类型相应地出现垂直分带和有规律的更替的特性。中国的6大气候类型分别为热带季风气候、亚热带季风气候、温带季风气候、高原山地气候、温带大陆性气候、热带雨林气候。这些构成了中国大风土的基本面貌。

不同的植物在存在了几万年的原初的风土里生活着，直到人类的活动介入，这些大风土才在人类的参与下，逐渐地发生变化，形成天、地、人和谐的风土概念。

从东北的白山黑水，到西藏的雪域高原；从新疆的戈壁沙漠到山东的黄金海岸，“八千里路云和月”，葡萄正像茶树一样讲述着飞速发展的中国的好山好水好风土。

葡萄们早已经适应了中国的大风土，90%的产区是光照充足，昼夜温差大，降雨量较小，偏碱性土壤，土壤矿物质丰富的干旱、半干旱北方埋土区，葡萄要躺在地下盖上“被子”冬眠。冬眠的葡萄与不冬眠的葡萄不一样，这是中国最大的风土特征。

而小风土才是葡萄讲述的味道的精华，小风土承载着风土的千差万别。如中国最大的产区宁夏，200多家酒庄，近4万公顷酿酒葡萄，数百个园子，80多个酿酒葡萄品种；成千上万地块，或丘或坡，或塬或川，或阳或阴，或沙或砾；藤架模式多样，传统施用农家肥；酿酒师、种植师来自世界各葡萄酒产区。小酒庄和大产区，百花齐放各具风土特色。能讲好这些故事的酒庄很多，我们以内陆沙漠气候为特点的宁夏原隆村的立兰酒庄、海洋气候为特点的山东瓏岱酒庄、高海拔干热气候为特点的云南敖云酒庄、大陆季风气候为特点的河北怀来中法庄园为代表，来讲述不一样的中国土地的味道。

1. 内陆沙漠气候的中国味道

葡萄风土是原产地最本质的内涵，原产地的不同，其本质就是风土的差异，充分利用这种差异，才能获得风格完全不同的优质产品。这一点上，宁夏立兰酒庄深有体会。立兰酒庄坐落于贺兰山东麓葡萄产区核心地带，地址位于闽宁镇原隆村，曾被英国葡萄酒大师简希斯·罗宾逊誉为中国葡萄酒最具潜力的产区。产区平均海拔 1100 米，光热丰富，每年有超过 3000 小时的光照，昼夜温差大，200 毫米的降水量，40％的砾石加 60％的沙质土壤，非常适合葡萄的生长。在这样的气候土壤条件下，立兰酒庄建设了高标准的有机酿酒葡萄园约 10^6 平方米，株行距 3 米×0.5 米，采用卫星定位系统确定株距和行距，所以异常整齐；加上先进的可控滴灌系统，为了让灌溉的水深入土壤，引导葡萄根系下扎，葡萄园在 7 月以前每次滴灌时间都达到 12 小时，7 月之后逐渐减少滴水量，更有利于葡萄的风味浓缩；严格执行限产 0.45 千克/米^2；采收必须在早晨 9 点以前结束，并将葡萄筐放置在葡萄树的阴影下，以避免阳光和高温破坏精致的香气。在破碎的葡萄进入发酵罐时，会用干冰快速降温到 6℃，并且保持 6 天，用以提取浆果皮中的花青素，同时也有利于香气的保留。立兰酒庄同时还是宁夏较早采用锥形发酵罐和自然重力法的酒庄，也是第一批使用粒选设备和双向温控系统的酒庄。酒庄的工人都是 2012 年开始通过易地扶贫搬迁而来的移民，他们见证自己从一无所有到小康的过程，经历和参与从一棵葡萄到一瓶葡萄酒的过程，而这个过程带来了乡村振兴和脱贫致富的快乐，这种快乐被他们融入了风土之中，在他们的精心管理下，葡萄得到充分的成熟。是原隆村的风土，也是原隆村的村民，让贺兰山下的葡萄获得了灵魂，酿造出了具有当地风土味道的村庄级精品葡萄酒。2021 年，原隆村村庄级单一葡萄园的 2019 年份的赤霞珠葡萄酒荣获中国葡萄酒大赛和中国侍酒师大赛双金奖(图 27-1)。同年，立兰酒庄被评为贺兰山东麓二级酒庄，获得国内和国际葡萄酒大赛金奖 57 项，立兰酒庄讲述的原隆村土地的味道为国内外所嘉许。

图 27-1

图 27-1　中国农业大学和立兰酒庄出品的 2019 年村庄级“原隆村葡萄酒”获 2021 年中国葡萄酒大赛和中国侍酒师大赛双金奖(游义琳 摄)

2. 海洋气候的中国味道

“葡萄酒的酿造是一种权衡之道。而在瓏岱酒庄，我们所谓的平衡，是将丘山河谷当地百姓对风土地貌知识的了解与拉菲集团传承至今的百年酿酒理念充分结合，这也是我们决定不远千里在中国建立全新酒庄的原因。这座酒庄同时也作为对使用中国灰土砖这一传统建筑风格的诠释，不断与此地的风土产生共鸣。”这是瓏岱酒庄庄主萨斯基亚·罗斯柴尔德对瓏岱的定位，诠释所产葡萄酒是人类的悉心耕耘与自然风土完美结合的产物。

瓏岱酒庄(图 27 2)位于世界七大葡萄海岸之一的山东蓬莱，与法国波尔多、意大利托斯卡纳、美国纳帕谷、智利卡萨布兰卡、澳大利亚布诺萨山谷、西班牙加泰罗尼亚一起，在葡萄酒酿造的黄金纬度带上。2009 年在丘山山谷挖掘 400 多个土坑寻找最佳的葡萄种植区域，于 2011 年才建成葡萄园，2019 年发布了酒庄的第一款葡萄酒。大约 25 公顷的葡萄园全部位于丘山山谷腹地，分布于 420 块梯田上。这里冬春季干燥寒冷，却略比中国其他葡萄酒产区温暖，不用埋土冬眠成为它的特点；夏季炎热，7～8 月有短暂的雨季；土壤以花岗岩质土壤为主，主要品种为拉菲标志性品种赤霞珠、适合坚硬花岗岩质土壤的西拉、品丽珠以及口感较为辛辣的马瑟兰；用下茎部作垄的方式避免冬春季霜冻危害，确保葡萄达到最成熟的状态；控制产量，成熟时分次人工采摘，每次仅采收达到最佳成熟状态的浆果。合格的浆果会立即送至酿造车间，经去梗、筛选、破皮后装入温控不锈钢发酵罐内进行酒精发酵。对不同品种和地块的葡萄浆果进行分开发酵，从而保留品种个性及每个地块的风土特色。采用波尔多传统工艺浸皮持续 18～21 天，其间会使用淋皮的方式轻柔萃取单宁及风味物质。经过苹果酸-乳酸发酵后，酒液会被混合调配。随后，精心调配的葡萄酒液会在定制的法国橡木桶中陈酿 18 个月，酒庄内装瓶。2017 年份是首个年份，拉菲的工艺和赤霞珠、品丽珠与马瑟兰三个品种，共同讲述丘山山谷的味道：黑莓和蓝莓等深色水果的香气，伴随着甜香料和紫罗兰的气息，口感清新活泼，单宁丰富优雅，带有烘烤和可可的风味，醇美迷人。

图 27-2

图 27-2　海洋气候的代表——瓏岱酒庄

(来源：www. lafite. com)

3. 高海拔干热气候的中国味道

人人都知道路易威登是奢侈品牌，却不知道它旗下的敖云酒庄和其他奢侈效应一样，也正成为中国葡萄酒的奢侈品牌，成为被国际葡萄酒界收藏的宠儿。

敖云酒庄坐落于香格里拉神圣梅山脚下，香格里拉的高山气候与波尔多地区很相似，高海拔赋予了充足的光照和昼夜温差。2009 年开始，酒庄团队花费近 4 年时间，研究当地的光照时间、降雨量、昼夜温差等气候数据。云南山区温暖且干燥的气候特点，滇北地区高海拔、凉爽且不受降雨影响的微气候，构成了种植赤霞珠等红葡萄品种的理想风土。最终团队选取澜沧江两岸喜马拉雅山麓的 4 个山谷作为葡萄种植区，平均海拔 2200～2600 米（图 27-3 为海拔 2600 米的阿东村葡萄园），气温较低，减缓了葡萄的成熟过程，周围由海拔 5000～7000 米的山峰环绕。这种独特的自然环境使葡萄园免受大雨或季风的侵袭，太阳辐射时长减少，让葡萄拥有足够漫长的成熟期，既有完美的成熟度，又有足够的酸度和优雅的香气。园区分布在 4 个村落的 314 个地块，各具特色，构成了大约 20 种不同的风土类型。每一个地块都分 2～3 批进行人工采摘，以确保采摘时葡萄达到理想的成熟度，并且来自不同风土的葡萄会单独进行酿造。高海拔则使葡萄受到更强的紫外线照射，果皮变厚，从而形成更复杂而顺滑的单宁。另外，由于地势陡峭，无法使用机械作业，园区内的树根伸展至土壤深处，有的可达 3 米，越深的树根越能形成复杂的酒质，于是便造就了敖云酒庄的酒与众不同的风味与复杂的层次感。为了应对海拔 2600 米处氧气含量低于 25％的情况，敖云酒庄适当调整酿酒方法，在浸渍过程中增加酒液与氧气的接触，根据风土类型与年份延长浸渍时间，使用苹果酸-乳酸发酵，采用新橡木桶和可让气体渗透的酒罐酿酒，并使用较少的二氧化硫。“在云上飞翔”的世界上海拔最高的酒庄，在这种高海拔独特的风土条件下，迎来了第一个年份——2013 年。葡萄采自 314 个地块，由 90％的赤霞珠和 10％的品丽珠葡萄混酿而成的葡萄酒具有极高辨识度，酒体深沉浓烈，香气馥郁，口感柔滑，淡雅而富有层次，单宁柔顺而复杂，余味悠长，且带有矿物的咸鲜感，充分展现了喜马拉雅独特的风土。2015 年份和 2017 年份的敖云红葡萄酒获得了罗伯特·帕克团队 94 分的高分评价，目前已经是享誉国际的中国优质葡萄酒了。

图 27-3

图 27-3　阿东村葡萄园

（来源：https://cn.lvmh.com）

4. 大陆季风气候的中国味道

几亿年漫长的时间里，怀来盆地所在区域经历持续的地质演化，特别是在燕山运动和喜马拉雅运动的作用下，不断抬升、剥蚀、沉积、断陷，形成今天多样化的地貌和土壤类型。盆地大部分区域海拔在500～600米，与东南方海拔100米以下的华北平原，及北边渐渐隆起至海拔1000米以上的蒙古高原南缘，形成三个明显的阶梯。夹在蒙古高原和华北平原之间的怀来盆地，由此成为半干旱和半湿润气候、游牧和农耕文化之间的过渡区域，独具地理和人文魅力。1997年，中法两国官方的一次会晤，正式拉开两国在葡萄与葡萄酒领域合作的帷幕。1999年11月17日，首届中法农业和农业食品合作委员会在巴黎召开。会上，中法两国农业部长签署了《关于建立中法葡萄种植及酿酒示范农场的议定书》，经过中法两国专家严谨的考察研究，最终选定在燕山山脉和太行山余脉围绕的怀来盆地官厅湖南岸的一片23公顷的土地建立中法庄园(图27-4)。中法庄园海拔498米，距离北京仅80多千米，位于北纬40°，东经115°；属于温带半干旱大陆性季风气候，少量的降水(年均降水量为393毫米)，较大的昼夜温差和分明的四季；春季温和短暂、夏季炎热、秋季凉爽而阳光充足、冬季寒冷干燥；丰富的日光资源，年均日照时数达3027小时，日照率68%，大气透明度高，紫外线辐射强。这些对葡萄的生长发育和高质量浆果的形成非常有利，特别是在浆果成熟的9月、10月，降水少且昼夜温差大(11～12.4℃)，这样的天气非常有利于浆果充分成熟，从而积累丰富的酚类化合物和风味物质，这些物质是酿制精品葡萄酒的基础。仅4.34万平方千米的官厅湖水域，有效帮助调节中气候，缩小大陆性气候的影响；尤为重要的是，在葡萄的生长季初期，避免极端天气如霜冻的发生。中法庄园的土壤表层是冲积的砂壤土，底层是砂土。表层土壤含2%～30%的砾石，而底层土壤砾石含量高达75%，这种轻质地土壤相比重质地土壤(壤土和黏壤土具有更高的活力)，可以保存更少的水分和较低的肥力。此外，怀来产区7月、8月的雨季，砂壤土利于土壤水分的快速下渗，造成周期性水分胁迫的发生，有利于葡萄树活力的控制和浆果的成熟。

图27-4

图27-4　大陆季风气候的代表——中法庄园(赵德升 摄)

在生长季初期阶段，表层和底层土壤中砾石的含量对于根际环境的增温起到重要的作用。在整个生长期，砾石在温暖的正午储存热量，在凉爽的夜间进行再辐射。这些作用的出现均利于栽培出优质的红色酿酒葡萄。在白天,明亮的土色趋向于反射更多的光照,深色土壤趋向于日间储存热量,夜间释放热量。这些被储存下来的光能在夜间进行释放,有助于维系葡萄的光合作用,在浆果生长的新陈代谢过程中,也有利于驱动香气物质和酸的产生,这决定了中法庄园可以生产出平衡、优雅的葡萄酒。

从 2001 年到今天,中法庄园在这片土地上进行的有关葡萄的风土适宜性试验从未间断。为深入摸索产区风土,酒庄在建园初期从法国引进了 16 个品种 21 个品系葡萄苗木,之后根据不同品种的表现做出调整,最终保留适应性最佳的赤霞珠、品丽珠、美乐、小味儿多、马瑟兰和小芒森 6 个品种。20 多年的风土摸索与适应,如今酒庄每年出品的珍藏干红、小芒森甜白和东花园系列干红广受赞誉,最佳年份才限量出品的庄主珍藏,更是在低调中彰显卓越。23 公顷的葡萄园,被划分为风土小块,按照法国传统酿酒理念与工艺,所有红葡萄酒经橡木桶陈酿,酿出的葡萄酒色泽美丽,香气浓郁,酒体饱满,口感醇厚,展示着不同年份、不同地块里赤霞珠、美乐、马瑟兰等与怀来风土的完美结合。

第二十八章　中国会成为下一个世界葡萄酒文化中心吗

中国一直紧盯着世界葡萄酒文化中心，追赶的脚步从未停歇。到了今天，中国葡萄酒的文化与科学和世界合轨，加之其独特的不可复制的风土与文化，中国离世界葡萄酒中心已经越来越近，那中国会成为继古希腊中心、古罗马中心、欧洲中心之后的下一个世界葡萄酒文化中心吗？

这是一个大胆的设问。让我们先来看看中国现在的真实情况。据中商产业研究院葡萄酒产量数据，中国葡萄酒产量从历史最高的 2012 年 138.2 万吨降至 2013 年 117.83 万吨后，一直持续缓慢下降，2020 年产量仅有 66 万吨。受新冠病毒感染疫情影响，2021 年产量仅为 59 万吨。就中国葡萄酒产量在世界总产量中所占的份额来看，已经从 2007 年的第六大生产国，下滑至 2021 年的第 11 位（图 28-1）。

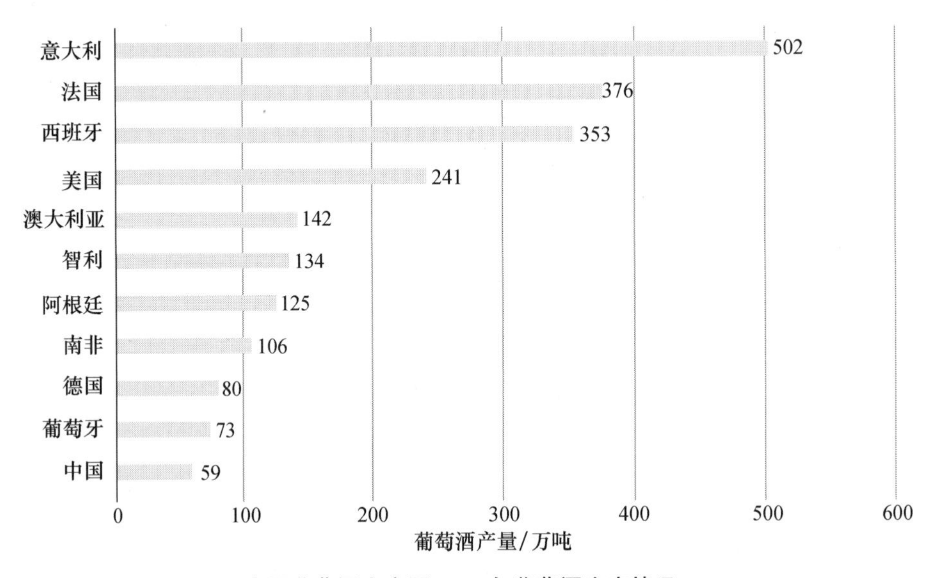

图 28-1　主要葡萄酒生产国 2021 年葡萄酒生产情况（OIV，2022）

然而，据 OIV 统计数据，中国的葡萄酒消费量始终持续上升，由 2000 年的 107 万吨增加到了 2017 年的 193 万吨。从 2018 年开始，中国的葡萄酒消费量开始骤然下降，这个下降趋势一直延续，到了 2021 年，中国的葡萄酒消费量只有 105 万吨。虽然中国现如今的葡萄酒消费量能排在世界第 7 位，但人均消费量则远远少于其他消费大国。2021 年，葡萄酒消费量居全球前三的美国、法国和意大利的人均消费量分别为 12.2 升、46.9 升和 46.0 升，而中国的人均消费量则仅为 0.9 升，排在世界第 23 位（表 28-1），此数据也远低于世界每年人均葡萄酒的消费量 3.2 升，此数据同时也说明我国葡萄酒市场消费潜力巨大。

再看看联合国统计司 UN-Comtrade 的数据库数据，2000—2017 年中国的葡萄酒进口量一直呈波动上升趋势，从 3.5 万吨增长到 74.5 万吨；而从 2018 年开始并未保持上升趋势，近4年的进口量逐年降低，2021年的进口量就下跌到了42.2万吨；进口额也是从2000年的0.28亿美元增长到了2018年的28.55亿美元，翻了将近100倍，此后的4年进口额也开始降低，2021年的进口额降低到了16.90亿美元。

表28-1　2021年世界主要葡萄酒国家人均消费量(OIV，2022)

序号	国家	年人均消费量/升	序号	国家	年人均消费量/升
1	葡萄牙	51.9	13	罗马尼亚	24.6
2	法国	46.9	14	阿根廷	24.5
3	意大利	46.0	15	希腊	24.5
4	瑞士	35.3	16	英国	24.0
5	奥地利	30.6	17	加拿大	13.3
6	澳大利亚	28.7	18	美国	12.2
7	德国	27.5	19	南非	9.5
8	西班牙	26.2	20	俄罗斯	8.8
9	新西兰	26.1	21	日本	3.0
10	比利时	26.0	22	巴西	2.4
11	捷克	25.6	23	中国	0.9
12	瑞典	25.5		全球	3.1

而世界葡萄酒的总体产量现状，在20世纪80年代初曾达到历史最高333.6亿升，到2017年下降至历史最低248亿升，2018年猛增至294亿升。发生新冠病毒感染疫情后的2020年和2021年的产量分别为262亿升和260亿升，产量变化波动并不大。无论世界葡萄酒的产量变化如何，欧洲一直占据主导地位，稳居世界中心的位置。从2007年开始，有一点新的变化是新世界葡萄酒国家的产量在增长，而旧世界葡萄酒国家的产量在减少，欧洲国家的葡萄酒产量在世界总产量中的份额在持续下降。

世界葡萄酒消费量同生产量变化趋势基本一致，在20世纪70年代末达到286亿升的高峰后总体呈下降趋势，2007年的消费量为251亿升，2007年起至今，消费量有上下波动但整体一直保持着下降趋势。同生产量一样，欧洲国家同样也是世界葡萄酒消费的主力，而随着新世界葡萄酒国家的崛起，美国与亚洲地区的消费量迅速增长，旧世界国家的消费量则是在下滑，这其中尤以中国的市场份额表现亮眼。

葡萄酒生产量和消费量的变化都会影响葡萄酒的进口量和出口量。根据2022年OIV发布的行业数据来看，2000年起至今，世界葡萄酒出口量在持续增长，2021年的全球葡萄酒出口量达111.6亿升，较2020年又增长了4.4%，是历史最高。这说明世界葡萄酒的贸易越来越活跃，同时也反映世界范围内葡萄酒行业的竞争越来越剧烈。

再看国内，2021年酒精类饮料的主力仍然是啤酒和白酒，葡萄酒的消费量与其他酒类差距较大(表28-2)。

表 28-2　2021 年中国葡萄酒与其他酒类消费情况(国家统计局,2022)

饮料酒种类	销售收入/亿元	与上一年相比	总利润/亿元	与上一年相比
酒精	605.28	+9.51%	0.04	−99.73%
白酒	6033.48	+18.60%	1701.97	+32.95%
啤酒	1584.80	+7.91%	186.80	+38.41%
葡萄酒	90.27	−9.79%	3.27	+7.64%
黄酒	127.17	−5.24%	16.74	−0.97%
其他酒类	245.74	−3.06%	40.54	+0.89%
合计	8686.73	+14.35%	1949.33	+30.86%

这些简单的数字,我们看到的是巨大的差距,但当我们把这些数据放在葡萄酒发展历史的时间轴上再看,可能看到的不再是数据,而是令人生畏的前进的步伐和铿锵有力的节奏。

《世界葡萄酒地图》是一部反映当今葡萄酒风貌和葡萄酒行业变化趋势与格局的巨著,以地图的方式呈现欧洲、亚洲、非洲、美洲、大洋洲五大洲 51 个产酒国家中数千个大小产区、村庄、葡萄园、酒商的概况,还附着大量产地、葡萄园、酒窖、设备、葡萄品种的精美照片,被称为葡萄酒世界的"圣经"。1971 年第 1 版后,以后都会由专业的团队更新,2021 年已经修订至第 8 版,在第 8 版中,较先前的第 7 版,葡萄酒世界在过去 6 年经历的巨变都得以展现和讨论:全球气候变迁,葡萄酒版图逐渐向地球两极延伸,不仅扩张了很多新兴产区,一些老产区的风土条件也发生了变化,如梅多克的白色复兴、自然酒及陶罐酒、可持续发展、生物动力法、被遗忘的古老品种的复兴、自然酒日趋流行等;新旧世界的冲突与对比,市场对于葡萄酒款的需求日益多元化,新冠病毒感染疫情的影响等,全景式地图文展现最全面的现今葡萄酒的世界和世界的葡萄酒。

《世界葡萄酒地图》这本书谈及亚洲,特别是中国时,称中国正日益成为葡萄酒市场的中坚力量,不仅作为葡萄酒消费大国,还是重要的葡萄种植和酿酒国。在中国部分的开篇第一句话就是:"In a fast-changing world of wine, no country has evolved as rapidly and dramatically as China.",这高度概括了中国产区、中国葡萄酒市场的精髓。

尽管中国的葡萄酒历史可能已经长达 9000 年之久,但中国第一次出现在《世界葡萄酒地图》中是在 2013 年的第 7 版上,宁夏贺兰山东麓葡萄酒产区、山东产区、河北产区首次被列入,仅有 6 家酒庄被列入精选酒庄:宁夏张裕摩塞尔十五世酒庄、山西怡园酒庄、宁夏贺兰晴雪酒庄、宁夏贺兰山酒厂、陕西玉川酒庄、宁夏银色高地酒庄。而短短 6 年之后,《世界葡萄酒地图(第 8 版)》就重新定义了中国葡萄酒的内涵。中国等 5 个葡萄酒新兴国家的介绍版面得到了扩充,在 8 版中,中国成为世界第五大葡萄酒消费国,在葡萄种植及酿酒方面也发展迅速。与第 7 版的 6 家酒庄相比,这次有 60 多家知名酒庄得到全世界的尊重与关注,从数量上看,几乎是翻了 10 倍。以第 7 版已经提及但未深谈的宁夏产区为例,第 8 版中仅此产区就上榜多达 20 家酒庄。除了山东及河北,特别介绍了宁夏贺兰山东麓、甘肃河西走廊、新疆天山山脉、云南雪山峡谷等葡萄酒产区。中国产区的内容从第 7 版的 2 页增加到第 8 版的 3 页,这在世界葡萄酒格局中,一页篇幅的增加,意义非凡。它体现了中国葡萄酒的发展速度,体现了中国酒庄、酒厂先行者们的孜孜探索,主要产区不再囿于宁夏和山东,很多之前相对被人忽略的地方比如云南、河北怀来、东北的酒庄被增录。酒庄的性质明显更多元化,早期的国产酒主要还是以粗放型的酒厂酒作为产业支柱,但中国新一代消费者的诉求以及进口酒带来的市场竞争压力，使得国产高端精品酒成为新的方向，也让一些家族精品酒庄的生存和发展有了新的空间。而酒庄最大的变化则是它们正在前所未有地寻求创新，这体现在对外合作交流、种植酿造的技术革新以及对消费市场的运营模式上。所有这些，让中国向世界发出了一个强烈的信号：我们有着迥异的风土潜力以及与之相匹配的葡萄品种，也有优秀的酿酒师和世界一流的鉴赏能力。

当然，薄薄的几页纸，想要承载中国葡萄酒行业的众多酒庄显然可能性不大，只能是优中选优。这 60 多家酒庄，在酒庄历史的追溯年份、葡萄酒品质以及独具特色方面综合表现优异，如品质与声望一如既往的贺兰晴雪、银色高地等延续了第 7 版的荣耀，依然傲立图中；第 7 版已有的张裕摩塞尔十五世和第 8 版新上榜的巴保男爵酒庄，在几个国产品牌里，树立了海外联合、资源交互、产品线高端化的模范；中信国安的尼雅除了各类亲民款，其高端粒选赤霞珠多次得到国际酒评家们的认可；怀来的中法庄园并非新近上榜，但它注重核心竞争力的打造，在艰难的国产市场中成功地蜕变成高品质的酒庄品牌，中法庄园和同产区的马丁酒庄的马瑟兰都出品不俗，吸引了国内外专家的高度关注；还有一片赤诚之心坚持用自己理念酿酒的家族酒庄如留世、迦南美地、博纳佰馥等，在偏远的云南藏区，香格里拉茨中的霄岭酒庄，中国第一膜拜酒诞生地敖云酒庄。这些酒庄被列入《世界葡萄酒地图》，是用汗水挣来的，是它们配得的荣耀，也是中国葡萄酒的骄傲。

“操千曲而后晓声，观千剑而后识器。”进入新世纪短短 20 年的时间，中国的葡萄酒就取得如此举世瞩目的成就，除了一直不曾停止的追赶世界的脚步外，也离不开政府的扶持。以宁夏产区为例，2021 年 7 月 10 日，宁夏国家葡萄及葡萄酒产业开放发展综合试验区正式成立，这是中国葡萄酒产业的一个历史性事件。综合试验区规划面积 502.2 平方千米，计划用 5 年左右时间建成综合产值 1000 亿元规模的现代葡萄及葡萄酒产业区。目前产区登记在册的酒庄多达 210 余家，2021 年宁夏贺兰山东麓列级酒庄评定出 57 家列级庄，涵盖年产 6 万瓶的小型精品厂和千万瓶产能的大型品牌酒庄。2022 年初，酒评家詹姆斯·萨克林(James Suckling)团队最新发布的 2021 中国百大佳酿榜单中，来自宁夏贺兰山东麓产区的葡萄酒占近 60%。

所有这些，让我们看到了机会，也意识到面临的挑战。我们的机会在于，中国葡萄酒的发展思路已经调整为向世界葡萄酒文化中心看齐、追赶、超越的思路，那就是暂时忽略产量的表现，致力于品质，靠品质打天下，以品质谋发展，等品质获得了全球的认可，再谋划市场。此外，中国的经济一直保持着强劲的发展势头，尽管葡萄酒人均消费量很少，但这既是问题，也是机遇，问题是葡萄酒文化还需要普及和推广，需要扩大中国的葡萄酒人群基数；机遇则是中国存在巨大的葡萄酒发展空间和无限的市场可能。假如我们本土葡萄酒的品质和现在这 60 多家酒庄一样，且酒庄数量再多一些，形成规模效应，产生和波尔多、勃艮第、纳帕谷、里奥哈等一样的多个特色产区并发散出巨大的输出效应，辅之以中国的巨大市场和产能，那中国就会有机会引领和主导下一个葡萄酒时代，中国就会成为全球化时代独具特色的一个葡萄酒文化中心，这个中心不光有为世界所追捧的葡萄酒品质，还带着中国历史文化的陈年醇香，飘向世界。

研究前沿与挑战

(1) 风土尽管已经广为葡萄酒圈所接纳，但风土是一个复杂的系统和多因素综合作用的结果。风土背后的科学还没有尽为人知，还有很多的未解之谜等待科学家去探索和揭示；风土背后的文化形成是一个漫长的过程，如何准确表达风土和解读风土，还有很长的路要走。

（2）风土赋予葡萄酒独特的魅力和灵魂，而中国自古以来对于风水和风土文化就有自己的理解和看法，如何将披在风土上的迷信和非科学的色彩剥离，是风土文化与科学助力葡萄酒产业腾飞的重要课题和挑战。

（3）数学、信息科学、生命科学、人文与社会科学的交叉融合，对于科学地阐述风土、讲好风土故事具有重要的意义，是未来风土文化与科学研究和发展的方向。

阅读理解与思考题

（1）风水与风土的相同点和不同点有哪些？
（2）勃艮第风土成为世界历史文化遗产的意义何在？
（3）风土与葡萄酒的年份有什么关系？
（4）同一个品种在不同的产地有不同的表现，风土的贡献是什么？
（5）如何理解风土视野下的冰酒品质？
（6）葡萄酒中的风土气息主要来自哪里？
（7）为什么说“橘生淮北则为枳”？
（8）风土仍然包含的迷信成分有哪些？
（9）最能讲述风土味道的葡萄品种有哪些？

推荐阅读

[1] 休·约翰逊，杰西斯·罗宾逊. 世界葡萄酒地图：第8版[M]. 王文佳，译. 北京：中信出版社，2021.
[2] 李建民，主编. 葡萄酒历史与风土[M]. 武汉：华中科技大学出版社，2022.
[3] 尼娜·卡普兰. 流浪的葡萄树 葡萄酒里的欧洲史[M]. 李辛，译. 北京：北京联合出版公司，2020.
[4] 李鸿谷，主编. 葡萄酒风土风情[M]. 北京：三联生活传媒有限公司，2018.

参考文献

[1] Allen A L, McGeary J E, Hayes J E. Polymorphisms in TRPV1 and TAS2Rs associate with sensations from sampled ethanol [J]. Alcohol Clin. Exp. Res., 2014, 38(10): 2550—2560.
[2] Belda I, Zarraonaindia I, Perisin M, et al. From vineyard soil to wine fermentation: Microbiome approximations to explain the "terroir" concept [J]. Front. Microbiol., 2017, 8: 821.
[3] Berbegal C, Fragasso M, Russo P, et al. Climate changes and food quality: The potential of microbial activities as mitigating strategies in the wine sector [J]. Fermentation-Basel, 2019, 5(4): 85.
[4] Bokulich N A, Collins T S, Masarweh C, et al. Associations among wine grape microbiome, metabolome, and fermentation behavior suggest microbial contribution to regional wine characteristics [J]. mBio, 2016, 7(3): e00631—16.
[5] Carrau F, Boido E, Ramey D. Yeasts for low input winemaking: Microbial terroir and flavor differentiation [J]. Adv. Appl. Microbiol., 2020, 111: 89—121.

[6] Cretin B N, Dubourdieu D, Marchal A. Influence of ethanol content on sweetness and bitterness perception in dry wines [J]. LWT - Food Sci. Technol. , 2018,87: 61—66.

[7] Gao F F, Chen J L, Xiao J, et al. Microbial community composition on grape surface controlled by geographical factors of different wine regions in Xinjiang, China [J]. Food Res. Int. , 2019, 122: 348—360.

[8] Grangeteau C, Roullier-Gall C, Rousseaux S, et al. Wine microbiology is driven by vineyard and winery anthropogenic factors [J]. Microb. Biotechnol. , 2017,10(2): 354—370.

[9] Hazen R M, Morrison S M. On the paragenetic modes of minerals: A mineral evolution perspective [J]. Am. Miner. , 2022,107(7): 1262—1287.

[10] Knight S J, Karon O, Goddard M R. Small scale fungal community differentiation in a vineyard system [J]. Food Microbiol. , 2020,87: 103358.

[11] Li R L, Lin M Y, Guo S J, et al. A fundamental landscape of fungal biogeographical patterns across the main Chinese wine-producing regions and the dominating shaping factors [J]. Food Res. Int. , 2021,150: 110736.

[12] Li Z, Pan Q H, Jin Z M, et al. Comparison on phenolic compounds in *Vitis vinifera* cv. Cabernet Sauvignon wines from five wine-growing regions in China [J]. Food Chem. , 2011,125(1): 77—83.

[13] Liu D, Legras J L, Zhang P, et al. Diversity and dynamics of fungi during spontaneous fermentations and association with unique aroma profiles in wine [J]. Int. J. Food Microbiol. , 2021,338: 108983.

[14] Martins V, Teixeira A, Bassil E, et al. Metabolic changes of *Vitis vinifera* berries and leaves exposed to Bordeaux mixture [J]. Plant Physiol. Biochem. , 2014,82: 270—278.

[15] Morrison-Whittle P, Goddard M R. From vineyard to winery: A source map of microbial diversity driving wine fermentation [J]. Environ. microbiol. , 2018,20(1): 75—84.

[16] Nie Z Q, Zheng Y, Du H F, et al. Dynamics and diversity of microbial community succession in traditional fermentation of Shanxi aged vinegar [J]. Food Microbiol. , 2015,47: 62—68.

[17] Prata-Sena M, Castro-Carvalho B M, Nunes S, et al. The terroir of Port wine: Two hundred and sixty years of history [J]. Food Chem. , 2018,257: 388—398.

[18] Pretorius I S. Tasting the terroir of wine yeast innovation [J]. FEMS Yeast Res. , 2020, 20(1): foz084.

[19] White R E. The value of soil knowledge in understanding wine terroir [J]. Front. Environ. Sci. , 2020,8: 12.